科学与工程计算技术丛书

MATLAB/Simulink
通信系统建模与仿真

张德丰 / 编著

清华大学出版社
北京

内 容 简 介

本书以 MATLAB R2021 为平台，以工程实例为背景，通过专业技术与大量实例相结合的形式，深入浅出地介绍了 MATLAB 与 Simulink 通信系统建模与仿真。全书共分 10 章：前面 9 章主要介绍了 MATLAB R2021、Simulink 及通信系统的基础知识、MATLAB/Simulink 建模与仿真、信源与信道、滤波器结构、调制与解调、射频与编码、锁相环与扩频等内容，帮助读者快速掌握 MATLAB/Simulink，并进一步深入利用 MATLAB/Simulink 进行通信系统建模与仿真，可使读者领略到 MATLAB/Simulink 的强大功能；第 10 章介绍了通信系统的实际应用，帮助读者学习利用 MATLAB/Simulink 解决实际的通信问题。

本书可作为高等学校相关专业本科生和研究生的教学用书，也可作为相关专业科研人员、学者、工程技术人员的参考用书。

图书在版编目（CIP）数据

MATLAB/Simulink 通信系统建模与仿真/张德丰编著. —北京：清华大学出版社，2022.6（2023.11重印）
（科学与工程计算技术丛书）
ISBN 978-7-302-60463-1

Ⅰ. ①M… Ⅱ. ①张… Ⅲ. ①Matlab 软件－应用－通信系统－系统建模 ②Matlab 软件－应用－通信系统－系统仿真 Ⅳ. ①TN914 ②TP312

中国版本图书馆 CIP 数据核字（2022）第 051345 号

责任编辑：刘　星
封面设计：吴　刚
责任校对：焦丽丽
责任印制：沈　露

出版发行：清华大学出版社
　　　　　网　　　址：http://www.tup.com.cn，http://www.wqbook.com
　　　　　地　　　址：北京清华大学学研大厦 A 座　　　邮　　编：100084
　　　　　社 总 机：010-83470000　　　　　邮　　购：010-62786544
　　　　　投稿与读者服务：010-62776969，c-service@tup.tsinghua.edu.cn
　　　　　质量反馈：010-62772015，zhiliang@tup.tsinghua.edu.cn
　　　　　课件下载：http://www.tup.com.cn，010-83470236
印　装　者：三河市铭诚印务有限公司
经　　销：全国新华书店
开　　本：185mm×260mm　　印　张：27　　　　　字　　数：659 千字
版　　次：2022 年 8 月第 1 版　　　　　印　　次：2023 年 11 月第 3 次印刷
印　　数：2301～3300
定　　价：89.00 元

产品编号：092724-01

现代工程的许多问题可以通过各种数学模型以科学的方法表示出来,在这些数学模型的基础上诞生了各种相应的理论和算法。但是,影响工程实际问题的因素往往很多,理论的模型也只是一些近似的结论。在这种近似的情况下,单纯通过理论分析和逻辑推导,并不能使数值计算获得更好的结果,甚至有时会出现谬误。随着计算机性能的不断提高,人们发现工程上的许多问题可以通过计算机强大的计算功能来辅助解决,MATLAB 软件就是这样一款辅助软件。

MATLAB 是美国 MathWorks 公司出品的商业数学软件,是用于算法开发、数据可视化、数据分析以及数值计算的高级技术计算语言和交互式环境,主要包括 MATLAB 和 Simulink 两大部分。MATLAB 是 matrix 和 laboratory 两个词的组合,意为矩阵工厂(矩阵实验室),主要面对科学计算、可视化以及交互式程序设计的高科技计算环境。它将数值分析、矩阵计算、科学数据可视化以及非线性动态系统的建模和仿真等诸多强大功能集成在一个易于使用的视窗环境中,为科学研究、工程设计以及必须进行有效数值计算的众多科学领域提供了一种全面的解决方案,并在很大程度上摆脱了传统非交互式程序设计语言(如 C 语言、FORTRAN 语言)的编辑模式,代表了当今国际科学计算软件的先进水平。

Simulink 是 MATLAB 的重要功能之一,是用于动态系统和嵌入式系统的多领域仿真和基于模型的设计工具,该工具包括多种不同功能的模块库。Simulink 具有适应面广、结构和流程清晰及仿真精细、贴近实际、效率高、灵活等优点。基于以上优点,Simulink 已广泛应用于控制理论、数字信号、通信系统等的复杂仿真与设计。对于学生而言,最有效的学习途径是结合某一专业课程来学习和掌握 Simulink。

目前,网络通信是一个非常热门的领域,无论是有线网络还是无线网络,都逐渐应用到生活的各个方面,通信系统正向着宽带化方向迅速发展。使用 MATLAB/Simulink 进行通信系统建模与仿真设计,已经成为大量通信工程师必须研究和掌握的技术之一。

本书以通信原理为主线,从 MATLAB 的基础入手,先介绍 MATLAB/Simulink 的强大功能,进而让读者对通信系统有一个基本了解,然后再详细介绍系统建模原理和仿真的数值计算方法,图文巧妙地紧密结合,让读者对通信系统完成从量到质的认识。

【本书特色】

(1) 深入浅出,循序渐进。本书先对 MATLAB 软件进行概要介绍,让读者对 MATLAB 的强大功能有一定认识,接着介绍 Simulink,让读者认识到 Simulink 可读性强、适应面广的特点,再利用 MATLAB/Simulink 实现通信系统的建模与仿真,让读者领略到利用 MATLAB/Simulink 实现通信系统建模与仿真的简便与强大。

(2) 内容新颖,步骤详尽。本书结合 MATLAB 与 Simulink 解决通信系统中的各种实际问题,详尽地介绍 MATLAB/Simulink 的使用方法与技巧。在讲解过程中辅以相应的图片,使读者在阅读时一目了然,从而快速掌握书中内容。

（3）实用性强。书中每介绍一个概念或函数都给出相应的用法及实例进行说明，使读者快速掌握 MATLAB/Simulink，并利用 MATLAB/Simulink 快速实现通信系统的建模与仿真。通过本书的学习，读者不仅可以全面掌握 MATLAB/Simulink 建模与仿真，还可以提高快速分析和解决实际问题的能力，从而能够在最短的时间内高效率地解决在实际通信系统中遇到的问题。

【配套资源】

本书提供程序代码、教学课件等配套资源，可以关注"人工智能科学与技术"微信公众号，在"知识"→"资源下载"→"配书资源"菜单获取本书配套资源（也可以到清华大学出版社网站本书页面下载）。

本书由佛山科学技术学院张德丰编写。由于时间仓促，加之编者水平有限，书中疏漏之处在所难免。在此，诚恳地期望得到各领域的专家和广大读者的批评指正，联系方式见配套资源。

编 者

2022 年 2 月

目录

目录

目录

目录

　　MATLAB 是一种功能强大、运算效率极高的数值计算软件，其主要面对科学计算、可视化以及交互式程序设计的高科技计算环境。它将数值分析、矩阵计算、科学数据可视化以及非线性动态系统的建模和仿真等诸多强大功能集成在一个易于使用的视窗环境中，代表了当今国际科学计算软件的先进水平。MATLAB 的基本数据单位是矩阵，它的指令表达式与数学、工程中常用的形式十分相似，故用 MATLAB 来解算问题要比用 C、FORTRAN 等语言完成相同的任务简捷得多，在国际学术界，MATLAB 已经被确认为准确、可靠的科学计算标准软件。在许多国际学术期刊上（尤其是信息科学期刊），都可以看到有关 MATLAB 应用的内容。在设计研究单位和工业部门，MATLAB 已经被认为是进行高效研究、开发的首选软件工具。

1.1　MATLAB 概述

　　MATLAB 是一款功能强大的数学软件，将数值分析、矩阵计算、可视化、动态系统建模仿真等功能集成在一个开发环境中，为科研和工作提供了强大支持。主要应用于工程计算、控制设计、信号处理与通信、图像处理、信号检测、金融建模设计与分析等领域。

1.1.1　MATLAB 的优势

　　一种语言之所以能够如此迅速地普及和应用，显示出如此旺盛的生命力，是因为它有着不同于其他语言的特点。MATLAB 软件最突出的特点包括简洁、开放式、便捷等，提供了更为直观、符合人们思维习惯的代码，同时给用户带来最直观、最简洁的程序开发环境。与其他的计算机高级语言相比，MATLAB 具有以下几方面的优势。

　　（1）MATLAB 具有高效的数值计算及符号计算功能，能使用户从繁杂的数学运算分析中解脱出来。

　　（2）MATLAB 具有完备的图形处理功能，能够实现计算结果和编程的可视化。

　　（3）MATLAB 具有友好的用户界面及接近数学表达式的自然化语言，易于学习和掌握。

　　（4）MATLAB 具有功能丰富的应用工具箱（如信号处理工具箱、通信工具箱等),为用户提供了大量方便实用的处理工具。

1.1.2　MATLAB 的特点

MATLAB 软件之所以能在多种编程语言中脱颖而出,代表当今国际科学计算软件的先进水平,与其自身特点是分不开的。

1. 简单的编程环境

MATLAB 由一系列工具组成,这些工具方便用户使用 MATLAB 的函数和文件。其中许多工具采用的是图形用户界面,包括 MATLAB 桌面和命令行窗口、历史命令记录窗口、编辑器和调试器、路径搜索以及用于用户浏览帮助文件、工作空间、文件的浏览器。随着 MATLAB 的商业化以及软件本身的不断升级,MATLAB 的用户界面也越来越精致,更加接近 Windows 的标准界面,人机交互性更强,操作更简单。而且新版本的 MATLAB 提供了完整的联机查询、帮助系统,极大地方便了用户的使用。简单的编程环境提供了比较完备的调试系统,程序不必经过编译就可以直接运行,而且能够及时地报告出现的错误并进行出错原因分析。

2. 简单易用

MATLAB 是一个高级的矩阵/阵列语言,它包含控制语句、函数、数据结构、输入与输出,具有面向对象编程特点。用户可以在命令行窗口中将输入语句与执行命令同步,也可以先编写好一个较大的复杂的应用程序(M 文件)后再一起运行,MATLAB 语言是基于最为流行的 C 语言基础上的,因此语法特征与 C 语言极为相似,而且更加简单,更加符合科技人员书写数学表达式的格式,使之更利于非计算机专业的科技人员使用。这种语言可移植性好,可拓展性极强,这也是 MATLAB 能够深入科学研究及工程计算各个领域的重要原因。

3. 强大的处理能力

MATLAB 是一个包含大量计算算法的集合,拥有 600 多个工程中要用到的数学运算函数,可以方便地实现用户所需的各种计算功能。函数中所使用的算法都是科研和工程计算中的最新研究成果,并且经过了各种优化和容错处理。

通常情况下,可以用 MATLAB 来代替底层编程语言,如 C 语言和 C++语言。在计算要求相同的情况下,使用 MATLAB 的编程工作量会大大减少。MATLAB 的这些函数集包括从最简单、最基本的函数到诸如矩阵、特征向量、快速傅里叶变换等复杂函数。函数所能解决的问题大致包括矩阵运算和线性方程组的求解、微分方程及偏微分方程组的求解、符号运算、傅里叶变换和数据的统计分析、工程中的优化问题、稀疏矩阵运算、复数的各种运算、三角函数和其他初等数学运算、多维数组操作以及建模动态仿真等。

4. 丰富的图形处理功能

MATLAB 自产生之日起就具有方便的数据可视化功能,可以将向量和矩阵用图形表现出来,并且可以对图形进行标注和打印。高层次的作图包括二维和三维的可视化、图像处理、动画和表达式作图,可用于科学计算和工程绘图。新版本的 MATLAB 对整个图形处理功能做了很大的改进和完善,使它不仅在一般数据可视化软件都具有的功能(例如二维曲线和三维曲面的绘制和处理等)方面更加完善,而且对于一些其他软件所没有的功能(例如图形的光照处理、色度处理以及四维数据的表现等),同样表现了出色的处理能力。同时对一些特殊的可视化要求,例如图形对话等,MATLAB 也有相应的功能函数,满足了用户不同层次的要求。

5．专门的内部函数

MATLAB 对许多专门的领域都开发了功能强大的模块集和工具箱。一般来说,它们都是由特定领域的专家开发的,用户可以直接使用工具箱学习、应用和评估不同的方法而不需要自己编写代码。在诸如数据采集、数据库接口、概率统计、样条拟合、优化算法、偏微分方程求解、神经网络、小波分析、信号处理、图像处理、系统辨识、控制系统设计、LMI 控制、鲁棒控制、模型预测、模糊逻辑、金融分析、地图工具、非线性控制设计、实时快速原型及半物理仿真、嵌入式系统开发、定点仿真、DSP 与通信、电力系统仿真等领域中,MATLAB 都占有一席之地。

6．程序接口

MATLAB 可以利用 MATLAB 编译器和 C/C++数学库和图形库,将自己的 MATLAB 程序自动转换为独立于 MATLAB 运行的 C 和 C++代码。允许用户编写可以和 MATLAB 进行交互的 C 或 C++语言程序。另外,MATLAB 网页服务程序还允许在 Web 应用中使用自己的 MATLAB 数学和图形程序。MATLAB 的一个重要特色就是具有一套程序扩展系统和一组称为工具箱的特殊应用子程序。工具箱是 MATLAB 函数的子程序库,每个工具箱都是为某一类学科专业和应用而定制的,主要包括信号处理、控制系统、神经网络、模糊逻辑、小波分析和系统仿真等方面的应用。

7．Simulink

Simulink 是 MATLAB 附带的软件,是对非线性动态系统进行仿真的交互式系统。在 Simulink 交互式系统中,可先利用直观的方框图构建动态系统,然后采用动态仿真的方法得到结果。

1.2 MATLAB R2021 功能

MATLAB R2021 是针对专业的研究人员打造的一款实用数学运算软件,该版本仅适用于 64 位操作系统,软件提供了丰富的数学符号和公式,并且与主流的编程软件兼容,以下是一些具体的功能介绍。

1．共享工作

使用 MATLAB 实时编辑器在可执行记事本中创建组合了代码、输出和格式化文本的 MATLAB 脚本和函数。

- 新增实时任务:使用实时编辑器任务浏览各参数、查看结果并自动生成代码。
- 新增在实时编辑器中运行测试:直接从实时编辑器工具条运行测试。
- 隐藏代码:共享和导出实时脚本时隐藏代码。
- 保存到 Word:将实时脚本和函数另存为 Microsoft Word 文档。
- 动画:支持在绘图中使用动画,显示一段时间内的数据变化。
- 交互式表格:以交互方式筛选表格输出,然后将生成的代码添加到实时脚本中。

2．App 构建

App 设计工具让您无须成为专业的软件开发人员,即可创建专业的 App。

- 新增 uicontextmenu 函数:在 App 设计工具和基于 uifigure 的应用程序中添加和配

置上下文菜单。

- 新增 uitoolbar 函数：向基于 uifigure 的应用程序添加自定义工具栏。
- 新增 App 测试框架：自动执行其他按键交互，例如右击和双击。
- uihtml 函数：将 HTML、JavaScript 或 CSS 内容添加到应用程序。
- uitable 和 uistyle 函数：以互动方式对表格进行排序，并为表格 UI 组件中的行、列或单元格创建样式。

3．数据导入和分析

从多个数据源访问、组织、清洗和分析数据。

- 新增实时编辑器任务：使用可自动生成 MATLAB 代码的任务，对数据进行交互式预处理并操作表格和时间表。
- 分组工作流程：使用 grouptransform、groupcounts 以及 groupfilter 执行分组操作。
- 数据类型 I/O：使用专用函数读取和写入矩阵、元胞数组和时间表。
- Parquet 文件支持：读取和写入单个或大量 Parquet 文件集。

4．数据可视化

使用新绘图函数和自定义功能对数据进行可视化。

- 新增 boxchart 函数：创建盒须图以可视化分组的数值数据。
- 新增 exportgraphics 和 copygraphcis 函数：保存和复制图形，增强了对发布工作流的支持。
- 新增 tiledlayout 函数：定位、嵌套和更改布局的网格大小。
- 新增图表容器类：制作图表以显示笛卡儿、极坐标或地理图的平铺。
- 内置坐标轴交互：通过默认情况下启用的平移、缩放、数据提示和三维旋转来浏览数据。

5．大数据

无须做出重大改动，拓展对大数据进行的分析。

- 新增数据存储写出：将数据存储中的大型数据集写出到磁盘，用于数据工程和基于文件的工作流。
- 自定义 Tall 数组：编写自定义算法以在 Tall 数组上对块或滑动窗口进行运算。
- 支持 Tall 数组的函数：更多函数支持对 Tall 数组进行运算，包括 innerjoin、outerjoin、xcorr、svd 以及 wordcloud。
- 自定义数据存储：使用自定义数据存储框架，从基于 Hadoop 的数据库中读取。
- FileDatastore 对象：通过将文件以小块形式导入来读取大型自定义文件。
- 数据存储：组合和变换数据存储。

6．语言和编程

使用新的数据类型和语言构造来编写更清晰、更精简的可维护代码。

- 新增文件编码：增强了对非 ASCII 字符集的支持以及与 MATLAB 文件的默认 UTF-8 编码的跨平台兼容性。
- 函数输入参数验证：声明函数输入参数，以简化输入错误检查。
- 十六进制数和二进制数：使用十六进制和二进制方式指定数字。
- string 数组支持：在 Simulink 和 Stateflow 中使用 string 数组。

- 枚举：通过枚举提高了集合运算的性能。

7．性能

MATLAB 运行代码的速度几乎是四年前的两倍，而且不需要对代码做出任何更改。

- 新增探查器：使用火焰图直观地研究和改进代码的执行性能。
- 新增实时编辑器：提高了循环绘图和动画绘图的性能。
- 大型数组中的赋值：通过下标索引对大型 table、datetime、duration 或 calendarDuration 数组中的元素赋值时，性能得到改善。
- uitable：当数据类型为数值、逻辑值或字符向量元胞数组时，性能得到提升。
- 对大型矩阵排序：使用 sortrows 更快地对大矩阵行数据进行排序。
- 启动：已提高 MATLAB 启动速度。
- 整体性能：已提升 Live Editor、App Designer 以及内置函数调用的性能。

8．软件开发

软件开发工具可帮助我们管理和测试代码，与其他软件系统集成并将应用部署在云中。

- 进程外执行 Python：在进程外执行 Python 函数，以避免出现库冲突。
- 项目：组织工作、自动执行任务和流程以及团队协作。
- C++接口：从 MATLAB 调用 C++库。
- 适用于 MATLAB 的 Jenkins 插件：运行 MATLAB 测试并生成 JUnit、TAP 以及 Cobertura 代码覆盖率报告等格式的测试报告。
- 新参考架构：在 Amazon Web Services（AWS）和 Microsoft Azure 上部署并运行 MATLAB。
- 代码兼容性报告：从当前文件夹浏览器生成兼容性报告。

9．控制硬件

控制 Arduino 和 Raspberry Pi 等常见微控制器，通过网络摄像头采集图像，还可以通过无人机获取传感器数据和图像数据。

- 新增无人机支持：使用 MATLAB 通过 Ryze Tello 无人机控制并获取传感器数据和图像数据。
- Parrot 无人机：从 MATLAB 控制 Parrot 无人机并获取传感器和图像数据。
- 新增 Arduino：使用 MCP2515 CAN 总线拓展板访问 CAN 总线数据。
- 新增 Raspberry Pi 支持：通过 MATLAB 与 Raspberry Pi 4B 硬件通信，并将 MATLAB 函数作为独立可执行程序部署在 Raspberry Pi 上。
- MATLAB Online 中的 Raspberry Pi：通过 MATLAB Online 与 Raspberry Pi 硬件板通信。
- 低功耗蓝牙：读写 BLE 设备。
- 支持的硬件：支持 Arduino、Raspberry Pi、USB 网络摄像头和 ThingSpeak IoT。

1.3　MATLAB R2021 运行界面

正确安装并激活 MATLAB R2021 后，把图标的快捷方式发送到桌面，即可双击 MATLAB 图标，启动 MATLAB R2021，工作界面如图 1-1 所示。

图 1-1　MATLAB R2021 工作界面

MATLAB R2021 的主界面即用户的工作环境,包括菜单栏、工具栏、开始按钮和各个不同用途的窗口。

1.4　MATLAB R2021 命令行窗口

由图 1-1 可见,启动 MATLAB 后,将在命令中显示提示符"＞＞",该提示符表示 MATLAB R2021 已经准备就绪,正在等待用户输入命令,这时就可以在提示符"＞＞"后输入命令,完成命令的输入后按 Enter 键,MATLAB 就会解释所输入的命令,并在命令行窗口中给出计算结果。如果输入的命令后以分号结束,再按 Enter 键,则 MATLAB 也会解释执行命令,但是计算结果不显示于命令行窗口中。

退出 MATLAB 的方式有以下两种。

(1) 单击命令行窗口右上角的"关闭"按钮。

(2) 在命令行窗口中输入 exit 命令并按 Enter 键。

命令行窗口是 MATLAB 主界面上最明显的窗口,也是 MATLAB 中最重要的窗口,默认显示在用户界面的右侧。用户在命令行窗口中进行 MATLAB 的多种操作,如输入各种指令、函数和表达式等,此窗口是 MATLAB 中使用最为频繁的窗口,并且此窗口显示除图形外的一切运行结果。

MATLAB 的命令行窗口不仅可以内嵌在 MATLAB 的工作界面中,而且还可以以独立窗口的形式浮动在界面上。右击命令行窗口右上角的"显示命令行窗口"按钮 ⊙,单击"取消停靠"选项,命令行窗口就以浮动窗口的形式显示,如图 1-2 所示。

图 1-2　浮动命令行窗口

1.5 MATLAB 的帮助系统

作为一个优秀的软件,MATLAB 为广大用户提供了有效的帮助系统,其中有联机帮助系统、远程帮助系统、演示程序、命令查询系统等多种方式。这些帮助系统无论是对入门读者还是对经常使用 MATLAB 的人员都是十分有用的。经常查阅 MATLAB 帮助文档,可以帮助我们更好地掌握 MATLAB。获得帮助的主要工具为帮助浏览器,它提供了所有已安装产品的帮助文档,以帮助使用者全面了解 MATLAB 功能。如果互联网连接可用,还可观看在线帮助和功能演示的视频。

1.5.1 帮助浏览器

整合 html 形式的帮助文档于 MATLAB 桌面环境中,安装 MATLAB 软件时会自动安装所安装产品的帮助文件和演示程序。用户可以在主界面的"主页"工具项下单击快捷按钮,或在命令行窗口中输入 doc 命令后,在浏览器中打开 MATLAB 的帮助系统,如图 1-3所示。

图 1-3 帮助界面

在 MATLAB 命令行窗口中输入 doc ver,或在图 1-3 中的 Search Documentation 文本框中输入 ver,可以查询函数 ver 的帮助信息,如图 1-4 所示。

在图 1-4 的界面中单击相应的链接即可对函数进行查询,在查询中,可以了解到函数的语法格式和用法等内容。

此外,在 MATLAB 的命令行窗口中输入 demo 命令,即可调用关于演示程序的帮助对话框,如图 1-5 所示。在该界面中,单击相应的链接即可打开对应的例子,例如打开基本矩阵运算的例子,如图 1-6 所示。

除此之外,用户也可以在如图 1-7 所示的 MATLAB 工具栏中,选择"帮助"下拉菜单中的"示例"选项打开 MATLAB 的 demo 帮助界面。

图 1-4　利用系统进行函数查询

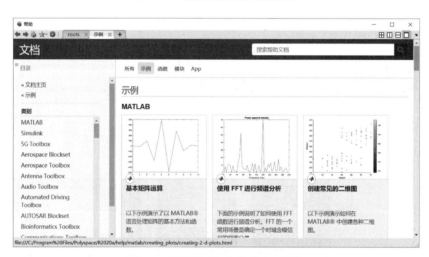

图 1-5　MATLAB 中的 demo 帮助

图 1-6　矩阵运算实例界面

图 1-7　"帮助"下拉菜单

1.5.2 命令帮助系统

命令帮助系统用于在命令行窗口中输入帮助命令来获取相关函数或软件的帮助信息。命令帮助系统是获取指定函数帮助信息的最为便捷的途径,提供的帮助信息主要为相应程序.m 文件中的帮助信息,同时在命令行窗口中获取的帮助信息包含帮助浏览器相应内容的链接,可以进一步查看更为完整的帮助信息。经常在命令行窗口中查阅函数的帮助文档,对于 MATLAB 使用是极为有益的。MATLAB 命令帮助系统主要使用的函数命令有 help 和 lookfor。lookfor unname 显示相关函数帮助注释区内容,lookfor funname 显示包含函数名的相关内容,查询条件比较宽松,只要包含 funname 即可。

【例 1-1】 用 help 命令查看 find 函数的帮助信息。

在命令行窗口中输入命令 help find,函数帮助信息首先为函数具体用法,之后以一个链接进入 find 函数的帮助页面以及相关函数 Short-Circuit、ind2sub、ismember、nonzeros、strfind、sub2ind 的帮助链接,最后进入名为 find 的其他函数链接页面,如下所示:

```
>> help find
find – 查找非零元素的索引和值
    此 MATLAB 函数 返回一个包含数组 X 中每个非零元素的线性索引的向量.
    k = find(X)
    k = find(X,n)
    k = find(X,n,direction)
    [row,col] = find(___)
    [row,col,v] = find(___)
```

【例 1-2】 在命令窗口中利用 lookfor 显示 find 帮助信息。

```
>> lookfor find
findgroups                    – Find groups and return group numbers
ismissing                     – Find missing entries
isoutlier                     – Find outliers in data
find                          – Find indices of nonzero elements.
timerfind                     – Find visible timer objects with specified property values.
timerfindall                  – Find all timer objects with specified property values.
timerfind                     – Find visible timer objects with specified property values.
timerfindall                  – Find all timer objects with specified property values.
…                             …
wfindobj                      – Find objects with specified property values.
wvarchg                       – Find variance change points.
findactn                      – find active nodes.
wlanClosestReferenceSymbol    – Find the closest constellation point
wlanReferenceSymbols          – Find the reference symbols of constellation diagram
```

1.6 MATLAB 的应用

MATLAB 的应用范围非常广,包括信号和图像处理、通信、控制系统设计、测试和测量、财务建模和分析,以及计算生物学等众多应用领域。附加的工具箱(单独提供的专用 MATLAB 函数集)扩展了 MATLAB 环境,以解决这些应用领域内特定类型的问题。

MATLAB 包括拥有数百个内部函数的主包和 30 多种工具包。工具包又可以分为功能性工具包和学科工具包。功能工具包用来扩充 MATLAB 的符号计算、可视化建模仿真、文字处理及实时控制等功能。学科工具包是专业性比较强的工具包,控制工具包、信号处理工具包、通信工具包等都属于此类。

开放性使 MATLAB 广受用户欢迎。除内部函数外,所有 MATLAB 主包文件和各种工具包都是可读、可修改的文件,用户可以通过对源程序的修改或加入自己编写的程序构造新的专用工具包。

下面通过几个实例来演示 MATLAB 在各领域中的应用。

【例 1-3】 利用 MATLAB 实例动画效果。

在 MATLAB 命令行窗口中输入:

```
>> lorenz
```

效果如图 1-8 所示,当单击界面中的"开始"按钮时,即实现动画效果,效果如图 1-9所示。

图 1-8　lorenz 系统默认初始界面

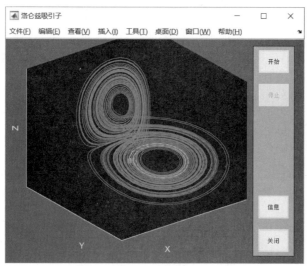

图 1-9　动画效果

在命令行窗口中输入：

```
>> type lorenz
```

即可显示 lorenz 函数的代码，该代码用于实现动画效果，部分代码如下所示：

```
function lorenz(action)
global SIGMA RHO BETA
SIGMA = 10.;
RHO = 28.;
BETA = 8./3.;
play = 1;
if nargin < 1,
    action = 'initialize';
end
switch action
    case 'initialize'
        oldFigNumber = watchon;
        figNumber = figure( …
            'Name',getString(message('MATLAB:demos:lorenz:TitleLorenzAttractor')), …
            'NumberTitle','off', …
            'Toolbar', 'none', …
            'Visible','off');
        colordef(figNumber,'black')
        axes( …
            'Units','normalized', …
            'Position',[0.07 0.10 0.74 0.95], …
            'Visible','off');
        text(0,0,getString(message('MATLAB:demos:lorenz:LabelPressTheStartButton')), …
            'HorizontalAlignment','center');
        axis([-1 1 -1 1]);
    % 所有按钮的信息
     …
    end       % 主循环
        drawnow;
        set([startHndl closeHndl infoHndl],'Enable','on');
        set(stopHndl,'Enable','off');
    case 'info'
        helpwin(mfilename);
end       % %演示结束
% 内嵌的 lorenzeq 函数
function ydot = lorenzeq(t,y)
% LORENZEQ Equation of the Lorenz chaotic attractor.
global SIGMA RHO BETA
A = [ -BETA      0        y(2)
      0      -SIGMA     SIGMA
     -y(2)     RHO       -1  ];
ydot = A*y;
```

【例 1-4】 利用 MATLAB 说明如何分析和可视化现实世界的地震数据。

```
% 这些数据是乔尔耶林在查尔斯·里克特地震实验室查证的
% 首先加载数据
>> load quake e n v
>> whos     % 查询变量的详细信息
```

Name	Size	Bytes	Class	Attributes
e	10001x1	80008	double	
n	10001x1	80008	double	
v	10001x1	80008	double	

```
>> % 通过重力加速度缩放数据,创建第四个变量
>> g = 0.0980;
e = g * e;
n = g * n;
v = g * v;
delt = 1/200;
t = delt * (1:length(e))';
>> % 绘制重力加速度缩放数据
>> yrange = [ - 250 250];
limits = [0 50 yrange];
subplot(3,1,1), plot(t,e,'b'), axis(limits), title('东西方向加速')
subplot(3,1,2), plot(t,n,'g'), axis(limits), title('南北方向加速')
subplot(3,1,3), plot(t,v,'r'), axis(limits), title('垂直加速度')
```

得到数据效果,在图形窗口中选择"编辑"|"复制图形"选项,即可复制图像,效果如图 1-10 所示。

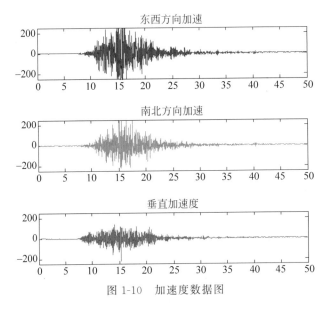

图 1-10　加速度数据图

```
>> % 画黑线在选定的时间 8~15s,所有后续的计算将涉及此区间
t1 = 8 * [1;1];
t2 = 15 * [1;1];
subplot(3,1,1), hold on, plot([t1 t2],yrange,'k','LineWidth',2);
hold off　% 关闭重绘制图像
subplot(3,1,2), hold on, plot([t1 t2],yrange,'k','LineWidth',2);
hold off
subplot(3,1,3), hold on, plot([t1 t2],yrange,'k','LineWidth',2);
hold off
```

运行程序,效果如图 1-11 所示。

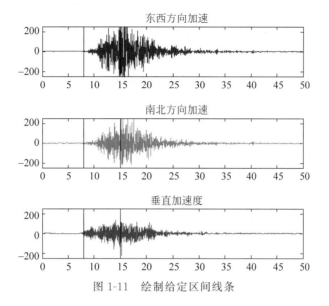

图 1-11　绘制给定区间线条

```
>> % 放大所选择的时间间隔
trange = sort([t1(1) t2(1)]);
k = find((trange(1)< = t) & (t < = trange(2)));
e = e(k);
n = n(k);
v = v(k);
t = t(k);
ax = [trange yrange];
subplot(3,1,1), plot(t,e,'b'), axis(ax), title('东西方向加速')
subplot(3,1,2), plot(t,n,'g'), axis(ax), title('南北方向加速')
subplot(3,1,3), plot(t,v,'r'), axis(ax), title('垂直加速度')
```

运行程序,效果如图 1-12 所示。

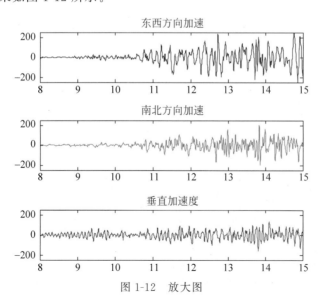

图 1-12　放大图

```
>> %展示1s内各方向的数据分布情况
subplot(1,1,1)
k = length(t);
k = round(max(1,k/2 − 100):min(k,k/2 + 100));
plot(e(k),n(k),'. − ')
xlabel('东'), ylabel('北');
title('周期为1s数据的分布情况');
```

运行程序,效果如图 1-13 所示。

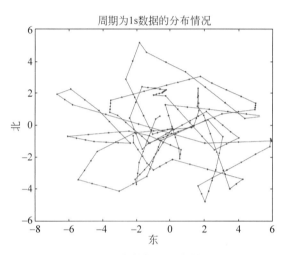

图 1-13　1s 内数据的分布情况图

```
>> %集成加速度两次来计算点的3 − D空间的速度和位置图
edot = cumsum(e) ∗ delt;   edot = edot − mean(edot);
ndot = cumsum(n) ∗ delt;   ndot = ndot − mean(ndot);
vdot = cumsum(v) ∗ delt;   vdot = vdot − mean(vdot);
epos = cumsum(edot) ∗ delt;   epos = epos − mean(epos);
npos = cumsum(ndot) ∗ delt;   npos = npos − mean(npos);
vpos = cumsum(vdot) ∗ delt;   vpos = vpos − mean(vpos);
subplot(2,1,1);
plot(t,[edot + 25 ndot vdot − 25]); axis([trange min(vdot − 30) max(edot + 30)])
xlabel('时间'), ylabel('水平 − 北 − 东'), title('速度')
subplot(2,1,2);
plot(t,[epos + 50 npos vpos − 50]);
axis([trange min(vpos − 55) max(epos + 55)])
xlabel('时间'), ylabel('水平 − 北 − 东'), title('位置')
```

运行程序,效果如图 1-14 所示。

```
>> %由该位置数据所限定的轨迹可以显示三种不同的二维投影
cla;                %擦除图形
plot(npos,vpos,'b');
na = max(abs(npos)); na = 1.05 ∗ [ − na na];
ea = max(abs(epos)); ea = 1.05 ∗ [ − ea ea];
va = max(abs(vpos)); va = 1.05 ∗ [ − va va];
axis([na va]); xlabel('北'); ylabel('水平');
nt = ceil((max(t) − min(t))/6);
k = find(fix(t/nt) == (t/nt))';
```

```
for j = k,
    text(npos(j),vpos(j),['o ' int2str(t(j))]);
end
```

运行程序,效果如图 1-15 所示。

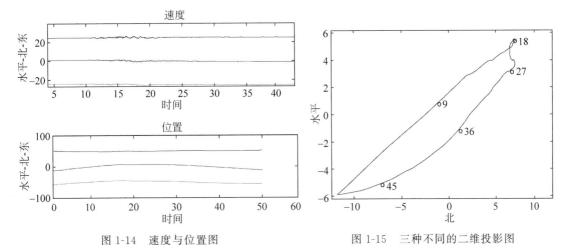

图 1-14 速度与位置图　　　　　图 1-15 三种不同的二维投影图

```
>> % 从不同视角观察分布图
subplot(2,2,2)
plot(epos,vpos,'g');
for j = k;
    text(epos(j),vpos(j),['o ' int2str(t(j))]);
end
axis([ea va]); xlabel('东'); ylabel('水平');
subplot(2,2,3)
plot(npos,epos,'r');
for j = k; text(npos(j),epos(j),['o ' int2str(t(j))]); end
axis([na ea]); xlabel('北'); ylabel('东');
```

运行程序,效果如图 1-16 所示。

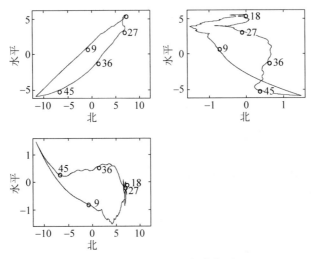

图 1-16 不同视觉观察分布图

```
>> % 第四副区是轨迹的3-D视图
subplot(2,2,4)
plot3(npos,epos,vpos,'k')
for j = k;
    text(npos(j),epos(j),vpos(j),['o ' int2str(t(j))]);
end
axis([na ea va]); xlabel('北'); ylabel('东'), zlabel('水平');
box on
```

运行程序,效果如图 1-17 所示。

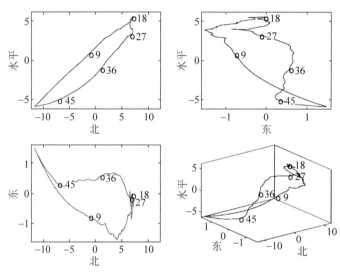

图 1-17　第四副区的三维视图

```
>> % 绘制积点在每个第十名的位置图.点之间的间距表示速度
subplot(1,1,1)
plot3(npos,epos,vpos,'r')
hold on
step = 10;
plot3(npos(1:step:end),epos(1:step:end),vpos(1:step:end),'.')
hold off
box on
axis tight
xlabel('南-北')
ylabel('东-西')
zlabel('水平')
title('位置 (cms)')
```

运行程序,效果如图 1-18 所示。

【例 1-5】　利用 MATLAB 实现跳球戏法。

在 MATLAB 命令行窗口中输入:

```
>> juggler
```

即可弹出 GUI 图,如图 1-19 和图 1-20 所示。

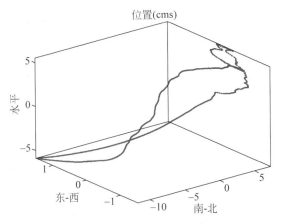

图 1-18　积点的第十点位置图

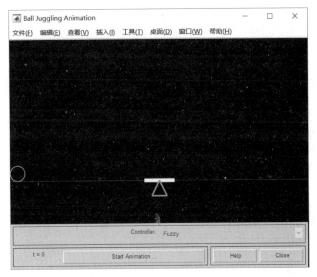

图 1-19　Scope 仿真图

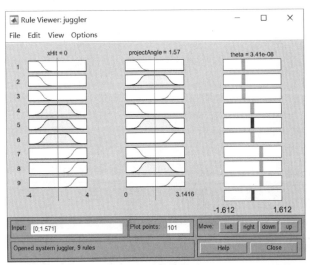

图 1-20　模糊结果图

单击图 1-19 中的 Start Animation 按钮，即可实现跳球戏法，而且随着小球的跳动，图 1-20 的模糊结果图会出现相应的变量。

在 MATLAB 命令行窗口中输入：

```
>> type juggler
```

即可弹出 juggler 函数的代码如下：

```
function [o1,o2,o3] = juggler(x_prev, y_prev, v_prev, delta_t, action)
if nargin == 0,
    action = 'initialize';
end
global JugFigH figNum JugFigTitle JugAxisH
global JugAnimRunning JugAnimStepping JugAnimPause JugAnimClose
global JugUpdateBoard JugCount
global JugBallRadius xMin xMax ProjAngle theta
global DesiredPos SamplingTime xNextHit g
global JugFisMat

if strcmp(action, 'next_pos'), % Returns [x, y, v] at the next point
    o1 = x_prev + real(v_prev) * delta_t;
    o2 = y_prev + imag(v_prev) * delta_t - 0.5 * g * delta_t^2;
    o3 = real(v_prev) + j * (imag(v_prev) - g * delta_t);
elseif strcmp(action, 'single_loop'),
    % 获得动画对象
  if ~ishghandle(JugFigH)
      return;
  end
    ud = get(JugFigH, 'userdata');
    ballH = ud(3, 1);
    plateH = ud(3, 2);
    refH = ud(3, 3);
    countH = ud(1, 6);
    ball = get(ballH, 'userdata');
    controllerH = ud(2, 1);
    which_controller = get(controllerH, 'value');
    plate = get(plateH, 'userdata');
    ref = get(refH, 'userdata');
    % 获得状态变量
    x_prev = ud(3, 8);
    y_prev = ud(3, 9);
    v_prev = ud(3, 10);
  ...
  elseif strcmp(action, 'close'),
      if JugAnimRunning == 1,
          JugAnimClose = 1;        % 关闭主循环
      else                         % 当动画已停止或暂停关闭
          ud = get(JugFigH, 'userdata');
          if ishghandle(JugFigH)
              delete(JugFigH);
          end
          if ishghandle(figNum)
              delete(figNum);
```

```
        end
    end
% 扩展 UI 控件
else
    fprintf('Action string = %s\n', action);
    error('Unknown action string!');
end
```

以上只列出了几个简单的 MATLAB 应用实例，其实随着计算机技术的发展，MATLAB
在各领域中的应用越来越广泛，本书主要向读者介绍 MATLAB 在通信系统中的应用。

第2章 通信系统初识

通信系统是用来完成信息传输过程的技术系统的总称。现代通信系统主要借助电磁波在自由空间的传播或在导引媒体中的传输机理来实现,前者称为无线通信系统,后者称为有线通信系统。

2.1 通信方式

来自信源的消息(语言、文字、图像或数据)在发信端先由末端设备(如电话机、电传打字机、传真机或数据末端设备等)变换成电信号,然后经发端设备编码、调制、放大并发射后,把基带信号变换成适合在传输媒介中传输的形式;经传输媒介传输,在收信端经收端设备进行反变换恢复成消息提供给收信者。这种点对点的通信大都是双向传输的,因此在通信对象所在的两端均备有发端和收端设备。

2.2 通信系统组成

通信是将信息从发信者传递给在另一个时空点的收信者。由于完成这一信息传递的通信系统的种类繁多,因此它们的具体设备和业务功能可能各不相同,经过抽象概括,通信流程可用如图 2-1 所示的基本模型图来表示。整个流程是由信源、发送设备、信道(或传输媒质)、接收设备和信宿(收信者)五部分组成。

图 2-1 通信系统的基本模型

上述模型概括地反映了通信系统的共性。根据我们的研究对象及所关心的不同问题,将会使用不同形式的较具体的通信系统模型。

2.2.1 信源

信源是信息的产生者或信息的形成者。根据信源所产生信号的性质不同,可分为模拟信源和离散信源。模拟信源(如电话机、电视机、摄像机等)输出幅度连续的信号;离散信源(如电传机、计算机等)输出离散的符号序列或文字。模拟信源可通过采样和量化转换为离散信源。随着信源和接收者的不同,信息的速率将在很大范围内变化。例如,一台电传打字机的速率为 50bps,而彩色电视机的速率为 270Mbps,由于信源产生的种类和速率不同,因而对传输系统的要求也各不相同。

2.2.2　信宿

信宿将复原的原始信号转换成相应的消息。应当指出,上述模型是点对点的单向通信系统。对于双向通信,通信双方都要有发送设备和接收设备。对于多个用户之间的双向通信,为了能实现信息的有效传输,必须进行信息的交换和分发,由传输系统和交换系统组成的一个完整的通信系统或通信网络来实现。其中,交换系统完成不同地址信息的交换,交换系统中的每一台交换机组成了通信网络中的各个节点。一个实际的通信系统往往由终端设备、传输链路和交换设备三大部分组成。

1. 终端设备

终端设备的主要功能是把待传送的信息与在信道上传送的信号相互转换。这就要求有发送传感器和接收传感器将信号恢复成能被利用的信息,还应该有处理信号的设备以便能与信道匹配。另外,还需要能产生和识别通信系统内所需的信令信号或规约。对应不同的电信业务有不同的信源和信宿,也就有着不同的变换和反变换设备,因此,对应不同的电信业务也就有不同的终端设备,如电话业务的终端设备就是电话机,传真业务的终端设备就是传真机,数据业务的终端设备就是数据终端机等。

2. 传输链路

传输链路是连接源点和终点的媒介和通路,除对应于通信系统模型中信道部分之外,还包括一部分变换和反变换设备。传输链路的实现方式主要有以下几种。

- 物理传输媒介本身就是传输链路,如实线和电缆。
- 采用传输设备和物理传输媒介一起形成的传输链路,如载波电路和光通信链路。
- 传输设备利用大气传输链路,如微波和卫星通信链路。

3. 交换设备

交换设备是现代通信网络的核心,其基本功能是完成接入交换节点的链路的汇集、转换和分配。对不同电信业务网络的转接,交换设备的性能要求也不相同。例如,电话业务网的交换设备实时性强,因此,目前电话业务网主要采用直接接续通话电路的交换方式。对于主要用于计算机通信的数据业务网,由于数据终端或计算机可有各种不同的速率,为了提高链路利用率,可将流入信息流进行分组、存储,然后再转发到所需链路上去,这种方式称为分组交换方式。例如,分组数据交换机就是按这种方式进行交换的,这种方式可以比较高效地利用传输链路。

2.2.3　发送与接收设备

1. 发送设备

发送设备的基本功能是将信源和传输媒介匹配起来,即将信源产生的消息信号变换为有利于传送的信号形式送往传输媒介。变换方式是多种多样的,在需要频率搬移时,调制是最常见的变换方式。发送设备还包括为达到某种特殊要求所进行的各种处理,如多路复用、保密处理和纠错编码处理等。

2. 接收设备

接收设备的主要作用是将来自信道的带有干扰的发送信号加以处理,并从中提取原始信息,完成发送变换过程的逆变换——解调和译码。由于接收的消息信号存在噪声和传输损伤,接收设备还可能使用趋近理想恢复的某些措施和方法。

2.3 通信分类

通信可按不同的标准进行分类,具体如下。

2.3.1 按信源分类

通信中的信号是指携带信息的某一物理量,在数学上一般表示为时间 t 的函数 $f(t)$。根据函数类型的不同可以将信号划分为模拟信号、数字信号、时间连续信号、时间离散信号等。如果信号在定义域(时间)上是连续的,称为时间连续信号,反之称为时间离散信号。如果一个时间连续信号的值域也是连续的,则称为模拟信号。而如果一个时间离散信号在值域上也是离散的,则称为数字信号。注意,不同的信号可以用来表达相同的消息,而不同消息也可以用相同的信号来表示,消息到信号的映射关系是通信收发双方事先协调认可的。不同信号类型之间可以相互转化,例如,声音通过话筒转换为以电量表示的模拟信号,再通过时间取样转化为时间离散信号,如果再对这个时间离散信号的值域,也就是幅度进行离散化,就得到了数字信号。数字信号可以通过编码表示二进制序列,这样的二进制序列也是数字信号。而数字调制可将数字信号映射为随时间连续变化的电波形,从波形函数的角度看,调制过程又将数字信号转换成了模拟信号。

按照链路层通信系统仿真模型中流通的信号类型不同,可以将其划分为连续时间系统、离散时间系统、模拟系统、数字系统以及混合系统等。例如,把输入量和输出量都是时间 t 的连续函数的系统称为连续时间系统,而将输入量和输出量都是时间离散信号的系统称为离散时间系统。如果在系统中流通的信号类型不止一种,则该系统称为混合系统。

2.3.2 按信号特征分类

在链路层通信系统模型中,人们关心的是给定输入的情况下系统的输出是什么,系统输出与输入以及系统本身的参数有什么联系等问题,而不关心系统的内部构造和具体实现。如果描述系统的参数不随时间的变化而变化,称这类系统为恒参系统;如果系统参数是随时间而变化,则称为变参系统或时变系统。

如果系统参数的变化是确知的,即系统参数是时间的确定函数,那么就称这类系统为确定系统;反之,若系统参数是服从某种随机分布的随机过程,则称为随机系统。在数学上系统模型一般采用系统输出(响应)、输入(激励)以及系统固有参数之间的函数关系来表达。

如果系统当前时刻的输出仅仅取决于当前时刻的系统输入,而与系统以往的输入无关,则这样的系统称为无记忆系统;反之,如果系统的当前输出与输入信号的历史值有关,则称为有记忆系统或动态系统。无记忆系统的输入 $x(t)$ 与输出 $y(t)$ 之间的关系可以表示为时间 t 的代数函数,即 $y(t)=f(x(t))$。例如增益为 k 的线性放大器是无记忆系统,表示为 $y(t)=kx(t)$。而对于有记忆系统,如果输入和输出信号是时间离散的,则系统输入和输出关系必须用差分方程来描述,称为离散有记忆系统。如果输入和输出是连续时间信号,那么就要用微分方程来描述。系统参数就是所描述的微分方程或差分方程的系数,如果这些系统是不随时间变化的常数,那么相应的系统就是恒参系统。

系统的输入和输出信号可以是一个,也可以是多个。按照输入输出信号的数目可以将系统划分为单输入单输出的、单输入多输出的、多输入单输出和多输入多输出的。对于一般的有记忆系统,输入和输出信号中还可能既存在连续信号,又存在离散信号,这种情况下,需要联合微分方程组以及差分方程组来刻画系统行为。数学上,通过变量代换,这些刻画系统的微分方程或差分方程(组)可以用一组一阶微分方程或差分方程来表示,方程组中的未知变量称为系统的状态。相应地,将以系统状态作为变量的方程组称为系统的状态方程。如果其中微分方程或差分方程是线性常系统的,则称为该线性常系统的线性状态方程。

为了简化数学表达式,可以用一个向量函数来表示多个信号,也可以用矩阵来表达线性状态方程,从而建立起基于矩阵表示的一般线性系统的数学模型。

2.3.3　按网络层次分类

通信系统可以指一个全球通信网络,也可以指地球同步卫星系统、地面微波传输系统或安装了网卡或调制解调器的个人计算机等。为了清楚地说明通信系统,往往将系统进行分层次描述。通信系统的最高层次描述是对通信网络层次的描述,在网络层次模型上,通信系统由通信节点(信号处理点)以及链接这些节点的通信链路和传输系统组成。在网络层次模型中,信息流量控制和分配成为研究和设计的主要目标,而不关心通信信号具体的处理和传输过程。传输协议的设计、优化和验证是网络层次模型分析和仿真的主要工作。

在网络层次之下,是对通信节点和链路以及传输信号的具体化,称为链路层次模型。通信链路由调制器、编码器、滤波器、放大器、传输信道、解码器、解调器等元素构成。这些元素负责具体的信号处理和传输工作。在链路层次上,研究和考察的对象是信号的传输过程、信号处理的算法对传输质量指标的影响,而不关心算法和传输过程的具体实现方法。编解码算法、调制算法的有效性、传输可靠性、传输容量分析、传输错误率分析等是链路层次模型分析和仿真的主要任务。

现代通信系统中,通信链路中的各元素可以由硬件实现,也可以是具有相同功能的软件实体或软件硬件的混合体,而不再仅仅指传统的电路或纯硬件系统。对链路层次模型中元素的具体化就是电路实现层次的模型,例如用于处理信号的模拟电路、数字电路、植入数字信号处理芯片中的算法等。在电路实现层次的通信模型中,我们关心的是功能的具体实现问题,例如硬件电路的设计、算法的设计和程序设计等,而通信系统性能指标,如传输错误率等则不作为考察对象。

总之,对网络层次通信系统的建模和研究所要解决的是系统规划和通信网全局性能设计问题,具体就是通信协议的设计和研究,如何协调网络流量、信息负载均衡以及网络效益最大化问题,而不关心通信节点之间的具体信号传输方式。对链路层次上的通信系统建模和研究所解决的是节点传输性能问题,具体就是采用什么样的调制解调方式,什么样的编解码方案,能够达到的传输性能指标如何等诸如此类的问题,而不关心信号处理的具体实现方式,也不关心通信网整体性能问题。而在电路层次的通信模型中,研究的对象是信号处理单元的具体实现和优化问题,如采用什么硬件、什么算法,如何优化实现模块的输入/输出波形和指标要求等,在电路层次的通信模型中不关心其上层的系统性能指标。

针对不同层次的模型,建模和仿真技术也有所不同。

在网络层次上,一般通过一个事件驱动的仿真器(软件)来仿真消息流或数据包流在网络中的流动过程,并通过仿真来估计诸如网络吞吐量、响应时间、资源利用率等指标,以作为设计节点处理器速度、节点缓冲区大小、链路容量等网络参数的设计依据。通过网络层次的仿真可以对节点信息处理标准、通信协议以及通信链路拓扑结构进行设计和验证工作。

链路层次上研究的是针对不同物理信道中的信息承载波形的传输问题。物理信道包含自由空间、有线信道、光纤信道、无线衰落信道等。对于数字通信系统,仿真评估的系统指标通常是比特错误率、传输速率等。对仿真模型中的模块,如调制器、编码器、滤波器、放大器、信道等仅仅是功能性描述,通过对输入/输出波形或符号的仿真,来验证链路设计是否满足由网络层次仿真所要求的链路质量指标。

电路实现层次的仿真器,如模拟电路仿真语言 Spice 和数字系统仿真语言 HDL 等,用来设计和验证电路系统是否达到了链路层次系统所要求的功能指标。在实现层的仿真用于提供支持链路层系统的行为模型。例如,链路层给出了滤波器的带宽、衰减等指标,电路实现层就研究如何实现满足要求的滤波器并通过仿真来验证是否达到设计目标。

2.4 模拟数字通信

在通信中有模拟通信,也有数字通信。

2.4.1 模拟通信

模拟通信是利用正弦波的幅度、频率或相位的变化,或者利用脉冲的幅度、宽度或位置变化来模拟原始信号,以达到通信的目的,因此称为模拟通信。

1. 模拟通信的定义

模拟信号是指幅度的取值是连续的,幅值可由无限个数值表示。例如,时间上连续的模拟信号、连续变化的图像(电视、传真)信号等。时间上离散的模拟信号是一种抽样信号。

模拟通信是一种以模拟信号传输信息的通信方式。非电的信号(如声、光等)输入到变换器(如送话器、光电管),使其输出连续的电信号,使电信号的频率或振幅等随输入的非电信号而变化。普通电话所传输的信号为模拟信号,电话通信是最常用的一种模拟通信。模拟通信系统主要由用户设备、终端设备和传输设备等部分组成。其工作过程是:在发送端,先由用户设备将用户送出的非电信号转换成模拟电信号,再经终端设备将它调制成适合信道传输的模拟电信号,然后送往信道传输。到了接收端,经终端设备解调,然后由用户设备将模拟电信号还原成非电信号,送至用户。

2. 模拟通信的特点

模拟通信与数字通信相比,其通信系统设备简单,占用频带窄,但通信质量、抗干扰能力和保密性能等不及数字通信。从长远看,模拟通信将逐步被数字通信所替代。

模拟通信的优点是直观且容易实现,但存在以下几个缺点。

(1)保密性差。模拟通信,尤其是微波通信和有线明线通信,很容易被窃听。只要收到模拟信号,就容易得到通信内容。

(2)抗干扰能力弱。电信号在沿线路的传输过程中会受到外界的和通信系统内部的各种噪声干扰,噪声和信号混合后难以分开,从而使得通信质量下降。线路越长,噪声的积累也就越多。

(3) 设备不易大规模集成化。

(4) 不能满足飞速发展的计算机通信要求。

2.4.2 数字通信

数字信号是指幅度的取值是离散的,幅值表示被限制在有限个数值之内。二进制码就是一种数字信号,其受噪声的影响小,易于由数字电路进行处理,所以得到了广泛的应用。数字通信是指在信道上把数字信号从信源传送到信宿的一种通信方式。与模拟通信相比,其优点为:抗干扰能力强,没有噪声积累;可以进行远距离传输并能保证质量;能适应各种通信业务要求,便于实现综合处理;传输的二进制数字信号能直接被计算机接收和处理;便于采用大规模集成电路实现,通信设备利于集成化;容易进行加密处理,安全性更容易得到保证。

2.5 通信系统类型

通信系统主要有多路系统、有线系统、微波系统、卫星系统、电话系统、电报系统及数据系统等。

2.5.1 多路系统

为了充分利用通信信道、扩大通信容量和降低通信费用,很多通信系统采用多路复用方式,即在同一传输途径上同时传输多个信息。多路复用技术分为频率分割、时间分割和码分割多路复用等。在模拟通信系统中,将划分的可用频段分配给各个信息而共用一个共同传输媒质,称为频分多路复用;在数字通信系统中,分配给每个信息一个时隙(短暂的时间段),各路依次轮流占用时隙,称为时分多路复用;码分多路复用则是在发信端使各路输入信号分别与正交码波形发生器产生的某个码列波形相乘,然后相加而得到多路信号。完成多路复用功能的设备称为多路复用终端设备,简称终端设备。多路通信系统由末端设备、终端设备、发送设备、接收设备和传输媒介等组成。

2.5.2 有线系统

有线系统是用于长距离电话通信的载波通信系统,是按频率分割进行多路复用的通信系统。它由载波电话终端设备、增音机、传输线路和附属设备等组成。其中,载波电话终端设备是把话频信号或其他群信号搬移到线路频谱或将对方传输来的线路频谱加以反变换,并能适应线路传输要求的设备;增音机能补偿线路传输衰耗及其变化,沿线路每隔一定距离装设一部。

2.5.3 微波系统

微波系统是长距离大容量的无线电通信系统,因传输信号占用频带宽,一般工作于微波或超短波波段。在这些波段,一般仅在视距范围内具有稳定的传输特性,因而在进行长距离通信时需采用接力(也称中继)通信方式,即在信号由一个终端站传输到另一个终端站所经的路由上,设立若干个邻接的传送信号的微波接力站(又称中继站),各站间的空间距离为 20~50km。接力站又可分为中间站和分转站。微波接力通信系统的终端站所传信号在基带上可与模拟频分多路终端设备或与数字时分多路终端设备相连接。前者称为模拟接力通信系统,后者称为数字接力通信系统。由于具有便于加密和传输质量好等优点,数字微波接力通信系统日益得到人们的重视。除上述接力通信系统外,利用对流层散射传播的超视距散射通信系统,也可通过接力方式作为长距离中容量的通信系统。

2.5.4　卫星系统

在微波通信系统中,若以地球静止轨道上的通信卫星为中继转发器,转发各地球站的信号,则构成一个卫星通信系统。卫星通信系统的特点是覆盖面积很大,在卫星天线波束覆盖的大面积范围内可根据需要灵活地组织通信联络,有的还具有一定的变换功能,故已成为国际通信的主要手段,也是许多国家国内通信的重要手段。卫星通信系统主要由通信卫星、地球站、测控系统和相应的终端设备组成。卫星通信系统既可作为一种独立的通信手段(特别适用于海上、空中的移动通信业务和专用通信网),又可与陆地的通信系统结合、相互补充,构成更完善的传输系统。

用上述载波、微波接力、卫星等通信系统作传输分系统,与交换分系统相结合,可构成传送各种通信业务的通信系统。

2.5.5　电话系统

电话通信的特点是通话双方要求实时对话,因而要在一个相对短暂的时间内在双方之间临时接通一条通路,故电话通信系统应具有传输和交换两种功能。这种系统通常由用户线路、交换中心、局间中继线和干线等组成。电话通信网的交换设备采用电路交换方式,由接续网络(又称交换网络)和控制部分组成。话路接续网络可根据需要临时向用户接通通话用的通路,控制部分用来完成用户通话建立全过程中的信号处理并控制接续网络。在设计电话通信系统时,一方面以接收话音的响度来评定通话质量,在规定发送、接收和全程参考当量后即可进行传输衰耗的分配;另一方面根据话务量和规定的服务等级(即用户未被接通的概率——呼损率)来确定所需机、线设备的能力。

由于移动通信业务的需要日益增长,移动通信得到了迅速的发展。移动通信系统由车载无线电台、无线电中心(又称基地台)和无线交换中心等组成。车载电台通过固定配置的无线电中心进入无线电交换中心,可完成各移动用户间的通信联络;还可由无线电交换中心与固定电话通信系统中的交换中心(一般为市内电话局)连接,实现移动用户与固定用户间的通话。

2.5.6　电报系统

电报系统是为使电报用户之间互通电报而建立的通信系统。它主要利用电话通路传输电报信号。公众电报通信系统中的电报交换设备采用存储转发交换方式(又称电文交换),即将收到的报文先存入缓冲存储器中,然后转发到去向路由,这样可以提高电路和交换设备的利用率。在设计电报通信系统时,服务质量是以通过系统传输一份报文所用的平均时延来衡量的。对于用户电报通信业务则仍采用电路交换方式,即将双方间的电路接通,而后由用户双方直接通报。

2.5.7　数据系统

数据通信是伴随着信息处理技术的迅速发展而发展起来的。数据通信系统由分布在各点的数据终端和数据传输设备、数据交换设备和通信线路互相连接而成。利用通信线路把分布在不同地点的多个独立的计算机系统连接在一起的网络,称为计算机网络,这样可使广大用户共享资源。在数据通信系统中多采用分组交换(或称包交换)方式,这是一种特殊的电文交换方式,在发信端把数据分割成若干长度较短的分组(或称包)后进行传输,在收信端再加以合并。它的主要优点是可以减少时延和充分利用传输信道。

2.6 仿真技术与通信仿真

仿真是衡量系统性能的工具,通过仿真模型的结果来推断原系统的性能,从而为新系统的建立和原系统的改造提供可靠的参考。仿真是科学研究和工程建设中不可缺少的方法。

实际的通信系统是一个功能结构相当复杂的系统,对这个系统做出的任何改变都可能影响到整个系统的性能和稳定。因此,在对原有的通信系统做出改进或建立一个新系统之前,通常先对这个系统进行建模和仿真,通过仿真结果衡量方案的可行性,从中选择最合理的系统配置和参数设置,然后再应用到实际系统中。这个过程称为通信仿真。

2.6.1 仿真技术

仿真技术是以相似原理、系统技术、信息技术以及仿真应用领域的有关技术为基础,以计算机系统、与应用有关的物理效应设备及仿真器为工具,利用模型对系统(已有的或设想的)进行研究的一门多学科的综合性技术。

仿真本质上是一种知识处理的过程。典型的系统仿真过程包括系统模型建立、仿真模型建立、仿真程序设计、模型确认、仿真实验和数据分析处理等,涉及很多领域的知识和经验。系统仿真可以有很多种分类方法。按模型的类型,可以分为连续系统仿真、离散系统仿真、连续离散(时间)混合系统仿真和定性系统仿真;按仿真的实现方法和手段,可以分为物理仿真、计算机仿真、硬件在回路中仿真(半实物仿真)和人在回路中的仿真;按设备的真实程度,可以分为实况仿真、虚拟仿真和构造仿真。

2.6.2 计算机仿真步骤

仿真在实现方法上可以分为多种,本书介绍的 Simulink 仿真技术则属于计算机仿真的一种。计算机仿真的主要步骤如下。

(1) 描述仿真问题,明确仿真目的。

(2) 项目计划、方案设计与系统定义。根据仿真相应的结构,规定相应仿真系统的边界条件与约束条件。

(3) 数据建模。根据系统的先验知识、实验数据及其机理研究,按照物理原理或者采取系统辨识的方法,确定模型的类型、结构及参数。注意,要确保模型的有效性和经济性。

(4) 仿真建模。根据数学模型的形式、计算机类型、采用的高级语言或其他仿真工具,将数学模型转换成能在计算机上运行的程序或其他模型。

(5) 实验。设定实验环境条件,进行实验并记录数据。

(6) 仿真结果分析。根据实验要求和仿真目的对实验结果进行分析处理,根据分析结果修正数学模型、仿真模型、仿真程序或修正改变原型系统,以进行新的实验。模型能够正确地表示实际系统,并不是一次完成的,而是需要比较模型和实验系统的差异,不断地修正和验证才能完成。

下面通过对自由落体的仿真实验来说明计算机仿真的过程。

【例 2-1】 试对空气中在重力作用下不同质量物体的下落过程进行建模和仿真。已知重力加速度 $g=9.8\mathrm{m/s^2}$，在初始时刻 $t_0=0$ 时物体由静止开始坠落。空气对物体的影响可以忽略不计。

1）建立数学模型

先根据物理知识建立自由落体的数学模型。在空气阻力可忽略不计的情况下，质量为 m 的物体在自由坠落过程中受到竖直向下的恒定重力作用，由牛顿第二定律可知，重力 F、加速度 a 以及物体质量 m 间的关系为：

$$F=ma \tag{2-1}$$

其中，加速度即为重力加速度，即 $a=g$。

据题设，初始时刻 $t_0=0$，物体的初始速度为 $v(t_0)=0$，并设物体下落的瞬时速度为 $v(t)$。设物体在 t 时刻的位移为 $s(t)$，并设初始位移为零，即 $s(t_0)=0$。根据加速度、速度、位移三者间的微分关系，可得一组数学方程为：

$$a=\frac{\mathrm{d}v}{\mathrm{d}t} \tag{2-2}$$

$$v=\frac{\mathrm{d}s}{\mathrm{d}t} \tag{2-3}$$

以及初始条件（也称作方程的边界条件）：

$$v(t_0)=0 \tag{2-4}$$

$$s(t_0)=0 \tag{2-5}$$

此处需要得出不同时刻物体的运动状态，即物体的瞬时速度和瞬时位移。到此，完成了自由落体的数学描述。

2）数学模型的解析

数学模型建立后，可尝试对其进行解析求解。解析结果可以帮助读者验证仿真数值结果。对于这个数学模型，其求解十分简单，只要对加速度方程、速度方程进行积分并代入初始条件，即有：

$$v(t)=v(t_0)+\int_{t_0}^{t}a\,\mathrm{d}t=v(t_0)+a(t-t_0)=at \tag{2-6}$$

以及：

$$s(t)=s(t_0)+\int_{t_0}^{t}v(t)\mathrm{d}t=\int_{t_0}^{t}a\,\mathrm{d}t=\frac{1}{2}at^2 \tag{2-7}$$

3）根据数学模型建立计算机仿真模型

计算机仿真就是对数学模型的数值求解。下面将微分方程进行形式上的变换以便于数值求解。由式（2-2）及式（2-3）得：

$$v(t+\mathrm{d}t)=v(t)+\mathrm{d}v=v(t)+a\,\mathrm{d}t \tag{2-8}$$

及：

$$s(t+\mathrm{d}t)=s(t)+\mathrm{d}s=s(t)+v(t)\mathrm{d}t \tag{2-9}$$

注意，这种变形只是将方程转换为一种在自变量（时间）上的"递推"表达式，并没有进行解析求解。利用式(2-8)和式(2-9),在已知当前时刻 t 的瞬时位移、瞬时速度和加速度的情况下,即可推知下一个无限邻近的时刻 $t+dt$ 上物体新的瞬时位移、瞬时速度和加速度,这也就是微分方程数值求解的基本思想。在数值求解中,无穷小量 dt 需要用一个很小的数值 Δt 来近似,Δt 称为微分方程的数值求解步长,通常也称为仿真步进。显然,这种微分方程的递推求解总是近似的,求解精度与步长有关。

下面用程序来实现这个求解过程。仿真时间范围设置为 $0 \sim 2s$,为了使仿真计算的误差明显一些,可采用较大的仿真步长 $\Delta t = 0.1$(也可自己修改仿真步长来观察计算精度的变化情况)。

4)执行仿真和结果分析

实现 MTALAB 仿真程序的代码如下:

```
>> clear all;
g = 9.8;                        % 重力加速度
v = 0;                          % 设定初始速度条件
s = 0;                          % 设定初始位移条件
t = 0;                          % 设定初始时间
dt = 0.1;                       % 设定计算步长
N = 21;                         % 设置仿真递推次数,仿真时间等于 N 与 dt 的乘积
for k = 1:N
    v = v + g * dt;             % 计算新时刻的速度
    s(k + 1) = s(k) + v * dt;   % 新位移
    t(k + 1) = t(k) + dt;       % 时间更新
end
% 理论计算,以便与仿真结果对照
t_th = 0:0.1:N * dt;            % 设置解析计算的时间点
v_th = g * t_th;               % 解析计算的瞬时速度
s_th = 1/2 * g * t_th.^2;       % 解析计算的瞬时位移
% 绘制仿真结果与解析结果对比
t = 0:dt:N * dt;
plot(t,s,'+',t_th,s_th,':');
xlabel('时间/s');ylabel('位移/m');
legend('仿真结果','理论结果');
```

运行程序,效果如图 2-2 所示。从图中可知,仿真得出的位移与理论结果间存在差别,这种差别是由于微分方程数值求解的算法和采用步长较大而引起的。事实上,此处采用的数值求解算法是最简单的矩形积分法,精度不高,只是为了说明仿真过程。现代仿真技术和数值计算方法中已经开发出许多更好的微分方程求解算法,可供直接使用。

以上代码中采用了循环语句来实现对微分方程的递推求解,每次循环就将计算时刻向前推进一个步长。全部循环执行完毕后,得到了一系列时刻上物体的瞬时速度和瞬时位移值,最后通过数据曲线表达出来。

如果希望以动态方式来观察物体坠落

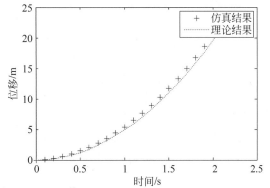

图 2-2 自由落体位移理论曲线与仿真结果对比

的过程,可通过设计仿真程序,这样在数值求解的过程中能将求解结果以图形方式输出出来。这样,在数值求解不断更新的过程中,输出图形也随之同步更新,形成一种"动画"的效果。这种一边计算一边输出可视化结果的方式更加形象直观,更便于展示物理系统的工作过程,同时也方便演示、数学讲解和学术交流。

可将绘图语句放在递推计算循环内,并设置即时作图刷新方式,从而得到这种"动画"仿真效果。实现代码如下:

```
>> clear all;
g = 9.8;                             % 重力加速度
for L = 1:5                          % 仿真重复 5 次以便观察
    v = 0;                           % 设定初始速度条件
    s = 0;                           % 设定初始位移条件
    t = 0;                           % 设定初始时间
    dt = 0.1;                        % 设定计算步长
for k = 1:200
    v = v + g * dt;                  % 计算速度
    s = s + v * dt;                  % 位移
    t = t + dt;                      % 时间
    plot(0, − s, 'ro');
    axis([ − 2 2 − 20 0]);           % 设置坐标范围值
    text(0.5, − 1,['当前时间:t = ',num2str(t)]);
    text(0.5, − 2,['当前速度:v = ',num2str(v)]);
    text(0.5, − 3,['当前位移:s = ',num2str(s)]);
    set(gcf,'DoubleBuffer','on');    % 双缓冲避免作图闪烁
    drawnow;                         % 即时作图
    end
end
```

在程序中,将计算步进重新设置为 0.1,并且重复仿真多次以便于演示。在仿真途中可按 Ctrl+C 组合键来终止程序执行。程序执行过程中将显示出物体坠落的动画效果,图 2-3 为其中的一帧。

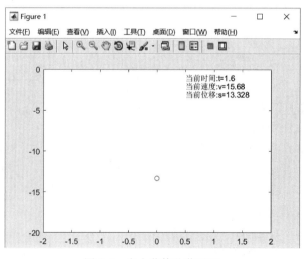

图 2-3　自由落体坠落过程

如果考虑到落体受到空气的阻力,且阻力与下落速度成正比,试修改数学模型和相应的仿真程序。在考虑阻力的情况下,于相同高度同时下落的质量不同的物体仍然同时落地吗?通过以下验证来解释。

设空气的阻力为 f,与下落速度 v 成正比,设正比例系数为 k,则有:

$$f = kv$$

于是根据加速度 a,速度 v 和位移 s 的关系,可得考虑落体受到空气阻力的数学模型为:

$$\begin{cases} f = kvas \\ a = \dfrac{\mathrm{d}v}{\mathrm{d}t} \\ v = \dfrac{\mathrm{d}s}{\mathrm{d}t} \\ F = ma = mg + kv \end{cases}$$

其中,F 为落体所受合力,g 为重力加速度。落体的初始条件为:

$$\begin{cases} v(t_0) = 0 \\ s(t_0) = 0 \end{cases}$$

将以上微分方程变形为时间 $\mathrm{d}t$ 的递推式,以便程序求解,即:

$$\begin{cases} v(t + \mathrm{d}t) = v(t) + a(t)\mathrm{d}t \\ s(t + \mathrm{d}t) = s(t) + v(t)\mathrm{d}t \\ a(t) = g + \dfrac{kv(t)}{m} \end{cases}$$

在程序中设空气阻力系数 $k = -1$,仿真了 3 种质量的落体 $m = 1, 3, 12$;并计算了无空气阻力时自由落体的轨迹。

```
>> clear all;
g = 9.8;                    %重力加速度
k = -1;                     %空气阻力系数
dt = 0.1;                   %计算步长
N = 21;                     %设置仿真递推次数,仿真时间等于 N 与 dt 的乘积
for m = [1,3,12]            %3 种落体质量
    v = 0;                  %设定初始速度条件
    s = 0;                  %设定初始位移条件
    t = 0;                  %设定初始时间
    for i = 1:N
        a = g + k/m * v;    %计算加速度
        v = v + a * dt;     %计算速度
        s(i + 1) = s(i) + v * dt;  %新位移
        t(i + 1) = t(i) + dt;      %时间更新
    end
    plot(t,s,'o');
    hold on;
end
%理论计算,便于与仿真结果对比
t_th = 0:0.1:N * dt;        %设置解析计算的时间点
v_th = g * t_th;           %解析计算的瞬时速度
s_th = 1/2 * g * t_th.^2;  %解析计算的瞬时位移
```

```
%绘制仿真结果与解析结果对比
L-0:dL:N*dL;
plot(t_th,s_th,'k');
xlabel('时间/s');ylabel('位移/m');
```

运行程序,效果如图 2-4 所示。

从图 2-4 仿真结果可看出,由于存在空气
阻力,落体的下落速度减缓了,在空气阻力系
数一定的条件下,质量较小的物体速率受空
气阻力影响较大,其速率逐渐趋近于匀速。
而质量较大的落体则接近于理想自由落体。
因此,于考虑空气阻力的情况下,于相同高度
同时下落的质量不同的物体不是同时落地,
质量较小的物体将最后落地。

如果再考虑空气对物体的浮力,将如何
进一步建立数学模型和相应的仿真程序呢?
通过以下验证来解释。

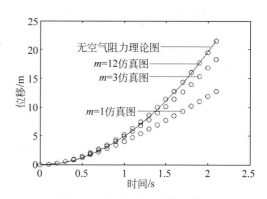

图 2-4 随时间变化落体的位移

解析:浮力与重力方向相反,且浮力大小与落体体积有关,等于落体体积所排除的空气
质量。设空气密度为 ρ,落体体积为 V,则浮力 f_1 为:

$$f_1 = \rho V g$$

因此落体动力方程为:

$$\begin{cases} a = \dfrac{\mathrm{d}v}{\mathrm{d}t} \\ v = \dfrac{\mathrm{d}s}{\mathrm{d}t} \\ F = ma = mg + kv - \rho V g \end{cases}$$

即落体加速度方程为:

$$a(t) = g + \frac{kv(t)}{m} - \frac{\rho V g}{m}$$

仍设空气阻力系数为 $k = -1\mathrm{N}/(\mathrm{m/s})$,落体质量 $m = 1\mathrm{kg}$。落体体积分别为 $V = 0.1\mathrm{m}^3$、$0.6\mathrm{m}^3$、$1\mathrm{m}^3$。代码如下:

```
>> clear all;
g = 9.8;                      %重力加速度
k = -1;                       %空气阻力系数
dt = 0.1;                     %计算步长
N = 21;                       %设置仿真递推次数,仿真时间等于 N 与 dt 的乘积
m = 1;                        %落体质量
rho = 1.29;                   %空气密度
for V = [0.1,0.6,1]           %3种落体的体积
    v = 0;                    %设定初始速度条件
    s = 0;                    %设定初始位移条件
    t = 0;                    %设定初始时间
    for i = 1:N
        a = g + k/m*v - rho/m*V*g;   %计算加速度
```

```
                v = v + a * dt;                    % 计算速度
                s(i + 1) = s(i) + v * dt;          % 新位移
                t(i + 1) = t(i) + dt;              % 时间更新
            end
            plot(t,s,'o');
            hold on;
        end
        % 理论计算,便于与仿真结果对比
        t_th = 0:0.1:N * dt;                       % 设置解析计算的时间点
        v_th = g * t_th;                           % 解析计算的瞬时速度
        s_th = 1/2 * g * t_th.^2;                  % 解析计算的瞬时位移
        % 绘制仿真结果与解析结果对比
        t = 0:dt:N * dt;
        plot(t_th,s_th,'k');
        xlabel('时间/s');ylabel('位移/m');
```

运行程序,效果如图 2-5 所示。

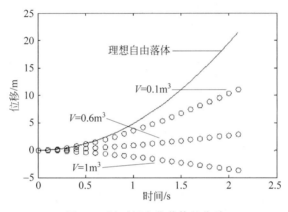

图 2-5　随时间变化落体的位移

从图 2-5 可见,落体体积增加,则所受到的空气浮力也随之增加,当落体体积达到 1m³ 时,浮力大于重力,这时物体竖直向上浮起,而不是下落(在此忽略了空气密度随高度的变化)。因此,仿真结果是实际结果的一种近似。

2.6.3　通信仿真步骤

通信系统仿真一般分为 3 个步骤,即仿真建模、仿真实验和仿真分析。应该注意的是,通信仿真是一个螺旋式发展的过程,因此,这 3 个步骤可能需要循环执行多次之后才能够获得令人满意的仿真结果。

1. 仿真建模

仿真建模是根据实际通信系统建立仿真模型的过程,是整个通信仿真过程中的一个关键步骤,因为仿真模型的质量直接影响着仿真的结果以及仿真结构的真实性和可靠性。

2. 仿真实验

仿真实验是一个或一系列针对仿真模型的测试。在仿真实验过程中,通常需要多次改变仿真模型输入信号的数值,以观察和分析仿真模型对这些输入信号的反应,以及仿真系统在这个过程中表现出来的性能。值得强调的一点是,仿真过程中使用的输入数据必须具有一定的代表性,即能够从各种角度显著地改变仿真输出信号的数值。

3. 仿真分析

仿真分析是一个完整通信仿真流程的最后一个步骤。在仿真分析过程中,用户已经从仿真过程中获得了足够多的关于系统性能的信息,但是这些信息只是一些原始数据,一般还需要经过数值分析和处理才能够获得衡量系统性能的尺度,从而获得对仿真性能的一个总体评价。常用的系统性能尺度包括平均值、方差、标准差、最大值和最小值等,它们从不同的角度描绘了仿真系统的性能。

值得注意的是,即使仿真过程中收集的数据正确无误,由此得到的仿真结果也并不一定就是准确的。其原因可能是输入信号恰好与仿真系统的内部特性吻合,或输入的随机信号不具有足够的代表性。

以上就是通信系统的一个循环。应强调的是,仿真分析并不一定意味着通信仿真过程的完全结束。如果仿真分析得到的结果达不到预期的目标,用户还需要重新修改通信仿真模型,这时仿真分析就成为一个新循环的开始。

下面通过一个实例来演示通信系统仿真的一般步骤。

【例 2-2】 对乒乓球的弹跳过程进行仿真。忽略空气对乒乓球的影响,乒乓球垂直下落,落点为光滑的水平面,乒乓球接触落点立即反弹。如果不考虑弹跳中的能量损耗,则反弹前后的瞬时速率不变,但方向相反。如果考虑撞击损耗,则反弹速率有所降低。目的是通过仿真得出乒乓球位移随时间变化的关系曲线,并进行弹跳过程的"实时"动画显示。

1) 数学模型

首先对乒乓球弹跳过程进行一些理想化假设。设乒乓球是刚性的,质量为 m,垂直下落,撞击面为水平光滑平面。在理想情况下撞击无能量损耗。如果考虑撞击面损耗,则撞击前后速度方向相反,大小按比例系数 $K(0 < K \leqslant 1$ 下降。在 t 时刻的速度设为 $v = v(t)$,位移设为 $y = y(t)$,并以撞击为坐标原点,水平方向为坐标横轴建立直角坐标系。球体的速度以竖直向上方向为正方向。重力加速度为 $g = 9.8\mathrm{m/s^2}$。

初始条件假设:设初始时刻 $t_0 = 0$,球体的初始速度为 $v_0 = v(t_0)$,初始位移为 $y_0 = y(t_0)$。

受力分析:在空中时小球受重力 $F = mg$ 作用$\left(g = \dfrac{\mathrm{d}v}{\mathrm{d}t}\right)$,则在 $t + \mathrm{d}t$ 时刻小球的速度为(注意,其中负号是考虑了速度的方向):

$$v(t + \mathrm{d}t) = v(t) - g\,\mathrm{d}t \tag{2-10}$$

在 $t + \mathrm{d}t$ 时刻小球的位移为:

$$y(t + \mathrm{d}t) = y(t) + v(t)\mathrm{d}t \tag{2-11}$$

在小球撞击水平的瞬间,即 $y(t) = 0$ 的时刻,它的速度方向改变,大小按比例 K 衰减。当 $K = 1$ 时,就是无损耗弹跳情况。因此,小球反弹瞬间($t + \mathrm{d}t$ 时刻)的速度为:

$$v(t + \mathrm{d}t) = -Kv(t) - g\,\mathrm{d}t, \quad 0 < K \leqslant 1 \tag{2-12}$$

反弹瞬间的位移为:

$$y(t + \mathrm{d}t) = y(t) - Kv(t)\mathrm{d}t = -Kv(t)\mathrm{d}t \tag{2-13}$$

2) 仿真模型设计

从数学模型中可见,小球在空中自由运动时刻与撞击时刻的动力方程不同。通过小球所处位置(位移)是否为零可判定小球处于何种状态。程序中采用 if 语句作出判断,以决定使用式(2-10)还是式(2-12)来计算。其实现的 MATLAB 程序代码如下：

```
>> clear all;
g = 9.8;                % 重力加速度
v0 = 0;                 % 初始速度
y0 = 1.2;               % 初始位置
m = 1.8;                % 小球质量
t0 = 0;                 % 起始时间
K = 0.85;               % 弹跳的损耗系数
n = 5000;               % 仿真的总步长
dt = 0.001;             % 仿真步长
v = v0;                 % 初状态
y = y0;
for k = 1:n
    if(y > 0) | (v > 0)   % 小球在空中的动力方程计算
        v = v - g * dt;
        y = y + v * dt;
    else                % 如果撞击作如下计算
        y = y - K. * v * dt;
        v = - K. * v - g * dt;
    end
    s(k) = y;           % 当前位移记录到 s 数组中以便作图
end
t = t0:dt:dt * (n - 1);  % 仿真时间
plot(t,s,'r:');
xlabel('时间/s');
ylabel('位移 y(t)/m');
axis([0 5 0 1.2]);
```

运行程序,效果如图 2-6 所示。图 2-6 中分别作出了撞击误差系数 $K = 1$ 和 0.85 两种情况下的小球弹跳位移曲线。

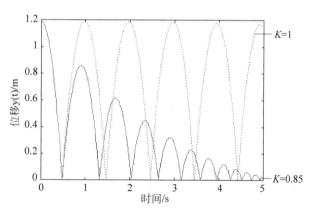

图 2-6　撞击衰减系数 $K = 0.85$ 和 $K = 1$ 情况下的小球弹跳位移效果

对程序稍加修改就可以得到显示小球弹跳过程的动画。有兴趣的读者可以修改程序,观察不同的撞击衰减系数下的小球弹跳过程。修改后的代码如下：

```
>> clear all;
g = 9.8;                % 重力加速度
v0 = 0;                 % 初始速度
```

```
y0 = 1.2;               % 初始位置
m = 1.8;                % 小球质量
t0 = 0;                 % 起始时间
K = 0.85;               % 弹跳的损耗系数
n = 5000;               % 仿真的总步长
dt = 0.005;             % 仿真步长
v = v0;                 % 初状态
y = y0;
for k = 1:n
    if(y > 0)           % 小球在空中的动力方程计算
        v = v - g * dt;
        y = y + v * dt;
    else                % 如果撞击作如下计算
    y = y - K. * v * dt;
    v = - K. * v - g * dt;
    end
    plot(t,s,'ro');
    axis([-2 2 0 1]);
    set(gcf,'DoubleBuffer','on');
    drawnow;
end
```

2.6.4 蒙特卡罗法步骤

蒙特卡罗法(Monte Carlo method),也称统计模拟方法,是 20 世纪 40 年代中期由于科学技术的发展和电子计算机的发明,而被提出的一种以概率统计理论为指导的一类非常重要的数值计算方法,是指使用随机数(或更常见的伪随机数)来解决很多计算问题的方法。与它对应的是确定性算法。蒙特卡罗法在金融工程学、宏观经济学、计算物理学(如粒子输运计算、量子热力学计算、空气动力学计算)等领域应用广泛。

蒙特卡罗法的解题过程可以归结为三个主要步骤:构造或描述概率过程;实现从已知概率分布采样;建立各种估计量。

1. 构造或描述概率过程

对于本身就具有随机性质的问题,如粒子输运问题,主要是正确描述和模拟这个概率过程;对于本来不是随机性质的确定性问题,比如计算定积分,就必须事先构造一个人为的概率过程,它的某些参量正好是所要求问题的解,即要将不具有随机性质的问题转化为随机性质的问题。

2. 实现从已知概率分布采样

构造了概率模型以后,由于各种概率模型都可以看作由各种各样的概率分布构成的,因此产生已知概率分布的随机变量(或随机向量),就成为实现蒙特卡罗法模拟实验的基本手段,这也是蒙特卡罗法被称为随机采样的原因。最简单、最基本、最重要的一个概率分布是(0,1)上的均匀分布(或称矩形分布)。随机数就是具有这种均匀分布的随机变量。随机数序列就是具有这种分布的总体的一个简单子样,也就是一个具有这种分布的相互独立的随机变数序列。产生随机数的问题,就是从这个分布的采样问题。在计算机上,可以用物理方法产生随机数,但价格昂贵,不能重复,使用不便。还有一种方法是用数学递推公式产生随机序列。这样产生的序列,与真正的随机数序列不同,所以称为伪随机数,或伪随机数序列。不过,经过多种统计检验表明,它与真正的随机数,或随机数序列具有相近的性质,因此可把它作为真正的随机数来使用。由已知分布随机采样有各种方法,与从(0,1)上均匀分布采样不同,这些方法都是借助于随机序列来实现的,也就是说,都是以产生随机数为前提的。由此可见,随机数是实现蒙特卡罗模拟的基本工具。

3. 建立各种估计量

一般说来,构造了概率模型并能从中采样后,即实现模拟实验后,就要确定一个随机变量,作为所要求的问题的解,称它为无偏估计。建立各种估计量,相当于对模拟实验的结果进行考察和登记,从中得到问题的解。通常蒙特卡罗法通过构造符合一定规则的随机数来解决数学上的各种问题。对于那些由于计算过于复杂而难以得到解析解或者根本没有解析解的问题,蒙特卡罗法是一种有效的求出数值解的方法。一般蒙特卡罗法在数学中最常见的应用就是蒙特卡罗积分。

在建模和仿真中,应用蒙特卡罗法主要有以下两部分工作。

- 用蒙特卡罗法模拟某一过程,产生所需要的各种概率分布的随机变量。
- 用统计方法把模型的数字特征估计出来,从而得到问题的数值解,即仿真结果。下面给出一个计算圆面积的蒙特卡罗法仿真示例。

【例 2-3】 试用蒙特卡罗法求出半径为 1 的圆的面积,并与理论值对比。

1) 数学模型

设有两个相互独立的随机变量 x,y,服从[0 2]上的均匀分布。那么,由它们所确定的坐标点 (x,y) 是均匀分布于边长为 2 的一个正方形区域中,该正方形的内接圆的半径为 1,如图 2-7 所示。显然,坐标点 (x,y) 落入圆中的概率 p 等于该圆面积 S_c 与正方形面积 S 之比,即:

$$S_c = pS \tag{2-14}$$

因此,只要通过随机试验统计出落入圆点的频度,即可计算出圆的近似面积来。当随机试验的次数充分大的时候,计算结果就趋近于理论真值。

2) 仿真试验

其实现的 MATLAB 程序代码如下:

```
>> clear all;
s = 0:0.01:2 * pi;
x = sin(s);
y = cos(s);                     %计算半径为1的圆周上的点,以便作出圆周观察
m = 0;                          %在圆内的落点计数器
x1 = 2 * rand(999,1) - 1;       %产生均匀分布于[-1 1]直接的两个独立随机数 x1,y1
y1 = 2 * rand(999,1) - 1;
N = 999;                        %设置试验次数
for n = 1:N                     %循环进行重复试验并统计
    p1 = x1(1:n);
    q1 = y1(1:n);
    if(x1(n) * x1(n) + y1(n) * y1(n))<1    %计算落点到坐标原点的距离,误差落点是否在圆内
    m = m + 1;                  %如果落入圆中,计数器加1
    end
    plot(p1,q1,'.',x,y,'-k',[-1 -1 1 1 -1],[-1 1 1 -1 -1],'-k');
    axis equal;                 %坐标纵横比例相同
    axis([-2 2 -2 2]);          %固定坐标范围
    text(-1, -1.2,['试验总次数 n = ',num2str(n)]);    %显示试验结果
```

```
    text( -1, -1.4,['落入圆中数 m = ',num2str(m)]);
    texL( -1, -1.6,['近似圆面积 Sc = ',num2str(m/n * 4)]);
    set(gcf,'DoubleBuffer','on');
    drawnow;
end
```

程序执行中,将动态显示随机落点情况和当前的统计计算结果。图 2-8 为重复落点
288 次时的计算结果。随着试验次数增加,计算结果将趋近于半径为 1 的圆面积的真值 π。

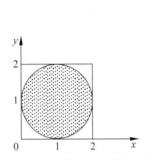

图 2-7 用蒙特卡罗法求圆面积

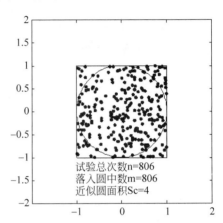

试验总次数n=806
落入圆中数m=806
近似圆面积Sc=4

图 2-8 蒙特卡罗法随机试验计算圆面积的过程

动画模式适合于原理演示。但是,如果要提高程序效率,就应该取消仿真过程中的可
视化显示,并利用 MATLAB 的矩阵运算机制来改造程序。下面的程序将随机试验次数提
高到了 1000 万次,计算得到的圆面积(也即圆周率)精度提高到了小数点后大约 2 位。程序
中同时使用了矩阵运算机制和循环结构来负责完成重复随机试验,其目的是兼顾计算速度
和程序内存占用量。矩阵运算是一种并行计算机制,计算速度快,但是矩阵越大,内存占用
就越多;而循环结构则可重复使用相同的内存区域,尽管速度较慢。这是 MATLAB 语言
固有的特点,在编程中应当就具体问题做出权衡。

```
>> tic                                % 启动计时器
n = 10000;                            % 每次随机落点 10000 个
for k = 1:1000                        % 重复试验 1000 次
    x1 = 2 * rand(n,1) - 1;
    y1 = 2 * rand(n,1) - 1;
    m(k) = sum((x1. * x1 + y1. * y1)<1);  % 求落入圆中的点数和
end
Sc = mean(m). * 4./n                  % 计算并显示结果
time = toc                            % 显示耗时
```

由于是随机试验,重复运行的结果也不完全相同,且不同计算机配置上的运行耗时也
不一样,运行结果如下:

```
Sc =
    3.1422
time =
    238.8182
```

2.6.5 混合方法步骤

在实践中,往往首先根据研究目的、系统结构以及所需要得出的系统参数等指标来建立相应的仿真模型。如果系统属于动态系统,在数学上即用状态方程描述,那么对该系统的仿真过程就是求解该微分方程组的过程。然而,许多时候人们希望考察系统在具有随机性的环境中的表现,例如研究系统的老化过程、热稳定性以及系统对噪声的处理情况等,这时系统模型的参数(例如输入信号、方程系数等)将含有随机成分,那么对系统的仿真就是在具有随机变量条件下的微分方程数值求解问题,这样的仿真方法就称为混合方法,因为仿真同时使用了基于数值计算的状态方程求解方法和基于统计计算的蒙特卡罗法。由于通信系统是一种工作在随机噪声环境下的动态系统,所以对通信系统的一般仿真方法就是确定方程求解与统计计算相互结合的混合方法。

如果在建立了系统的状态方程之后,定义输入信号为阶跃函数,然后直接对状态方程作数值计算得出结果,那么这就是一个仿真过程。又如,在加性高斯信道条件下,数字通信系统的传输误码率与信噪比之间的关系可以通过概率分析方法得到解析公式,根据误码率解析公式计算得出结果(曲线)的过程仅仅是解析数值计算过程,不是系统仿真的过程。而通过蒙特卡罗法对传输进行试验并进行误码统计得出结果(曲线)的过程就是仿真过程。

如果解析数值计算和仿真过程都是正确的,那么在误差范围内,两者所得出的结果必然是一致的,这样就可以通过仿真结果与解析结果之间的对比来检验程序的正确性。可见,对系统的仿真只需要建立系统的数学模型,而不需要对模型的理论求解(在实际问题中,往往理论求解是不可能的或不存在的,例如将上述系统的输入信号变为随机噪声,或者将上述系统变为一个时变系统或非线性系统)。因此,当验证了仿真计算过程的正确性之后,可以将其推广到更为复杂或更加接近实际的情况,从而得出通过解析方法难以得到的数值结果。

下面通过一个实例来演示通信系统仿真的混合方法。

【例 2-4】 实际物理试验中,当一个乒乓球垂直下落到一个完全水平的玻璃板上后,乒乓球不断弹跳,直到能量耗尽。假定空气是静止的,没有风,但弹跳中的乒乓球在玻璃板上的落点仍不会是同一点,这说明在乒乓球运动过程中受到微弱的水平面方向力的作用,产生了水平方向上的漂移。这些水平力在示例 2-2 中被忽略不计,所以那里仿真的结果中小球落点总是在坐标原点处。如果要建立更加接近真实物理环境的弹跳模型,就必须考虑这些被忽视的微小的扰动因素。通过物理实验观察,可以做这样的合理假设:水平面方向上对乒乓球的微弱作用力可能来自多种因素的综合,其中各因素对合力的贡献甚小。根据大数定理,在数学上就可以将水平作用力建模为一个高斯随机变量。为简单起见,这里仍然忽略了空气对小球的其他作用因素,如球运动中的阻力、空气的浮力等。

同时,将例 2-2 推广到三维空间中的情况。

设水平面为 xz 坐标平面,y 轴指向为垂直方向。小球在 x 方向上的受力 $F_x(t)$ 是一个零均值独立高斯随机过程。小球在 z 方向上的受力 $F_z(t)$ 与 $F_x(t)$ 具有相同的分布,但两者相互独立。即:

$$F_x(t) \sim N(0, \sigma^2) \tag{2-15}$$

$$F_z(t) \sim N(0, \sigma^2) \tag{2-16}$$

x、z 方向相应的加速度、速度和位移分别用 $a_x, a_z, v_r, v_z, s_x, s_z$ 表示,小球的质量为 m。由牛顿第二运动定律,可得出以下运动方程:

$$\begin{cases} a_x(t) = F_x(t)/m \\ dv_x(t) = a_x(t)dt \\ ds_x(t) = v_x(t)dt \end{cases} \tag{2-17}$$

z 方向的运动方程类似。实现 MATLAB 的仿真程序代码如下:

```
>> clear all;
g = 9.8;                            % 重力加速度
v0 = 0;                             % 初始速度
y0 = 1.2;                           % 初始位置
m = 0.4;                            % 小球质量
t0 = 0;                             % 起始时间
K = 0.85;                           % 弹跳的损耗系数
n = 5000;                           % 仿真的总步长
dt = 0.005;                         % 仿真步长
v = v0;                             % 初状态
y = y0;
vx = 0;
vz = 0;
sx = 0;
sz = 0;
for k = 1:n
    if y > 0                        % 小球在空中的动力方程计算
        v = v - g * dt;
        y = y + v * dt;
    else                            % 如果撞击作如下计算
        y = y - K. * v * dt;
        v = - K. * v - g * dt;
    end
  Fx = randn;                       % x 水平方向的随机力,方差为 1
  ax = Fx. /m;                      % Fx 导致的 x 水平方向的加速度
  vx = vx + ax * dt;                % 小球在 x 水平方向的瞬时速度
  sx = sx + vx * dt;                % 小球在 x 水平方向上的位移
  Fz = randn;                       % z 水平方向的随机力,方差为 1
  az = Fz. /m;                      % Fz 导致的 z 水平方向的加速度
  vz = vz + az * dt;                % 小球在 z 水平方向的瞬时速度
  sz = sz + vz * dt;                % 小球在 z 水平方向上的位移
  plot3(sx, sz, y, 'r.');
  grid on; hold on;
  axis([- 2 2 - 2 2 0 1]);          % 坐标范围固定
  set(gcf, 'DoubleBuffer', 'on');   % 双缓冲避免作图闪烁
  xlabel('水平方向 x'); ylabel('水平方向 z');
  zlabel('垂直方向 y'); title('小球的弹跳过程');
  drawnow;
end
```

仿真以动画方式进行,以便于观察。图 2-9 是程序运行的结果。图中显示了小球的运动轨迹,弹跳的落点是随机的。修改小球的质量,弹跳落点的概率特性也会发生变化,质量大的球落点相对集中。读者也可将空气阻力考虑到数学模型中,从而仿真出比较真实的弹跳过程。

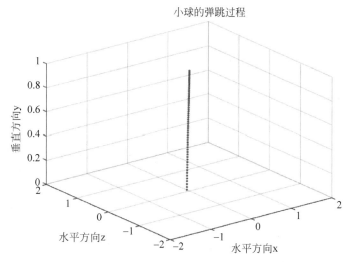

图 2-9　考虑了水平面扰动微力作用后的小球弹跳轨迹

从该例中可以看出,计算机仿真方法可以使人们在不知道解析解的情况下通过"计算机实验"来研究事物的变化规律,方便人们研究更真实、更复杂的物理系统。往往这些考虑了多种因素的物理系统是很难进行解析分析的,这时,仿真方法几乎就成为唯一能够获得求解的方法。在这个例子中,既用到了确定系统的微分方程求解,也用到了随机统计试验,这就是一种混合的仿真方法。

2.7　通信系统仿真的优点

计算机仿真具有经济、安全、可靠、试验周期短等优点,在工程领域得到了越来越广泛的应用。通信领域与计算机领域的固有联系使得通信领域的计算机仿真应用更为活跃。

现代通信系统和电子系统通常是复杂的大规模系统,在噪声和各种随机因素的影响下,一般很难通过解析方法求得系统的精确数学描述。即便对于一些相对较简单的问题,能够写出数学表达式,但往往也难以使用解析法求解,这种情况下系统仿真手段就成为了一个极为有效的工具。利用仿真技术往往可以绕过复杂的甚至是不可能的数学解析求解,较为容易地获得问题的数值结果。

随着计算机硬件技术和仿真软件的发展,计算速度大大提高,编程的复杂性也大大简化,计算机仿真技术已经成为现代电子系统和现代通信系统研究的主要手段。

另外,在对现代通信系统新协议、新算法和新的体系结构的设计和性能评估中,直接进行实验测试几乎是不可能的,因为这些新系统根本就还没有实现,在这种情况下只能通过仿真来检验所考察的对象,以验证有关的假设、评价算法的性能。此外,在学习通信系统理论的过程中,仿真技术也是理解原理、验证理论、进行探索和发现的有效途径。

2.8　通信系统仿真的局限性

在 2.7 节中列举了通信系统仿真的种种优点,那么它有没有缺点呢?结论是肯定的。对于计算机仿真技术在实际应用中存在的一些不足和需要注意的问题,应加以重视。

(1) 模型的建立、验证和确认比较困难。在系统分析和设计的初始阶段,往往对系统的认识还不深,对实际对象的抽象以及模型的有效性又没有明确的衡量指标,因此难以识别真伪,有可能产生虚假结果。

(2)对实际系统的建模方法不正确,或者因建模时的假设条件、参数的选取、模型的简化使得与实际系统的差别较大。

(3)建模过程中忽略了部分次要因素,使得模型仿真结果偏离实际系统。在建模中哪些因素可以忽略往往是凭借建模者的经验主观取舍的,这就不可避免地会造成模型与实际系统之间的差异。

(4)运行仿真的次数过少,试验时间太短,将得不到足够的统计样本数据,从而给结果分析带来较大误差。例如,在通信系统接收误码率的试验中,当信噪比较高时,要得到高置信度的误码率数据必须试验足够长的传输数据。即便现代计算机的运算速度已经大大提高,但与理论计算相比较,对计算机而言,蒙特卡罗仿真仍是一项极为耗时的工作。

(5)随机变量的概率分布类型或参数选取不当。通信系统的仿真模型中,噪声是利用伪随机数来表示的,这些随机变量服从一定的概率分布。如果实际系统中的噪声分布与仿真中所用的随机变量分布存在较大差异,那么必然造成仿真结果的误差。

(6)仿真输出结果的统计误差。对仿真输出数据的分析有严格的要求,对于不同的仿真模型所适用的统计方法也可能有所不同。

(7)计算机字长、编码和算法应用也会影响仿真结果。在 Simulink 中应特别注意所选用的求解算法的适用性。

总之,复杂系统往往具有随机性和复杂性,因而无法用准确的数学方程描述出来,更不用说用解析方法求解。当找不到其他更好的办法时,才借助计算机仿真技术来分析研究问题。而当问题存在解析解答时,仿真一方面用来验证理论的正确性和在实际环境中的适用性,另一方面也用于验证仿真模型自身的有效性和正确性。

然而,计算机仿真并不能完全代替传统的数学解析分析或传统实验测量技术。实际上,仿真模型是否合理、仿真结果是否有效,最终是通过物理实验测量以及与数学分析结果相对比来检验的。将仿真方法同数学分析手段、硬件测试相结合可以发挥更强大的作用。通过不断重复的仿真实验可以使我们更加深入地了解系统的工作原理,确定系统中的关键结构和关键参数,从而简化系统设计;而通常简化的设计又可能利用数学解析分析方法来描述和求解系统。总之,解析分析、仿真以及实际系统测试相互结合、相互补充、相互印证是系统研究、系统设计和优化的基本途径。

数值计算是 MATLAB 中最重要、最有特色的功能之一，也是 MATLAB 软件的基础。MATLAB 强大的数值计算功能使其成为诸多数学计算软件中的佼佼者。而数组和矩阵是数值计算的最基本运算单元，在 MATLAB 中，向量可看作一维数组，而矩阵则可看作二维数组。数组和矩阵在形式上没有区别，但二者的运算性质却有很大的不同，数组运算强调的是元素对元素的运算，而矩阵运算则采用线性代数的运算方式。

3.1 MATLAB 基本元素

本节介绍常量、变量和矩阵这三种最常用的 MATLAB 基本元素以及赋值语句的基本形式。

3.1.1 常量

常量，在 MATLAB 中习惯称之为特殊变量，即系统自定义的变量。它们在 MATLAB 启动以后驻留在内存中。在 MATLAB 中常用的特殊变量如表 3-1 所示。

表 3-1　MATLAB 常用特殊变量表

特 殊 变 量	取　　值
ans	MATLAB 中运行结果的默认变量名
pi	圆周率 π
eps	计算机中的最小数
flops	浮点运算数
inf	无穷大，如 $1/0$
NaN	不定值，如 $0/0, \infty/\infty, 0*\infty$
i 或 j	复数中的虚数单位，$i=j=\sqrt{-1}$
nargin	函数输入变量数目
narout	函数输出变量数目
realmax	最大的可用正实数
realmin	最小的可用正实数

在 MATLAB 的命令行窗口中输入一个表达式或者一组数据，系统将会自动把计算的结果赋值给 ans 变量。

注意：A 和 a 表示的是不同的变量，读者编程时必须注意。

3.1.2 变量

变量是任何程序设计语言的基本元素之一，MATLAB 语言当然也不例外。与常规的程序设计语言不同的是,MATLAB 并不要求事先对所使用的变量进行声明,也不需要指定变量类型,MATLAB 语言会自动依据所赋予变量的值或对变量进行的操作来识别变量的类型。在赋值过程中,如果赋值变量已存在,则 MATLAB 将使用新值代替旧值,并以新值类型代替旧值类型。在 MATLAB 中变量的命名应遵循以下规则。

- 变量名必须以字母开头,之后可以是任意的字母、数字或下画线。
- 变量名区分字母的大小写。
- 变量名不超过 31 个字符,第 31 个字符以后的字符将被忽略。

与其他的程序设计语言相同,在 MATLAB 语言中也存在变量作用域的问题。在未加特殊说明的情况下,MATLAB 语言将所识别的一切变量视为局部变量,即仅在其使用的 M 文件内有效。如果要将变量定义为全局变量,则应当对变量进行说明,即在该变量前加关键 global。一般来说,全局变量均用大写的英文字符表示。

3.1.3 赋值语句

MATLAB 采用命令行形式的表达式语言,一个命令行就是一条语句,其格式与书写的数学表达式十分相近,非常容易掌握。读者在命令行窗口中输入语句并按 Enter 键确认后,该语句就由 MATLAB 系统解析运行,并给出运行结果。MATLAB 赋值语句有以下两种结构。

1. 直接赋值语句

直接赋值语句的基本结构如下:

赋值变量 = 赋值表达式

其中,等号右边的表达式由变量名、常数、函数和运算符构成。直接赋值语句把右边表达式的值直接赋给了左边的赋值变量,并将返回值显示在 MATLAB 命令行窗口中。

【例 3-1】 对 A 赋值,实现 $A = 4 \times 28$。

在 MATLAB 命令行窗口中输入语句并按 Enter 键。

```
>> A = 4 * 28
A =
  112
```

注意:

(1) 如果赋值语句后面没有分号";",MATLAB 命令行窗口将显示表达式的运算结果;如果不想显示运算结果,则应该在赋值语句末尾加上分号";"。

(2) 如果省略赋值语句左边的赋值变量和等号,则表达式运算结果将默认赋值给系统保留变量 ans。

(3) 如果等式右边的赋值表达式不是数值,而是字符串,则字符串两边应加单引号。

2. 函数调用语句

函数调用语句的基本结构如下:

[返回变量列表] = 函数名(输入变量列表)

其中,等号右边的函数名对应于一个存放在合适路径中的 MATLAB 文本文件。函数可以分为两大类:一类是 MATLAB 内核中已经存在的内置函数;另一类是用户根据需要自定义的函数。

返回变量列表和输入变量列表均可由若干变量名组成。

注意：如果返回变量个数大于 1，则它们之间应该用逗号或空格分隔；如果输入变量个数大于 1，则它们之间只能用逗号分隔。

【**例 3-2**】 调用 tan 函数求 $a = \tan\left(\dfrac{\pi}{2}\right)$ 的值。

在 MATLAB 命令行窗口中输入语句并按 Enter 键：

```
>> a = tan(pi/2)
a =
  1.6331e + 16
```

注意：

(1) 函数名的命名规则与变量名命名规则一致，用户在命名自定义函数时也必须避免与 MATLAB 已有的内置函数重名。

(2) 对于内置函数，用户可直接调用；对于自定义函数，该函数所对应的 M 文件应当存在并且保存在 MATLAB 可搜索到的目录中。

3.1.4 矩阵及数组

最基本的 MATLAB 数据结构体是矩阵。矩阵是按行和列排列的数据元素的二维矩形数组。元素可以是数字、逻辑值（true 或 false）、日期和时间、字符串或者其他 MATLAB 数据类型。

即使一个数字也能以矩阵的形式存储。例如，包含值 100 的变量存储为 double 类型的 1×1 矩阵。

```
>> A = 99
A =
    99
>> whos
  Name      Size      Bytes    Class       Attributes
  A         1x1       8        double
```

1. 构建数据矩阵

如果有一组具体的数据，可以使用方括号将这些元素排列成矩阵。一行数据的元素之间用空格或逗号分隔，行与行之间用分号分隔。例如，创建只有一行的矩阵，其中包含四个数字元素。得到的矩阵大小为 1×4，因为它有一行和四列。这种形状的矩阵通常称为行向量。

```
>> A = [12 52 91 -3]
A =
    12    52    91    -3
>> sz = size(A)    % 显示矩阵的大小
sz =
     1     4
```

现在再用这些数字创建一个矩阵，但排成两行，此矩阵有两行和两列。

```
>> A = [12 52;91 -3]
```

```
A =
    12    52
    91   -3
>> sz = size(A)
sz =
     2     2
```

在输入矩阵过程中必须遵循以下规则。

(1) 必须使用方括号"[ ]"包括矩阵的所有元素。

(2) 矩阵不同的行之间必须用分号或 Enter 键隔开。

(3) 矩阵同一行的各元素之间必须用逗号或空格隔开。

2. 专用矩阵函数

MATLAB 中有许多函数可以帮助我们创建具有特定值或特定结构的矩阵。例如，zeros 和 ones 函数可以创建元素全部为零或全部为一的矩阵。这些函数的第一个和第二个参数分别是矩阵的行数和列数。

```
>> A = zeros(3,2)    %创建3行2列的零矩阵
A =
     0     0
     0     0
     0     0
>> B = ones(2,4)    %创建2行4列的全1矩阵
B =
     1     1     1     1
     1     1     1     1
```

diag 函数将输入元素放在矩阵的对角线上。例如，创建一个行向量 A，其中包含四个元素。然后创建一个 4×4 矩阵，其对角元素是 A 的元素。

```
>> A = [12 52;91 -3];
B = diag(A)    %对角矩阵
B =
    12
    -3
```

3. 串联矩阵

还可以使用方括号将现有矩阵连接在一起。这种创建矩阵的方法称为串联。例如，将两个行向量串联起来，形成一个更长的行向量。

```
>> A = ones(1,4);
B = zeros(1,4);
C = [A B]
C =
     1     1     1     1     0     0     0     0
```

要将 A 和 B 排列为一个矩阵的两行，请使用分号。

```
>> D = [A;B]
D =
     1     1     1     1
     0     0     0     0
```

要串联两个矩阵,它们的大小必须兼容。也就是说,水平串联矩阵时,它们的行数必须相同。垂直串联矩阵时,它们的列数必须相同。例如,水平串联两个各自包含两行的矩阵。

```
>> A = ones(2,3)
A =
    1    1    1
    1    1    1
>> B = zeros(2,2)
B =
    0    0
    0    0
>> C = [A B]
C =
    1    1    1    0    0
    1    1    1    0    0
```

串联矩阵的另一种方法是使用串联函数,如 horzcat,它可以水平串联两个兼容的输入矩阵。

```
>> D = horzcat(A,B)
D =
    1    1    1    0    0
    1    1    1    0    0
```

4. 生成数值序列

MATLAB 还提供了一个便利且高效的表达式来给等步长的行向量赋值,即冒号表达式。冒号表达式的格式如下:

```
X = N₁:step:N₂
```

用于创建一维行向量 X,第一个元素为 N_1,然后每次递增(step >0)或递减(step <0)step,直到最后一个元素与 N_2 的差的绝对值小于或等于 step 的绝对值为止。当不指定 step 时,系统默认 step$=1$。

【例 3-3】 利用冒号法创建向量。

```
>> A = 1:8
A =
    1    2    3    4    5    6    7    8
>> %可以使用冒号运算符创建在任何范围内以 1 为增量的数字序列
A = -2.5:2.5
A =
  -2.5000   -1.5000   -0.5000    0.5000    1.5000    2.5000
>> %要更改序列的增量值,请在范围起始值和结束值之间指定增量值,以冒号分隔
>> A = 0:2:10
A =
    0    2    4    6    8   10
>> %要递减,请使用负数
>> A = 6:-1:0
A =
```

```
    6     5     4        3      1      0
```
>> %还可以按非整数值递增.如果增量值不能均分指定的范围,MATLAB 会在超出范围之前在可以达
%到的最后一个值处自动结束序列
>> A = 1:0.2:2.1
A =
    1.0000   1.2000   1.4000   1.6000   1.8000   2.0000

5. 矩阵元素表示与赋值

矩阵元素的行号和列号称为该元素的下标,是通过"()"中的数字(行、列的标号)来标识的。矩阵元素可以通过其下标来引用,如 $A(i,j)$ 表示矩阵 A 第 i 行第 j 列的元素。

【例 3-4】 获取矩阵 $A = \begin{bmatrix} 1 & 4 & 6; & 3 & 9 & 7 \end{bmatrix}$ 第 2 行全部元素。

```
>> A = [1 4 6;3 9 7]
A =
    1     4     6
    3     9     7
>>  B = [A(2,1),A(2,2),A(2,3)]
B =
    3     9     7
```

注意:冒号":"在此也能发挥很大作用。$A(2,:)$ 表示矩阵 A 第 2 行全部元素,$A(:,2)$ 表示矩阵 A 第 2 列全部元素,$A(1,1:2)$ 表示矩阵 A 第 1 行第 1~2 列的全部元素。如:

```
>> B1 = A(2,:)
B1 =
    3     9     7
>> B2 = A(:,3)
B2 =
    6
    7
>> B3 = A(1,1:2)
B3 =
    1     4
```

3.2 矩阵运算

矩阵运算是 MATLAB 最重要的运算,因为 MATLAB 的运算大部分都建立在矩阵运算的基础之上。MATLAB 有三种矩阵运算类型:矩阵的代数运算、矩阵的关系运算和矩阵的逻辑运算。其中,矩阵的代数运算应用最广泛。

根据不同的应用目的,矩阵的代数运算又包括两种重要的运算形式:按矩阵整体进行运算、按矩阵单个元素的元素群运算。

3.2.1 矩阵代数运算

1. 矩阵的算术运算

矩阵算术运算的书写格式与普通算术运算相同,包括优先顺序规则,但其乘法和除法的定义和方法与标量截然不同。

表 3-2 为 MATLAB 矩阵的算术运算符及其说明。

表 3-2　MATLAB 矩阵的算术运算符及说明

运算符	名称	实例	说　　明
＋	加	A＋B	如果 A、B 为同维数矩阵,则表示 A 与 B 对应元素相加;如果其中一个矩阵为标量,则表示另一个矩阵的所有元素加上该标量
－	减	A－B	如果 A、B 为同维数矩阵,则表示 A 与 B 对应元素相减;如果其中一个矩阵为标量,则表示另一矩阵的所有元素减去该标量
＊	乘	A＊B	矩阵 A 与 B 相乘,A 和 B 均可为向量或标量,但 A 和 B 的维数必须符合矩阵乘法的定义
\	左除	A\B	方程 A＊X＝B 的解 X
/	右除	A/B	方程 X＊A＝B 的解 X
^	乘方	A^B	当 A、B 均为标量时,表示 A 的 B 次方幂;当 A 为方阵,B 为正整数时,表示矩阵 A 的 B 次乘积;当 A、B 均为矩阵时,无定义

注意:当运算失败时 MATLAB 会提示出错。

【例 3-5】　矩阵的代数运算。

```
>> A = [8 1 6;3 5 7;4 9 2]
A =
    8     1     6
    3     5     7
    4     9     2
>> B = [1:3;0,11,2;6:8]
B =
    1     2     3
    0    11     2
    6     7     8
>> A + B          % 矩阵的加运算
ans =
    9     3     9
    3    16     9
   10    16    10
>> A - B          % 矩阵的减法
ans =
    7    -1     3
    3    -6     5
   -2     2    -6
>> A * B          % 矩阵乘法
ans =
   44    69    74
   45   110    75
   16   121    46
>> A\B            % 矩阵左除
ans =
    0.5306    -0.8472     0.6639
    0.5722     0.8611     0.7056
   -0.6361     1.3194    -0.5028
>> C = [1,3;5,6];
>> A\C            % 矩阵左除
```

错误使用"\",矩阵维度必须一致。

```
>> A/B              % 矩阵右除
ans =
    - 2.0800      - 0.6000      1.6800
      1.8000      - 0.0000      0.2000
    - 2.7200        0.6000      1.1200
>> A/C
```

错误使用"/",矩阵维度必须一致。

```
>> A^B
```

错误使用"^",用于对矩阵求幂的维度不正确。请检查并确保矩阵为方阵并且幂为标量。要执行按元素矩阵求幂,请使用".^"。

```
>> A^3
ans =
      1197         1029         1149
      1077         1125         1173
      1101         1221         1053
```

注意:

(1) 如果 A、B 两矩阵进行加、减运算,则 A、B 必须维数相同,否则系统提示出错。

(2) 如果 A、B 两矩阵进行乘运算,则前一矩阵的列数必须等于后一矩阵的行数(内维数相等)。

(3) 如果 A、B 两矩阵进行右除运算,则两矩阵的列数必须相等(实际上,$X = B/A = A \times B - 1$)。

(4) 如果 A、B 两矩阵进行左除运算,则两矩阵的行数必须相等(实际上,$X = A \backslash B = A - 1 \times B$)。

2. 矩阵的运算函数

在 MATLAB 中除了提供运算符实现运算外,还专门提供一些常用的矩阵运算函数,熟悉这些函数将对读者非常有用。

表 3-3 列出了部分常用的矩阵运算函数。

表 3-3　常用的矩阵运算函数

函　　　数	说　　　明
size(A)	获得矩阵 A 的行数和列数
A'	计算矩阵 A 的转置矩阵
inv(A)	计算矩阵 A 的逆矩阵
length(A)	计算矩阵 A 的长度(列数)
sum(A)	如果 A 为向量,则计算 A 所有元素之和;如果 A 为矩阵,则产生一行向量,其元素分别为矩阵 A 各列元素之和
max(A)	如果 A 为向量,则求出 A 所有元素的最大值;如果 A 为矩阵,则产生一行向量,其元素分别为矩阵 A 各列元素的最大值
min(A)	如果 A 为向量,则求出 A 所有元素的最小值;如果 A 为矩阵,则产生一行向量,其元素分别为矩阵 A 各列元素的最小值

【例 3-6】 常用矩阵运算函数实例。

```
>>  clear all;          % 清除工作空间中的所有变量
X = [5, 3.4, 72, 28/4, 3.61, 17 94 89];
>> length(X)
ans =
    8
>> size(X)
ans =
    1      8
>> inv(X)
```

错误使用 inv，矩阵必须为方阵。

```
>> A = magic(3)
A =
    8      1      6
    3      5      7
    4      9      2
>> inv(A)
ans =
    0.1472   - 0.1444    0.0639
  - 0.0611     0.0222    0.1056
  - 0.0194     0.1889  - 0.1028
```

3. 矩阵元素群运算

元素群运算，是指矩阵中的所有元素按单个元素进行运算。为了与矩阵作为整体的运算符号相区别，元素群运算约定：在矩阵运算符"＊""/""\""^"前加一个点符号"."，以表示在做元素群运算，而非矩阵运算。元素群加、减运算的效果与矩阵加、减运算是一致的，运算符也相同。

表 3-4 为矩阵元素群运算符及说明。

表 3-4　矩阵元素群运算符及说明

运算符	名称	实例	说　　明
. ＊	元素群乘	A. ＊ B	矩阵 A 与 B 对应元素相乘，A 和 B 必须为同维矩阵或其中之一为标量
. \	元素群左除	A. \B	矩阵 B 除以矩阵 A 的对应元素，A 和 B 必须为同维矩阵或其中之一为标量
. /	元素群右除	A. /B	矩阵 A 除以矩阵 B 的对应元素，A 和 B 必须为同维矩阵或其中之一为标量
. ^	元素群乘方	A. ^B	矩阵 A 的各元素与矩阵 B 的对应元素的乘方运算，运算结果 C＝A. ^B，其中 C(i,j)＝A(i,j)^B(i,j)，A 和 B 必须为同维矩阵

【例 3-7】 矩阵元素群运算实例。

```
>> A = [3 8;2 7];
B = [3 9;11,2];
>> A. ＊ B
ans =
    9      72
```

```
      22      14
>> A.\B
ans =
    1.0000    1.1250
    5.5000    0.2857
>> A./B
ans =
    1.0000    0.8889
    0.1818    3.5000
>> A.^3
ans =
     27     512
      8     343
```

4. 元素群函数

MATLAB 提供了几乎所有初等函数,包括三角函数、对数函数、指数函数和复数运算函数等。大部分的 MATLAB 函数运算都是分别作用于函数变量(矩阵)的每一个元素,这意味着这些函数的自变量可以是任意阶的矩阵。

表 3-5 列出了 MATLAB 常用初等函数名及其对应的说明。

表 3-5　MATLAB 常用初等函数名及说明

函　数　名	说　　　　明
sin	正弦函数(角度单位为 rad)
cos	余弦函数(角度单位为 rad)
tan	正切函数(角度单位为 rad)
abs	求实数绝对值或复数的模
sqrt	平方根函数
angle	求复数的辐角
real	求复数的实部
imag	求复数的虚部
conj	求复数的共轭
exp	自然指数函数(以 e 为底)
log	自然对数函数(以 e 为底)
log10	以 10 为底的对数函数

【例 3-8】 元素群函数实例。

```
>> x = [0,pi/5,pi/6,pi/3];
>> y = tan(x)
y =
        0    0.7265    0.5774    1.7321
>> y1 = cos(x)
y1 =
    1.0000    0.8090    0.8660    0.5000
>> log10(x)
ans =
  - Inf   - 0.2018   - 0.2810    0.0200
>> Z = [ 1 - 1i    2 + 1i    3 - 1i    4 + 1i
         1 + 2i    2 - 2i    3 + 2i    4 - 2i
```

```
           1 - 3i    2 + 3i    3 - 3i    4 + 3i
           1 + 4i    2 - 4i    3 + 4i    4 - 4i];        %复数矩阵
>> angle(Z)
ans =
    - 0.7854      0.4636     - 0.3218      0.2450
      1.1071    - 0.7854       0.5880     - 0.4636
    - 1.2490      0.9828     - 0.7854      0.6435
      1.3258    - 1.1071       0.9273     - 0.7854
>> imag(Z)
ans =
    - 1       1     - 1       1
      2     - 2       2     - 2
    - 3       3     - 3       3
      4     - 4       4     - 4
>> abs(Z)
ans =
    1.4142    2.2361    3.1623    4.1231
    2.2361    2.8284    3.6056    4.4721
    3.1623    3.6056    4.2426    5.0000
    4.1231    4.4721    5.0000    5.6569
```

3.2.2 矩阵的关系运算

关系运算符使用"小于""大于"和"不等于"等运算符对操作数进行定量比较。关系比较的结果是一个逻辑数组,指示关系为 true 的位置。常用的关系运算符如表 3-6 所示。

表 3-6 MATLAB 语言的关系运算符

关系操作符	说 明	对应的函数
==	等于	eq(A, B)
~=	不等于	ne (A, B)
<	小于	lt(A, B)
>	大于	gt(A, B)
<=	小于或等于	le(A, B)
>=	大于或等于	ge(A,B)

注意:表 3-6 中的比较运算符都是双操作数运算符,两个操作数是大小相同的数组,或者其中一个为标量。例如,$A > a$、$a > A$(a 为标量)都是有效的,其意义为 A 中所有元素分别与 a 做比较。

【例 3-9】 如果比较两个大小相同的矩阵,则结果将是大小相同且其元素指示关系为 true 的位置的逻辑矩阵。

```
>> A = [2 4 6; 8 10 12]
A =
     2      4      6
     8     10     12
>> B = [5 5 5; 9 9 9]
B =
     5      5      5
     9      9      9
```

```
>> A < B
ans =
  2×3 logical 数组
   1   1   0
   1   0   0
>> %同样,也可以将某一个数组与标量进行比较
>> A > 7
ans =
  2×3 logical 数组
   0   0   0
   1   1   1
>> %如果将一个 1×N 行向量与一个 M×1 列向量进行比较,则 MATLAB 会在执行比较之前将每个
   %向量都扩展为一个 M×N 矩阵,生成的矩阵包含这些向量中元素的每个组合的比较结果
>> A = 1:3
A =
   1   2   3
>> B = [2; 3]
B =
   2
   3
>> A >= B
ans =
  2×3 logical 数组
   0   1   1
   0   0   1
```

3.2.3 矩阵的逻辑运算

逻辑运算符主要用于逻辑表达式和进行逻辑运算,参与运算的逻辑量以"0"代表"假",以任意非"0"元素代表"真"。逻辑表达式和逻辑函数的值以"0"表示"假",以"1"表示"真"。常用的逻辑运算符如表 3-7 所示。

表 3-7　MATLAB 中的逻辑操作符

逻辑操作符	说　明	对应的函数
&	逻辑与	and(A, B)
|	逻辑或	or(A, b)
~	逻辑非	nor(A, B)
||	先决或	—
&&	先决与	—

注意：&、|、&&、||、~的操作数也可以是非逻辑矩阵的数值矩阵,但是,MATLAB 会首先将其转换为逻辑矩阵,非 0 元素转换为逻辑 1,0 转换为逻辑 0,然后按照逻辑运算法则进行运算。逻辑运算符同样支持矩阵与标量的逻辑运算,其意义为各元素与标量分别做逻辑运算。

&、&& 执行相同的运算,都是逻辑与,其结果相同,但两者运算方式不同。$A\&B$ 首先分别计算出 A、B,然后进行逻辑与；$A\&\&B$ 首先计算 A,如 A 的某一元素为 0,则结果的对应元素为 0,而不用计算 B 的对应元素。当 A 计算比较简单、B 计算很复杂时,采用 && 会提高运算效率。|、|| 也有相同的区别。

【例 3-10】 矩阵的逻辑运算。

```
>> % 将 A 中大于 10 的所有值替换为数值 10
>> A(A > 10) = 10
A =
     1     2     3
>> % 然后,将 A 中不等于 10 的所有值替换为 NaN 值
>> A(A~ = 10) = NaN
A =
   NaN    NaN    NaN
>> % 最后,将 A 中的所有 NaN 值替换为 0,并应用逻辑 NOT 运算符 ～A
>> A(isnan(A)) = 0;
C = ～A
C =
  1×3 logical 数组
   1     1     1
```

生成的矩阵用逻辑值 1(true)取代 NaN 值,用逻辑值 0(false)取代 10。逻辑 not 运算～A 将数值数组转换为逻辑数组,因此 A&C 返回逻辑值 0(false)的矩阵,A|C 返回逻辑值 1(true)的矩阵。

3.3 MATLAB 流程控件

作为计算机语言,编程是必需的。编程靠的是程序控制语句。计算机语言程序控制模式主要有三大类:顺序结构、选择结构和循环结构。这一点 MATLAB 与其他编程语言完全一致。

3.3.1 顺序结构

MATLAB 程序结构中最基本的结构即是顺序结构,这种结构不需要任何流程控制语句,完全是依照从前到后的自然顺序执行代码。顺序结构符合一般的逻辑思维顺序习惯,简单易读、容易理解。所有的实际程序代码中都会出现顺序结构。

【例 3-11】 使用 MATLAB 顺序结构,计算两数的和差。

```
>> clear all;
% 输入第一个数值
num1 = 9;
% 输入第二个数值
num2 = 12;
% 计算两个数的和
disp('两个数的和为:')
s = num1 + num2
% 计算两个数的差
disp('两个数的差为:')
d = num1 - num2
```

运行程序,输出如下:

```
两个数的和为:
s =
    21
两个数的差为:
d =
    -3
```

3.3.2 循环结构

重复执行某一段相同的语句,用循环控制结构。如果已知循环次数,用 for 语句;如果未知循环次数,但有循环条件,则用 while 语句。

1. for 循环语句

for 循环语句的结构如下:

```
for index = values
    program statements
        :
end
```

其中,index 表示循环变量,values 一般为使用冒号进行步进的等差数列[start:increment:end],statements 为循环体,最后是关键字 end。由 for 循环语句的基本结构可以看出,使用 for 语句控制循环结构,其循环次数是一定的,由 values 列数决定,即(end-start)/increment。

【例 3-12】 从自然数 1 开始累加,加数为自然数的质数因子最小数,直到累加和达到 99 时停止累加,返回累加和于停止的位置。

```
>> clear all;
for m = 1:k
    for n = 1:k
        if m == n
            a(m,n) = 2;
        elseif abs(m − n) == 2
            a(m,n) = 1;
        else
            a(m,n) = 0;
        end
    end
end
```

当 k＝7 时,得到一个矩阵:

```
>> a
a =
    2    0    1    0    0    0    0
    0    2    0    1    0    0    0
    1    0    2    0    1    0    0
    0    1    0    2    0    1    0
    0    0    1    0    2    0    1
    0    0    0    1    0    2    0
    0    0    0    0    1    0    2
```

2. while 循环

与 for 循环以固定次数求一组语句的值相反,while 循环以不定的次数求一组语句的值。while 循环的一般调用格式如下:

```
while expression
    statements
end
```

当表达式 expression 的结果为真时,就执行循环语句,直到表达式 expression 的结果为假,才退出循环。

如果表达式 expression 是一个数组 A,则相当于判断 all(A)。特别地,空数组则被当作逻辑假,循环不执行。

【例 3-13】 利用 while 循环结构求方程 $x^3-2x-5=0$ 的解。

```
>> clear all;
a = 0;
fa = - Inf;
b = 3;
fb = Inf;
while b - a > eps * b
  x = (a + b)/2;
  fx = x^3 - 2 * x - 5;
  if fx == 0
    break
  elseif sign(fx) == sign(fa)
    a = x; fa = fx;
  else
    b = x; fb = fx;
  end
end
disp('方程的解为:')
disp(x)
```

运行程序,输出如下:

```
方程的解为:
  2.0946
```

3. break 语句和 continue 语句

与循环结构相关的语句还有 break 语句和 continue 语句。它们一般与 if 语句配合使用。

break 语句用于终止循环的执行。当在循环体内执行到该语句时,程序将跳出循环,继续执行循环语句的下一语句。

continue 语句控制跳过循环体中的某些语句。当在循环体内执行到该语句时,程序将跳过循环体中所有剩下的语句,继续下一次循环。

【例 3-14】 编写求 $0\sim50$ 之间 3 与 5 的公倍数的程序。

```
>> clear all;
% 输出 0~50 之间 3 和 5 的公倍数
disp('输出 0~50 之间能同时被 3 和 5 整除的数')
for n = 0:50
    if mod(n,3) == 0;             % 当 n 不能被 3 整除时,跳出 if 语句
        if mod(n,5) ~= 0
            continue              % 当 n 可以被 3 整除,但不能被 5 整除时,跳出此行 if 语句
        end
        disp(n)
    end
end
```

运行程序,输出如下:

```
输出 0～50 之间能同时被 3 和 5 整除的数
    0
   15
   30
   45
```

【例 3-15】 求解经典的鸡兔同笼问题,在笼子中有头 36 个,脚有 100 只,求鸡兔各几只。

其实现的 MATLAB 代码如下:

```
>> clear all;
i = 1;
while i > 0
    if rem(100 - i * 2,4) == 0&(i + (100 - i * 2)/4) == 36;
        break;
    end
    i = i + 1;
    n1 = i;
    n2 = (100 - 2 * i)/4;
end
fprintf('鸡的数量为 % d.\n',n1);
fprintf('兔子的数量为 % d.\n',n2);
```

运行程序,输出如下:

```
鸡的数量为 22.
兔子的数量为 14.
```

3.3.3 选择结构

在 MATLAB 中选择结构有两种形式,分别为 if 形式和 switch 形式。

1. if 条件选择结构

在编写程序时,往往需要根据一定的条件进行一定的选择来执行不同的语句,此时,需要使用分支语句来控制程序的进程。在 MATLAB 中,使用 if-else-end 结构来实现这种控制。

if-else-end 结构的使用形式有以下三种。

1) 只有一种选择情况

此时的 if 程序结构如下:

```
if 表达式
    执行语句
end
```

这是 if 结构最简单的一种应用形式,其只有一个判断语句,当表达式为真时,即执行 if 和 end 间的执行语句;否则不予执行。

2) 有两种选择情况

假如有两种选择,if-else-end 的结构如下:

```
if 表达式
    执行语句 1
else
    执行语句 2
end
```

3）有三种或三种以上选择情况

当有三种或三种以上选择时,if-else-end 结构采用形式如下:

```
if 表达式 1
    表达式 1 为真时的执行语句 1
elseif 表达式 2
    表达式 2 为真时的执行语句 2
elseif 表达式 3
    表达式 3 为真时的执行语句 3
elseif …
    …
else
    所有表达式都为假时的执行语句
end
```

注意:

（1）else 子句不能单独使用,必须与 if 配对使用。

（2）if 条件选择结构可以嵌套使用。

【**例 3-16**】　利用分支语句 if-else 语句实现输入一个百分制成绩,要求输出成绩的等级为 A、B、C、D、E。其中,90～100 分为 A,80～89 分为 B,70～79 分为 C,60～69 分为 D,60 分以下为 E。

```
>> clear;
disp('if_else 语句!')
x = input('请输入分数:');
if (x < = 100 & x > = 90)
    disp('A')
elseif (x > = 80 & x < = 89)
    disp('B')
elseif (x > = 70 & x < = 79)
    disp('C')
elseif (x > = 60 & x < = 69)
    disp('D')
elseif (x < 60)
    disp('E')
end
```

运行程序,输出如下:

```
if else 语句!
    请输入分数:89
B
```

2. switch 条件选择结构

switch-case 语句适用于条件多而且比较单一的情况,类似于一个数控的多个开关。它

的基本组成结构的语法格式如下:

```
switch 条件表达式
    case 常量 1
    语句组 1
    case 常量 2
    语句组 2
        ...
    otherwise
    语句组 n + 1
end
```

执行过程:首先计算表达式的值,并与各 case 语句中的常量比较,然后选择第一个与之匹配的 case 语句组执行,完成后立即跳出语句;若没有找到与条件表达式值相匹配的 case 语句,则执行 otherwise 后的语句组,并退出 switch 语句。

【例 3-17】 用 switch-case 实现输入一个百分制成绩,要求输出成绩的等级为 A、B、C、D、E。其中,90~100 分为 A,80~89 分为 B,70~79 分为 C,60~69 分为 D,60 分以下为 E。

```
>> clear all;
disp(' switch 语句!')
c = input('请输入成绩:');
switch c
  case num2cell(90:100),
      disp('A');
  case num2cell(80:89),
      disp('B');
  case num2cell(70:79),
      disp('C');
  case num2cell(60:69),
      disp('D');
  otherwise
disp('E');
  end
```

运行程序,输出如下:

```
switch 语句!
请输入成绩:75
C
```

注意:MATLAB 中,switch 条件选择结构只执行第一个匹配的 case 对应的语句组,因此不需要 break。

3.4　M 文件

M 文件可分为脚本 M 文件(简称脚本文件)和函数 M 文件(简称函数文件)两大类,其特点和适用领域均不同。

3.4.1　脚本文件

MATLAB 命令类似于 DOS 命令,而脚本文件类似于 DOS 系统中的 .bat 批处理文件。

脚本文件是一连串 MATLAB 命令，可以将烦琐的计算或操作放在一个 M 文件里面，每当调用这一连串命令时，只需输入 M 文件名即可，从而简化了操作。运行脚本文件后，所产生的变量都保存在 MATLAB 的工作空间中，除非用户使用 clear 函数清除或关闭 MATLAB，否则这些变量将一直保存在工作空间中。

命令脚本文件包括两部分：注释部分与程序部分。其中注释部分必须在符号"％"之后，MATLAB 不对其进行计算，只帮助程序设计人员和读者理解程序。程序部分即为程序中一般的命令行和程序段，MATLAB 要对其进行编译和计算。

【例 3-18】 编写脚本文件，实现图像的绘制，效果如图 3-1 所示。

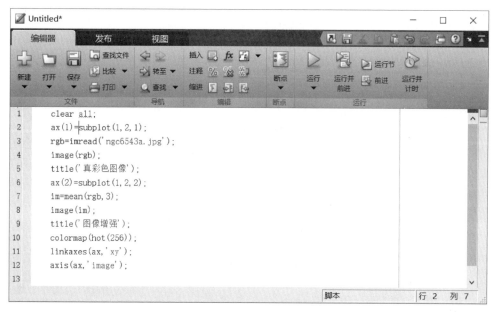

```
1   clear all;
2   ax(1)=subplot(1,2,1);
3   rgb=imread('ngc6543a.jpg');
4   image(rgb);
5   title('真彩色图像');
6   ax(2)=subplot(1,2,2);
7   im=mean(rgb,3);
8   image(im);
9   title('图像增强');
10  colormap(hot(256));
11  linkaxes(ax,'xy');
12  axis(ax,'image');
13
```

图 3-1 新建脚本文件并输入语句

选中所编写的文件并右击，在弹出的快捷菜单中选择"执行所选内容"选项，即可运行程序，效果如图 3-2 所示。

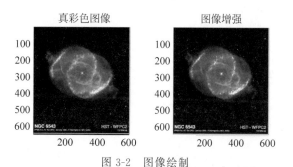

图 3-2 图像绘制

3.4.2 函数文件

MATLAB 用户可以根据编辑需要，编写所需要的 M 文件，它可以像 MATLAB 提供的库函数一样方便调用。这种用 MATLAB 语言创建与定义新函数的功能，体现了

MATLAB 语言强大的扩展性。

用户自定义的 M 函数有输入与输出变量,其一般格式如下:

```
function 返回变量 = 函数名(输入变量)
% 注释说明语句
程序段
```

注意:M 函数文件第一行必须以关键字 function 作为引导,文件名必须为 * . m。程序中的变量不保存在工作空间中,只在函数运行期间有效。

【例 3-19】 自定义函数用于判断读入图像的格式。

```
function imageData = readImage(filename)
try
  imageData = imread(filename);
catch exception
  % 无法找到该文件
  if ~exist(filename, 'file')
      % 检查扩展中常见的拼写错误
    [~, ~, extension] = fileparts(filename);
    switch extension
      case '.jpg'
        altFilename = strrep(filename, '.jpg', '.jpeg');
      case '.jpeg'
        altFilename = strrep(filename, '.jpeg', '.jpg');
      case '.tif'
        altFilename = strrep(filename, '.tif', '.tiff');
      case '.tiff'
        altFilename = strrep(filename, '.tiff', '.tif');
      otherwise
        rethrow(exception);
    end
      % 与修改过的文件名再试一次
    try
      imageData = imread(altFilename);
    catch exception2
      % 重新抛出原来的错误
      rethrow(exception)
    end
  else
    rethrow(exception)
  end
end
```

函数文件包括以下几部分。

1) 函数声明行

函数声明行定义了函数的名称。函数首行以关键字 function 开头,并在首行中列出全部输入、输出参量以及函数名。函数名应置于等号右侧,虽没做特殊要求,但一般函数名与对应的 M 文件名相同。输出参量紧跟在 function 之后,常用方括号括起来(若仅有一个输出参量则无须方括号);输入参量紧跟在函数名之后,用圆括号括起来。如果函数有多个输入或输出参数,输入变量之间用“,”分隔,返回变量用“,”或空格分隔。与输入或输出参数相关的两个特殊变量是 varargin 和 varargout，它们都是单元数组，分别获取输入和输出的各元素内容。这两个参数对可变输入或输出参数特别有用。

2）H1 行

H1 行是函数帮助文本的第一行，以"％"开头，用来概要说明该函数的功能。在 MATLAB 中用命令 lookfor 查找某个函数时，查找到的就是函数 H1 行及其相关信息。

3）函数帮助文本

在 H1 行之后而在函数体之前的说明文本就是函数的帮助文本。它可以有多行，每行均以"％"开头，用于比较详细地对该函数进行注释，说明函数的功能与用法、函数开发与修改的日期等。在 MATLAB 中用命令"help＋函数名"查询帮助时，就会显示函数 H1 行与帮助文本的内容。

4）函数体

函数体是函数的主要部分，是实现该函数功能、进行运算所有程序代码的执行语句。

5）函数注释

函数体中除了进行运算外，还包括函数调用与程序调用的必要注释。注释语句段每行用"％"引导，"％"后的内容不执行，只起注释作用。

此外，函数结构中一般都应有变量检测部分。如果输入或返回变量格式不正确，则应该给出相应的提示。输入和返回变量的实际个数分别用 nargin 和 nargout 这两个 MATLAB 保留变量给出，只要进入函数，MATLAB 就将自动生成这两个变量。nargin 和 nargout 可以实现变量检测。

如其他程序语言一样，MATLAB 也有子函数（subfunction）的概念。一个 M 文件中的第一个函数为主函数，其函数名就是调用 M 文件的文件名，而同一个文件中的其他函数则为子函数，这些子函数只对同一个文件中的主函数和其他子函数有效。

3.5　MATLAB 图形绘制

使用绘图可以用可视化形式呈现数据。例如，可以比较多组数据、跟踪数据随时间所发生的更改或显示数据分布。使用图形函数或交互使用 MATLAB 桌面顶部的绘图选项卡，以编程方式创建绘图。

3.5.1　二维图形绘制

在 MATLAB 中，对于一般绘图及特殊绘图都提供了相应的内置函数，并为图形的修饰提供了函数，下面分别给予介绍。

1. 基本绘图函数

MATLAB 中最常用的绘图函数为 plot，它用于绘制二维曲线，根据函数输入参数不同，其调用格式也不相同，其调用格式主要如下：

plot(X,Y)：创建 Y 中数据对 X 中对应值的二维线图。

- 如果 X 和 Y 都是向量，则它们的长度必须相同。plot 函数绘制 Y 对 X 的图。
- 如果 X 和 Y 均为矩阵，则它们的大小必须相同。plot 函数绘制 Y 的列对 X 的列的图。
- 如果 X、Y 中一个是向量而另一个是矩阵，则矩阵的各维中必须有一维与向量的长度相等。如果矩阵的行数等于向量长度,则 plot 函数绘制矩阵中的每一列对向量的图。如果矩阵的列数等于向量长度,则该函数绘制矩阵中的每一行对向量的图。如果矩阵为方阵,则该函数绘制每一列对向量的图。

- 如果 X 或 Y 之一为标量,而另一个为标量或向量,则 plot 函数会绘制离散点。但是,要查看这些点,必须指定标记符号,例如 plot(X,Y,'o')。

plot(X,Y,LineSpec):LineSpec 用于设置线型、标记符号和颜色。LineSpec 的标准设定值如表 3-8 所示,前七种颜色依序(蓝、绿、红、青、品红、黄、黑)自动着色。

表 3-8 常用的绘图选项

选　　项	含　　义	选　　项	含　　义
—	实线	.	用点号标出数据点
--	虚线	O	用圆圈标出数据点
:	点线	x	用叉号标出数据点
-.	点画线	+	用加号标出数据点
r	红色	s	用小正方形标出数据点
g	绿色	D	用菱形标出数据点
b	蓝色	V	用下三角标出数据点
y	黄色	^	用上三角标出数据点
m	品红	<	用左三角标出数据点
c	青色	>	用右三角标出数据点
w	白色	H	用六角形标出数据点
k	黑色	P	用五角形标出数据点
*	用星号标出数据点	—	—

plot(X1,Y1,…,Xn,Yn):绘制多个 X、Y 对组的图,所有线条都使用相同的坐标区。

plot(X1,Y1,LineSpec1,…,Xn,Yn,LineSpecn):设置每个线条的线型、标记符号和颜色。可以混用 X、Y、LineSpec 三元组和 X、Y 对组:例如,plot(X1,Y1,X2,Y2,LineSpec2,X3,Y3)。

plot(Y):创建 Y 中数据对每个值索引的二维线图。

- 如果 Y 是向量,x 轴的刻度范围是从 1 至 length(Y)。
- 如果 Y 是矩阵,则 plot 函数绘制 Y 中各列对其行号的图。x 轴的刻度范围是从 1 到 Y 的行数。
- 如果 Y 是复数,则 plot 函数绘制 Y 的虚部对 Y 的实部的图,使得 plot(Y)等效于 plot(real(Y),imag(Y))。

plot(Y,LineSpec):设置线型、标记符号和颜色。

plot(___,Name,Value):使用一个或多个 Name,Value 对组(名称-值对组)参数指定线条属性。有关属性列表如表 3-9 所示。可以将此选项与前面语法中的任何输入参数组合一起使用。名称-值对组设置将应用于绘制的所有线条。

表 3-9 常用属性

属 性 名	含 义	属 性 名	含 义
LineWidth	设置线的宽度	MarkerEdgeColor	设置标记点的边缘颜色
MarkerSize	设置标记点的大小	MarkerFaceColor	设置标记点的填充颜色

plot(ax,___)：将在由 ax 指定的坐标区中，而不是在当前坐标区（gca）中创建线条。选项 ax 可以位于前面的语法中的任何输入参数组合之前。

h = plot(___)：返回由图形线条对象组成的列向量。在创建特定的图形线条后，可以使用 h 修改其属性。

【例 3-20】 绘制三条正弦曲线，每条曲线之间存在较小的相移。第一条正弦曲线使用绿色线条，不带标记。第二条正弦曲线使用蓝色虚线，带圆形标记。第三条正弦曲线只使用青色星号标记。

```
>> x = 0:pi/10:2 * pi;
y1 = sin(x);
y2 = sin(x - 0.25);
y3 = sin(x - 0.5);
figure
plot(x,y1,'g',x,y2,'b - - o',x,y3,'c * ')
```

运行程序，效果如图 3-3 所示。

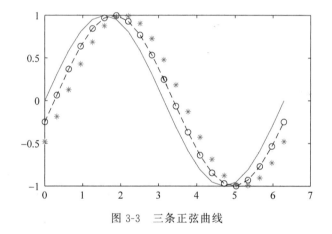

图 3-3 三条正弦曲线

彩色图片

注意：

（1）用来绘制图形的数据必须已经存储在工作空间中，也就是说在执行 plot 函数前，当前工作空间中必须有可用来绘制图形的数据。

（2）对应的 x 轴和 y 轴的数据长度必须相同。

（3）如果省略选项 option，系统将按默认的格式绘制曲线。

（4）option 中的属性可以多个连用，如选项"--r"表示红色的虚线。

（5）如果对已绘制的图形不满意，可提出更具体的要求，如坐标轴范围、绘制网格等。

2. 修饰图形

如果对图形还不太满意，可对图形进行一些修改，MATLAB 提供了多种图形函数，用于图形的修饰。常用的图形修饰函数名称及其说明如表 3-10 所示。

表 3-10 常用图形修饰函数及说明

函　　数	说　　明
axis([Xmin,Xmax,Ymin,Ymax])	x、y 坐标轴范围的调整
xlabel('string')	标注 x 轴名称
ylabel('string')	标注 y 轴名称
title('string')	标注图形标题
legend('string1','string2',…)	标注图形标注
grid on	给图形增加网格
grid off	给图形取消网格
gtext('string')	在图形中加入普通文本标注

【例 3-21】　对绘制的正弦曲线进行修饰,实现以下要求:

(1) 将图形的 x 轴大小范围限定在 $[0,2\pi]$,y 轴的大小范围限定在 $[-1,1]$。

(2) x、y 轴分别标注为"弧度值""函数值"。

(3) 图形标题标注为"正余弦曲线"。

(4) 添加图例标注,标注字符分别为 y1,y2。

(5) 设置两条曲线的线型、线条大小。

(6) 在两条曲线上分别标注文本 y1=sin(x),y2=cos(x-0.25)。

(7) 给图形添加网格。

其实现的 MATLAB 代码如下:

```
>> clear all;   % 清除工作空间变量
x = 0:pi/10:2 * pi;
y1 = sin(x);
y2 = cos(x - 0.25);
figure
h = plot(x,y1,x,y2);
set(h(1),'LineWidth',2);
set(h(2),'Marker','*');
axis([0,2 * pi, - 1,1]);
xlabel('弧度值');
ylabel('函数值');
title('正余弦曲线');
legend('y1','y2');
grid
gtext('y1 = sin(x)');
gtext('y2 = cos(x - 0.25)');
```

运行程序,效果如图 3-4 所示。

如图 3-4 所示,脚本在执行第一个 gtext 命令时,需要在图形窗口 Figure1 中确定该文本的位置。

Figure1 上可以看到一个跟随鼠标移动的十字形指针,将鼠标指针拖动到对应曲线附近,然后单击,字符串 y1=sin(x)即可添加到此处。

同理,在执行第二个 gtext 命令时,仍需要进行类似的操作,将字符串 y2=cos(x−0.25)添加到图形中,最终效果如图 3-5 所示。

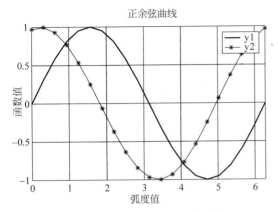

图 3-4　输出图形（未添加文本说明）　　　图 3-5　最终输出图形

3. 特殊二维曲线绘图

在 MATLAB 中，除了可以通过函数 plot 等绘制图形外，还有一些函数可以绘制特殊的图形，例如条形图、直方图等。

表 3-11 列出了 MATLAB 自带的常用的特殊二维图形函数。

表 3-11　特殊二维图形函数

函　　数	说　　明
bar/barh	bar 函数用于绘制垂直条形图，barh 函数用于绘制水平二维条形图
hist	用于绘制直方图
are	用于绘制面积图
pie	用于绘制二维饼图
scatter	用于绘制散点图
pareto	用于绘制排列图（累托图）
compass	用于绘制罗盘图
feather	用于绘制羽毛图
quiver	用于绘制二维向量图
stem	用于绘制火柴杆图
stairs	用于绘制阶梯图
polar	用于绘制极坐标图
contour	用于绘制二维等高线图
contourf	用于绘制带填充的二维等高线图
clabel	为指定的等高线添加数据标签
errorbar	用于绘制曲线误差形图

【例 3-22】　利用 MATLAB 提供的特殊函数绘制特殊二维图形。

其实现的 MATLAB 代码如下：

```
>> clear all;
y = [75.995,91.972,105.711,123.203,131.669,…
    150.697,179.323,203.212,226.505,249.633,281.422];
subplot(231); bar(y);
```

```
title('垂直等高线图');axis square;
subplot(232); barh(y);
title('水平等高线图');axis square;
rng(0,'twister');
theta = linspace(0,2 * pi,300);
x = sin(theta) + 0.75 * rand(1,300);
y1 = cos(theta) + 0.75 * rand(1,300);
s = 40;subplot(233);
scatter(x,y1,s,'MarkerEdgeColor','b','MarkerFaceColor','c','LineWidth',1.5);
title('散点图');axis square;
theta = ( - 90:10:90) * pi/180;
r = 2 * ones(size(theta));
[u,v] = pol2cart(theta,r);
subplot(234);feather(u,v);
title('羽毛图');axis square;
[X1,Y1] = meshgrid( - 2:.2:2);
Z = X1. * exp( - X1.^2 - Y1.^2);
[DX,DY] = gradient(Z,.2,.2);
subplot(235);contour(X1,Y1,Z)          % 等高线图
hold on
quiver(X1,Y1,DX,DY)                     % 向量图
colormap hsv;
title('带等高线的向量图');axis square;
X2 = linspace(0,2 * pi,25)';
Y2 = (cos(2 * X2));subplot(236);
stem(X2,Y2,'LineStyle','- .','MarkerFaceColor','red','MarkerEdgeColor','green');
title('火柴杆图');axis square;
```

运行程序,效果如图 3-6 所示。

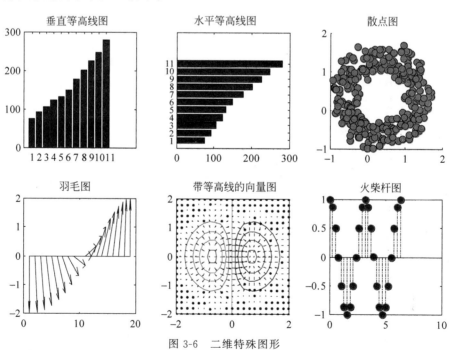

图 3-6　二维特殊图形

4．图形窗口控制

MATLAB 提供了一系列专门的图形窗口控制函数，通过这些函数，可以创建或者关闭图形窗口，也可以同时打开几个窗口，还可以在一个窗口内绘制若干子图。这些函数及其功能说明如表 3-12 所示。

表 3-12　MATLAB 图形窗口控制函数及说明

函　　　数	说　　　明
figure	每调用一次就打开一个新的图形窗口
figure(n)	创建或打开第 n 个图形窗口，使之成为当前窗口
clf	清除当前图形窗口
hold on	保留当前窗口的图形不被后续图形覆盖，可实现在同一坐标系中多幅图形的重叠
hold off	解除 hold on 命令，一般与 hold on 成对使用
subplot(m,n,p)	将当前绘图窗口分割成 m 行、n 列，并在第 p 个区域绘图
close	关闭当前图形窗口
close all	关闭所有图形窗口

注意：

（1）第一个绘图命令（如 plot）运行后，将自动创建一个名为 Figure1 的图形窗口。这个窗口将被当作当前窗口，接着的所有绘图命令（包括绘图修饰和再一次的 plot 等命令）均在该图形窗口中执行，后续绘图指令会覆盖原图形或叠加在原图形上。

（2）使用 subplot 命令时，各个绘图区域以"从左到右、先上后下"的原则来编号。MATLAB 允许每个绘图区域以不同的坐标系单独绘制图形。

【例 3-23】　取三个不同的 x 值，x1＝0:pi/20:pi，x2＝ pi/2:pi/20:3 * pi/2，x3＝pi:pi/20:2 * pi，在同一坐标系下绘制 y1＝sin(x)，y2＝sin(x-0.25)，y3＝sin(x-0.5)的图形，并利用 hold on 绘图。

其实现的 MATLAB 代码如下：

```
>> clear all;          % 清除工作空间中变量
x1 = 0:pi/20:pi;
x2 = pi/2:pi/20:3 * pi/2;
x3 = pi:pi/20:2 * pi;
y1 = sin(x1);
y2 = sin(x2 - 0.25);
y3 = sin(x3 - 0.5);
figure
hold on;
plot(x1,y1,'- .r * ');
plot(x2,y2,'-- mo');
plot(x3,y3,':bs');
hold off;
% 图形修饰
axis([0,2.2 * pi, - 1,1]);
xlabel('弧度值');
ylabel('函数值');
title('三条不同相位的正弦曲线');
legend('y1','y2');
```

```
grid
gtext('y1 = sin(x)');
gtext('y2 = sin(x - 0.25)');
gtext('y3 = sin(x - 0.5)');
```

运行程序,效果如图 3-7 所示。

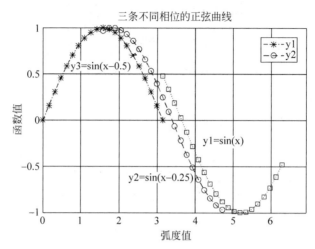

图 3-7　绘图结果

注意:在程序中,绘制三条曲线的命令的不同之处在于使用了配对的 hold on 和 hold off,然后分别使用了三次 plot 函数。这与直接使用 plot 绘制三条曲线效果一致,只需给出 plot(x1,y1,x2,y2,x3,y3,'option') 即可。如果去掉 hold on 会得到如图 3-8 所示的结果,只显示最后一个 plot 绘制结果,也即是 y3。

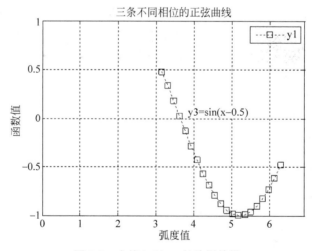

图 3-8　去掉 hold on 的绘图效果

3.5.2　三维图形绘制

除了常用的二维图形外,MATLAB 还提供了三维数据的绘制函数,可以在三维空间绘制曲线或曲面。

1. 三维曲线的绘制

在 MATLAB 中，提供了 plot3 函数用于绘制三维曲线图，其函数用法与二维曲线绘制函数 plot 类似。函数 plot3 的调用格式如下所述。

plot3(X,Y,Z)：绘制三维空间中的坐标。

- 要绘制由线段连接的一组坐标，请将 X、Y、Z 指定为相同长度的向量。
- 要在同一组坐标轴上绘制多组坐标，请将 X、Y 或 Z 中的至少一个指定为矩阵，其他指定为向量。

plot3(X,Y,Z,LineSpec)：使用指定的线型、标记和颜色创建绘图。

plot3(X1,Y1,Z1,…,Xn,Yn,Zn)：在同一组坐标轴上绘制多组坐标。使用此语法作为将多组坐标指定为矩阵的替代方法。

plot3(X1,Y1,Z1,LineSpec1,…,Xn,Yn,Zn,LineSpecn)：可为每个 XYZ 三元组指定特定的线型、标记和颜色。可以对某些三元组指定 LineSpec，而对其他三元组省略它。例如，plot3(X1,Y1,Z1,'o',X2,Y2,Z2)对第一个三元组指定标记，但没有对第二个三元组指定标记。

plot3(___,Name,Value)：使用一个或多个名称-值对组参数指定 Line 属性。在所有其他输入参数后指定属性。

plot3(ax,___)：在目标坐标区上显示绘图。将坐标区指定为上述任一语法中的第一个参数。

p = plot3(___)：返回一个 Line 对象或 Line 对象数组。创建绘图后，使用 p 修改该绘图的属性。

【例 3-24】 利用 plot3 函数绘制以下参数方程的三维曲线。

$$\begin{cases} x = t \\ y = \cos t \\ z = \sin 2t \end{cases}$$

其实现的 MATLAB 代码如下：

```
>> clear all;
x = 0:0.01:50;
y = cos(x);
z = sin(2 * x);
plot3(x,y,z,'r - .');
grid on;
title('三维曲线');
```

运行程序，效果如图 3-9 所示。

三维曲线修饰与二维图形的图形修饰函数类似，但比二维图形的修饰函数多了一个 z 轴方向，如 axis([Xmin,Xmax,Ymin,Ymax,Zmin,Zmax])、zlabel('String')。

例如，为图 3-9 添加标注，代码如下：

```
>> clear all;          % 清除工作空间中变量
x = 0:0.01:50;
y = cos(x);
z = sin(2 * x);
plot3(x,y,z,'r - .');
```

```
grid on;
title('三维曲线');
xlabel('x轴');
ylabel('y轴');
zlabel('z轴');
axis([0,60, -1.5,1.5, -1,1]);
```

运行程序,效果如图 3-10 所示。

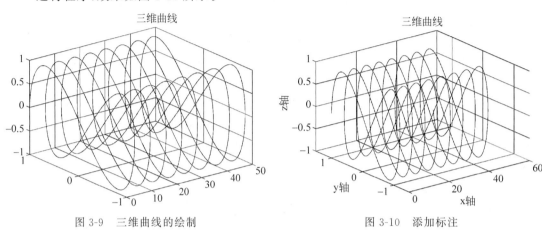

图 3-9　三维曲线的绘制　　　　　图 3-10　添加标注

2. 三维曲面的绘制

三维曲面方程存在两个自变量 x、y 和一个因变量 z。因此,绘制三维曲面图形必须先在 xy 平面上建立网络坐标,每一个网络坐标点,和它对应的 z 坐标所确定的一组三维数据就定义了曲面上的一个点。三维曲面绘制中,常用的 3 个函数及功能如表 3-13 所示。

表 3-13　三维曲面绘制函数

函　　数	说　　明
$[X,Y]=\mathrm{meshgrid}(x,y)$	根据(x,y)二维坐标数据生成 xy 网格点坐标数据,其中,x、y 为向量,X、Y 为矩阵
$\mathrm{mesh}(X,Y,Z)$	绘制三维网络曲面,通过直接连接相邻的点构成三维曲面
$\mathrm{surf}(X,Y,Z)$	绘制三维阴影曲面,通过平面连接相邻的点构成三维曲面

【例 3-25】　绘制三维网格实例。

```
>> clear all;      % 清除工作空间中的所有变量
[X,Y] = meshgrid( -8:.5:8);
R = sqrt(X.^2 + Y.^2) + eps;
Z = sin(R)./R;
subplot(231);mesh(Z);
title('绘制数据 Z 的网格图');
subplot(232);mesh(X,Y,Z);
axis([-8 8 -8 8 -0.5 1]);
title('绘制三维网格图')
C = gradient(Z);
subplot(233);mesh(X,Y,Z,C);
title('颜色由 C 指定')
C = del2(Z);
subplot(234);mesh(Z,C,'FaceLighting','gouraud','LineWidth',0.3);
```

```
title('设置网格图属性');
subplot(235);meshz(Z);
title('meshz 绘制网格图');
subplot(236);meshc(Z);
title('meshc 绘制网格图');
```

运行程序,效果如图 3-11 所示。

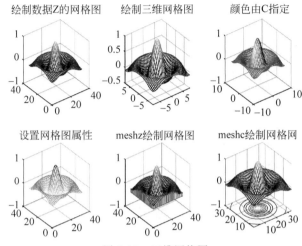

图 3-11　三维网格图

3. 三维特殊绘图

在科学研究中,有时也需要绘制一些特殊的三维图形,如统计学中三维直方图、圆柱体图、饼形图等。MATLAB 中提供了用于绘制这些特殊三维图形的函数,表 3-14 列出了MATLAB 常用的三维特殊图形绘图函数。

表 3-14　三维特殊图形绘图函数

函　　数	说　　明
bar3、barh3	用于绘制三维垂直(水平)柱状图
cylinder	用于绘制三维柱面图
sphere	用于绘制球面图
contour3	用于绘制三维等高线图
pie3	用于绘制三维饼图
scatter3	用于绘制三维散点图
stem3	用于绘制三维火柴杆图
quiver3	用于绘制三维向量图
comet3	用于绘制三维彗星图
fill3	用于绘制三维填充图
ribbon	用于绘制三维彩带图
patch	用于绘制三维片块图

【例 3-26】　绘制特殊三维图形。

其实现的 MATLAB 程序代码如下:

```
>> clear all;
t = 0:pi/10:2 * pi;
[X1,Y1,Z1] = cylinder(2 + cos(t));
subplot(231);surf(X1,Y1,Z1)
```

```
axis square;title('三维柱面图');
subplot(232);sphere
axis equal;title('三维球体');
x1 = [1 3 0.5 2.5 2];
explode = [0 1 0 0 0];
subplot(233);pie3(x1,explode)
title('三维饼图');axis equal;
X2 = [0 1 1 2;1 1 2 2;0 0 1 1];
Y2 = [1 1 1 1;1 0 1 0;0 0 0 0];
Z2 = [1 1 1 1;1 0 1 0;0 0 0 0];
C = [0.5000 1.0000 1.0000 0.5000;
    1.0000 0.5000 0.5000 0.1667;
    0.3330 0.3330 0.5000 0.5000];
subplot(234);fill3(X2,Y2,Z2,C);
colormap hsv
title('三维填充图');axis equal;
[x2,y2] = meshgrid( - 3:.5:3, - 3:.1:3);
z2 = peaks(x2,y2);
subplot(235);ribbon(y2,z2)
colormap hsv
title('三维彩带图');axis equal;
[X3,Y3] = meshgrid( - 2:0.25:2, - 1:0.2:1);
Z3 = X3. * exp( - X3.^2 - Y3.^2);
[U,V,W] = surfnorm(X3,Y3,Z3);
subplot(236);quiver3(X3,Y3,Z3,U,V,W,0.5);
hold on
surf(X3,Y3,Z3);
colormap hsv
view( - 35,45);
title('三维向量场图');axis equal;
set(gcf,'color','w');
```

运行程序,效果如图 3-12 所示。

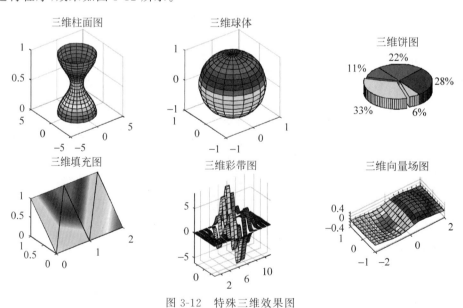

图 3-12　特殊三维效果图

　　MATLAB 编程仿真过程就是用编写脚本文件或函数文件来描述数学模型,并实现数值求解的过程。与方框图的可视化建模方式相比,编程方式虽然在形式上可能不那么直观,但是编程更为基础,对数学模型的表达也更为直接。后面读者将会看到,在 MATLAB 中将可视化的方框图模型与编程形式的仿真模型综合起来,灵活应用,可以使两者相得益彰。

　　由于 MATLAB 语言本身程序结构非常简单,语法接近于自然数学描述形式,所以用它进行计算机模型实现的难度不在于程序设计本身,而在于对数学模型的理解。由于实际系统行为的多样性,在数学模型中,描述系统行为的方程形式也是多种多样的,相应的数值求解方法也不同。把外界对系统产生作用的物理量称为输入信号或激励,把系统内部存储的能量称为系统的状态,而将系统对外界的作用物理量称为系统的输出信号或响应。设计人员经常面对的系统仿真问题是研究系统随时间推进而发生变化的行为,这种情况下,对系统的激励信号、系统自身的状态变量以及系统对激励的响应等都是随时间变化的函数。例如,对一个运动中的物体施加一个变化的力,考察其速度和位置的变化。将这个物体看作一个系统,它的质量以及运动情况就是系统的状态,而所观察到的物体的速度、位置变化就是系统对外界的输出信号。系统的输入、状态以及输出可能是单个变量,也可能是一组变量,在这个例子中,有速度和位置这两个输出信号。

　　以下将集中讨论这一类基于时间的系统模型。对于更一般的系统,其数学模型中自变量可以具有任意的物理意义,但与基于时间的系统求解方程是相同的。

　　在一类物理系统中,所需要研究的系统响应只与系统当前时刻的输入有关,而与系统的状态以及过去或未来的输入信号无关,这样的系统就称为静态系统,也称为无记忆系统。举例来说,若把作用在质量为 m 的物体上的力 $f(t)$ 看作输入信号,将该力在物体上产生的加速度 $a(t)$ 视为系统的输出响应,显然,输入和输出满足牛顿第二运动定律,即 $a(t)=f(t)/m$,输出信号 $a(t)$ 只与当前输入信号 $f(t)$ 有关,因此系统是静态的。又如电阻 R 两端的电压 $u(t)$ 和流过该电阻的电流 $i(t)$ 服从欧姆定律,即 $u(t)=i(t)R$,将两者分别视为系统的输入/输出,那么系统也是无记忆的。通信系统中常见的调幅调制器也是无记忆系统,载波频率为 f_c 的双边带调幅的调制输出信号 $v(t)$ 与输入被调信号 $m(t)$ 之间的关系描述为 $v(t)=m(t)\cos 2\pi f_c t$。通常,无记忆系统的数学描述是代数方程(组)。

另外一类物理系统的输出响应不仅与当前的输入信号有关,而且还是系统状态的函数,这类系统称为动态系统或有记忆系统。例如,若将作用在质量为 m 的物体上的力 $f(t)$ 看作输入信号,而将物体当前的运动速度 $v(t)$ 当作输出信号,显然,当前物体的速度不仅与当前作用力有关,而且还与过去时刻的物体运动状态有关,是无限邻近的"过去"时刻的状态(速度 $v(t-dt)$)以及激励(受力 $f(t-dt)$)的结果,用微分方程表示为:

$$f(t)=m\frac{\mathrm{d}v(t)}{\mathrm{d}t}$$

也即:

$$v(t)=v(t-\mathrm{d}t)+\frac{f(t-\mathrm{d}t)}{m}\mathrm{d}t$$

从这个例子可知,对于同一个物理实体,如果研究所定义的输入/输出物理量不同,那么所得出的系统模型也就不同,可能是无记忆系统,也可能是有记忆系统。通常,连续有记忆系统的数学描述是微分方程(组),离散有记忆系统的数学描述是差分方程(组)。

如果系统当前输出信号是未来输入信号或未来系统状态的函数,换句话说,即"现在"的激励和状态能够影响系统的"过去",那么这样的系统称为非因果系统;反之,称为因果系统或物理可实现的系统。非因果系统是物理不可实现的,但非因果系统往往是物理系统理想化的结果,具有数学意义。例如,实际中的滤波器总是因果的,但其理想化的数学模型——理想低通滤波器,则是非因果的。

在现代通信系统中,通常以随时间变化的物理量——电压或者电流(统称电平)来表示信号,称为电信号。动态电系统的状态是指系统中的储能情况,也以电容、电感等储能元件上的电压或者电流来表示。系统中的独立状态数称为系统的阶数,数量上等于描述该系统的微分方程或差分方程的阶数。系统状态、输入/输出信号在数学上都是时间的函数,工程上也把电信号称为电波形。

4.1　Simulink 快速入门

Simulink 是一个模块图环境,用于多域仿真以及基于模型的设计。它支持系统级设计、仿真、自动代码生成以及嵌入式系统的连续测试和验证。Simulink 提供图形编辑器、可自定义的模块库以及求解器,能够进行动态系统建模和仿真。Simulink 与 MATLAB 相集成,这样不仅能够在 Simulink 中将 MATLAB 算法融入模型,还能将仿真结果导出至MATLAB 做进一步分析。

4.1.1　Simulink 框图

Simulink 是动态系统的图形建模和仿真环境,可以创建模块图,用模块表示系统的各个组成部分。模块可以表示物理组件、小型系统或函数。输入/输出关系则完整描述了模块特征。请思考下面这些示例。

- 一个水龙头往一个水桶里注入水：水以一定的流速进入水桶，水桶变重。模块可以表示水桶，水的流速为输入，水桶的重量为输出。
- 用扩音器传递声音：扩音器一端产生的声音在另一端被放大。扩音器是模块，输入是声源的声波，输出是我们听到的声波。
- 推动购物车使它移动：购物车是模块，施加的力是输入，购物车的位置是输出。

只有定义了输入和输出，模块的定义才算完成，并且此模型定义任务需与建模目的相关。例如，如果建模目的不涉及购物车的位置，则会自然选择购物车的速度作为输出。

图 4-1　Gain 模块

Simulink 提供了一些模块库，它们是按功能分组的模块集合。例如，要对以常量倍数放大输入的扩音器进行建模，可以使用 Math Operations 库中的 Gain 模块，如图 4-1 所示。

进入扩音器的声波作为输入，出来的同一声波的更大版本作为输出，如图 4-2 所示。其中，">"符号表示模块的输入和输出，可以连接到其他模块。

可以将模块连接到其他模块以构成系统，从而表示更复杂的功能。例如，音频播放器可将数字文件转换为声音。软件从存储中读取数字表示，以数学方式对其进行解释，然后将其变为物理声音。处理数字文件以计算声音波形的软件是一个模块，接收波形并将其转换为声音的扬声器是另一个模块。生成输入的组件则是又一个模块。

要在 Simulink 中对扩音器的正弦波输入进行建模，需要包含 Sine Wave 源，如图 4-3 所示。

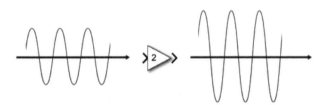

图 4-2　利用 Gain 模块扩大 2 倍输出声波效果

图 4-3　对扩音器进行建模模型

Simulink 的主要功能是对系统各个组件随时间流逝的行为变化进行仿真。简单来讲就是：采用一个时钟，按时间确定各个模块的仿真顺序，并在仿真过程中依次将在上一个模块图中计算得出的输出传播到下一个模块，直至最后一个模块。以扩音器为例，在每个时间步，Simulink 都必须计算正弦波的值，将其传播给扩音器，然后计算输出值，模型如图 4-4 所示。

在每个时间步，每个模块都要根据输入计算输出。当在一个给定时间步计算完图中的所有信号后，如图 4-5 所示，Simulink 将基于模型配置和数值求解器算法确定下一个时间步，并向前移动仿真时钟。接下来，每个模块将为这个新的时间步计算输出。

在仿真中，时间的移动与真实时钟不同。完成每个时间步的计算需要多长时间，该时间步就会花费多长时间，而不管它代表几分之一秒还是几年。

通常，组件的输入对其输出的影响不是瞬时的。例如，打开加热器不会导致温度立即发生变化。该动作为微分方程提供输入。历史温度（一个状态）也是一个输入因子。当仿真需要求解微分方程或差分方程时，Simulink 使用内存和数值求解器来计算时间步的状态值。

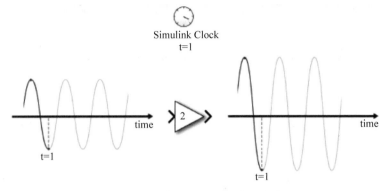

图 4-4 利用时钟模块确定仿真顺序模型 1

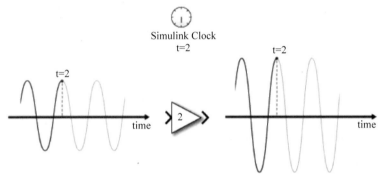

图 4-5 利用时钟模块确定仿真顺序模型 2

Simulink 处理以下三类数据。

- 信号：在仿真期间计算的模块输入和输出。
- 状态：在仿真期间计算的代表模块动态的内部值。
- 参数：影响模块行为的值，由用户控制。

在每个时间步，Simulink 都计算信号和状态的新值。相比之下，可以在编译模型时指定参数，并且可以在仿真运行时偶尔更改它们。

4.1.2 创建简单模型

可以使用 Simulink 来对系统建模，然后仿真该系统的动态行为。本节创建简单模型所使用的基本方法也适用于创建更复杂的模型。此示例对简化的汽车运动进行仿真。当踩下加速踏板时，汽车通常处于行进状态；松开踏板后，汽车怠速并停下来。

Simulink 模块是定义模块输入和模块输出之间数学关系的模型元素。要创建这个简单模型，需要四个 Simulink 模块，如表 4-1 所示。

表 4-1 四个 Simulink 模块

模 块 名 称	模 块 目 的	模 型 目 的
Pulse Generator	为模型生成输入信号	表示加速踏板
Gain	将输入信号乘以常量值	计算踩下加速踏板后如何影响汽车的加速度
Integrator Second-Order	将输入信号积分两次	根据加速度计算汽车位置
Out	指定一个信号作为模型的输出	指定汽车位置作为模型的输出

根据需要,建立的模型如图 4-6 所示。

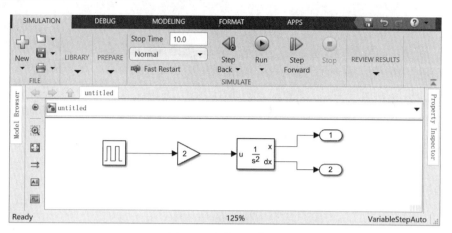

图 4-6　汽车运动模型

此模型的仿真过程是将一个简短的脉冲信号积分两次,形成一个斜坡。结果显示在一个示波器窗口中。输入脉冲表示是否踩下加速踏板－1 表示踩下,0 表示未踩下。输出斜坡表示与起点之间的距离增加。

1. 打开新模型

使用 Simulink Editor 构建模型。

(1) 启动 MATLAB。在 MATLAB 工具条上,单击 Simulink 按钮 ,打开 Simulink Editor 构建模型界面如图 4-7 所示。

图 4-7　Simulink Editor 构建模型界面

(2) 单击 Blank Model 模型,Simulink Editor 打开新建的模型界面,如图 4-8 所示。

(3) 从 Simulation 选项卡中,选择 Save→Save as。在 File name 文本框中,输入模型的名称。例如,simple_model。单击 Save。模型使用文件扩展名.slx 进行保存。

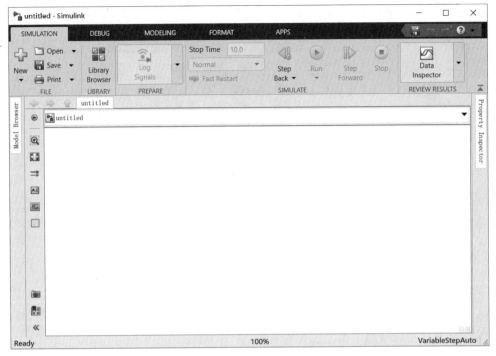

图 4-8　新建的 untitled-Simulink 界面

2. 打开 Simulink Library Browser

Simulink 在 Library Browser 中提供了一系列按功能分类的模块库。下面是大多数工作流常用的一些模块库。

- Continuous：表示具有连续状态的系统的模块。
- Discrete：表示具有离散状态的系统的模块。
- Math Operations：实现代数和逻辑方程的模块。
- Sinks：存储并显示所连接信号的模块。
- Sources：生成模型的驱动信号值的模块。

（1）在 Simulation 选项卡中，单击 Library Browser 按钮▦，即可打开 Simulink 模块浏览器（Simulink Library Browser），如图 4-9 所示。

（2）将 Library Browser 设置为始终在其他桌面窗口前端。在 Simulink Library Browser 工具栏上，选择 Stay on top 按钮▦。

要浏览模块库，请从左窗格中选择一个类别，然后选择一个功能区。要搜索所有可用的模块库，请输入搜索词。

例如，查找 Pulse Generator 模块。在浏览器工具栏的搜索框中输入 pulse，然后按 Enter 键，Simulink 将在模块库中搜索名称或说明中包含 pulse 的模块，然后显示这些模块，如图 4-10 所示。

获取模块的详细信息。右击 Pulse Generator 模块，然后选择 Help for the Pulse Generator block。Help 浏览器随即打开并显示该模块的参考页。模块通常有几个参数，可以通过双击该模块来访问所有模块参数。

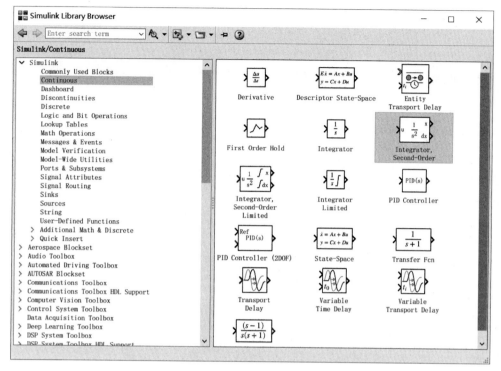

图 4-9　Simulink Library Browser 界面

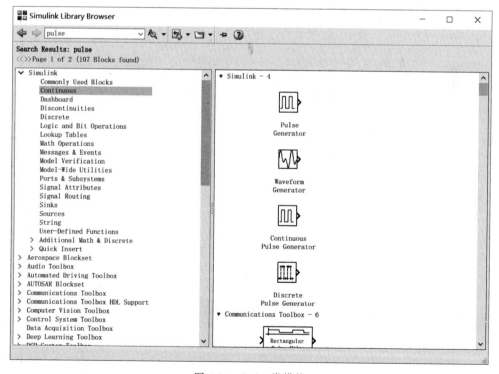

图 4-10　Pulse 类模块

3．将模块添加到模型

（1）要开始构建模型，请浏览库并添加模块。

从 Sources 库 中，将 Pulse Generator 模 块 拖 到
Simulink Editor 中。模型中将出现 Pulse Generator 模块
的副本，还有一个文本框用于输入 Amplitude 参数的值。
输入 1，效果如图 4-11 所示。

图 4-11　Pulse Generator 模块

注意：参数值在整个仿真过程中保持不变。

（2）使用相同的方法将 Gain、Integrator Second-Order、Out 模块用相同的方法添加到
模型中。并复制现有 Out1 模块，然后使用键盘快捷方式将其粘贴到另一个点，从而添加第
二个 Out2 模块。

（3）通过单击并拖动每个模块来排列模块。要调整模块大小，请拖动一个角。

4．连接模块

通过在输出端口和输入端口之间创建线条来连接模块。

（1）单击 Pulse Generator 模块右侧的输出端口。

该输出端口和所有适合连接的输入端口都将突出显示，如图 4-12 所示。

图 4-12　模块突出显示

（2）单击 Gain 模块的输入端口。

Simulink 用线条连接模块，并用箭头表示信号流的方向，如图 4-13 所示。

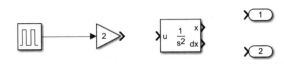

图 4-13　连接模块效果

（3）将 Gain 模块的输出端口连接到 Integrator Second-Order 模块的输入端口。

（4）将 Integrator Second-Order 模块的两个输出连接到两个 Out 模块。

（5）保存模型。在 Simulation 选项卡中，单击 Save 按钮，最终模型效果如图 4-14
所示。

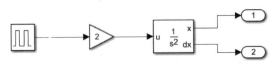

图 4-14　连接好的模型效果

5．添加信号查看器

要查看仿真结果，请将第一个输出连接到一个信号查看器。单击信号，在 Simulation
选项卡中的 Prepare 下，单击 Add Viewer，选择 Scope。信号上会出现查看器图标，并打开
一个示波器窗口，效果如图 4-15 所示。

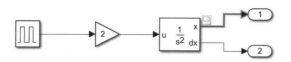

图 4-15　添加信号查看器效果

可以随时通过双击该图标打开示波器。

6. 运行仿真

定义配置参数后,即可进行模型仿真。

(1) 在 Simulation 选项卡中,通过更改工具栏中的值来设置仿真停止时间,如图 4-16 所示。

图 4-16　仿真时间

默认停止时间 10.0 适合此模型,此时间值没有单位。Simulink 中的时间单位取决于方程的构造方式。此示例对简化的汽车运动进行 10s 的仿真;其他模型的时间单位可以是毫秒或年。

(2) 要运行仿真,请单击 ▶ 按钮。

仿真开始运行并在查看器中生成输出,效果如图 4-17 所示。

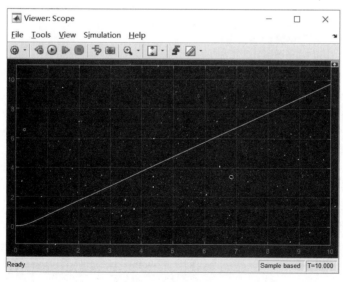

图 4-17　仿真效果

7. 优化模型

此实例使用现有模型 s4_1.slx,并基于此运动模型对接近传感器建模。在这种情况下,数字传感器用于测量汽车与 10m 外的障碍物之间的距离。模型基于下列条件输出传感器的测量值和汽车的位置值。

- 汽车在到达障碍物时会紧急制动。
- 在现实世界中,传感器对距离的测量不够精确,从而导致随机数值误差。
- 数字传感器以固定时间间隔运行。

1)更改模块参数

要开始,请打开 s4_1.slx 模型。在 MATLAB 命令行中输入:

```
>> open_system('s4_1.slx')
```

下面首先需要对在汽车位置到达 10 时的紧急制动进行建模。Integrator,Second-Order 模块有用于此目的的参数。

双击 Integrator,Second-Order 模块,将弹出 Block Parameters 对话框。选择 Limit x,然后为 Upper limit x 输入 10,效果如图 4-18 所示。参数的背景色发生变化以指示模型存在未应用的修改。单击 OK 应用更改并关闭对话框。

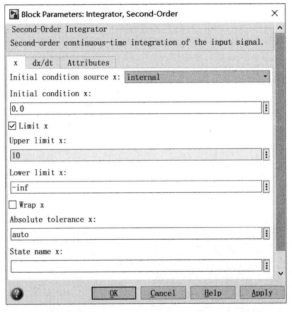

图 4-18 Integrator,Second-Order 模块对话框

2)添加新模块和连接

添加一个用来测量与障碍物之间距离的传感器。

(1)修改模型。根据需要展开模型窗口,以容纳新模块。

- 求实际距离。要想求出障碍物位置和车辆位置之间的距离,需要从 Math Operations 库中添加 Subtract 模块。还要从 Sources 库中添加 Constant 模块来为障碍物的位置设置常量值 10。
- 对真实传感器中常见的不完美测量进行建模。使用 Sources 库中的 Band-Limited White Noise 模块产生噪声。将 Noise power 参数设置为 0.001。通过使用 Math Operations 库中的 Add 模块将噪声添加到测量中。

- 对每 0.1s 触发一次的数字传感器进行建模。在 Simulink 中,以给定时间间隔对信号进行采样需要一个样本和保持器。从 Discrete 库中添加 Zero-Order Hold 模块。将该模块添加到模型后,将 Sample Time 参数更改为 0.1。
- 添加另一个 Out,用来连接传感器输出。保留 Port number 参数的默认值。

(2) 连接新模块。Integrator, Second-Order 模块的输出已连接到另一个端口。要在该信号中创建分支,请单击该信号以突出显示可供连接的端口,然后单击适当的端口,效果如图 4-19 所示。

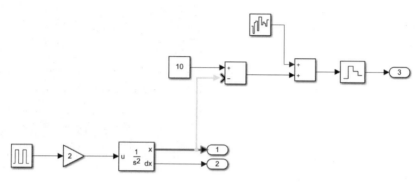

图 4-19 连接新模块效果

3) 为信号添加注释

将信号名称添加到模型中。

(1) 双击信号并输入信号名称,如图 4-20 所示。

(2) 要完成输入,请单击文本框外部。

图 4-20 添加注释

(3) 重复上述步骤以添加图 4-21 中所示的名称。

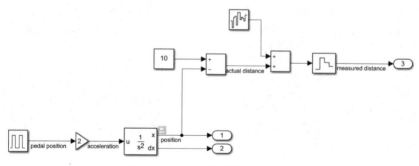

图 4-21 完成注释后的完整模型图

4) 比较多个信号

将 actual distance 信号与 measured distance 信号进行比较。

(1) 创建 Scope Viewer 并将其连接到 actual distance 信号。右击信号并选择 Create & Connect Viewer→Simulink→Scope,信号的名称显示在查看器标题中。

(2) 将 measured distance 信号添加到同一个查看器中。右击信号,然后选择 Connect to Viewer→Scope1,效果如图 4-22 所示,确保连接到在上一步中创建的查看器。

(3) 运行模型。查看器显示两个信号,actual distance(黄色)和 measured distance(蓝

色),效果如图 4-23 所示。

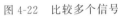

图 4-22　比较多个信号

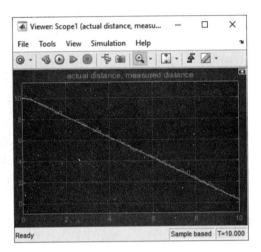

图 4-23　仿真效果

（4）放大图形以观察噪声和采样的影响。单击 Zoom 按钮 🔍 。单击并拖动鼠标框住想放大查看的区域,如图 4-24 所示。

还可以反复放大以观察细节,如图 4-25 所示。

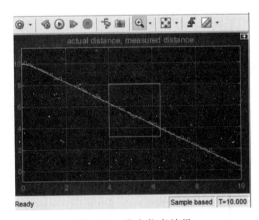

图 4-24　放大仿真效果

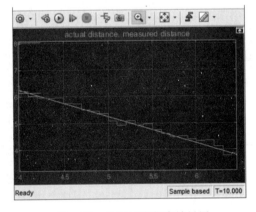

图 4-25　反复观察仿真效果图

从图 4-25 中可以看到,测量值可偏离实际值达 0.3m 之多,此信息在设计安全功能（例如碰撞警告）时非常有用。

4.2　Simulink 求解器

Simulink 求解器是 Simulink 进行动态系统仿真的核心所在,因此若想掌握 Simulink 系统仿真的原理,必须对 Simulink 的求解器有所了解。

1. 离散求解器

离散系统的动态行为一般可以由差分方程描述。众所周知,离散系统的输入与输出仅在离散的时刻上取值,系统状态每隔固定的时间才更新一次,而 Simulink 对离散系统的仿真核心是对离散系统差分方程的求解。因此,Simulink 可以做到对离散系统的绝对精确(除有限的数据截断误差外)。

在对纯粹的离散系统进行仿真时,需要选择离散求解器对其进行求解。打开求解器的方法如图 4-26 所示。用户只需选择 Simulink 的 Parameters 对话框中的 Solver(求解器)选项卡中的 discrete(nocontinuous states)选项,即没有连续状态的离散求解器,即可以对离散系统进行精确的求解与仿真。离散求解器的设置如图 4-27 所示。

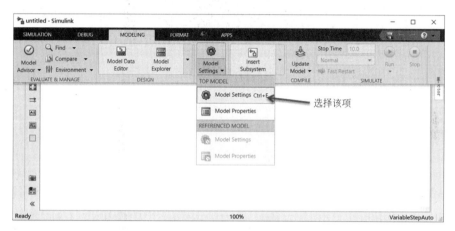

图 4-26　打开求解器

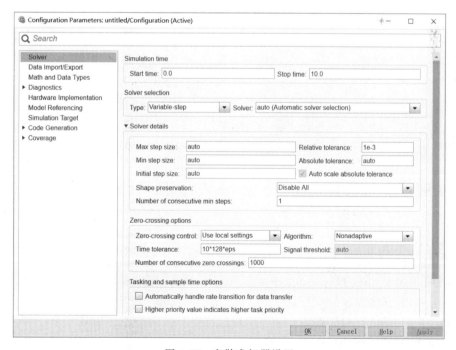

图 4-27　离散求解器设置

2. 连续求解器

与离散系统不同,连续系统具有连续的输入与输出,并且系统中一般都存在连续的状态设置。连续系统中存在的状态变量往往是系统中某些信号的微分或积分,因此,连续系统一般由微分方程或与之等价的其他方式进行描述。这就决定了使用数字计算机不可能得到连续系统的精确解,而只能得到系统的数字解(即近似解)。

Simulink 在对连续系统进行求解仿真时,其核心是对系统微分方程或偏微分方程进行求解。因此,使用 Simulink 对连续系统进行求解仿真时所得到的结果均为近似解,只要此近似解在一定的误差范围内即可。对微分方程的数字求解有不同的近似解,因此,Simulink的连续求解器有多种不同的形式,如变步长求解器 ode5、ode3、ode113,以及定步长求解器 ode5、ode4、ode3 等。采用不同的连续求解器会对连续系统的仿真结果与仿真速度产生不同的影响,但一般不会对系统的性能分析产生较大的影响,因为用户可以通过设置具有一定的误差范围的连续求解器进行相应的控制。连续求解器的设置如图 4-28 所示。

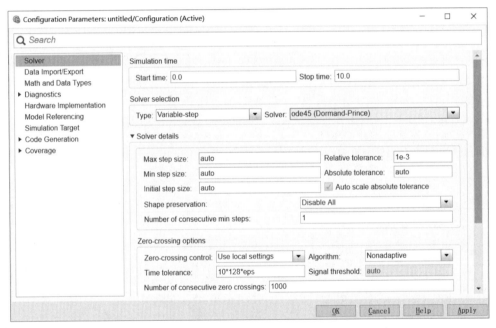

图 4-28　连续求解器的设置

4.3　求解器参数设置

图 4-27 及图 4-28 中的各参数设计主要如下。

1. Solver 项

在 Solver 里需要设置仿真起始与终止时间、选择解法器并设置相关的参数。

(1) Simulation time 区域在 Start time 和 Stop time 文本框内可以输入仿真的起始时间和终止时间,默认的起始时间为 0.0s,终止时间为 10.0s。实际上,仿真时间与实际的时钟时间并不是相同的。例如,运行 10s 的仿真过程实际并不会花费 10s,机器运行的时间取决于很多因素,包括模型的复杂程度、算法步长的大小以及计算机的速度等。

(2) Solver options。Simulink 模型的仿真要计算整个仿真过程中各采样点的输入值、输出值以及状态变量值,Simulink 利用用户选择的算法来执行这个操作。当然,一种算法不可能适应所有的模型,因此 Simulink 对算法进行了分类,每一种算法用来解决不同的模型类型。用户可以选择的算法有 4 类:定步长连续算法、变步长连续算法、定步长离散算法和变步长离散算法。用户可以在 Type 下拉列表框中指定仿真的步长方式,可供选择的有 Variable-step(变步长)和 Fixed-step(固定步长)两种方式。

① 定步长连续算法。

该算法在整个仿真过程中以相等的时间间隔计算模型的连续状态,算法使用数值积分方法来计算系统的连续状态,每个算法使用不同的积分方法,因此,用户可以选择最适合自己模型的计算方法。为了选择定步长连续算法,首先在 Type 列表框内选择 Fixed-step 选项,然后在相邻的积分方法列表中选择算法,可以选择的定步长连续算法如表 4-2 所示。

表 4-2 定步长仿真的连续算法

算　　法	说　　明
ode5(默认值)	定步长的高阶龙格-库塔法,适用于大多数连续或离散系统,不适用于刚性系统
ode4	定步长的四阶龙格-库塔法,具有一定的计算精度
ode3	定步长的二/三阶龙格-库塔法,与 ode45 类似,但算法精度没有 ode45 高
ode2	改进欧拉法
ode1	欧拉法

② 变步长连续算法。

Simulink 提供了变步长连续仿真算法。当系统的连续状态变化很快时,这些算法减小仿真步长以提高精度,当系统的连续状态变化较慢时,这些算法会增加仿真步长以节省仿真时间。要指定变步长连续算法,在 Type 下拉列表框内选择 Variable-step 选项,然后在相邻的积分方法列表中选择算法,可以选择的变步长连续算法如表 4-3 所示。

表 4-3 变步长仿真的连续算法

算　　法	说　　明
ode45(默认值)	四/五阶龙格-库塔法,适用于大多数连续或离散系统,但不适用于刚性系统
ode23	二/三阶龙格-库塔法,与 ode45 类似,但算法精度没有 ode45 高
ode113	即 adams 项算法
ode15s	即 NDF 算法,适用于刚性系统
ode23s	基于龙格-库塔法的一种算法,专门应用于刚性系统
ode23t	若是刚性系统,且不要求有衰减,可以使用这个方法
ode23tb	即 TR-BDF2 实现,类似于 ode23s,这个算法比 ode15s 更精确

③ 定步长离散算法。

Simulink 提供了一种不执行积分运算的定步长算法,适用于求解非线性连续状态模型和只有离散状态的模型。

④ 变步长离散算法。

Simulink 提供了一种变步长离散算法,如果用户未指定定步长离散算法,而且模型又没有连续状态,那么 Simulink 默认使用这个算法。

2．Data Import/Export 项

Data Import/Export 项主要用于向 MATLAB 工作空间输出模型仿真结果数据或者从 MATLAB 工作空间读入数据到模型，其效果如图 4-29 所示，主要完成以下工作。

（1）Load from workspace：从 MATLAB 工作空间向模型导入数据，作为输入与系统的初始状态。

（2）Save to workspace or file：向 MATLAB 工作空间输出仿真时间、系统状态、系统输出与系统最终状态。

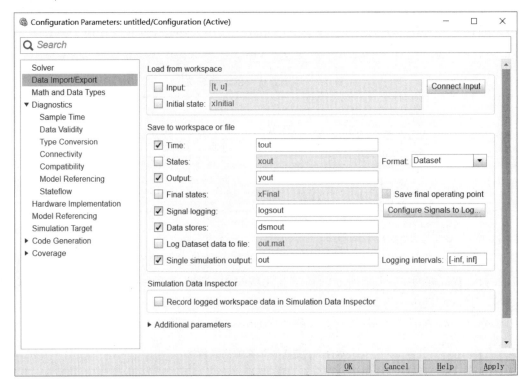

图 4-29　Data Import/Export 项

3．Math and Data Types 项

Math and Data Types 项主要用于设置 Simulink 中模块的数据类型，参数设置界面如图 4-30 所示。

4．Diagnostics 项

Diagnostics 项主要用于设置当模块在编译与仿真遇到突发情况时，Simulink 采用哪种诊断动作，如图 4-31 所示。该面板还将各种突发情况的出现原因分类列出。

5．Hardware Implementation 项

Hardware Implementation 项主要用于定义硬件的特性，这里的硬件是指将来用来运行模型的物理硬件。这些设置可以帮助用户在模型实际运行目标系统（硬件）之前，通信仿真检测到以后目标系统上运行可能出现的问题，如图 4-32 所示。

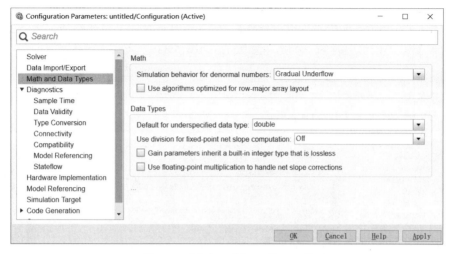

图 4-30　Math and Data Types 项

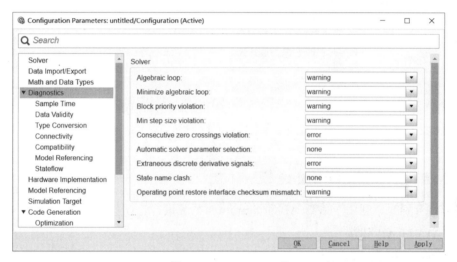

图 4-31　Diagnostics 项

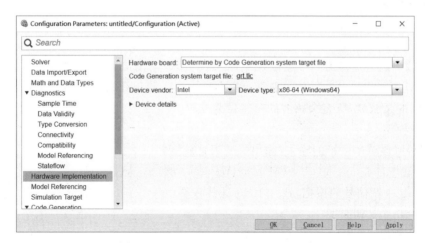

图 4-32　Hardware Implementation 项

6. Model Referencing 项

Model Referencing 项用于生成目标代码、建立仿真以及定义当此模型中包含其他模型或者其他模型引用该模型时的一些选项参数值，如图 4-33 所示。

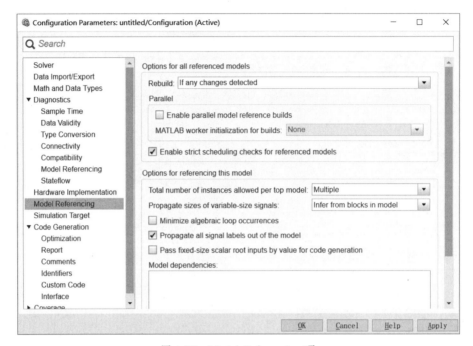

图 4-33　Model Referencing 项

4.4　MATLAB/Simulink 建模

本节将分别介绍利用 MATLAB 和 Simulink 系统进行建模。

4.4.1　MATLAB 建模

本节介绍利用 MATLAB 建立静态系统与非静态系统。

1. 静态系统

静态系统的仿真过程就是相应代数方程的数值计算或求解过程。下面以幅度调制作为示例来讲解。

【例 4-1】　试仿真得出一个幅度调制系统的输入/输出波形。设输入被调制信号是一个幅度为 2V，频率为 1000Hz 的余弦波，调制度为 0.5，调制载波信号是一个幅度为 5V，频率为 10kHz 的余弦波，所有余弦波的初相位为 0。

1）数学模型

根据题目，该调幅系统的输入/输出关系表达式为：

$$y(t) = (M + m_{a}M\cos2\pi f_{m}t)A\cos\pi f_{c}t \tag{4-1}$$

其中，$M=2$ 是被调信号的振幅，$f_{m}=1000$ 是其频率，$A=5$ 是载波信号的幅度，$f_{c}=10^{4}$ 是其频率，$m_{a}=0.5$ 是调制度。

2）编程实现

连续函数必须进行离散化才能够存储于计算机中。只要时间离散化过程满足取样定理,那么就不会引起失真。这个系统中的信号最高工作频率为$(f_m + f_c) = 11\text{kHz}$,根据取样定理,只要离散取样率高于该频率的 2 倍即可无失真。在计算量和数据存储量许可的条件下,取样率可以设置更高,以使仿真计算的结果波形图显示更加光滑。本例将取样率设置为 10^5,即在一个载波周期上取样 10 次,相应的取样间隔为 $\Delta t = 10^{-5}\text{s}$。本例中,取样间隔也作为仿真步进。其实现的 MATLAB 代码如下:

```
>> clear all;
dt = 1e - 5;
T = 3 * 1e - 3;
t = 0:dt:T;
input = 2 * cos(2 * pi * 1000 * t);
ca = 5 * cos(2 * pi * 1e4 * t);
output = (2 + 0.5 * input). * ca;
% 作图:观察输入信号,载波,以及调制输出
subplot(311);
plot(t, input);
xlabel('时间/s'); ylabel('被调信号');
subplot(312);
plot(t, ca);
xlabel('时间/s'); ylabel('载波');
subplot(313);
plot(t, output);
xlabel('时间/s'); ylabel('调幅输出');
```

以上程序代码非常简洁,并且表达上与数学形式很接近。值得指出的是,程序结构采用了 MATLAB 常用的矩阵形式,而没有采用传统计算机语言所必须采用的循环结构,因为采用矩阵计算的效率更高。仿真程序执行的结果如图 4-34 所示,图中同时画出了输入、载波和调幅输出。从图中可以看出,载波的包络随着被调信号的变化而变化,这样被调信号的变化信息就被携带在了载波的振幅上,因此称为幅度调制。

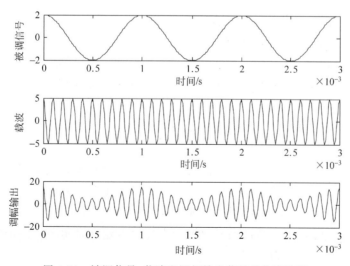

图 4-34 被调信号、载波和调幅输出信号的仿真波形

3）另外一种编程实现方式

在上面的程序中,首先计算出了仿真时间区间内的输入信号在各取样时刻的取值并存

储在一个矩阵变量 input 中,然后计算载波信号并存储在矩阵 ca 中,最后再计算出调制输出。即仿真中各信号是顺序产生的,并按照信号在系统中的流通先后逻辑进行顺序计算。这是一种基于数据流仿真方法的典型例子。然而,在实际调制系统中,在某时刻上输入信号和载波以及调制输出信号是同时产生的。如果在仿真程序中也根据仿真步进时间的推进分别在各个取样点上"同时"计算生成系统中各逻辑点上的信号样值,那么就是一种基于时间流的仿真过程。下面的代码用循环结构实现了基于时间流的调幅仿真过程,结果与图 4-34 相同。

其实现的 MATLAB 代码如下:

```
>> clear all;
dt = 1e - 5;
T = 3 * 1e - 3;
t = 0:dt:T;
for i = 1:length(t)
    input(i) = 2 * cos(2 * pi * 1000 * t(i));
    ca(i) = 5 * cos(2 * pi * 1e4 * t(i));
    output(i) = (2 + 0.5 * input(i)). * ca(i);
end
% 作图:观察输入信号,载波,以及调制输出
subplot(311);
plot(t, input);
xlabel('时间/s'); ylabel('被调信号');
subplot(312);
plot(t, ca);
xlabel('时间/s'); ylabel('载波');
subplot(313);
plot(t, output);
xlabel('时间/s'); ylabel('调幅输出');
```

2. 动态系统

动态系统分为两种,连续动态系统及离散动态系统。

1) 连续动态系统的 MATLAB 仿真

连续动态系统以微分方程(组)进行数学描述,其仿真过程就是对微分方程的编程表达和数值求解过程。下面首先通过示例来了解这一建模过程和编程的思路,然后总结出更一般的连续动态模型和求解方法。

【例 4-2】 单摆运动过程的建模和仿真。

(1) 单摆的数学模型。

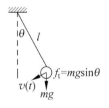

图 4-35 重力场中的单摆
受力分析示意图

设单摆摆线的固定长度为 l,摆线的质量忽略不计,摆锤质量为 m,重力加速度为 g,系统的初始时刻为 $t=0$,在任意 $t \geqslant 0$ 时刻摆锤的线速度为 $v(t)$,角速度为 $\omega(t)$,角位移为 $\theta(t)$。以单摆的固定位置为坐标原点建立直角坐标系,水平方向为 x 轴方向,如图 4-35 所示。

在 t 时刻,摆锤所受切向力 $f_t(t)$ 是重力 mg 在其运动圆弧切线方向上的分力,即:

$$f_t(t) = mg\sin\theta(t) \tag{4-2}$$

如果忽略空气阻力因素，根据牛顿第二运动定律，切向加速度为：

$$a(t) = g\sin\theta(t) \tag{4-3}$$

因此得到单摆的运动微分方程组：

$$\frac{\mathrm{d}v(t)}{\mathrm{d}t} = g\sin\theta(t) \tag{4-4}$$

$$\frac{\mathrm{d}\theta(t)}{\mathrm{d}t} = -\omega(t) = -\frac{v(t)}{l} \tag{4-5}$$

如果考虑空气阻力，可设单摆在摆动中受到阻力 f_z，显然阻力与摆锤的运动速度有关，即阻力是单摆线速度的函数：$f_z = f(v)$。为简单起见，可设：

$$f_z D(t) = -kv(t) \tag{4-6}$$

其中，$k \geqslant 0$ 为阻力比例系数，式中的负号表示阻力方向与摆锤运动方向相反。切向加速度由切向合力 $f_t + f d_z$ 产生，根据牛顿第二运动定律，有：

$$a(t) = g\sin\theta(t) - \frac{kv(t)}{m} \tag{4-7}$$

因此得到修正后的单摆的运动微分方程组：

$$\frac{\mathrm{d}v(t)}{\mathrm{d}t} = g\sin\theta(t) - \frac{kv(t)}{m} \tag{4-8}$$

$$\frac{\mathrm{d}\theta(t)}{\mathrm{d}t} = -\frac{v(t)}{l} \tag{4-9}$$

（2）数值求解。

仍然使用欧拉算法求解。将 $\mathrm{d}v(t) = v(t+\mathrm{d}t) - v(t)$ 和 $\mathrm{d}\theta(t) = \theta(t+\mathrm{d}t) - \theta(t)$ 代入式(4-8)及式(4-9)中，并以仿真步进量 Δ 作为 $\mathrm{d}t$ 的近似，得到基于时间的递推方程：

$$v(t+\Delta) = v(t) + \left(g\sin\theta(t) - \frac{kv(t)}{m}\right)\Delta \tag{4-10}$$

$$\theta(t+\Delta) = \theta(t) - \frac{v(t)}{l}\Delta \tag{4-11}$$

其实现的 MATLAB 代码如下：

```
>> clear all;
dt = 0.0001;                              % 仿真步进
T = 15;                                   % 仿真时间长度
t = 0:dt:T;                               % 仿真计算时间序列
g = 9.8;
L = 1.5;
m = 10;
k = 3;                                    % 空气阻力比例系数
th0 = 3.1;                                % 初始摆角设置
v0 = 0;                                   % 初始摆速设置
v = zeros(size(t));                       % 程序存储变量预先初始化,可提高执行速度
th = zeros(size(t));
v(1) = v0;
th(1) = th0;
for i = 1:length(t)                       % 仿真求解开始
    v(i + 1) = v(i) + (g * sin(th(i)) - k./m. * v(i)). * dt;
    th(i + 1) = th(i) - 1./L. * v(i). * dt;
```

```
end
%使用双坐标系统来作图,注意作图和图标标注的技巧
[AX,B1,B2] = plotyy(t,v(1:length(t)),t,th(1:length(t)),'plot');
set(B1,'LineStyle','-- ');                          %设置图线型
set(B2,'LineStyle','p');
set(get(AX(1),'Ylabel'),'String','线速度 v(t)/(m/s)');   %作标注
set(get(AX(2),'Ylabel'),'String','角位移\th(t)/rad');
xlabel('时间 t/s');
legend(B1,'线速度 v(t)',2);
legend(B2,'角位移 th(t)',1);
```

程序中,故意将初始角位移设置为 $\theta(0)=3.1$,接近弧度 π,即摆锤初始位置接近最高点,这样系统将出现明显的非线性特征。空气阻力比例系数设为 $k=3$,摆锤初始速度为零,质量为 $10\mathrm{kg}$,摆线长度为 $l=1.5\mathrm{m}$,则仿真结果如图 4-36 所示。起始阶段由于摆锤接近最高位置,所以启动速度缓慢,图中线速度在时间起始阶段增长缓慢,当角位移到达 $\pi/2$ 时,摆锤上的加速度达到最大,当角位移等于 0 时(即摆锤位于最低点),其线速度接近最大值(注意,这是由于考虑了空气阻力的缘故。当忽略空气阻力作用后,则线速度在摆锤最低点达到最大值,其效果如图 4-37 所示)。由于空气阻力,摆动逐渐衰竭。由于仿真输出的两个变量的物理量纲不同,故本程序使用了双坐标系统来作图。

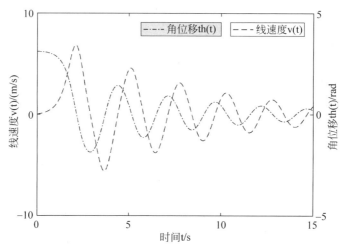

图 4-36　单摆运动的线速度和角位移仿真曲线

2) 离散动态系统的 MATLAB 仿真

在数学上,时间离散信号可以用一个数列表示,称为离散时间序列。数列中元素的取值就是对应离散时刻序号处的信号值。如果这些信号取值也是离散的,那么就称这样的信号序列为数字信号。由于计算机的计算字长数是有限整数,存储空间也是有限的整数,因此,本质上计算机只能够直接处理数字信号。从前面可知,对连续信号和连续系统的数值计算和仿真事实上是离散化的近似计算,即以适当步长进行的时间离散的计算过程,计算结果也是在设定的计算机存储精度下的离散值。因此,计算机仿真实质上是对数字信号和数字系统的仿真。

数列中元素之间关系可以通过数列的一个或多个起始元素以及数列的递推公式来描述,数列的递推公式也称为差分方程。对于关系比较简单的数列,可以通过数字分析找出

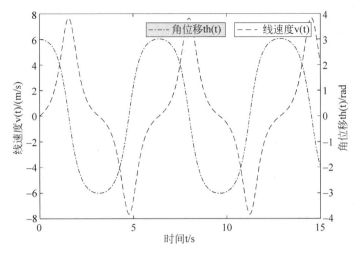

图 4-37　忽略空气阻力后单摆运动的线速度和角位移仿真曲线

通项公式,即差分方程的解。

离散动态系统的数学描述是差分方程或差分方程形式的状态方程组,对离散动态系统的仿真,就是根据其差分方程和初始状态进行递推,求出序列在给定仿真离散时间范围内的全部元素值。从这个意义上说,与连续系统仿真相比较,离散动态系统的仿真更为简单直接。

连续时间信号可以通过均匀采样转换为离散时间信号。如果 $f(t)$ 是一个连续时间信号,那么通过取样时间间隔为 T 的模数转换器将把它转换成离散时间信号 $f[n]$(这里忽略了模数转换器的信号幅度量化误差),在不引起含义混淆的情况下,一般将 $f[n]$ 简写为下角标形式 f_n,并引入延时算子 D 来表示对离散时间信号延迟一个取样时间间隔。即:

$$f_n = f[n] = f(nT) \tag{4-12}$$

$$f_{n-1} = f[n-1] = Df(n) \tag{4-13}$$

为了保证离散信号能够不失真地表示输入信号,非常重要的一点就是需要根据输入模拟信号的频率范围选取采样速率。根据采样定理,离散时间信号所包括的最高频率是 $1/(2T)$。如果输入信号的频率范围超过该最大频率,就会造成频谱混叠,所得出的离散信号就是严重失真的。

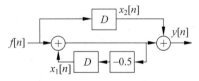

图 4-38　一个离散时间系统示例

【例 4-3】　试建立如图 4-38 所示的离散时间系统的状态方程和输出方程,通过仿真求解系统的单位数字冲激响应。

其实现的 MATLAB 代码如下:

```
>> clear all;
   n = 5;                         % 仿真计算的时间序列点数
   f = [1,zeros(1,n-1)];          % 输入:单位数字冲激信号
   x = zeros(2,n+1);              % 状态变量存储矩阵初始化
   x(:,1) = [0;0];                % 初始状态赋值
   for i = 1:n
       x(1,i+1) = -0.5.*(x(1,i)+f(i)); % 状态方程1
```

```
            x(2,i+1) = f(n);                    %状态方程2
            y(n) − x(1,i) + x(2,i) + f(i);      %输出方程
end
t = 0:n−1;                                       %得到序列对应的离散时间点并作出波形
subplot(411);
stem(t,f);                                       %输入信号波形
axis([−1 n 0 1.5]);
subplot(412);
stem(t,x(1,1:n));                                %状态1的波形
axis([−1 n −0.6 0.6]);
subplot(413);
stem(t,x(2,1:n));                                %状态2的波形
axis([−1 n 0 1.5]);
subplot(414);
stem(t,y);                                       %输入信号波形
axis([−1 n −0.5 1.2]);                           %输出信号波形
```

运行程序,效果如图 4-39 所示。

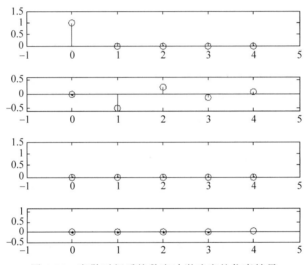

图 4-39　离散时间系统数字冲激响应的仿真结果

图 4-39 中分别给出了输入序列、两个状态序列以及输出序列的计算结果。由于仿真目的是求解系统的冲激响应,所以在程序中将系统的两个状态变量的初始值均设置为零。图中,状态 $x_1[n]$ 是反馈输出端的波形,状态 $x_2[n]$ 显然是输入信号 $f[n]$ 延迟了一个单位时间的结果。输出信号 $y[n]$ 则是输入信号与两个状态信号叠加的结果,对应了系统方框图。

4.4.2　Simulink 建模

在很多领域中,例如物理等系统都是连续时间的,连续时间系统又可以分为两类:线性和非线性。下面选择几个常用的模块来介绍怎样创建线性系统及非线性系统。

1. 线性系统建模

相对于非线性系统而言,线性系统比较简单,所涉及的模块也比较容易。

【例 4-4】　创建一个 Simulink 系统,演示向上抛投小球的运动轨迹。

其实现步骤如下所述。

（1）根据需要，建立如图 4-40 所示的模型窗口。

（2）在 Continuous 模块库中拖放两个 Integrator Limited 模块放到模型窗口中，打开第一个积分模块，参数设置如图 4-41(a)所示，命名为 Velocity。该积分器的功能是积分得到小球抛投的速度，为了能够更逼真地模拟该抛投运动，需要为该程序进行外部初始条件的设置，并为其设置新的重设条件端口，因此需要选中所有的相关端口。双击第二个积分器，打开积分器的参数设置窗口，设置效果如图 4-41(b)所示，命名为 Position。在系统中，第二个积分器模块的功能是由速度积分得到的小球运动的高度。

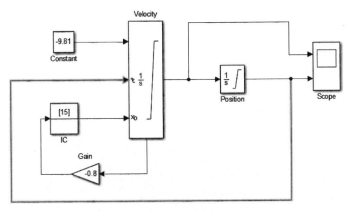

图 4-40 抛投小球的轨迹模型窗口

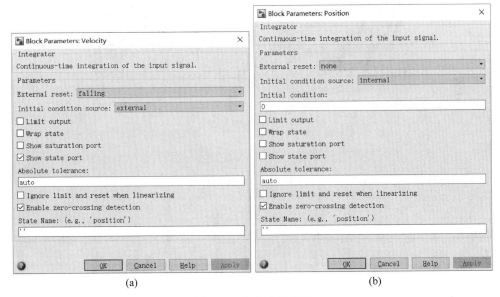

（a） （b）

图 4-41 积分参数设置

（3）在 Signal Attributes 模块库中将 IC 模块拖放到模型窗口中，并双击模块，其初始值设置为 15。

（4）设置 Scope 模块属性。双击 Scope 模块，弹出 Scope 界面，单击界面中的 ⚙ 快捷按钮，弹出 Scope 参数设置窗口，设置效果如图 4-42 所示。

（5）仿真。将系统的仿真时间设置为 20，然后对模型进行仿真，效果如图 4-43 所示。

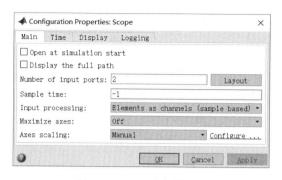

图 4-42　　示波参数设置

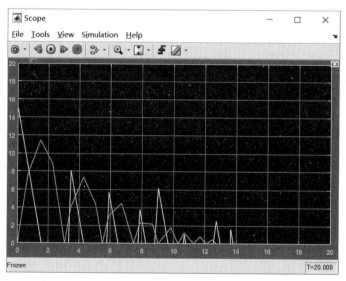

图 4-43　仿真结果

在仿真结果中，上面是小球运动速度随着时间变化的曲线，大致符合线性关系；下面是小球运动的高度随时间变化的曲线，大致符合二次抛物线的关系。

系统原理：本系统分析的是在初始高度为 10m 的地方以初始速度 15m/s 向上抛投小球的运动轨迹。选择重力加速度为 9.81m/s² 。同时，考虑到空气阻力对小球运动的影响，每次进行积分时，将积分后的时间步（Time Step）速度转换为前一个时间步的 0.8 倍，相当于用速度的减少来替代能量的损失，得到的结果即为包含了衰减的小球运动轨迹图形和速度图形。

2．二阶微分方程

在高等数学中，微分方程是一个重要的组成部分。在 MATLAB 中，为求解微分方程提供了专门的命令。但是，同样可以使用 Simulink 来求解二阶微分方程。下面通过 Simulink 来演示典型的二阶微分方程的求解。

【例 4-5】 已知二阶微分方程 $x''(t) + 0.4x'(t) + 0.9x(t) = 0.7u(t)$，其中 $u(t)$ 为脉冲信号，试用 Simulink 来求解该二阶函数 $x(t)$。

（1）将所求解的二阶微分方程改写为如下形式：

$$-0.4x'(t) - 0.9x(t) + 0.7u(t) = x''(t)$$

（2）利用 Simulink 创建二阶微分方程模型框图，效果如图 4-44 所示。

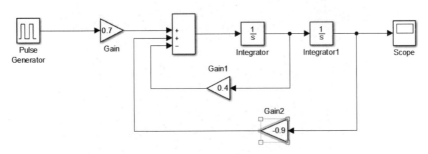

图 4-44　二阶微分方程的 Simulink 框图

（3）设置模块参数。

双击系统模型中的 Pulse Generator 模块，其模块参数设置如图 4-45 所示。

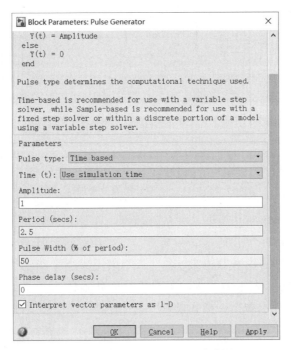

图 4-45　Pulse Generator 模块参数设置

双击系统模型中的 Sum 模块，在弹出的参数设置对话框中的 List of signs 文本框中输入"＋＋－"。双击几个 Gain 模块，在弹出的参数设置对话框中的 Gain 文本框中分别输入 0.7、0.4、－0.9。

（4）运行仿真。

系统的仿真参数采用默认值，然后运行模型窗口，得到如图 4-46 所示的仿真效果。

（5）添加新模块，将仿真结果传输到 MATLAB 的工作空间中。

在如图 4-44 所示的模型框图中添加 Clock 和 ToWorkspace 模块，将仿真的结果传输到工作空间中,其效果如图 4-47 所示。

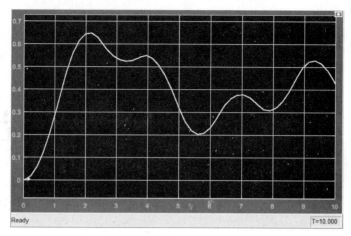

图 4-46　仿真效果图

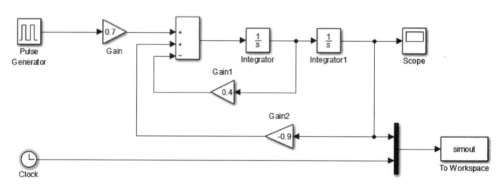

图 4-47　添加新模块效果图

其中,Clock 模块的功能是产生系统仿真的时间变量 t,在模块中将该时间变量和系统积分得到的 $x(t)$,通过 To Workspace 模块传递给工作空间中的变量 Simout。

（6）设置 To Workspace 模块参数。

双击 To Workspace 模块,打开模块的参数设置对话框,其设置如图 4-48 所示。

在该对话框中,将保存数据的格式设置为 Array,即将仿真结果按照数组的格式输出数值结果。

（7）处理输出数据。

首先运行重新设置的仿真系统,然后在 MATLAB 命令行窗口输入如下代码:

```
>> t = simout(:,2);
x = simout(:,1);
[xm,km] = max(x);
plot(t,x,'g','LineWidth',2.5);
hold on;
plot(t(km),xm,'rv','MarkerSize',25);
hold off;grid on;
```

运行程序,效果如图 4-49 所示。

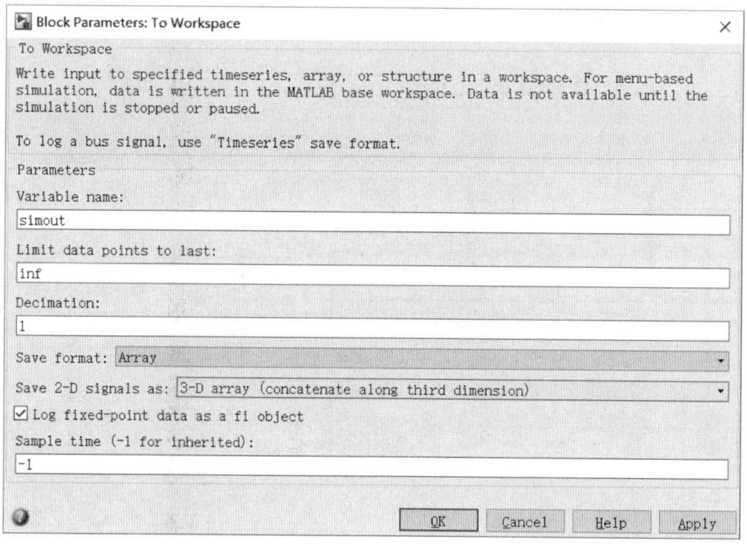

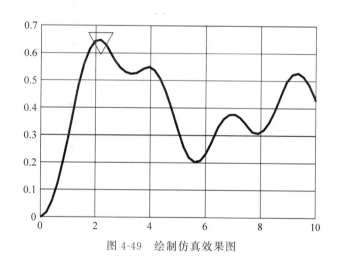

图 4-48　To Workspace 模块参数设置

图 4-49　绘制仿真效果图

从图 4-49 中可看出,通过常用的 MATLAB 绘图语句得到的图形结果与仿真系统得到的图形完全相同,说明系统传递数据成功。

3. 状态方程

在 Simulink 中,在求解微分方程时,还可以使用状态方程。在 Simulink 中,专门提供了状态方程模块。

【例 4-6】　Lorenz 模型仿真。

著名的 Lorenz 模型的状态方程可表示为:

$$
\begin{bmatrix} \dot{x}_1(t) \\ \dot{x}_2(t) \\ \dot{x}_3(t) \end{bmatrix} = \begin{bmatrix} -\beta & 0 & x_2(t) \\ 0 & -\sigma & \sigma \\ -x_2(t) & \rho & -1 \end{bmatrix} \begin{bmatrix} x_1(t) \\ x_2(t) \\ x_3(t) \end{bmatrix}
$$

Lorenz 模型中 $\beta - \dfrac{8}{3}, \sigma - 10, \rho = 28$，模型的初始值 $x_0 = [18, 4, -4]^{\mathrm{T}}$。

根据要求建立 Lorenz 状态方程的 Simulink 模型仿真框图，如图 4-50 所示。

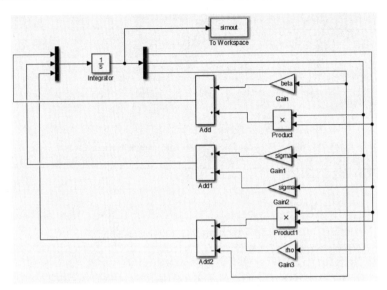

图 4-50　Lorenz 状态方程的 Simulink 模型仿真框图

根据要求将图 4-50 中的 Integrator 模块的初始值设置为 [18　4　-4] 行向量。在命令行窗口中输入初始化 beta=8/3，sigma=10，rho=28，设置仿真算法为 ode45 算法，仿真时间为 100s，最大的步长（Max step size）设置为“1e-3s”。运行仿真，在 MATLAB 命令行窗口中输入以下代码：

```
>> plot3(simout. signals. values(:,1),simout. signals. values(:,2),simout. signals. values(:,
3));
grid on;
set(gcf,'color','w');
```

即可得到状态变量的三维曲线图，效果如图 4-51 所示。

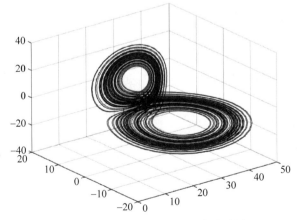

图 4-51　Lorenz 状态方程仿真效果图

对于 Lorenz 状态方程,同样可以用 M 文件来进行仿真。先建立 Lorenz 的状态方程:

```
function xd = li4_6fun(t,x)
beta = 8/3;
sigma = 10;
rho = 28;
xd = [ - beta * x(1) + x(2) * x(3); - sigma * x(2) + sigma * x(3); - x(1) * x(2) + rho * x(2) - x(3)];
```

采用 ode45 算法求解微分方程,并绘制相空间三维图形,其实现的 MATLAB 代码如下:

```
>> clear all;
x0 = [18 4  - 4];
[t,x] = ode45('li4_6fun',[0,100],x0);
plot3(x(:,1),x(:,2),x(:,3));
grid on;
set(gcf,'color','w');
```

运行程序,得到效果如图 4-51 所示。

4. 非线性建模

线性系统是相对的,非线性系统是绝对的。光靠 Simulink 中的线性模块是不能完成所有任务的,所以 Simulink 还提供了大量的非线性模块,如继电器模块 Realy、死区模块 Deadz one、饱和模块 Saturation 等。下面通过一个典型的非线性微分方程来演示如何使用 Simulink 求解非线性模型。

【例 4-7】 使用 Simulink 来创建系统,求解非线性微分方程 $(2x - 3x^2)x' - 5x = 5x''$,其中 x 和 x' 都是时间的函数,也就是 $x(t)$ 和 $x'(t)$,其初始值为 $x'(0)=1$,$x(0)=2$。求解该方程的数值解,并绘制函数的波形。

其步骤如下。

(1) 修改以下微分方程,得:

$$\frac{1}{5}(2x - 3x^2)x' - x = x''$$

(2) 根据以下微分方程,建立如图 4-52 所示的 Simulink 模型框图。

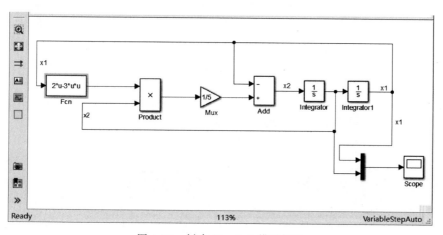

图 4-52　创建 Simulink 模型框图

（3）模块参数设置。

双击图4-52中的Fcn模块，打开参数设置对话框，在其中的Expression文本框中输入2＊u—3＊u＊u。其效果如图4-53所示。

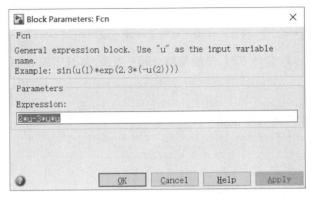

图4-53　Fcn参数设置对话框

在表达式中输入的u代表的是输入该模块信号的变量，在本示例中即为信号变量x。在Simulink中，Fcn模块支持所有C语言条件下的所有相关表达式。在该表达式中可以包含变量u、数值常量、数学运算符、关系运算符、逻辑运算符、圆括号、数学函数和MATLAB工作空间中的变量等。关于模块的其他信息可通过联机帮助文档进行更详细的了解。

双击图4-52中的Product模块，打开对应的属性对话框，在其中的Number of inputs文本框中输入信号的个数为2；在Multiplication列表框中选择Element-wise（.＊），表示对模块输入变量进行点乘运算，其设置效果如图4-54所示。

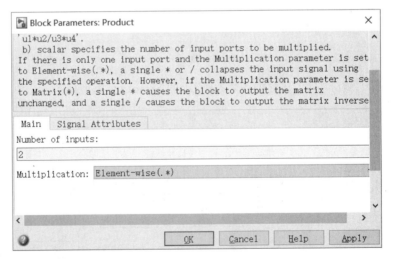

图4-54　Product参数设置对话框

双击图4-52中的Integrator模块及Integrator1模块，打开对应的属性对话框，在其中的Initial condition文本框中分别输入1和2。双击图4-52中的Add模块，在弹出的参数设置对话框中的List of signs文本框中输入"—＋"。双击图4-52中的Gain模块，在弹出的参数设置对话框中的Gain文本框中分别输1/5。

（4）运行仿真。

将系统仿真时间设置为 20s，其他参数采用默认值，然后对模型进行仿真，得到如图 4-55 所示的仿真效果。在仿真结果中，黄色的曲线表示的是变量 $x(t)$，蓝色的曲线表示的是变量 $x'(t)$。

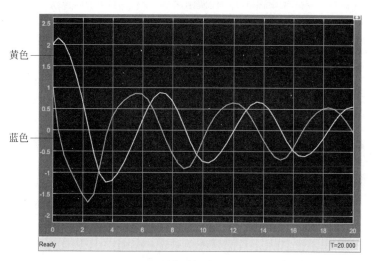

图 4-55　模型仿真效果图

（5）修改仿真模块并进行模块参数设置。

为了能够在 MATLAB 的工作空间中演示上面的仿真结果，需要添加新的系统模块，效果如图 4-56 所示。

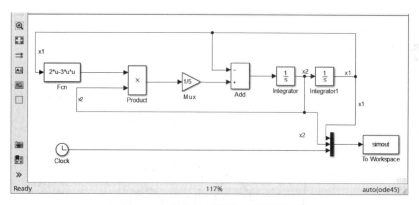

图 4-56　添加新的模块的模型框图

（6）仿真参数设置。

双击图 4-56 中的 Mux 模块，打开对应的属性对话框，在其中的 Number of inputs 文本框中输入信号的个数为 3。双击图 4-56 中的 To Workspace 模块，打开模块的参数设置对话框，其设置效果如图 4-57 所示。在该对话框中，将保存数据的格式设置为 Array，即将仿真结果按照数组的格式输出数值结果。

（7）运行仿真。

将系统的仿真时间修改为 30s，然后对模型窗口进行仿真，得到输出变量 simout，并在

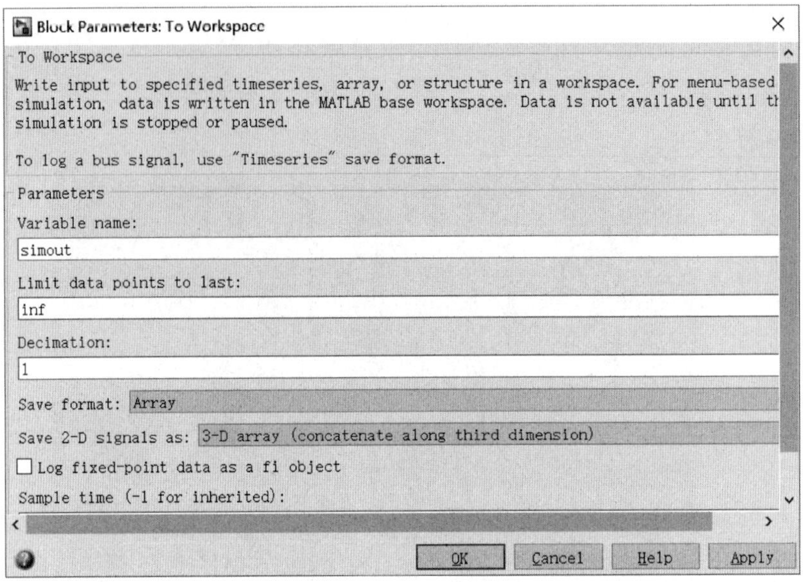
Block Parameters: To Workspace
To Workspace
Write input to specified timeseries, array, or structure in a workspace. For menu-based simulation, data is written in the MATLAB base workspace. Data is not available until th simulation is stopped or paused.
To log a bus signal, use "Timeseries" save format.
Parameters
Variable name:
simout
Limit data points to last:
inf
Decimation:
1
Save format: Array
Save 2-D signals as: 3-D array (concatenate along third dimension)
Log fixed-point data as a fi object
Sample time (-1 for inherited):
OK
Cancel
Help
Apply

图 4-57　To Workspace 模块参数设置

MATLAB 命令行窗口中输入：

```
>> x = simout(:,1);
dx = simout(:,2);
t = simout(:,3);
plot(t,x,'r',t,dx,'b','Linewidth',2.5);
hold on;
grid on;
xlabel('时间'); ylabel('非线性系统仿真');
legend('x 曲线','dx 曲线');
```

运行程序，效果如图 4-58 所示。

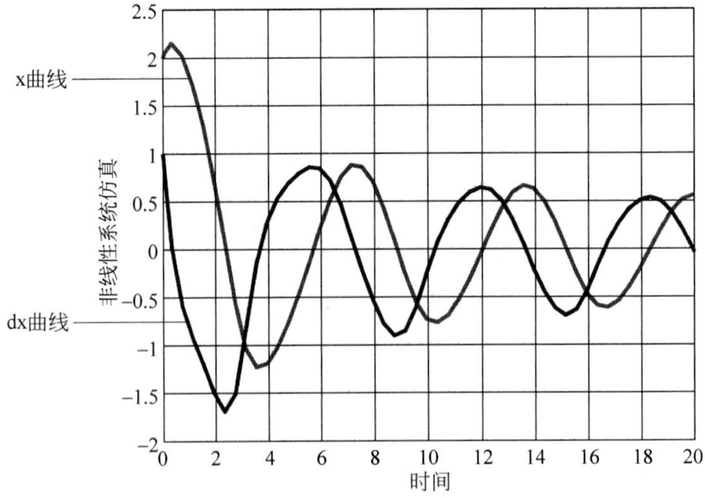
x曲线
dx曲线
非线性系统仿真
2.5
2
1.5
1
0.5
0
−0.5
−1
−1.5
−2
0
2
4
6
8
10
12
14
16
18
20
时间

图 4-58　利用仿真数据绘制效果图

由图 4-55 和图 4-58 可得出结论,使用 Scope 模块绘制的函数图形和 MATLAB 的典型函数绘制的结果相同,表明程序模块设计正确。

4.5　Simulink 与 MATLAB 的接口

Simulink 是基于 MATLAB 平台之上的系统仿真平台,它与 MATLAB 紧密地集成在一起。Simulink 不仅能够采用 MATLAB 的求解器对动态系统进行求解,而且还可以和 MATLAB 进行数据交互。

4.5.1　MATLAB 设置系统模块参数

在系统模型中,双击一个模块可以打开模块参数设置对话框,然后直接输入数据以设置模块参数。实际上,也可使用 MATLAB 工作空间中的变量设置系统模块参数,这对于多个模块的参数均依赖于同一个变量的情况非常有用。

由 MATLAB 工作空间中的变量设置模块参数的形式有以下两种。

(1) 直接使用 MATLAB 工作空间中的变量设置模块参数。

(2) 使用变量的表达式设置模块参数。

如果 a 为定义在 MATLAB 中的变量,则关于 a 的表达式均可作为系统模块的参数,如图 4-59 所示。

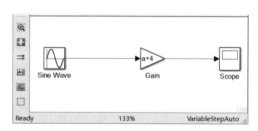

图 4-59　变量定义在 MATLAB 中

注意:如果系统模块参数设置中使用的变量在 MATLAB 工作空间中没有定义,仿真开始的时候会提示出错。

4.5.2　信号输出到 MATLAB

在 MATLAB 中,有两种方式可将信号输出到工作空间中。

(1) 利用 Scope 示波器模块。设置示波器参数对话框中 Logging 选项卡中的参数,选中 Log data to workspace 选项,并设置需要输出到 MATLAB 工作区间的数据的名称和类型,如图 4-60 所示。

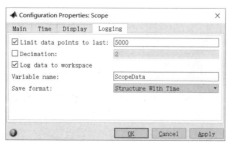

图 4-60　利用示波器将信号输出到 MATLAB 工作空间

（2）利用 Sink 模块库中的 To Workspace 模块，模型如图 4-61 所示。双击 To Workspace 模块，可在弹出的对话框中设置信号输出的名称、数据个数、输出间隔以及输出数据类型，等等。如图 4-62 所示，仿真结束或暂停时信号输出到工作空间中，simout 和 tout 为输出信号。

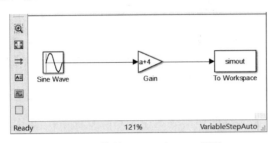

图 4-61　使用 To Workspace 模块

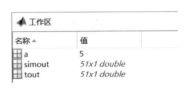

图 4-62　信号输出到 MATLAB 工作空间

4.5.3　工作空间变量作为输入信号

Simulink 与 MATLAB 的数据交互是相互的，除了可将信号输出到 MATLAB 工作空间中外，还可以使用 MATLAB 工作空间中的变量作为系统模型的输入信号。使用 Sources 模块库中的 From Workspace 模块可以将 MATLAB 工作空间中的变量作为系统模型的输入信号。

作为输入信号的变量格式如下：

```
t = 0:time_step:final_time;      % 信号输入时间范围与时间步长
x = f(t)                         % 每一时刻的信号值
input = [t',x']
```

在 MATLAB 中输入以下命令并运行，其模型图如图 4-63 所示。

```
>> a = 3;
>> t = 0:0.1:10;
>> x = sin(t);
>> simin = [t',x'];
```

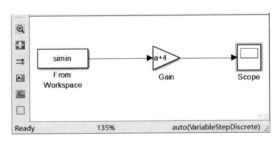

图 4-63　使用 From Workspace 模块

在系统模型的 From Workspace 模块中使用此变量作为信号输入，仿真结果如图 4-64 所示。从运行结果可看出，输入信号 simin 的作用相当于 Source 模块库中的 Sine Wave 模块。

注意：在必要的情况下，Simulink 会对没有定义的时间点进行线性差值。

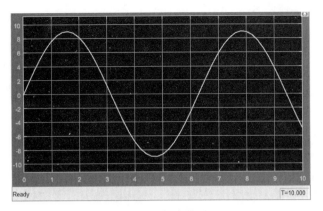

图 4-64　仿真结果

4.5.4　MATLAB 函数与 Function 模块

除了使用上述的方式进行 Simulink 与 MATLAB 间的数据交互,还可以使用 User-Defined Function 模块库中的 Fcn 模块或 MATLAB Fcn 模块进行彼此间的数据交互。

Fcn 模块一般用来实现简单的函数关系,如图 4-65 所示,在 Fcn 模块中:

(1) 输入总是表示成 u,u 可以是一个向量;

(2) 输入永远为一个标量。

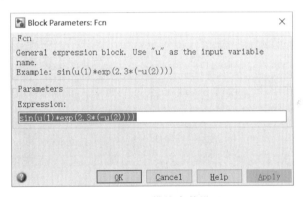

图 4-65　Fcn 模块参数设置

图 4-66　MATLAB Function 编辑窗口

MATLAB Function 模块比 Fcn 模块的自由度要大得多。双击 MATLAB Function 模块，将弹出一个函数文件编辑窗口，如图 4-66 所示。

MATLAB Function 模块可以随时改变函数名称、输入与输出个数，相应地，模块图标也会发生改变。函数编写如同一般的 M 文件一样，编写函数的 M 文件，如图 4-67 所示。图 4-68 为输入个数不同时 MATLAB Function 模块的对比。

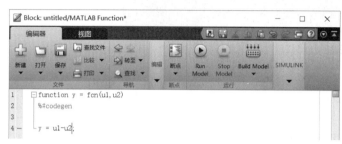

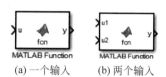

图 4-67　函数输入个数为 2

图 4-68　MATLAB Function 模块

4.6　MATLAB-Simulink 动态分析系统

本节以实际动态系统的仿真分析为例说明怎样使用 MATLAB 脚本及 Simulink 仿真与分析动态系统，这尤其适合对设计好的系统进行性能分析。

4.6.1　蹦极跳的安全性分析

下面对一个具体实例蹦极跳来进行安全性分析。

【例 4-8】　蹦极跳是一种挑战身体极限的运动，蹦极者系着一根弹力绳从高处的桥梁（或山崖等）向下跳。在下落的过程中，蹦极者几乎处于失重状态。按照牛顿运动定律，自由下落的物体的位置由下面的式子确定：

$$m\ddot{x} = mg + b(x) - a_1\dot{x} - a_2|\dot{x}|\dot{x}$$

其中，m 为物体的质量，g 为重力加速度，x 为物体的位置，第三项与第四项表示空气阻力。

$$b(x) = \begin{cases} -k(x-x_0), & x > x_0 \\ 0, & x \leqslant x_0 \end{cases}$$

表示系统在蹦极者身上的弹力绳索对蹦极者位置的作用力，这里 k 为弹力绳索的弹性系数。此蹦极跳系统的模型框图如图 4-69 所示。

系统中所有位置的基准为地面，即地面位置 $x=0$，低于地面的位置为正值，高于地面的位置为负值。此外为了使用命令行方式对此系统进行分析，添加了一个 Output 模块（Out1），目的是将系统输出结果导入 MATLAB 工作空间中。

此模型中，蹦极者的质量为 $m=66.8\text{kg}$，重力加速度 $g=9.8\text{m/s}^2$，弹性绳索初始长度为 $x_0=85$，蹦极者初始位置 $h=80$，初始速度为 0，弹性绳索的弹性系数为 $k=18.5$，其他参数 $a_1=1.3$，$a_2=1.1$。

在例子中，其系统仿真结果显示，对于体重为 66.8kg 的蹦极者，该蹦极跳系统的弹力绳索不安全。显然，只有弹性绳索的弹性系数大于某个值，此蹦极跳系统对于体重为

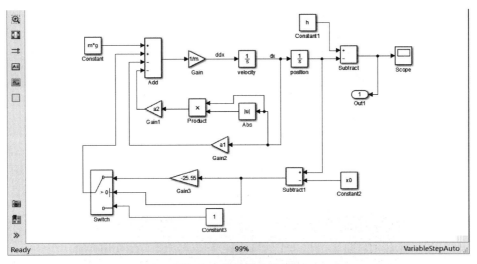

图 4-69　蹦极跳系统模型

66.8kg 的蹦极者来说才可能是安全的。

下面使用命令行方式对该系统在不同的弹性系数下进行仿真分析，以求出符合安全要求的弹性绳索的最小弹性常数。代码如下：

```
>> clear all;
 % 使用 MATLAB 工作空间中的变量设置系统模型中模块的参数
h = 80;
m = 66.8;
g = 9.8;
a1 = 1.3;
a2 = 1.1;
x0 = 30;
for k = 18.5:0.1:30;                         % 使用不同的弹性系数进行系统仿真
    [t, x, y] = sim('exp4_12', 50);
    if min(y) > 1
    break;
    end
    % 如果仿真结果输出数据的最小值, 即蹦极者与地面之间的距离大于 1, 则说明
    % 此弹性系数符合安全要求, 跳出循环
end
disp(['最小安全弹性系数 k 为:', num2str(k)])      % 显示最小安全弹性系数
distance = min(y);                           % 蹦极者与地面之间的最小距离
disp(['蹦极者与地面的最小距离为:', num2str(distance)])
plot(t, y)                                   % 绘制最小完全弹性系数下系统的仿真结果
grid;
```

运行程序，输出如下：

```
最小安全弹性系数 k 为:18.5
蹦极者与地面的最小距离为:3.2062
```

在最小安全弹性系数为 18.5 的情况下，蹦极者与地面之间的最小距离为 3.2062。
图 4-70 为此系统的动态仿真过程。

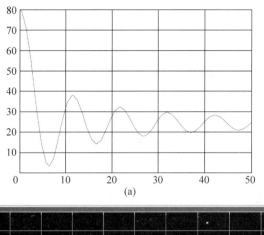

(a)

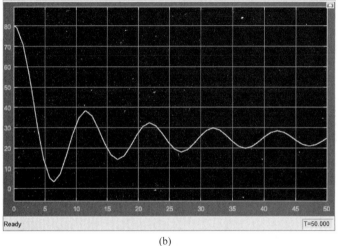

(b)

图 4-70   蹦极跳系统动态仿真图

4.6.2   行驶控制系统

汽车行驶控制系统是应用非常广泛的控制系统之一,其主要目的是对汽车速度进行合理的控制。系统的工作原理如下所述。

(1)通过改变汽车速度操纵机构的位置以设置汽车的速度,这是因为操纵机构的不同位置对应着不同的速度。

(2)测量汽车的当前速度,并求取它与指定速度的差值。

(3)由速度差值信号驱动汽车产生相应的牵引力,并由此牵引力改变汽车的速度直到其速度稳定在指定的速度为止。

由系统的工作原理来看,汽车行驶控制系统为典型的反馈控制系统。下面建立此系统的 Simulink 模型并进行仿真分析。

1. 汽车行驶控制系统的物理模型与数学描述

(1)速度操纵机构的位置变换器。

位置变换器是汽车行驶控制系统的输入部分,其目的是将速度操纵机构的位置转换为相应的速度,二者之间的数学关系为:

$$v = 30x + 50, \quad x \in [0,1]$$

其中,x 为速度操纵机构的位置,v 为与之对应的速度。

（2）离散行驶控制器。

行驶控制器是整个汽车行驶控制系统的核心部分,其功能是根据汽车当前速度与指定速度的差值,产生相应的牵引力。行驶控制器是典型的 PID 控制器,其数学描述为:

$$积分环节: x(n) = x(n-1) + u(n)$$
$$微分环节: d(n) = u(n) - u(n-1)$$
$$系统输出: y(n) = K_P u(n) + K_I x(n) + K_D d(n)$$

其中,$u(n)$ 为系统输入,$y(n)$ 为系统输出,$x(n)$ 为系统的状态。K_P、K_I 及 K_D 分别为 PID 控制器的比例、积分与微分控制参数。

（3）汽车动力机构。

汽车动力机构是行驶控制系统的执行机构,其功能是在牵引力的作用下改变汽车速度,使其达到指定的速度。牵引力与速度之间的关系为:

$$F = m\dot{v} + bv$$

其中,v 为汽车的速度,F 为汽车的牵引力,$m = 1500\text{kg}$ 为汽车的质量,$b = 23$ 为阻力因子。

2. 建立汽车行驶控制系统的模型

根据系统的数学描述选择合适的 Simulink 系统模块,建立此汽车行驶控制系统的 Simulink 模型,如图 4-71 所示。

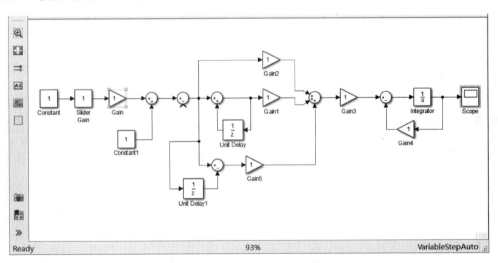

图 4-71　汽车行驶控制系统模型

3. 修改各模块标签

创建子系统并对系统不同功能的部分进行封装（子系统 4.7 节将介绍）,封装结果如图 4-72 所示,其中每个子系统内部的结构如图 4-73 所示。

关于汽车行驶控制系统,其基本目的是控制汽车的速度变化,使汽车的速度在合适的时间之内加速到指定的速度。行驶控制系统由如下三个部分构成。

（1）位置变换器。

（2）行驶控制器。

（3）汽车动力机构。

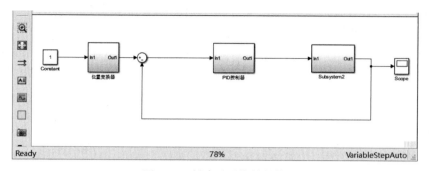

图 4-72 创建子系统并封装

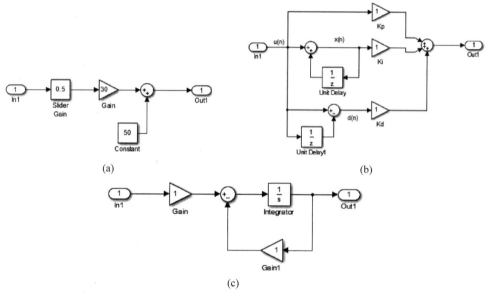

图 4-73 子系统内部结构

其中最重要的部分为行驶控制器,它是一个典型的 PID 反馈控制器。现利用命令行方式对行驶控制系统中的行驶控制器积分环节的性能进行定性的分析。取定 PID 控制器比例环节和微分环节的增益,即 $K_P = 1$,$K_D = 0.01$。积分环节的取值由 MATLAB 文件所决定,以分析不同 K_I 值下行驶控制器的性能。

同样地,在系统模型最顶层加入一个 Out1 模块,将系统输出结果导入 MATLAB 工作空间中,如图 4-74 所示。

PID 控制器子系统内部,将增益 Ki 模块的参数设为 Ki,如图 4-75 所示。

编写 MATLAB 文件对行驶控制系统在不同的积分增益取值下进行仿真,并绘制出不同取值下系统仿真结果,以对积分环节调节性能进行分析,代码如下:

```
>> clear all;
for Ki = 0.003:0.003:0.012; %设置不同的积分增益
    [t,x,y] = sim('exp4_13_C');
    subplot(2,2,Ki/0.003);
    plot(t,y);
```

```
    title(['Ki = ',num2str(Ki)]);
    axis([0 10 0 80])
end
```

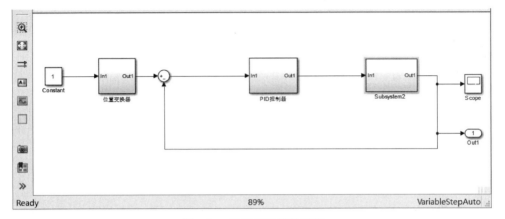

图 4-74　汽车行驶控制系统

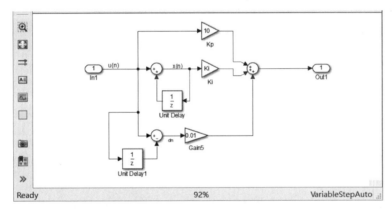

图 4-75　PID控制器子系统

运行程序,效果如图 4-76 所示。

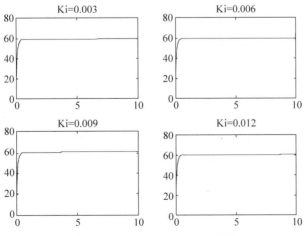

图 4-76　汽车行驶控制系统仿真效果

4.7　子系统

当模型变得越来越大、越来越复杂时,由于使用模块非常多,用户很难轻易读懂所建立的模型,因此可以将大的模型分成一些小的子系统,每个子系统非常简单、可读性好,能够完成某个特定的功能。通过子系统,可以采用模块化设计方法,层次非常清晰。有些常用的模块集成在一起,还可以实现复用。

4.7.1　简单子系统

在实际开发中,对于复杂的系统,直接创建整个系统会给创建和分析带来很大的困难。子系统技术可很好地解决这种情问题,将复杂的系统分为若干部分,每个部分都具备一定的功能,然后分别创建各个部分。这些局部部分就是子系统。

使用子系统技术,可以使整个模型更加简洁,操作分析更为便捷。创建子系统有以下两种方法。

(1) 将已经存在的模型的某些部分或全部使用模型窗口选择 Edit|Create Subsystem 选项,将其压缩转换,使之成为子系统。

(2) 使用 Subsystem 模块库中 Subsystem 模块直接创建子系统。

通过创建子系统,可以起到以下作用。

(1) 减少模型窗口的显示模块的个数,使得模型显得简洁整齐,可读性提高。

(2) 模型层次化增强,便于用户按照层次来设计模型。

(3) 子系统可以反复调用,节省建模时间。

压缩已有模块创建子系统的方法也是一种自下而上的设计方法。

1. 添加 Subsystem 模块创建子系统

首先将 Ports & Subsystems 模块库中的 Subsystem 模块复制到模型窗口中,如图 4-77 所示。

双击 Subsystem 模块,Simulink 会在当前窗口或一个新的模型窗口中打开子系统,如图 4-78 所示。

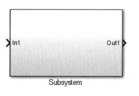

图 4-77　Subsystem 模块模型　　　　　　　图 4-78　子系统

子系统窗口中的 Inport 模块表示来自子系统外的输入,Output 模块表示外部输出。

用户可以在子系统窗口中添加组成子系统的模块。例如,图 4-79(a)中的子系统包含了一个 Subtract 模块,两个 Inport 模块和一个 Output 模块,这个子系统表示对两个外部输入相减,并将结果通过 Output 模块输出到子系统外部的模块。子系统图标如图 4-79(b)所示。

2. 组合已有模块创建子系统

如果模型中已经包含了用户想要转换为子系统的模块,那么可以把这些模块组合在一

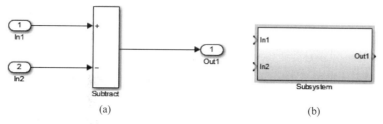

（a）   （b）

图 4-79　求差子系统

起来创建子系统。以图 4-80 中的模型为例,用户可以用鼠标将需要组合为子系统的模块和连线用边框线选取,当释放鼠标按键时,边框内的所有模块和线均被选中。然后选择 Edit| Create Subsystem from Selection 选项,Simulink 会将所选模块用 Subsystem 模块代替。

图 4-81 所示是选择了 Create Subsystem from Selection 命令后的模型。如果双击 Subsystem 模块,那么 Simulink 将显示下层的子系统模型。Inport 模块和 Output 模块分别表示来自子系统外部的输入和输出到子系统外部的模块。

图 4-80　创建系统模型　　　　　　　　　图 4-81　封装子系统后模块

4.7.2　浏览下层子系统

用户可以利用 Subsystem 模块创建由多层子系统组成的层级模型,这样做的好处是显而易见的,不仅使用户模型的界面更清晰,而且模型的可读性也更强。对于模型层级比较多的复杂模型,一层一层打开子系统浏览模型显然是不可取的,这时用户可以在模型窗口中选择 File|Simulink Preference,打开 Simulink 中的模型浏览器来浏览模型,如图 4-82 所示。模型浏览器的操作步骤如下所述。

（1）按层级浏览模型。

（2）在模型中打开子系统。

（3）确定模型中所包含的模块。

（4）快速定位到模型中指定层级的模块。

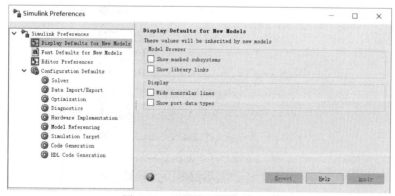

图 4-82　选择模型浏览器选项

模型浏览器只有在 Microsoft Windows 平台上可用。此处以 Simulink 中的 engine 模型为例介绍怎样使用 Windows 下的模型浏览器。

在 sldemo_househeat 模型窗口中选择 View│Model Browser Options 命令,在下拉菜单中选择 Model Browser 命令,即可打开模型浏览器,sldemo_househeat 模型图如图 4-83 所示。

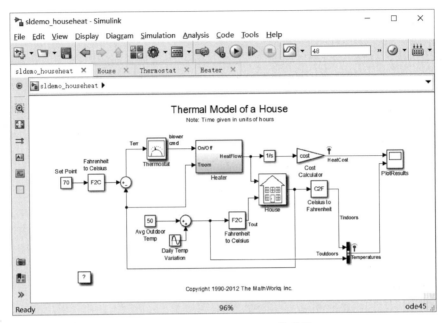

图 4-83　sldemo_househeat 模型图

图 4-83 中上方为各层子系统的名称,中间为模型结构图。如果要查看系统的模型方块图或组成系统的任何子系统,可选择对应的标签卡,此时模型浏览器即会显示相应系统的结构方块图。

图 4-84 中显示的是 House 子系统的结构图,该子系统下没有其他子系统。

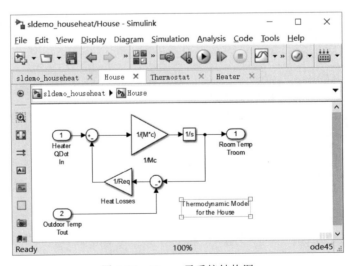

图 4-84　House 子系统结构图

4.7.3　条件子系统

条件子系统的执行受到控制信号的控制,根据控制信号对条件子系统执行控制方式的不同,可以将条件执行子系统划分为如下 3 种基本类型。

(1) 使能子系统:当控制信号的值为正时,子系统开始执行。

(2) 触发子系统:当控制信号的符号发生改变时(也就是控制信号发生过零时),子系统开始执行。触发子系统的触发执行有以下 3 种形式。

- 控制信号上升沿触发:控制信号具有上升沿形式。
- 控制信号下降沿触发:控制信号具有下降沿形式。
- 控制信号的双边沿触发:控制信号在上升沿或下降沿时触发子系统。

(3) 函数调用子系统:是指条件子系统在用户自定义的 S-函数发出函数调用时,子系统开始执行。

1. 使能子系统

使能子系统在控制信号从负数朝正向穿过零时开始执行,直到控制信号变为负数时停止。使能子系统的控制信号可以是标量也可以是向量。如果控制信号是标量,当该标量的值大于 0 时子系统执行;如果是向量,向量中的任意一个元素大于 0 时,子系统开始执行。

任何连续和离散模块都可以作为使能子系统。

1) 创建使能子系统

如果要在模型中创建使能子系统,可以
从 Simulink 中的 Port & Subsystems 模块
库中把 Enable 模块复制到子系统内,这时
Simulink 会在子系统模块图标上添加一个

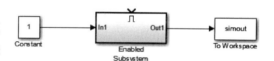

图 4-85　添加 Enable 模块后的子系统

使能符号和使能控制输入口。在使能子系统外添加 Enable 模块后的子系统图标如图 4-85
所示。

打开使能子系统中每个 Output 输出端口模块对话框,并为 Output when disabled 参数
选择一个选项,如图 4-86 所示。

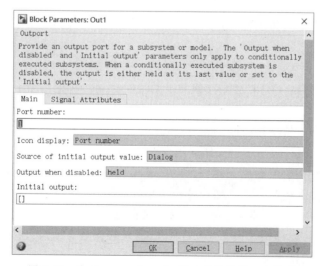

图 4-86　为 Output when disabled 参数选择一个选项

选择 held 选项表示让输出保持最近的输出值。选择 reset 选项表示让输出返回到初始条件,并设置 Initial output 值,该值是子系统重置时的输出初始值。Initial output 值可以为空矩阵[ ],此时的初始输出等于传送给 Outout 模块的模块输出值。在执行使能子系统时,用户可以通过设置 Enable 模块参数对话框来选择子系统状态,或选择保持子系统状态为前一时刻值,或重新设置子系统状态为初始条件。

打开 Enable 模块的 Block Parameters 对话框,如图 4-87 所示,States when enabling 可选参数为 held,选择 Show output port 复选框表示允许用户输出使能控制信号。这个特性可以将控制信号向下传递到使能子系统,如果使能子系统内的逻辑判断依赖于数值,或依赖于包含在控制信号中的数值,那么这个特性就十分有用。

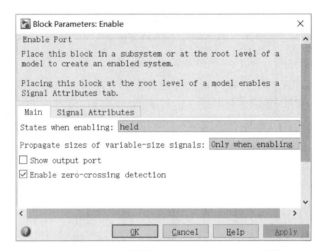

图 4-87　Enable 模块 Block Parameters 对话框

2) 使能子系统包含的模块

使能子系统内可以包含任意 Simulink 模块,包括 Simulink 中的连续模块和离散模块。使能子系统内的离散模块只有当子系统执行时,而且只有当该模块的采样时间与仿真采样时间同步时才会执行,使能子系统和模型共用时钟。

使能子系统内也可以包含 Goto 模块,但是在子系统内只有状态端口可以连接到 Goto 模块。

3) 使能子系统模块约束

在使能子系统中,Simulink 会对与使能子系统输出端口相连的带有恒值采样时间的模块进行如下限制。

如果用户用带有恒值采样时间的 Model 模块或 S-函数模块与条件执行子系统的输出端口相连,那么 Simulink 会显示一个错误消息。

Simulink 会把任何具有恒值采样时间的内置模块的采样时间转换为不同的采样时间,例如以条件执行子系统内的最快离散速率作为采样时间。

为了避免 Simulink 显示错误信息或发生采样时间转换,用户可以把模块的采样时间改变为非恒值采样时间,或使用 Signal Conversion 模块替换具有恒值采样时间的模块。

【例 4-9】 建立使能子系统模块如图 4-88 所示。

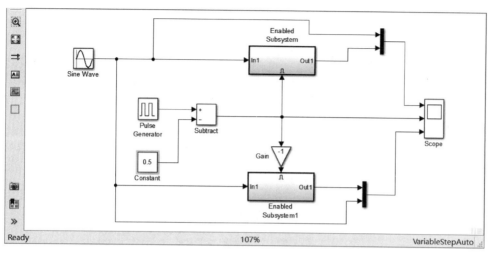

图 4-88　使能子系统模型框图

本例中使用了两个使能子系统,为了能够更加清晰地了解使能子系统的功能,对同一输入信号取截然相反的输入控制信号,对比子系统的输出。为了构造截然相反的输入控制信号,采用了 Gain 模块及 Constant 模块。

（1）模块参数设置。

双击 Pulse Generator 模块,在弹出的对话框中设置 Amplitude 为 1,Period 为 1,Pulse Width 为 50,Phase delay 为 0。

双击 Sine Wave 模块,在弹出的对话框中设置 Amplitude 为 1,Bias 为 0,Frequency 为 1,Phase 为 0,Sample time 为 0。

双击 Constant 模块,在弹出的对话框中设置 Constant value 为 0.5。

双击 Gain 模块,在弹出的对话框中设置 Gain 为 -1。

双击 Enabled Subsystem 模块与 Enabled Subsystem1 模块,弹出如图 4-89 所示子系统模块,然后双击 Enable 模块,弹出如图 4-90 所示的参数设置对话框,采用相同的设置。

图 4-89　Enabled Subsystem 子系统模块

在图 4-90 中的 States when enabling 有 reset 及 held 两个选项,如果选择 reset 选项,"使能"时将把所在子系统所有内部状态重置为指定的初值;如果选择 held 选项,"使能"时,将把所在子系统所有内部状态保持在前次使能的终值上。Show output port 复选框若被选中,使能模块将出现一个输出端口,从这个输出端口输出控制信号,可对控制信号进行监视和分析。Enable zero-crossing detection 复选框若被选中,则会启动探测零交叉的功能。

（2）运行仿真及分析。

模型系统参数采用默认值,在仿真模型窗口中单击 ▶ 按钮进行仿真,其效果如图 4-91 所示。

从图 4-91 所示的结果可知,当 Pulse Generator 模块产生的信号为正时,第一个使能子系统直接输出正弦信号,而第二个使能子系统的信号则保持不变;当 Pulse Generator 模块

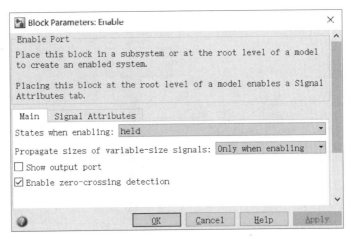

图 4-90　Enable 参数设置对话框

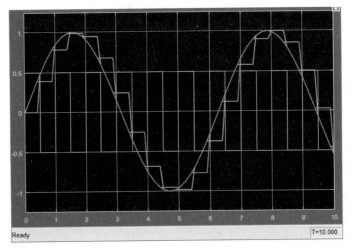

图 4-91　仿真效果图

产生的信号为负时,情况则正好相反,第二个使能子系统直接输出正弦信号,而第一个使能子系统的信号则保持不变。

2. 触发子系统

触发子系统也是子系统,它只有在触发事件发生时才执行。触发子系统有单个的控制输入,称为触发输入(trigger input),它控制子系统是否执行。用户可以选择 3 种类型的触发事件,以控制触发子系统的执行。

(1) 上升沿触发(rising):当控制信号由负值或零值上升为正值或零值(如果初始值为负)时,子系统开始执行。

(2) 下降沿触发(falling):当控制信号由正值或零值下降为负值或零值(如果初始值为正)时,子系统开始执行。

(3) 双边沿触发(either):当控制信号上升或下降时,子系统开始执行。对于离散系统,当控制信号从零值上升或下降,且只有当这个信号在上升或下降之前已经保持零值一个以上时间步时,这种上升或下降才被认为是一个触发事件。这样就消除了由控制信号采样引起的误触发事件。

用户可以通过把 Port & Subsystems 模块库中的 Trigger 模块复制到子系统中的方式来创建触发子系统,Simulink 会在子系统模块的图标上添加一个触发符号和一个触发控制输入端口。

为了选择触发信号的控制类型,可打开 Trigger 模块的参数对话框,并在 Trigger type 参数的下拉列表中选择一种触发类型,如图 4-92 所示。

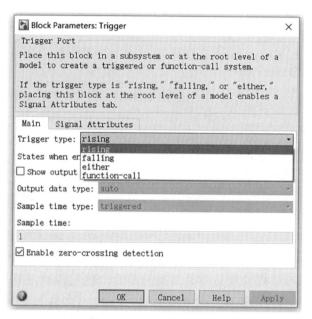

图 4-92　Trigger 模块参数对话框

Simulink 会在 Trigger and Subsystem 模块上用不同的符号表示上升沿触发、下降沿触发或双边沿触发。图 4-93 所示就是在 Subsystem 模块上显示的触发符号。

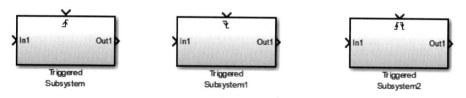

图 4-93　在 Subsystem 模块上显示的触发符号

如果选择的 Trigger type 参数是 function-call 选项,那么创建的是函数调用子系统,这种触发子系统的执行是由 S-函数决定的,而不是由信号值决定的。

提示:与使能子系统不同,触发子系统在两次触发事件之间一直保持输出为最终值,而且当触发事件发生时,触发子系统不能重新设置它们的状态,任何离散模块的状态在两次触发事件之间会一直保持下去。

Trigger 模块参数对话框中的 Show output port 复选框可输出触发控制信号,如图 4-94 所示。如果选择这个选项,则 Simulink 会显示触发模块的输出端口,并输出触发信号,信号值为:1 表示产生上升触发的信号;−1 表示产生下降触发的信号;2 表示函数调用触发;0 表示其他类型的触发。

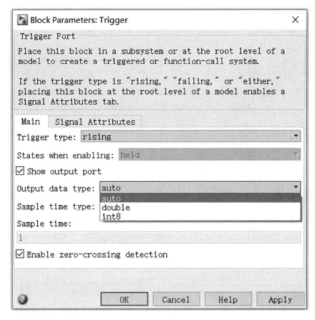

图 4-94   Show output port 复选框

Output data type 选项指定触发输出信号的数据类型,可以选择的类型有 auto、int8 或 double。auto 选项可自动把输出信号的数据类型设置为信号被连接端口的数据类型(为 int8 或 double)。如果端口的数据类型不是 double 或 int8,那么 Simulink 会显示错误提示。

当用户在 Trigger type 选项中选择 function-call 时,对话框底部的 Sample time type 选项将被激活,这个选项可以设置为 triggered 或 periodic,如图 4-95 所示。

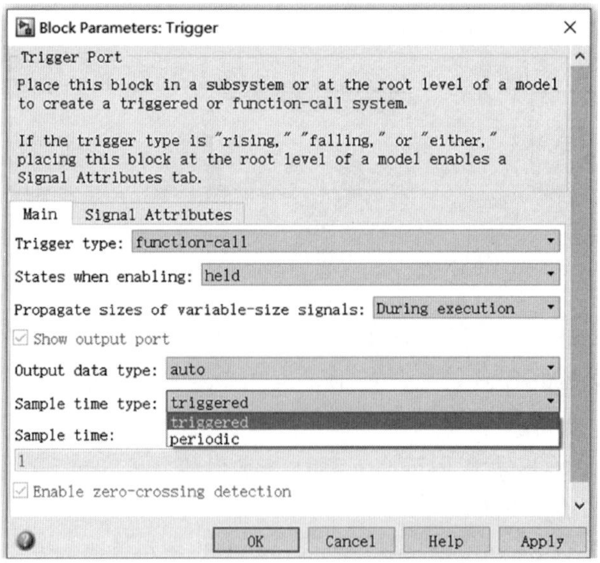

图 4-95   Show output port 复选框

如果调用子系统的上层模型在每个时间步内调用一次子系统,那么选择 periodic 选项;否则,选择 triggered 选项。当选择 periodic 选项时,Sample time 选项将被激活,该参数可以设置包含调用模块的函数调用子系统的采样时间。

图 4-96 所示为一个包含触发子系统的模型图,在这个系统中,只有在方波触发控制信号的上升沿时,子系统才被触发。

在仿真过程中,触发子系统只在指定的时间执行。适合在触发子系统中使用的模型如下所述。

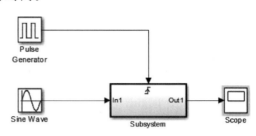

图 4-96　包含触发子系统的模型

(1) 具有继承采样时间的模块,如 Logical Operator 模块或 Gain 模块。

(2) 具有采样时间设置为 -1 的离散模块,它表示该模块的采样时间继承驱动模块的采样时间。当触发事件发生并且触发子系统执行时,子系统内部包含的所有模块一同被执行,Simulink 只有在执行完子系统中的所有模块后,才会转换到上一层执行其他的模块,这种子系统的执行方式属于原子子系统。

而其他子系统的执行过程不是这样的,如使能子系统,默认情况下,这种子系统只用于图形显示目的,属于虚拟子系统,它并不改变框图的执行方式。虚拟子系统中的每个模块都被独立对待,就如同这些模块都处于模型最顶层一样,这样,在一个仿真步中,Simulink 可能会多次进出一个系统。

【例 4-10】　创建一个简单的触发子系统模块,使用不同的触发类型,得到不同的输出信号。

根据需要,建立如图 4-97 所示的触发子系统。

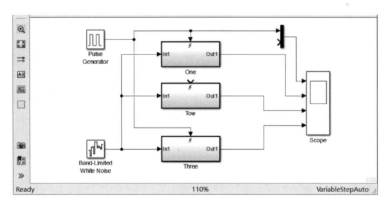

图 4-97　触发子系统

模块参数说明如下。

(1) 添加系统的输入信号。输入信号为脉冲信号,其属性如图 4-98 所示。

(2) 添加系统的控制信号。控制信号 Band-Limited White Noise,其对应的属性如图 4-99 所示。

(3) 添加系统的触发子系统。用户需要添加触发子系统,3 个使能子系统的属性如图 4-100 所示。

图 4-98 设置输入信号的属性

图 4-99 设置信号的属性

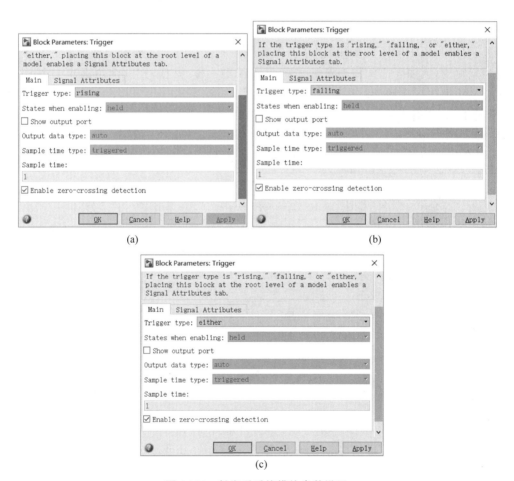

(a)

(b)

(c)

图 4-100 触发子系统模块参数设置

（4）仿真结果。将仿真的时间设置为 20s，然后运行仿真，得到的结果如图 4-101 所示。

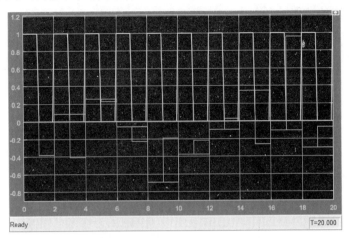

图 4-101　查看仿真效果

3. 触发使能子系统

触发使能子系统既包含使能输入端口，又包含触发输入端口，在这个子系统中，Simulink 等待一个触发事件，当触发事件发生时，Simulink 会检查使能输入端口是否为 0，并求取使能控制信号。

如果它的值大于 0，则 Simulink 执行一次子系统，否则不执行子系统。如果两个输入都是向量，则每个向量中至少有一个元素是非零值时，子系统才执行一次。此外，子系统在触发事件发生的时刻执行一次，换言之，只有当触发信号和使能信号都满足条件时，系统才执行一次。

提示：Simulink 不允许一个子系统中有多于一个的 Enable 端口或 Trigger 端口。尽管如此，如果需要几个控制条件组合，用户可以使用逻辑操作符将结果连接到控制输入端口。

用户可以通过把 Enable 模块和 Trigger 模块从 Ports & Subsystems 模块库中复制到子系统中的方式来创建触发使能子系统，Simulink 会在 Subsystem 模块的图标上添加使能和触发符号，以及使能和触发控制输入。用户可以单独设置 Enable 模块和 Trigger 模块的参数值。图 4-102 所示为一个简单的触发使能子系统。

图 4-103 为触发使能子系统的结构框图。

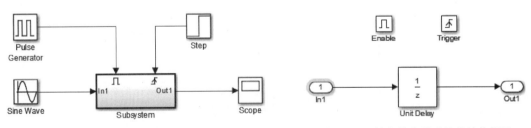

图 4-102　简单的触发使能子系统　　　　　图 4-103　触发使能子系统的结构框图

4. 交替创建执行子系统

用户可以用条件执行子系统与 Merge 模块相结合的方式创建一组交替执行子系统，它的执行依赖于模型的当前状态。Merge 模块是 Signal Routing 模块库中的模块，它具有创建交替执行子系统的功能。

图 4-104 所示为 Merge 模块的 Block Parameters 对话框。Megre 模块可以把模块的多个输入信号组合为一个单个的输入信号。

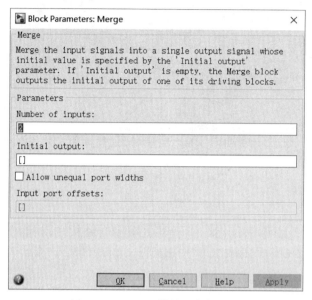

图 4-104　Merge 模块的参数窗口

Block Parameters：Merge 对话框中的 Number of inputs 参数值可以任意指定输入信号端口的数目。模块输出信号的初始值由 Initial output 参数决定。

如果 Initial output 参数为空，而且模块又有一个以上的驱动模块，那么 Merge 模块的初始输出等于所有驱动模块中最接近于当前时刻的初始输出值，而且，Merge 模块在任何时刻的输出值都等于当前时刻其驱动模块所计算的输出值。

Merge 模块是不接收信号元素被重新排序的。在图 4-105 中，Merge 模块不接收 Selector 模块的输出，因为 Selector 模块交替改变向量信号中的第一个元素和第三个元素。

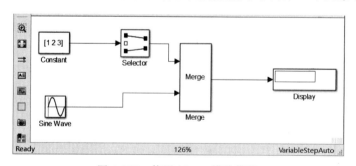

图 4-105　使用 Merge 模块模型

如果未选择 Allow unequal port widths 复选框，那么 Merge 模块只接收具有相同维数的输入信号，而且只输出与输入同维数的信号；如果选择了 Allow unequal port widths 复选框，那么 Merge 模块可以接收标量输入信号和具有不同分量数目的向量输入信号，但不接收矩阵信号。

选择 Allow unequal port widths 复选框后，Input port offsets 参数也将变为可用，用户可以利用该参数为每个输入信号指定一个相对于开始输出信号的偏移量，输出信号的宽度也就等于 $\max(w_1+o_1, w_2+o_2, \cdots, w_n+o_n)$，此处，$w_1, \cdots, w_n$ 为输入信号的宽度，$o_1, \cdots, o_n$ 为输入信号的偏移量。

【例 4-11】 建立触发使能子系统模型，效果如图 4-106 所示。

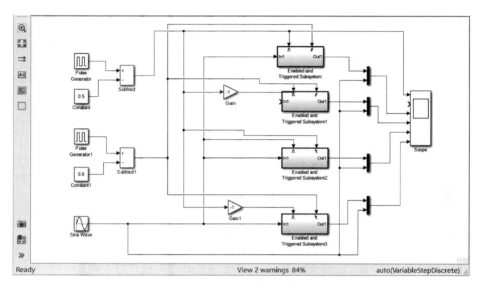

图 4-106　触发使能子系统模型框图

图 4-106 中采用了 4 个触发使能子系统进行组合，可以比较容易地看出触发使能子系统的功能，以及不同设置之间的差异。为了构造截然相反的输入控制信号，在此采用 Gain 模块、Pulse Generator 模块、Sine wave 模块及 Constant 模块。

1）模块参数设置

双击 Pulse Generator 模块，在弹出的对话框中设置 Amplitude 为 1，Period 为 1，Pulse Width 为 50，Phase delay 为 0。

双击 Pulse Generator1 模块，在弹出的对话框中设置 Amplitude 为 1，Period 为 0.5，Pulse Width 为 50，Phase delay 为 0。

双击 Sine Wave 模块，在弹出的对话框中设置 Amplitude 为 1，Bias 为 0，Frequency 为 1，Phase 为 0，Sample time 为 0。

双击 Constant 及 Constant1 模块，在弹出的对话框中均设置 Constant value 为 0.5。

双击 Gain 及 Gain1 模块，在弹出的对话框中均设置 Gain 为-1。

双击图 4-106 中的 Trigger 模块，弹出如图 4-107 所示对话框，在 Trigger type 下拉列表框中选择 rising 选项。接着双击图 4-106 中的 Enable 模块，弹出如图 4-108 所示对话框，在 States when enabling 下拉列表框中选择 held 选项。

双击 Enabled and Triggered Subsystem2 模块及 Enabled and Triggered Subsystem3 模块，它们的参数设置与 Enabled and Triggered Subsystem 模块参数设置基本相同，在 Trigger type 下拉列表框中再选择 falling 选项。

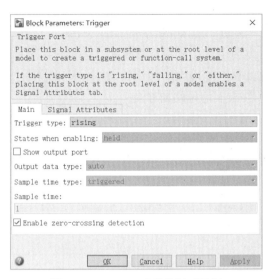

图 4-107　Trigger 参数设置对话框　　　　图 4-108　Enable 参数设置对话框

2）运行仿真及分析

模型系统参数采用默认值，在仿真模型窗口中单击按钮进行仿真，其效果如图 4-109 所示。

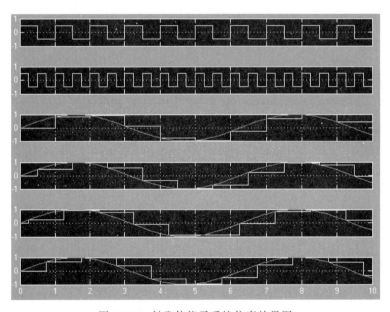

图 4-109　触发使能子系统仿真效果图

在图 4-109 中，第一幅子图是使能控制信号；第二幅子图是触发控制信号；第三幅子图和第四幅子图分别表示使能信号直接输入和取反输入时，并且触发控制信号为上升沿的情况下，使能触发模型系统的仿真结果；第五幅子图和第六幅子图分别表示使能信号直接输入和取反输入时，并且触发控制信号为下降沿的情况下，使能触发模型系统的仿真结果。

由图 4-109 可以得出以下基本结论。

第三幅子图表明,在输入使能触发子系统模块的使能信号为正,并且触发信号为上升沿触发信号时,输出才会变化,其他情况都保持常值。

第四幅子图表明,在输入使能触发子系统模块的使能信号为负,并且触发信号为上升沿触发信号时,输出才会变化,其他情况都保持常值。

第五幅子图表明,在输入使能触发子系统模块的使能信号为正,并且触发信号为下降沿触发信号时,输出才会变化,其他情况都保持常值。

第六幅子图表明,在输入使能触发子系统模块的使能信号为负,并且触发信号为下降沿触发信号时,输出才会变化,其他情况都保持常值。

4.7.4 控制流系统

控制流模块用来在 Simulink 中执行类似 C 语言的控制流语句。控制流语句包括 for 语句、if-else 语句、switch 语句、while 语句(包括 while 和 do-while 语句)。

虽然以前所有的控制流语句都可以在 Stateflow 中实现,但 Simulink 中控制流模块的作用是想为 Simulink 用户提供一个满足简单逻辑要求的工具。

1. if-else 控制流

Ports & Subsystems 模块库中的 If 模块和包含 Action Port 模块的 If Action Subsystem 模块可以实现标准 C 语言的 if-else 条件逻辑语句。图 4-110 中的模型说明了 Simulink 中完整的 if-else 控制流语句。

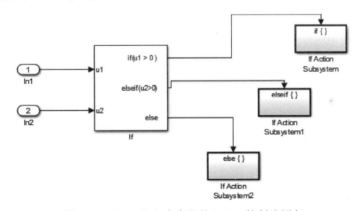

图 4-110　Simulink 中完整的 if-else 控制流语句

在这个例子中,If 模块的输入决定了表示输出端口的条件值,每个输出端口又输入到 If Action Subsystem 子系统模块,If 模块依次从顶部开始求取条件值,如果条件为真,则执行相应的 If Action Subsystem 子系统。

这个模型中执行的 if-else 控制流语句如下:

```
if (u1 > 0)
    {
        Action subsystem1
    }
elseif (u2 > 0)
    {
        Action subsystem2
    }
```

```
else
    {
        Action subsystem3
        }
```

构造 Simulink 中 if-else 控制流语句的步骤如下所述。

（1）在当前系统中放置 If 模块，为 If 模块提供数据输入以构造 if-else 条件。If 模块的输入在 If 模块的属性对话框内设置。这些输入在模块内部被指定为 u1、u2、…，并用来构造输出条件。

（2）打开 If 模块的参数对话框，为 If 模块设置输出端口的 if-else 条件，如图 4-111 所示。

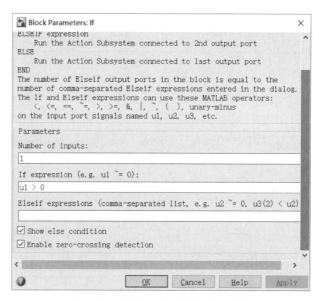

图 4-111　If 模块的参数设置对话框

在 Number of inputs 参数文本框内输入 If 模块的输入数目，用来控制 if-else 控制流语句的条件，向量输入中的各元素可以使用（行，列）变量的形式实现判断条件。如，可在 If expression 或 Elseif expressions 参数文本框中指定向量 u2 中的第三个元素的判断条件为 u2(3)>0。

在 If expression 参数文本框内输入 if-else 控制流语句中的 if 条件，这就为 If 模块中标签为 if() 的端口创建了一个条件输出端口。

在 Elseif expressions 参数文本框内输入 if-else 控制流语句中的 elseif 条件，并使用逗号分隔各个条件。这些条件为 If 模块中标签为 elseif() 的端口创建一个条件输出端口。elseif 端口是可选的，而且不要求对 If 模块进行操作。

（3）在系统中添加 If Action Subsystem 子系统。

选择 Show else condition 复选框，可在 If 模块上显示 else 输出端口。else 端口是可选的，而且不要求对 If 模块进行操作，If 模块上的 if、elseif 和 else 作为条件输出端口。这些子系统内包含 Action Port 模块，当在子系统内放置 Action Port 模块时，这些子系统就成为原子子系统，并带有一个标签为 Action 的输入端口，它的动作有些类似于使能子系统。

（4）把 If 模块上的 if、elseif 和 else 条件输出端口连接到 If Action subsystem 子系统的 Action 端口。在建立这些连接时，If Action subsystem 子系统上的图标被重新命名为所连接的条件类型。如果 If 模块上的 if、elseif 和 else 条件输出端口为真,则执行相应的子系统。

（5）在每个 If Action subsystem 子系统中添加执行相应条件的 Simulink 模块。

【**例 4-12**】 建立如图 4-112 所示的 if-else 子系统。

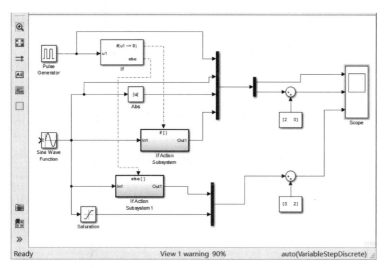

图 4-112　if-else 子系统仿真模型

在图 4-112 的仿真模型中,双击脉冲发生器(Pulse Generator)模块,在弹出的对话框中设置 Amplitude 为 1,Period 为 2,Pulse Width 为 50％,Phase delay 为 0。

在图 4-112 的仿真模型中,双击 Sine Wave 模块,在弹出的对话框中设置 Amplitude 为 1,Bias 为 0,Frequency 为 2,Phase 为 0,Sample time 为 0。

在图 4-112 的仿真模型中,双击 If 模块,其参数设置如图 4-113 所示,模型仿真如图 4-114 所示。

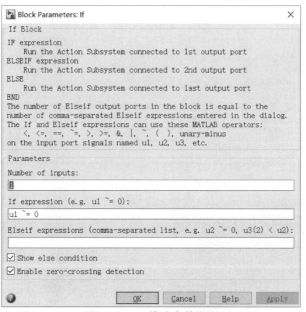

图 4-113　If 模块参数设置

从仿真结束后的波形图(图 4-114)中可以看出,当使能信号为正时,输出值随着时间变化;而当使能信号为负时,输出信号维持不变。

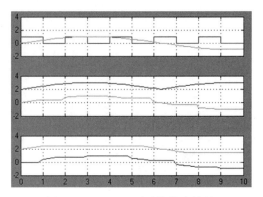

图 4-114 if-else 子系统仿真结果

2. switch 控制流

Ports & Subsystem 模块库中的 Switch Case 模块和包含 Action Port 模块的 Switch Case Action Subsystem 模块,可以实现标准 C 语言的 switch 条件逻辑语句。Switch Case 模块接收单个输入信号,它用来确定执行子系统的条件。

Switch Case 模块中每个输出端口的 case 条件与 Switch Case Action Subsystem 子系统模块连接,该模块依次从顶部开始求取执行条件,如果 case 值与实际的输入值一致,则执行相应的 Switch Case Action Subsystem 子系统。这个模型中执行的 switch 控制流语句如下:

```
switch ((u1))
{
case [u1 = 1]:
    Action Subsystem1;
break;
case [u1 = 2 or u1 = 3];
    Action Subsystem2;
    break;
    default;
    Action Subsystem3;
}
```

构造 Simulink 中 switch 控制流语句步骤如下所述。

(1) 在当前系统中放置 Switch Case 模块,并为 Switch Case 模块的变量输入端口提供输入数据。标签为 u1 的输入端口的输入数据是 switch 控制流语句的变量,这个值决定了执行的 case 条件,这个端口的非整数输入均被四舍五入。

(2) 打开 Switch Case 模块的 Function Block Parameters 对话框,在对话框内设置模块的参数,如图 4-115 所示。

Case conditions:在该参数文本框内输入 case 值,每个 case 值可以是一个整数或一个整数组,用户也可以添加一个可选的默认 case 值。例如,输入{2,[7 10 1]},表示当输入值是 2 时,执行输出端口 case[1];当输入值是 7、10 或 1 时,执行输出端口 case[7 10 1]。用户也可以用冒号指定 case 条件的执行范围。输入{[1:5]},表示输入值是 1、2、3、4 或 5 时,

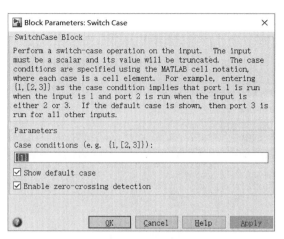

图 4-115　Switch Case 模块参数对话框

执行输出端口 case[1 2 3 4 5]。

Show default case：选择该复选框，将在 Switch Case 模块上显示默认的 case 输出端口。如果所有的 case 条件均为否，则执行默认的 case 条件。

Enable zero-crossing detection：选择该复选框后，表示启动过零检测。

（3）向系统中添加 Switch Case Action Subsystem 子系统模块。Switch Case 模块的每个 case 端口与子系统连接，这些子系统内包含 Action Port 模块，当在子系统内放置 Action Port 模块时，这些子系统就成为原子子系统，并带有标签为 Action 的输入端口。

（4）把 Switch Case 模块中的每个 case 输出端口和默认输出端口与 Switch Case Action Subsystem 子系统模块中的 Action 端口相连，被连接的子系统就成为一个独立的 case 语句体。

（5）在每个 Switch Case Action Subsystem 子系统中添加执行相应 case 条件的 Simulink 模块。

【例 4-13】　对于如图 4-112 所示的 if-else 子系统仿真模型，同样可以用 Switch Case 子系统来完成。其效果图如图 4-116 所示。

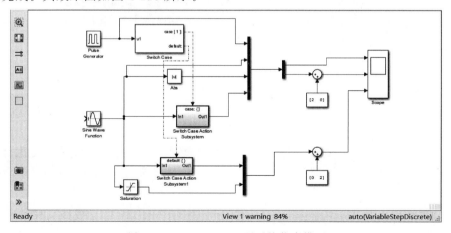

图 4-116　Switch Case 子系统仿真模型

工作原理可以描述为：脉冲发生器产生 0.1 的脉冲信号,如果脉冲信号为 1,那么执行 case[1]对应的子系统；如果脉冲信号为 0,则执行 case[0]所对应的子系统。Switch Case 子系统属性设置如图 4-117 所示,子系统模型仿真效果如图 4-118 所示。

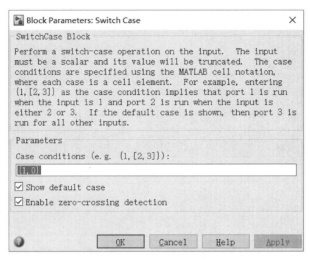

图 4-117　Switch Case 子系统属性设置

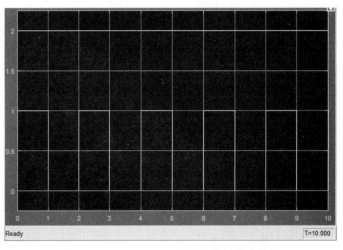

图 4-118　Switch Case 子系统模型仿真结果

3. while 控制流

用户可以使用 Ports & Subsystems 模块库中的 While Iterator 模块创建类似 C 语言的循环控制流语句。

在 Simulink 的 while 控制流语句中,Simulink 在每个时间步上都要反复执行 While Iterator Subsytem 中的内容,即原子子系统中的内容,直到满足 While Iterator 模块指定的条件。

而且,对于每一次 While Iterator 模块的迭代循环,Simulink 都会按照同样的顺序执行 while 子系统中所有模块的更新方法和输出方法。

Simulink 在执行 while 子系统的迭代过程中，仿真时间并不会增加。但是，while 子系统中的所有模块会把每个迭代作为一个时间步进行处理，因此，在 while 子系统中，带有状态的模块的输出取决于上一时刻的输入。这种模块的输出反映了在 while 循环中上一次迭代的输入值，而不是上一个仿真时间步的输入值。

假设在 while 子系统中有一个 Unit Delay 模块，该模块输出的是在 while 循环中上一次迭代的输入值，而不是上一个仿真时间步的输入值。

用户可以用 While Iterator 模块执行类似 C 语言的 while 或 do-while 循环，而且，利用 While Iterator 模块对话框中的 While loop type 参数，用户可以选择不同的循环类型。图 4-119 是 While Iterator 模块的 Sink Block Parameters 对话框。

图 4-119   While Iterator 模块的参数设置对话框

1）do-while

在这个循环模式下，While Iterator 模块只有一个输入，即 while 条件输入，它必须在子系统内提供。在每个时间步内，While Iterator 模块会执行一次子系统内的所有模块，然后检查 while 条件输入是否为真。如果输入为真，则 While Iterator 模块再执行一次子系统内的所有模块，只要 while 条件输入为真，而且循环次数小于或等于 While Iterator 模块对话框中的 Maximum number of iterations 参数值，这个执行过程就会一直继续下去。

2）while

在这个循环模式下，While Iterator 模块有两个输入：while 条件输入和初始条件（IC）输入。初始条件信号必须在 while 子系统外提供。

在仿真时间步开始时，如果 IC 输入为真，那么 While Iterator 模块会执行一次子系统内的所有模块，然后检查 while 条件输入是否为真，如果输入为真，则 While Iterator 模块会再执行一次子系统内的所有模块。只要 while 条件输入为真，而且循环次数小于或等于 While Iterator 模块对话框中的 Maximnum number of iterations 参数值，这个执行过程就会一直继续下去。

如果在仿真时间步开始时 IC 输入为假,那么在该时间步内 While Iterator 模块不执行子系统中的内容。

While Iterator 模块参数对话框中的 Maximum number of iterations 变量用来指定允许的最大重复次数。如果该变量指定为−1,那么不限制重复次数,只要 while 条件的输入为真,那么仿真就可以永远继续下去。在这种情况下,如果要停止仿真,唯一的方法就是终止 MATLAB 过程。因此,除非用户能够确定在仿真过程中 while 条件为假,否则应该尽量避免为该参数指定−1值。

构造 Simulink 中 while 控制流语句的步骤如下所述。

(1) 在 While Iterator Subsystem 子系统中放置 While Iterator 模块,这样子系统变成了 while 控制流语句,标签也更换为 while{⋯}。这些子系统的动作类似触发子系统,对于想用 While Iterator 模块执行循环的用户程序,这个子系统是循环主程序。

(2) 为 While Iterator 模块的初始条件数据输入端口提供数据输入。因为 While Iterator 模块在执行第一次迭代时需要提供初始条件数据(标签为 IC),因此必须在 While Iterator Subsystem 子系统外给定,当这个值为非零时,Simulink 才会执行第一次循环。

(3) 为 While Iterator 模块的条件端口提供数据输入。标签为 cond 的端口是数据输入端口,维持循环的条件被传递到这个端口,这个端口的输入必须在 While Iterator Subsystem 子系统内给定。

(4) 用户可以通过 While Iterator 模块的参数对话框来设置该模块输出的循环值,如果选择了 Show iteration number port 复选框(默认值),则 While Iterator 模块会输出它的循环次数。对于第一次循环,循环值为1,以后每增加一次循环,循环值加 1。

(5) 用户可以通过 While Iterator 模块的参数对话框把 While loop type 循环类型参数改变为 do-while 循环控制流,这会把主系统的标签改变为 do{⋯}while。使用 do-while 循环时,While Iterator 模块不再有初始条件(IC)端口,因为子系统内的所有模块在检验条件端口(标签为 cond)之前只被执行一次。

如果用户选择了 Show iteration number port 复选框,那么 While Iterator 模块会输出当前的循环次数,循环起始值为1。默认不选择这个复选框。

【例 4-14】 如图 4-120 所示为 while 子系统仿真模型,分别使用了 do-while 循环类型和 while 循环类型。do-while 子系统和 while 子系统模型及属性参数设置分别如图 4-121 及图 4-122 所示。

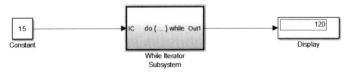

图 4-120   while 与 do-while 子系统仿真模型

在 while 子系统仿真模型运行开始后,while 子系统自动设置迭代起始值为 1,如图 4-120 所示,while 子系统仿真模型实现了 1～15 的累加,用 MATLAB 语言可以描述如下:

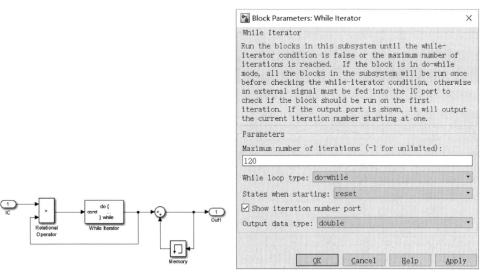

图 4-121　do-while 子系统结构模型及参数设置

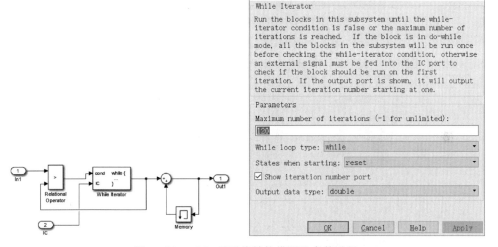

图 4-122　while 子系统结构模型及参数设置

```
>> sum = 0;
i = 0;
Muxstep = 15;
while( i < Muxstep )
    i = i + 1;
    sum = sum + i;
end
sum
```

注意：通常情况下，除非用户能够肯定条件输入会出现假逻辑，一般应该给 while 子系统设置最大的迭代次数，以避免 while 子系统陷入死循环。

4. for 控制流

Ports & Subsystems 模块中的 For Iterator Subsystem 子系统模块可以实现标签 C 语言的 for 循环语句,For Iterator Subsystem 子系统内包含 For Iterator 模块。

在 Simulink 的 for 控制流语句中,只要把 For Iterator 模块放置在 For Iterator Subsystem 子系统内,那么 For Iterator 模块将在当前时间步内循环 For Iterator Subsystem 子系统中的内容,这个循环过程会一直继续,直到循环变量超过指定的限制值。

For Iterator 模块允许用户指定循环变量的最大值,或从外部指定最大值,并为下一个循环值指定可选的外部源。如果不为下一个循环变量指定外部源,那么下一个循环值可由当前值加 1 来确定,即 in=1=in+1。

For Iterator Subsystem 子系统是原子系统,对于 For Iterator 模块的每一次循环,For Iterator Subsystem 子系统将执行子系统内的所有模块。

构造 Simulink 中 for 控制流语句的步骤如下所述。

(1) 从 Ports & Subsystems 模块库中将 For Iterator Subsystem 子系统模块放置到用户模型中。

(2) 在 For Iterator 模块的参数对话框内设置模块参数,如图 4-123 所示。

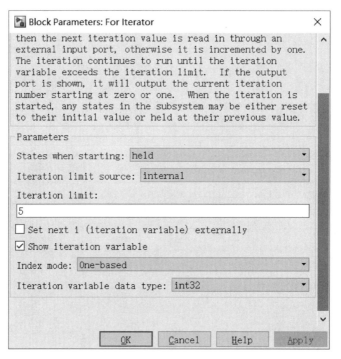

图 4-123　For Iterator 模块参数设置

如果希望 For Iterator Subsystem 子系统在每个时间步内的第一次循环之前将系统状态重新设为初始值,则应把 States when starting 参数设置为 reset;否则,把 States when starting 参数设置为 held(默认值),这会使得子系统从每个时间步内的最后一次循环到下一个时间步开始一直保持状态值不变。

Iteration limit source 参数用来设置循环变量。如果设置该参数值为 internal,那么

Iteration limit 文本框内的参数值将决定循环次数，每增加一次循环，循环变量值加 1，这个循环过程会一直进行下去，直到循环变量值超过 Iteration limit 参数值。

如果设置该参数值为 external，那么 For Iterator 模块上 N 端口中的输入信号将决定循环次数，循环变量的下一个值将从外部输入端口读入，这个输入必须在 For Iterator Subsystem 子系统的外部提供。

如果选择了 Show iteration variable 复选框（默认值），那么 For Iterator 模块会输出循环值，对于第一次循环，循环变量值为 1，以后每增加一次循环，循环变量值加 1。

只有选择了 Show iteration variable 复选框，才可以选择 Set next i（iteration variable）externally 参数。如果选择这个选项，则 For Iterator 模块会显示一个附加输入，这个输入用来连接外部的循环变量，当前循环的输入值作为下一个循环的循环变量值。

【**例 4-15**】 如图 4-124 所示为 for 子系统实现 1～15 的累加仿真模型。图 4-125 为 for 子系统参数设置。

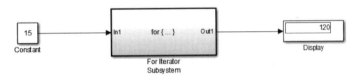

图 4-124 for 子系统仿真模型

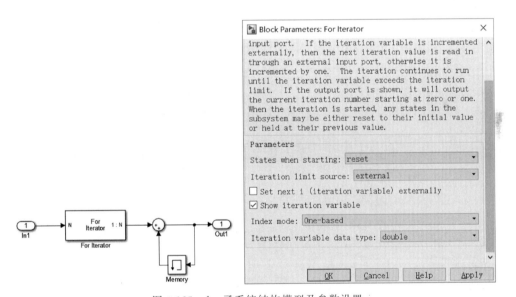

图 4-125 for 子系统结构模型及参数设置

4.8 子系统封装

封装子系统与建立子系统是两个不同的概念。建立子系统是将一组完成相关功能的模块包含到一个子系统当中，用一个模块来建立，主要是为了简化 Simulink 模型，增强 Simulink 模型的可读性，便于仿真与分析。在仿真前，需要打开子系统模型窗口，对其中的每个模块分别进行参数设置。虽然增强了 Simulink 模块的可读性，但并没有简化模型的参数设置。当模型中用到多个这样的子系统,并且每个子系统中模块的参数设置都不相同时,这就显得很不方便,而且容易出错。由于每个子系统中模块的参数设置都不集合在一起,可以将其中经常要设置的参数设置为变量,然后封装,使得其中变量可以在封装系统的参数设置对话框中统一进行设置,这就大大地简化了参数的设置,而且不容易出错,非常有利于进行复杂的大型系统仿真。

封装后的子系统可以作为用户的自定义模块,像普通模块一样添加到 Simulink 模型中应用,也可添加到模块库中以供调用。封装后的子系统可以定义自己的图标、参数与帮助文档,完全与 Simulink 其他普通模块一样。双击封装子系统模块,弹出对话框,进行参数设置,如果有任何问题,可单击"帮助"按钮,不过这些帮助需要创建者自行编写。

总的来说,采用封装子系统的方法有如下优点。

(1) 将子系统内众多的模块参数对话框集成为一个单独的对话框,用户可以在该对话内输入相同子系统中不同模块的参数值。

(2) 可以将个别模块的描述或帮助集成在一起,这样能有效地帮助用户了解该定制的模块(子系统)。

(3) 可以制作该子系统的 Icon 图标,来直观地表示模块的用途。

(4) 使用定制的参数对话框,避免由于不小心修改了不可改变的参数。

以上优点为模型设计带来了很大的方便,具体如下。

(1) 将子系统作为一个黑匣子,用户不必了解其中的具体细节,可以直接使用。

(2) 子系统中模块的参数通过对话框进行设置,十分方便。

(3) 保护知识产权,防止篡改。

在 Simulink 中,创建封装子系统的一般步骤如下。

(1) 先创建子系统。

(2) 选择需要封装的子系统,然后右击,在弹出的快捷菜单中选择 Mask | Create Mask 选项,打开封装编辑框。

(3) 在封装编辑框中,设置封装子系统的参数属性、模块描述与帮助文字、自定义的图标标识等,关闭编辑器就可得到新建的封装子系统。

(4) 如果需要编辑封装子系统,可以选中子系统,然后单击 Edi | Edit Mask 选项,打开 Mask editor 对话框,重新设置相应的属性。

【例 4-16】 用 Simulink 创建一个简单的封装子系统,该子系统实现 mx−n 的功能。

建立封装子系统如图 4-126 所示。模型中的子系统 mx−n 为 Subsystem 模块,它实现的是线性方程 y＝mx＋n。

图 4-126　建立封装子系统模型

双击图 4-126 中的 mx−n 模块,可打开该子系统,子系统内部结构的模型如图 4-127 所示。

通常,当双击 Subsystem 模块时,该子系统会打开一个独立的窗口来显示子系统内的模块。mx－n 子系统包含一个 Gain 模块,它的 Gain 参数被指定为变量 m;还有一个 Constant 模块,它的 Constant value 参数被指定为 n。这两个参数分别表示线性方程的斜率和截距。

在该例中为子系统创建一个用户对话框和图标,对话框包含 Gain 参数和 Constant 参数的提示,双击图标可打开封装对话框,mx－n 子系统模块的参数对话框如图 4-128 所示。

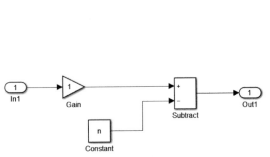
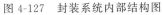

图 4-127　封装系统内部结构图

图 4-128　mx－n 子系统模块的参数对话框

用户可在封装对话框内输入 Gain 和 Constant 参数的数值,在子系统下的所有模块都可以使用这些值。子系统内的所有特性均被封装一个新的接口内,这个接口具有图标界面,并包含了内嵌的 Simulink 模块。对于这个例子的系统,需要执行以下封装操作。

(1) 为封装对话框中的参数指定提示。在这个例子中,封装对话框为 Gain 参数和 Constant 参数指定提示。

(2) 指定用来存储每个参数值的变量名称。

(3) 输入模块的文档,该文档中包括模块的说明和模块的帮助文本。

(4) 指定创建模块图标的绘制命令。

1) 创建封装对话框提示

为了对这个子系统进行封装,首先在模型中选择 Subsystem 模块,然后右击,在弹出的快捷菜单中选择 Mask | Create Mask 命令。这个例子主要用 Mask Editor 对话框中的 Parameters & Dialog 选项卡来创建被封装子系统的对话框,如图 4-129 所示。

在 Mask Editor 对话框中 Parameters & Dialog 选项卡的 Control 页面下 Parameters 选项中,单击该项下对应的控件,即可创建对应的控件变量。

Mask Editor 对话框中的 Parameters & Dialog 选项卡的 Dialog box 页面指定封装参数含义为:Type,用来显示定义变量的序号;Prompt,描述参数的文本标签;Name,变量的名称。

Mask Editor 对话框中的 Parameters & Dialog 选项卡的 Parameters editor 页面主要用于为定义的变量设置对应的属性。

2) 创建模块说明和帮助文本

封装类型、模块说明和帮助文本被定义在 Documentation 选项卡内。其中,模块的说明描述如图 4-130 所示。

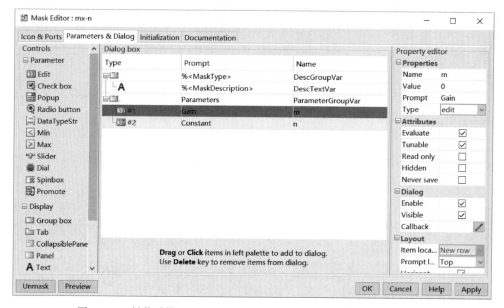

图 4-129　封装系统 Mask Editor 对话框 Parameters & Dialog 选项卡

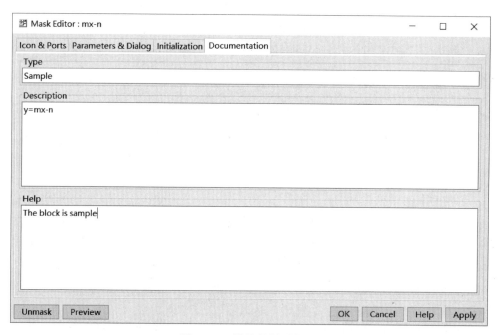

图 4-130　模块的说明描述

3) 创建模块图标

到目前为止,已为 mx－n 子系统创建了一个自定义对话框。但是,Subsytem 模块仍然显示的是通常的 Simulink 子系统图标。在此,想把封装后模块的图标设计为一条显示直线斜率的图形,以表现用户图标的特色。例如,当斜率为

图 4-131　斜率为 3 的图标

3 时,图标如图 4-131 所示。

对该实例,Mask Editor 对话框内 Icon & Ports 选项卡如图 4-132 所示。

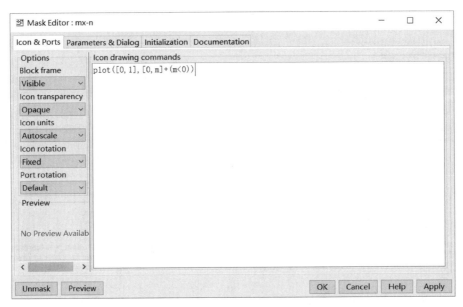

图 4-132　Mask Editor 对话框内 Icon & Ports 选项卡

Icon Drawing commands 区域内的绘制命令 plot([0,1,[0 m]+(m<0)])绘制的是从点(0,0)到点(1,m)的一条直线,如果斜率为负,则 Simulink 会把直线向上平移 1 个单位,以保证直线显示在模块的可见绘制区域内。

绘制命令可以存取封装工作区中的所有变量,当输入不同的斜率值时,图标会更新直线的斜率。Options 选项卡内的 Icon units 参数表示绘制坐标,选择 Normalized,它表示图标中的绘制坐标定位在边框的底部,图标在边框内绘制,图标中左下角的坐标为(0,0),右上角的坐标为(1,1)。

4)初始化设置

在 Initialization 页面中右方的 Initialization commands 文本框中可以输入初始化命令,这些命令将在开始仿真、更新模块框图、载入模型与重新绘制封装子系统的图标时被调用。所以,适当的设置有十分重要的作用,设置界面如图 4-133 所示。

在 Initialization 选项卡中包括以下几个控制选项。

Dialog variables 选项:此列表中显示了与封装子系统参数相关的变量名。用户可以从这个列表中复制参数名到 Initialization commands 框中。也可以使用这个列表来更改参数变量,双击相应的变量就可以更改了,然后按 Enter 键确定。

在 Initialization commands 中输入初始化命令,也可以是任何的 MATLAB 表达式,例如,MATLAB 函数、运算符及在封装模块空间中的变量等,但是初始化命令不能是基本工作空间的变量。初始化命令要用分号来结尾,避免在 MATLAB 命令窗口中出现回调结果。

Allow library block to modify its contents 复选框:该复选框仅当封装子系统存在于模块库中时才可用。选中这个复选框,允许模块的初始化代码修改封装子系统的内容。例如,可以允许初始化代码增加与删除模块,还可以设置模块的参数。否则,当试图通过模块

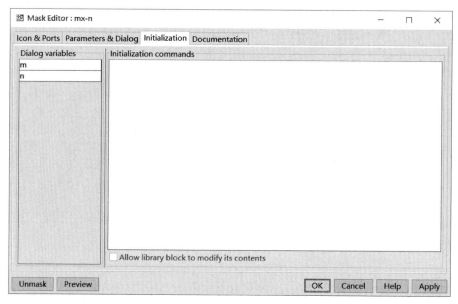

图 4-133　Initialization 选项卡

库中的模块修改模块中的内容时,Simulink 仿真就会出现错误。不过这个还可以在 MATLAB 命令行窗口中实现,选中要修改内部模块的封装子系统模块,然后在命令行窗口中输入:

```
>> set_param(gcb,'MaskSelfModifiable','on');
```

然后保存这个模块。

　　用户可以通过以下几种方法来调试初始化命令。

　　(1) 在命令的结尾不用分号,以便能够在 MATLAB 命令行窗口中直接查看相关命令运行结果。

　　(2) 在命令中间设定一些键盘控制命令,如中断、键盘输入参数等,可以实现人机交互,这样就可以清楚地了解每一步运行的结果。

　　(3) 可以在 MATLAB 命令行窗口中输入:

```
>> dbstop if error
>> dbstop if warning
```

这些命令可以在初始化命令发生错误时停止执行程序,方便用户检查封装子系统的工作空间。

4.9　S-函数

　　S-函数是 Simulink 最具魅力的地方,它结合了 Simulink 框图简洁的特点和编程灵活的优点,增强和扩展了 Simulink 的强大机制。S-函数是指采用非图形化的方式(即计算机语言,区别于 Simulink 的系统模型)描述的一个功能块。

　　根据 S-函数代码使用的编程语言,S-函数可以分成 M 文件 S-函数(即用 MATLAB 语言编写的 S-函数)、C 语言 S-函数、C++语言 S-函数、Ada 语言 S-函数以及 FORTRAN 语言

S-函数等。通过 S-函数创建的模块具有与 Simulink 模型库中的模块相同的特征,它可以与 Simulink 求解器进行交互,支持连续状态和离散状态模型。

S-函数作为与其他语言相结合的接口,可以使用这个语言所提供的强大能力。例如, MATLAB 语言编写的 S-函数可以充分利用 MATLAB 所提供的丰富资源,方便地调用各种工具箱函数和图形函数;使用 C 语言编写的 S-函数可以实现对操作系统的访问,如实现与其他进程的通信和同步等。

下面对 S-函数的几个相关概念进行介绍。

1. 直接馈通

直接馈通是指输出(或是对于变步长采样块的可变步长)直接受控于一个输入口的值。有一条很好的经验方法来判断输入是否为直接馈通,如果输出函数(mdlOutputs 或 flag=3)是输入 u 的函数。即,如果输入 u 在 mdlOutputs 中被访问,则存在直接馈通。输出也可以包含图形输出,类似于一个 XY 绘图板。

在一个变步长 S-函数的"下一步采样时间"函数(mdlGetTimeOfNextVarHit 或 flag=4)中可以访问输入 u。

正确设置直接馈通标志是十分重要的,因为这不仅关系到系统模型中的系统模块的执行顺序,还关系到对代数环的检测与处理。

2. 动态维矩阵

S-函数可给定成支持任意维的输入。在这种情况下,当仿真开始时,根据驱动 S-函数的输入向量的维数动态确定实际输入的维数。输入的维数也可以用来确定连续状态的数量、离散状态的数量以及输出的数量。

M 文件的 S-函数只可以有一个输入端口,而且输入端口只能接收一维(向量)的信号输入。但是,信号的宽度是可以变化的。在一个 M 文件的 S-函数内,如果要指示输入宽度是动态的,必须在数据结构 sizes 中将相应的域值指定为 -1,结构 sizes 是在调用 mdlInitializeSizes 时返回的一个结构。当 S-函数通过使用 length(u) 来调用时,可以确定实际输入的宽度。如果指定为 0 宽度,那么 S-function 模块将不出现输入端口。

一个 C-MEX 文件编写的 S-函数可以有多个 I/O 端口,而且每个端口可以具有不同的维数。维数及每一维的大小可以动态确定。

3. 采样时间和偏移量

M 文件与 MEX 文件的 S-函数在指定 S-函数什么时候执行上都具有高度的灵活性。 Simulink 对于采样时间提供了以下选项。

(1) 连续采样时间:用于具有连续状态或非过零采样的 S-函数。对于这种类型的 S-函数,其输出在每个微步上变化。

(2) 连续但微步长固定采样时间:用于需要在每一个主仿真步上执行,但在微步长内值不发生变化的 S-函数。

(3) 离散采样时间:如果 S-函数模块的行为是离散时间间隔的函数,那么可以定义一个采样时间来控制 Simulink 什么时候调用该模块。也可以定义一个偏移量来延时每个采样时间点。偏移量的值不可超过相应采样时间的值。

采样时间点发生的时间按照以下公式计算:

$$\text{TimeHit} = (n \times \text{period}) + \text{offset}$$

其中,n 为整数,为当前仿真步,n 起始值总为 0。

如果定义了一个离散采样时间,Simulink 在每个采样时间点时调用 S-函数的 mdlOutput 和 mdlUpdate。

(4) 可变采样时间:采样时间间隔变化的离散采样时间。在每步仿真的开始,具有可变采样时间的 S-函数需要计算下一次采样点的时间。

(5) 继承采样时间:有时,S-函数模块没有专门的采样时间特性(它是连续的还是离散的,取决于系统中其他模块的采样时间)。

4.9.1 S-函数模块

S-函数模块位于 Simulink/User-Defined Functions 模块库中,是使 S-函数图形化的模板工具,为 S-函数创建一个定值的对话框和图标。

S-函数模块使得对 S-函数外部输入参数的修改更加灵活,可看成是 S-函数的一个外壳或面板。S-函数模块及参数对话框如图 4-134 所示。

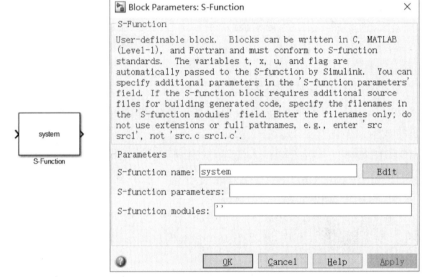

图 4-134　S-函数模块及参数对话框

S-函数模块的参数设置如下所述。

(1) S-function name:填入 S-function 的函数名称,这样就建立了 S-函数模块与 M 文件形式的 S-函数之间的对应关系,单击后面 Edit 按钮可打开 S-函数的 M 文件的编辑窗口。

(2) S-function parameters:填入 S-function 需要输入的外部参数的名称,如果有多个变量的话,中间用逗号隔开,如"a,b,c"。

(3) S-function modules:只有当 S-function 是用 C 语言编写并用 MEX 工具编译的 C-MEX 文件时,才需要填写该参数。

设置完这些参数后,S-函数模块就成为一个具有指定功能的模块,它的功能取决于 S-函数的内容,可通过修改 S-函数来改变该模块的功能。

4.9.2 S-函数工作原理

要创建一个 S-函数,了解 S-函数的工作原理就显得非常必要。S-函数的一个优点就是可以创建一个通用的模块,在模型中可以多次调用,在不同的场合下仅需修改它的参数就可以了。因此在了解 S-函数的工作原理前,先了解一下模块的一个共同特性,以便读者能够更好地理解 Simulink 的整个仿真原理,然后再简单介绍 Simulink 的仿真阶段和 S-函数的反复调用。

1. Simulink 模块的共同特性

Simulink 模块包含 3 个基本单元:输入 u,状态 x 和输出 y。如图 4-135 所示,显示了 Simulink 模块 3 个基本单元的关系。

图 4-135　模块的输入、输出和状态关系效果图

输入、状态和输出之间的数学关系可用状态方程描述为:

$$\begin{cases} y = f_0(t,x,u) \\ x_c = f_d(t,x,u) \\ x_{d_{k+1}} = f_u(t,x,u) \end{cases}$$

其中,$x = x_c + x_d$。

2. Simulink 仿真阶段

Simulink 的仿真分为两个阶段:第一个阶段为初始化阶段,在这个阶段,模块的所有参数将传递给 MATLAB 进行计算,所有参数将被确定下来,同时,Simulink 将展开模型的层次,每个子系统被它们所包含的模块替代,传递信号宽度、数据类型和采样时间,确定模块的执行顺序,最后确定模块的初值和采样时间;第二个阶段就是仿真阶段,这个阶段中要进行模块输出的计算,更新模块的离散状态,计算连续状态,在采样变步长解法器时,还需要确定时间步长。

3. S-函数的反复调用

(1)初始化。在仿真开始前,Simulink 在这个阶段初始化 S-函数,这些工作包括以下几项。

• 初始化结构体 SimStruct,它包含 S-函数的所有信息。
• 设置输入/输出端口的数目和大小。
• 设置采样时间。
• 分配存储空间并估计数组大小。

(2)计算下一个采样时间点。如果选择变步长解法器进行仿真时,需要计算下一个采样时间点,即计算下一步的仿真步长。

(3)计算主要时间步的输出,即计算所有端口的输出值。

(4)更新状态。此例程在每个步长处都要执行一次,可以在这个例程中添加每一个仿真步都需要更新的内容,例如离散状态的更新。

(5)数值积分,用于连续状态的求解和非采样过零点。如果 S-函数存在连续状态,Simulink 就在 minor step time 内调用 mdlDdrivatives 和 mdlOutput 两个 S-函数全程。

4.9.3　M 文件 S-函数模板

编写 S-函数有一套固定的规则,为此 Simulink 提供了一个用 M 文件编写 S-函数的模板。该模板程序存放在 toolbox\simulink\blocks 目录下,文件名为 sfuntmp1.m。用户可从这个模板出发构建自己的 S-函数。

S-函数模板文件如下：

```
function [sys,x0,str,ts,simStateCompliance] = sfuntmpl(t,x,u,flag)
% 输入参数 t,x,u,flag
% t 为采样时间
% x 为状态变量
% u 为输入变量
% flag 为仿真过程中的状态标量,共有 6 个不同的取值,分别代表 6 个不同的子函数
% 返回参数 sys,x0,str,ts,simStateCompliance
% x0 为状态变量的初始值
% sys 用以向 Simulink 返回直接结果的变量,随 flag 的不同而不同
% str 为保留参数,一般在初始化中置空,即 str = []
% ts 为一个 1×2 的向量,ts(1)为采样周期,ts(2)为偏移量
switch flag,                        % 判断 flag,查看当前处于哪个状态
  case 0,                           % 表示处于初始化状态,调用函数 mdlInitializeSizes
    [sys,x0,str,ts,simStateCompliance] = mdlInitializeSizes;
  case 1,                           % 表示调用计算连续状态的微分
    sys = mdlDerivatives(t,x,u);
  case 2,                           % 表示调用计算下一个离散状态
    sys = mdlUpdate(t,x,u);
  case 3,                           % 表示调用计算输出
    sys = mdlOutputs(t,x,u);
  case 4,                           % 表示调用计算下一个采样时间
    sys = mdlGetTimeOfNextVarHit(t,x,u);
  case 9,                           % 结束系统仿真任务
    sys = mdlTerminate(t,x,u);
  otherwise
    DAStudio.error('Simulink:blocks:unhandledFlag', num2str(flag));
end
function [sys,x0,str,ts,simStateCompliance] = mdlInitializeSizes
sizes = simsizes;                   % 用于设置模块参数的结构体,调用 simsizes 函数生成
sizes.NumContStates   = 0;          % 模块连续状态变量的个数,0 为默认值
sizes.NumDiscStates   = 0;          % 模块离散状态变量的个数,0 为默认值
sizes.NumOutputs      = 0;          % 模块输出变量的个数,0 为默认值
sizes.NumInputs       = 0;          % 模块输入变量的个数
sizes.DirFeedthrough  = 1;          % 模块是否存在直接贯通
sizes.NumSampleTimes  = 1;          % 模块的采样时间个数,1 为默认值
sys = simsizes(sizes);              % 初始化后的构架 sizes 经过 simsizes 函数运算后向 sys 赋值
x0  = [];                           % 向量模块的初始值赋值
str = [];
ts  = [0 0];
simStateCompliance = 'UnknownSimState';
function sys = mdlDerivatives(t,x,u)            % 编写计算导数向量的命令
sys = [];
function sys = mdlUpdate(t,x,u)                 % 编写计算更新模块离散状态的命令
sys = [];
function sys = mdlOutputs(t,x,u)                % 编写计算模块输出向量的命令
sys = [];
function sys = mdlGetTimeOfNextVarHit(t,x,u)    % 以绝对时间计算下一采样点的时间,该函数只在
% 变采样时间条件下使用
sampleTime = 1;
sys = t + sampleTime;
function sys = mdlTerminate(t,x,u)              % 结束仿真任务
sys = [];
```

在上面程序代码中,包含 1 个主程序和 6 个子程序,子程序供 Simulink 在仿真的不同

阶段调用。上述程序代码还多次引用系统函数 simsizes，该函数保存在 toolbox\simulink\ simulink 路径下，函数的主要目的是设置 S-函数的大小，代码如下：

```
function sys = simsizes(sizesStruct)
switch nargin,
  case 0,   % 返回结构大小
    sys.NumContStates   = 0;
    sys.NumDiscStates   = 0;
    sys.NumOutputs      = 0;
    sys.NumInputs       = 0;
    sys.DirFeedthrough  = 0;
    sys.NumSampleTimes  = 0;
  case 1,   % 数组转换
    % 假如输入为一个数组，即返回一个结构体大小
    if ~isstruct(sizesStruct),
      sys = sizesStruct;
      % 数组的长度至少为 6
      if length(sys) < 6,
        DAStudio.error('Simulink:util:SimsizesArrayMinSize');
      end
      clear sizesStruct;
      sizesStruct.NumContStates  = sys(1);
      sizesStruct.NumDiscStates  = sys(2);
      sizesStruct.NumOutputs     = sys(3);
      sizesStruct.NumInputs      = sys(4);
      sizesStruct.DirFeedthrough = sys(6);
      if length(sys) > 6,
        sizesStruct.NumSampleTimes = sys(7);
      else
        sizesStruct.NumSampleTimes = 0;
      end
    else
      % 验证结构大小
      sizesFields = fieldnames(sizesStruct);
      for i = 1:length(sizesFields),
        switch (sizesFields{i})
          case { 'NumContStates', 'NumDiscStates', 'NumOutputs', …
                 'NumInputs', 'DirFeedthrough', 'NumSampleTimes' },
          otherwise,
            DAStudio.error('Simulink:util:InvalidFieldname', sizesFields{i});
        end
      end
      sys = [ …
      sizesStruct.NumContStates, …
      sizesStruct.NumDiscStates, …
      sizesStruct.NumOutputs, …
      sizesStruct.NumInputs, …
      0, …
      sizesStruct.DirFeedthrough, …
      sizesStruct.NumSampleTimes …
      ];
    end
end
```

4.9.4 S-函数应用

下面利用 S-函数的模板来实现一些具有特定功能的模块。

1. 用 S-函数实现离散系统

用 S-函数模板实现一个离散系统时,首先对 mdlInitializeSizes 子函数进行修改,声明离散状态的个数,对状态进行初始化,确定采样时间等。然后再对 mdlUpdate 和 mdlOutputs 子函数做适当修改,分别输入要表示的系统的离散状态方程和输出方程即可。

【例 4-17】 给定一个离散时间系统的传递函数 $H(z)$,试用 S-函数模块进行实现,仿真得出系统的离散冲激响应,用 Simulink 基本离散系统库中的传递函数模块和状态方程模块同时实现并作对比验证。设系统的传递函数为:

$$H(z) = \frac{2z + 1}{z^2 + 0.5z + 0.8}$$

首先要根据传递函数求出系统的状态空间方程。可先作出系统的信号流图,然后由梅森规则得出状态空间方程。但 MATLAB 的信号处理工具箱(Signal Processing Toolbox)中还有实现传递函数与状态空间方程相互转换的函数 tf2ss 可直接利用,其调用语法如下:

```
[A, B, C, D] = tf2ss (b, a)
```

其中,输入参数 b 为传递函数的分子多项式系数向量;a 为其分母多项式的系数向量。对连续系统的传递函数也可用 tf2ss 转换为状态空间方程,输出变量 A、B、C、D 分别为状态空间方程的 4 个系数矩阵。

可选参数为传递函数的分子分母多项式系数 b 和 a,并在 S-函数中将其转换为状态空间矩阵。初始化过程中,系统输入/输出数以及状态数由状态空间矩阵的维数来决定。在离散状态更新处理(flag＝2)中写入状态方程代码,而在输出处理(flag＝3)中写入输出方程代码。

其实现步骤如下。

(1) 编写实现 S-函数的代码如下,并命名为 M4_17.m。

```
function [sys,x0,str,ts] = M4_17 (t,x,u,flag,b,a)
%离散系统传递函数的 S-函数实现
%参数 b,a 分别为 H(z)的分母、分子多项式的系数向量
[A,B,C,D] = tf2ss(b,a);    % 将 H(z)转换为状态空间方程系数矩阵
switch flag
    case 0,  % flag = 0 初始化
        sizes = simsizes;                    % 获取 Simulink 仿真变量结构
        sizes.NumContStates  = 0;            % 连续系统的状态数为 0
        sizes.NumDiscStates = size(A,1);     % 设置离散状态变量的个数
        sizes.NumOutputs = size(D,1);        % 设置系统输出变量的个数
        sizes.NumInputs = size(D,2);         % 输入信号数目是自适应的
        sizes.DirFeedthrough = 1;            % 设置系统是直通
        sizes.NumSampleTimes = 1;            %  这里必须为 1
        sys = simsizes(sizes);               % 设置系统参数
        str = [];                            % 通常为空矩阵
        x0 = zeros(sizes.NumDiscStates,1);   % 零状态
        ts  = [-1 0];                        % 采样时间由外部模块给出
    case 2,  % flag = 2 离散状态方程计算
```

```
        sys = A * x + B * u;
    case 3,                                    % flag = 3 输出方程计算
        sys = C * x + D * u;
    case {1,4,9},                              % 其他不处理的 flag
        sys = [];                              % 无用的 flag 时返回 sys 为空矩阵
    otherwise                                  % 异常处理
        error(['Unhandled flag = ',num2str(flag)]);
end
```

（2）建立仿真模块。建立如图 4-136 所示的 Simulink 仿真模型。

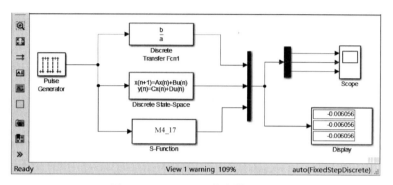

图 4-136　Simulink 仿真模型框图

（3）模块参数设置。双击图 4-136 所示的仿真模型中的 Pulse Generator 模块，在弹出的参数对话框设置效果如图 4-137 所示。

图 4-137　Pulse Generator 模块参数设置

双击图 4-136 所示的仿真模型中的 Discrete Transfer Fcn 模块，在弹出的参数对话框中的 Numerator coefficient 文本框中输入 b，在 Denominator coefficient 文本框中输入 a，在

Sample time(－1 for inherited)文本框中输入－1。

注意：在Discrete Transfer Fcn模块的参数对话框的分子分母中输入b与a之前，首先在MATLAB命令行窗口中对b与a赋值。

双击图4-136所示的仿真模型中的Discrete State-Space模块，在弹出的参数对话框设置效果如图4-138所示。

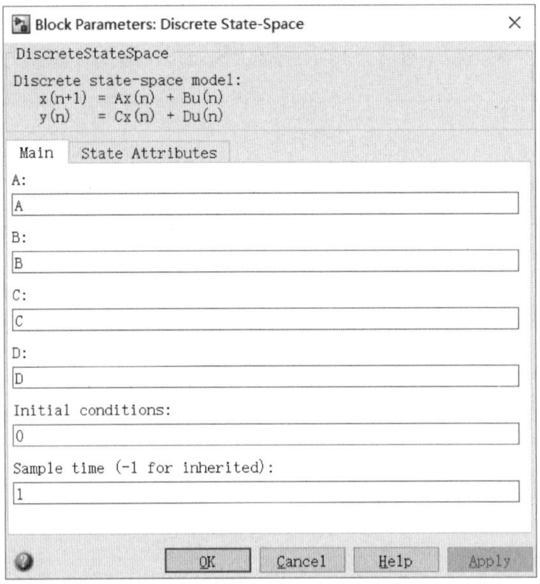

图 4-138　Discrete State-Space 模块参数设置

双击图4-136所示的仿真模型中的S-Function模块，在弹出的参数对话框中的S-Function name文本框中输入M4_17，在S-Function parameters文本框中输入b,a。

还可利用信宿库中的Display模块来显示信号线上的当前仿真值，仿真采用固定步长，步长为0.1s。测试系统如图4-136所示。

（4）运行仿真。系统的仿真参数采用默认值，在执行仿真之前，在MATLAB命令行窗口中输入如下代码，然后单击仿真模型窗口的▶按钮，得到仿真效果如图4-139所示。

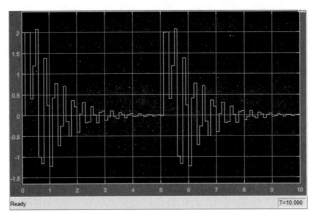

图 4-139　仿真测试输出的数字冲激响应

```
>> b = [2 1];                    % H(z)的分子
a = [1 0.5 0.8];                % 分母
[A, B, C, D] = tf2ss(b, a);     % 转换为状态方程
```

2. 用 S-函数实现连续系统

用 S-函数实现一个连续系统时,首先 mdlInitializeSizes 子函数应当进行适当修改,包括确定连续状态的个数、状态初始值和采样时间设置。另外,还需要编写 mdlDerivatives 子函数,将状态的导数向量通过 sys 变量返回。

如果系统状态不止一个,可通过索引 x(1)、x(2) 等得到各个状态。修改后的 mdlOutputs 中应该包含系统的输出方程。

【例 4-18】 利用 S-函数实现以下连续系统:

$$\dot{x} = Ax + Bu$$
$$y = Cx + Du$$

为了增强 S-函数模块的实用性,现要求系数矩阵 A、B、C 和 D 以及系统状态的初始值均可在参数对话框中设置。

(1) 将模板文件 sfuntmpl 另存为 M4_18.m,并添加参数 A、B、C 和 D 以及 iniState。代码如下:

```
function [sys,x0,str,ts,simStateCompliance] = M4_18 (t,x,u,flag,A,B,C,D,iniState)
% 输入参数 t,x,u,flag
% t 为采样时间
% x 为状态变量
% u 为输入变量
% flag 为仿真过程中的状态标量,共有 6 个不同的取值,分别代表 6 个不同的子函数
% 返回参数 sys,x0,str,ts,simStateCompliance
% x0 为状态变量的初始值
% sys 用以向 Simulink 返回直接结果的变量,随 flag 的不同而不同
% str 为保留参数,一般在初始化中置空,即 str = []
% ts 为一个 1×2 的向量,ts(1)为采样周期,ts(2)为偏移量
switch flag,                        % 判断 flag,查看当前处于哪个状态
  case 0,                           % 表示处于初始化状态,调用函数 mdlInitializeSizes
    [sys,x0,str,ts,simStateCompliance] = mdlInitializeSizes(iniState);
  case 1,                           % 表示调用计算连续状态的微分
    sys = mdlDerivatives(t,x,u,A,B);
  case 3,                           % 表示调用计算输出
    sys = mdlOutputs(t,x,u,C,D);
end

function [sys,x0,str,ts,simStateCompliance] = mdlInitializeSizes(iniState)
sizes = simsizes;                   % 用于设置模块参数的结构体,调用 simsizes 函数生成
sizes.NumContStates  = 2;           % 模块连续状态变量的个数,0 为默认值
sizes.NumDiscStates  = 0;           % 模块离散状态变量的个数,0 为默认值
sizes.NumOutputs     = 2;           % 模块输出变量的个数,0 为默认值
sizes.NumInputs      = 1;           % 模块输入变量的个数
sizes.DirFeedthrough = 1;           % 模块是否存在直接贯通
sizes.NumSampleTimes = 1;           % 模块的采样时间个数,1 为默认值
sys = simsizes(sizes);             % 初始化后的构架 sizes 经过 simsizes 函数运算后向 sys 赋值
```

```
x0  = iniState;                    %向量模块的初始值赋值
ctr - [];
ts  = [0 0];
simStateCompliance = 'UnknownSimState';
function sys = mdlDerivatives(t,x,u,A,B) %编写计算导数向量的命令
sys = A*x+B*u
function sys = mdlOutputs(t,x,u,C,D)      %编写计算模块输出向量的命令
sys = C*x+D*u;
```

（2）建立如图 4-140 所示的系统模型。在 S-Function 模块的参数对话框中设置 S-function name 为 M4_18，S-function parameters 为 A，B，C，D，iniState，如图 4-141 所示。

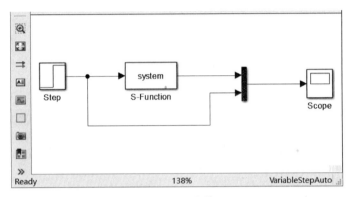

图 4-140　系统模型

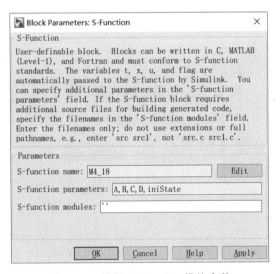

图 4-141　设置 S-Function 模块参数

（3）对 S-Function 模块进行封装。选中模块并右击，在弹出的菜单中选择 Mask|Create Mask 选项，并编辑封装编辑器中的 Parameters & Dialog 选项卡，如图 4-142 所示。编辑 Documentation 选项卡，如图 4-143 所示。

（4）双击 S-Function 模块，在弹出的新对话框中设置各项参数，如图 4-144 所示。

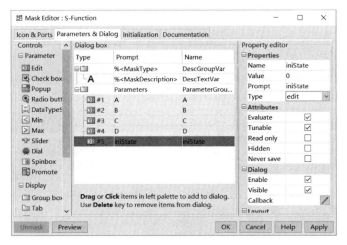

图 4-142　Parameters & Dialog 选项卡

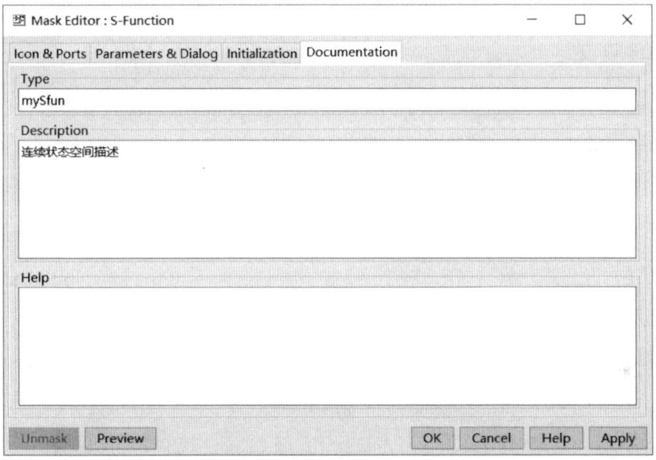

图 4-143　Documentation 选项卡

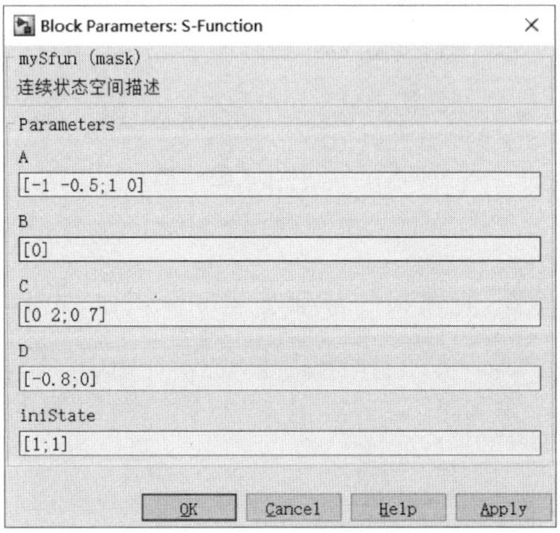

图 4-144　S-Function 封装后的对话框

（5）运动系统仿真,仿真结果如图 4-145 所示。

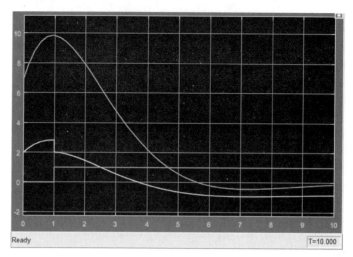

图 4-145　仿真结果

本实例中,通过向主函数中传递额外的参数 A、B、C 和 D 以及 iniState,可以在 S-function 模块对话框中输入这些参数,以达到任意修改系统模型的目的。更进一步地对 S-function 模块进行了封装,使得各参数的输入变量明确、易懂。

3. 实现混合系统

所谓混合系统,就是既包含离散状态,又包含连续状态的系统。Simulink 根据 flag 的具体数值判断系统是计算连续部分还是离散部分,并调用相应的子函数,Simulink 在处理混合系统时将同时调用 S-函数的 mdlUpdate、mdlOutput 和 mdlGetTimeOfNextVarHit 子函数。对于离散系统而言,在 mdlUpdate、mdlOutput 中需要判断是否需要更新离散状态和输出。因为对于离散状态并不是在所有的采样点上都需要更新,否则就是一个连续系统了。

【例 4-19】　利用 M 文件 S-函数实现如下混合系统的模型,其效果如图 4-146 所示。

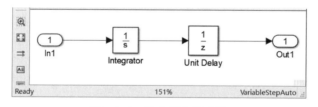

图 4-146　混合系统模型图

其实现步骤如下。

（1）根据混合系统模型图,在模板的基础上编写 S-函数,并保存为 M4_19.m。

```
function [sys,x0,str,ts] = M4_19(t,x,u,flag)
% 利用 M 模板文件编写 S-函数,实现单位延迟(1/z)积分(1/s)的混合系统
% 设置单位延迟的采样周期和偏移量
dperiod = 1;
doffset = 0;
switch flag,
  case 0,
```

```
    [sys,x0,str,ts] = mdlInitializeSizes(dperiod,doffset);    % 初始化函数
  case 1,
    sys = mdlDerivatives(t,x,u)                               % 求导数
  case 2,
    sys = mdlUpdate(t,x,u,dperiod,doffset);                   % 状态更新
  case 3,
    sys = mdlOutputs(t,x,u,dperiod,doffset);                  % 计算输出
  case 9,
    sys = mdlTerminate(t,x,u);                                % 终止仿真程序
  otherwise
    error(['Simulink:blocks:unhandledFlag', num2str(flag)]);  % 错误处理
end
function [sys,x0,str,ts] = mdlInitializeSizes(dperiod,doffset) % 模型初始化函数
sizes = simsizes;                                             % 取系统默认设置
sizes.NumContStates   = 1;                                    % 设置连续状态变量的个数
sizes.NumDiscStates   = 1;                                    % 设置离散状态变量的个数
sizes.NumOutputs      = 1;                                    % 设置系统输出变量的个数
sizes.NumInputs       = 1;                                    % 设置系统输入变量的个数
sizes.DirFeedthrough  = 0;                                    % 设置系统是否直通
sizes.NumSampleTimes  = 2;                                    % 采样周期的个数,必须大于或等于1
sys = simsizes(sizes);                                        % 设置系统参数
x0   = ones(2,1);                                             % 系统状态初始化
str  = [];                                                    % 系统阶字串总为空矩阵
ts   = [0 0;dperiod doffset];                                 % 初始化采样时间矩阵
function sys = mdlDerivatives(t,x,u)
sys = u;
function sys = mdlUpdate(t,x,u,dperiod,doffset)
if abs(round((t-doffset)/dperiod) - (t-doffset)/dperiod)< 1e-8,
    sys = x(1);
else
    sys = [];
end
function sys = mdlOutputs(t,x,u,dperiod,doffset)
if abs(round((t-doffset)/dperiod) - (t-doffset)/dperiod)< 1e-8,
    sys = x(2);
else
    sys = [];
end
% mdlTerminate 终止仿真设定,完成仿真终止时的任务
function sys = mdlTerminate(t,x,u)
sys = [];
% 程序结束
```

（2）建立仿真模型。根据图 4-146 所示的混合系统模型图可建立如图 4-147 所示的 Simulink 仿真模型图。

（3）模块参数设置。双击图 4-147 所示模型框图中的 S-Function 模块,在弹出的参数对话框中的 S-function name 文本框中输入 M4_19,其他参数采用默认设置。双击图 4-147 所示模型框图中的 Scope 模块,在弹出的参数对话框中的 Number of axes 文本框中输入 2,其他模块采用默认设置。

（4）运行仿真。系统的仿真参数采用默认值,然后对系统模型进行仿真,得到如图 4-148 所示的仿真效果图。

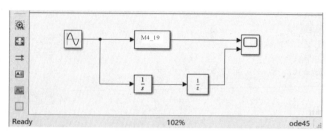

图 4-147　混合系统的 Simulink 仿真模型图

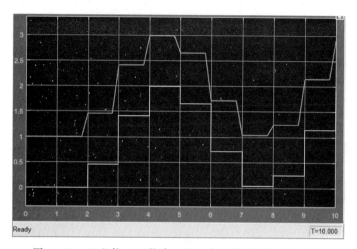

图 4-148　M 文件 S-函数建立的混合系统模型仿真效果图

4. S-函数实际应用

【例 4-20】　使用 S-函数来对一个单摆系统进行仿真,主要演示以下三个方面:① 利用 S-函数对单摆系统进行建模;②利用 Simulink 进行仿真,研究单摆的位移;③ 利用 S-函数数动画模块来演示单摆的运动。

其实现步骤如下。

(1) 单摆的动力学方程为:

$$M\ddot{\theta} + K_{d}\dot{\theta} = u - F_{g}\sin(\theta)$$

其中,u 为实施在单摆上的外力;K_d 为阻尼系数;F_g 为重力。

(2) 将系统动力学方程转化为状态方程,令 $x_1 = \theta, x_2 = \dot{\theta}$,即动力学方程变为:

$$\begin{bmatrix} x_1 \\ x_2 \end{bmatrix} = \begin{bmatrix} x_2 \\ -K_d x_2 + u - F_g\sin(x_1) \end{bmatrix}$$

(3) 根据状态方程,在模板的基础上编写 S-函数,并保存为 M4_20.m。

```
function [sys,x0,str,ts] = M4_20(t,x,u,flag,damp,grav,ang,m)
switch flag,
  case 0,
    [sys,x0,str,ts] = mdlInitializeSizes(ang);      % 初始化函数
  case 1,
    sys = mdlDerivatives(t,x,u,damp,grav,m)        % 求导数
```

```
case 2,
  sys = mdlUpdate(t,x,u);                                    % 状态更新
case 3,
  sys = mdlOutputs(t,x,u);                                   % 计算输出
case 9,
  sys = mdlTerminate(t,x,u);                                 % 终止仿真程序
otherwise
  error(['Simulink:blocks:unhandledFlag', num2str(flag)]);   % 错误处理
end
function [sys,x0,str,ts] = mdlInitializeSizes(ang)   % 模型初始化函数
sizes = simsizes;                                          % 取系统默认设置
sizes.NumContStates  = 2;                                  % 设置连续状态变量的个数
sizes.NumDiscStates  = 0;                                  % 设置离散状态变量的个数
sizes.NumOutputs     = 1;                                  % 设置系统输出变量的个数
sizes.NumInputs      = 1;                                  % 设置系统输入变量的个数
sizes.DirFeedthrough = 0;                                  % 设置系统是否直通
sizes.NumSampleTimes = 1;                                  % 采样周期的个数,必须大于或等于1
sys = simsizes(sizes);                                     % 设置系统参数
x0  = ang;                                                 % 系统状态初始化
str = [];
ts  = [0 0];                                               % 初始化采样时间矩阵
function sys = mdlDerivatives(t,x,u,damp,grav,m)
dx(1) = x(2);
dx(2) = - damp * x(2) - m * grav * sin(x(1)) + u;
sys = dx;
function sys = mdlUpdate(t,x,u)
sys = [];                                                  % 根据状态方程(差分方程部分)修改此处
function sys = mdlOutputs(t,x,u)
sys = x(1);
% mdlTerminate 终止仿真设定,完成仿真终止时的任务
function sys = mdlTerminate(t,x,u)
sys = [];
% 程序结束
```

（4）仿真模型建立。根据状态方程可建立如图 4-149 所示的 Simulink 仿真模型效果图,并命名为 S4_20.slx。

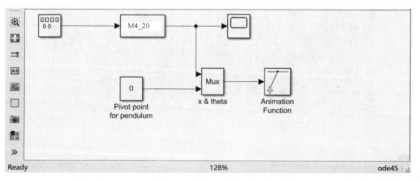

图 4-149　仿真模型框图

（5）模块参数设置。双击图 4-149 所示的仿真模型中的 Signal Generator 模块,在弹出的参数对话框中的 Wave form 下拉列表框中选择 square,在 Amplitude 文本框中输入 1,在

Frequency 文本框中输入 0.03,在 Units 下拉列表框中选择 Hertz。

双击图 4-149 所示的仿真模型中的 S-Function 模块,在弹出的参数对话框设置效果如图 4-150 所示。

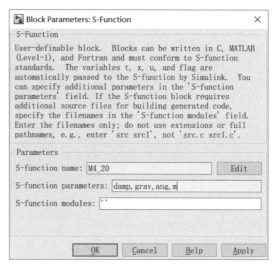

图 4-150 S-Function 模块参数设置

(6) 运行仿真。系统的仿真运行时间设置为 200s,其他参数采用默认值。在执行仿真之前,在 MATLAB 命令行窗口中输入如下代码,然后单击仿真模型窗口 Simulation 菜单下的 Start 选项开始运行仿真,得到仿真效果如图 4-151 所示。

```
>> damp = 0.9;grav = 9.8;ang = [0;0];m = 0.3;
```

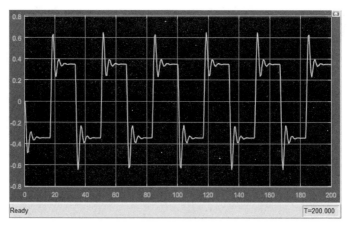

图 4-151 仿真效果

(7) 引进单摆动画模块。引进单摆动画模块可通过以下步骤实现。

- 将 S4_20.slx 模型另存为 S4_20_1.slx 模块。
- 在命令行窗口中输入 simppend,并按 Enter 键,得到 simppend.slx 模型框图。
- 将其中的 Animation Function 模块、Pivot point for pendulum 模块及 x&theta 模块

复制到 S4_20_1.slx 模型窗口,进行相应的连接,其效果如图 4-152 所示。

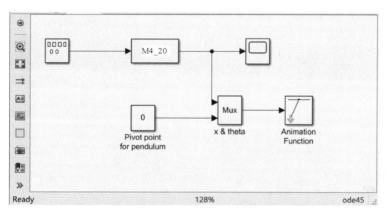

图 4-152　连接动画显示模块的仿真模型框图

（8）再次进行仿真,得到的动画显示效果如图 4-153 所示。

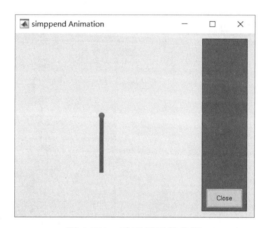

图 4-153　动画显示效果图

4.10　Simulink 仿真与建模

　　在力学中涉及许多复杂的计算问题,如非线性问题,对其求解析解有时是很困难的。MATLAB 正是处理非线性问题的很好的工具,既能进行数值计算,也能绘制有关曲线,实用方便。

　　工程结构分析主要是根据力学原理。经典力学原理基本上沿着两条路线进行:一条基于牛顿运动定律,在静态分析中,主要遵循力的平衡原理,加上组成结构材料的本构关系和应变、位移的几何协调关系可以导出微分方程;另一条基于功能原理,其以能量原理(如最小势能原理、虚位移原理等)为基础,可导出需要求解的积分方程。

　　不管是解微分方程还是解积分方程,均需求出函数 $y=f(x)$,使之满足方程并在边界上满足边界条件。对于简单的问题可以求得其解析解,但工程实际问题是复杂的,往往很难求得其实用的解析解,因此,应用计算机得到其数值解成了可行的解决问题的途径。常用的数值方法有差分法、有限元法、加权残差法、边界元法等,这些解法通常都有大量的矩阵运算以及其他数值计算。MATLAB 具有强大的科学计算功能,这使得人们可以用它来代替 FORTRAN 语言等传统的编程语言。在计算要求相同的情况下,使用 MATLAB 编程,工作量会大大减少。

【例 4-21】 Lorenz 模型仿真。

著名的 Lorenz 模型的状态方程可表示为:

$$\begin{bmatrix} \dot{x}_1(t) \\ \dot{x}_2(t) \\ \dot{x}_3(t) \end{bmatrix} = \begin{bmatrix} -\beta & 0 & x_2(t) \\ 0 & -\sigma & \sigma \\ -x_2(t) & \rho & -1 \end{bmatrix} \begin{bmatrix} x_1(t) \\ x_2(t) \\ x_3(t) \end{bmatrix}$$

Lorenz 模型中 $\beta = \dfrac{8}{3}, \sigma = 10, \rho = 28$,模型的初始值 $\boldsymbol{x}_0 = [18, 4, -4]^{\mathrm{T}}$。

根据要求建立 Lorenz 状态方程的 Simulink 模型仿真框图,如图 4-154 所示。

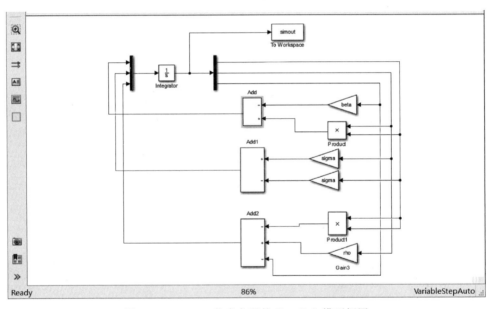

图 4-154　Lorenz 状态方程的 Simulink 模型框图

根据要求将图 4-154 中的 Integrator 模块的初始值设置为[18,4,-4]行向量。在命令行窗口中输入初始化 beta=8/3,sigma=10,rho=28,设置仿真算法为 ode45 算法,仿真时间为 100s,最大的步长(Max step size)设置为 1e-3s。运行仿真,在 MATLAB 命令行窗口中输入以下代码:

```
plot3(simout.signals.values(:,1),simout.signals.values(:,2),simout.signals.values(:,3));
grid on;
set(gcf,'color','w');
```

即可得到状态变量的三维曲线图,效果如图 4-155 所示。

对于 Lorenz 状态方程,同样可以用 M 文件来进行仿真,先建立 Lorenz 的状态方程:

```
function xd = M4_21(t,x)
beta = 8/3;
sigma = 10;
```

```
rho = 28;
xd = [ - beta * x(1) + x(2) * x(3); - sigma * x(2) + sigma * x(3); - x(1) * x(2) + rho * x(2) -
x(3)];
```

采用 ode45 算法求解微分方程,并绘制相空间三维图形,其实现的 MATLAB 代码
如下:

```
>> clear all;
x0 = [18 4 - 4];
[t,x] = ode45('M4_21',[0,100],x0);
plot3(x(:,1),x(:,2),x(:,3));
grid on;
set(gcf,'color','w');
```

运行程序得到的效果与图 4-155 一致。

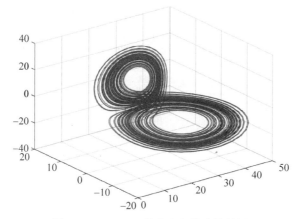

图 4-155 Lorenz 状态方程仿真效果图

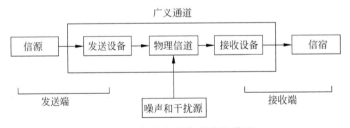

通信系统一般由信源、信宿（收信者）、发端设备、收端设备和传输媒介等组成。通信系统都是在有噪声的环境下工作的。设计模拟通信系统时，用最小均方误差准则，即收信端输出的信号噪声比最大。设计数字通信系统时，采用最小错误概率准则，即根据所选用的传输媒介和噪声的统计特性，选用最佳调制体制，设计最佳信号和最佳接收机。

5.1　通信系统的基本模型

通信系统有其特有的模型结构，最基本的模型是点对点通信系统模型，根据信源输出信号类型的不同，又有模拟通信系统模型和数字通信系统模型之分。下面对这三个模型进行简单的介绍。

1. 点对点通信系统模型

最简单的通信系统负责将信号有效地从一个地方传输到另一个地方，称为点对点通信系统。任何点对点通信系统都由发送端（信源和发送设备）、接收端（接收设备和信宿）以及中间的物理信道组成，其模型如图 5-1 所示。

图 5-1　点对点通信系统的模型

信源即信息的发源地，信源可以是人，也可以是机器。在数学上，信源的输出是一个随时间变化的随机函数，根据随机函数的不同形式，信源可以分为连续信源和离散信源两类。

发送设备，负责将信源输出的信号变换为适合信道传输的形式，使之匹配于信号传输特性并送入信道中。发送设备进行以传输为目的的全部信号处理工作，可能包含不同物理量表示的信号之间的转换，也可能包含信号不同形式之间的转换。

物理信道是信号传输的通路。按照传输媒介的不同,可以分为有线信道和无线信道两类;按照信道参数是否随时间变化,可以分为时不变信道(也称恒参信道)和时变信道(变参信道)两类。

在信道中,信号波形将发生畸变,功率随传输距离增加而衰减,并混入噪声以及干扰。在通信模型中,通常将通信设备内部产生的噪声等价地归并为信道中混入的噪声,这样,信号处理设备就建模为无噪的。

接收设备,其功能与发送设备相反,负责将发送端信息从含有噪声和畸变的接收信号中尽可能正确地提取出来。接收设备的信号处理目的是进行对应于发送设备功能的反变换,如解调、译码、将信号转换为信源发送的原始信号物理形式,同时尽可能好地抑制信道噪声,补偿或校正信道畸变引起的信号失真,最终将还原的信号送给信宿。

2. 模拟通信系统模型

如果信源输出的是模拟信号,在发送设备中没有将其转换为数字信号,而是直接对其进行时域或频域处理(如放大、滤波、调制等)之后进行传输,则这样的通信系统称为模拟通信系统。模拟通信系统的模型如图 5-2 所示。

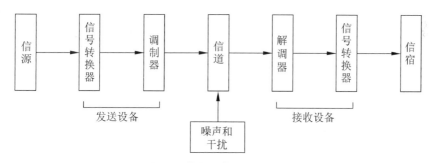

图 5-2　模拟通信系统的模型

在发送端,信号转换器负责将其他物理量表示的仿真信号转换为仿真电信号,如各种传感器、摄像头、话筒等。

基带处理部分对输入的模拟电信号进行放大、滤波后,送入调制器进行调制,转换为频带信号,称为已调信号。频带处理部分负责对已调信号的滤波、上变频以及功率放大,并输出到有线信道中或通过天线发送到无线信道中。

在接收端,信号经过频带处理部分选频接收、下变频和中频放大后,送入解调器进行解调,还原出基带信号,再经过适当的基带信号处理后送入信号转换器,如显示器、扬声器等,最终还原为最初发送类型物理量表示的仿真信号。

对于短距离有线传输,如有线对讲系统,可以不使用调制和解调,这样的系统就是模拟基带传输系统。但是对于大多数模拟通信系统来说,为了将多路信号复用在同一物理媒介上传输,抑制干扰并匹配天线传输特性,必须使用调制和解调对信号进行频谱搬移,这样的传输系统就是模拟频带传输系统。

3. 数字通信系统模型

如果信源输出的是数字信号,或信源输出的仿真信号经过了模数转换成了数字信号,再进行处理和传输,则这样的通信系统称为数字通信系统。数字通信系统的模型如图 5-3 所示。

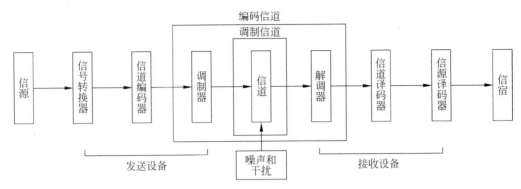

图 5-3　数字通信系统模型

注意：

（1）图 5-3 中各个模块和模块功能在具体的系统中不一定全部采用。采用哪些模块和模块中哪些具体功能要取决于相应通信系统的具体设计要求。

（2）发送端和接收端的模块是相互对应的。例如发送端使用了编码器,则接收端必须使用对应的译码器。

在发送端,信源输出的消息经过信源编码得到一个具有若干离散取值的离散时间序列。信源编码的功能为：将仿真信号转换为数字序列；压缩编码,提高通信效率；加密编码,提高信息传输安全性。

信源编码的输出序列将送入信道编码器,信道编码的功能如下所述。

（1）负责对数字序列进行差错控制编码,如分母编码、卷积编码、交织和扰乱等,以抵抗信道中的噪声和干扰,提高传输可靠性。

（2）对差错控制编码输出的数字序列进行码型变换（也称为基带调制）,如单双极性变换、归零-不归零码变换、差分编码、AMI 编码、HDB3 编码等,其目的是匹配信道传输特性,增加定时信息,改变输出符号的统计特性并使之具有一定的检错能力。

（3）对输出码型进行波形映射,以适应于带限传输信道,如针对带限信道的无串扰波形成的成形滤波、部分响应成形滤波等。

调制器完成数字基带信号到频带信号的转换,数字调制方式有多种,如幅移键控（ASK）、相移键控（PSK）、频移键控（FSK）、正交幅度调制（QAM）、正交相移键控（QPSK）等,还可能包括扩频调制。调制器输出的频带信号经过功率放大后送入物理信道。传输信号在物理信道中发生衰落,波形畸变,并混入噪声和干扰。

在接收端,接收信号经过滤波、变频、放大等信号调理后,送入解调器。解调器完成频带数字信号到基带数字信号的变换。

基带数字信号在信道译码器中完成译码,即完成与发送端信道编码器功能相反的变换,其输出的数字序列将送入信源译码器中进行译码,即完成解密、解压缩以及数模转换等功能,最终向信宿输出接收消息。在接收端,为了完成解调,通常需要提取发送的调制载波,而为了完成译码,必须使收发双方具有相同的传输节拍,也就是需要定时恢复,从而完成收发双方的同步,同步包括位同步和分组同步（帧同步和群同步）等。如果数字通信系统中不使用调制器和解调器进行信号的基带-频带转换,则这样的系统称为数字基带传输系统。

5.2 信道的加性噪声

信道对信号的影响有乘性干扰、加性干扰(即加性噪声)等,其中加性干扰是最常见的,本节将对信道中的加性噪声进行讨论。

5.2.1 加性噪声的来源

信道中加性噪声的来源一般分为3个方面:人为噪声、自然噪声、内部噪声。人为噪声来源于由人类活动生成的其他信号源,例如外台信号、开关接触噪声、工业的点辐射及荧光灯干扰等;自然噪声是指自然界存在的各种电磁波源,例如闪电、大气中的电暴、银河系噪声及其他各种宇宙噪声等;内部噪声是系统设备本身产生的各种噪声,例如在电阻一类的导体中自由电子的热运动、真空管中电子的起伏发射和半导体载流子的起伏变化等。

5.2.2 噪声种类

有些噪声是确知的,例如自激振荡、各种内部谐波干扰等,这类噪声在原理上可消除。另一些噪声是无法预测的,统称为随机噪声。在此只讨论随机噪声。常见随机噪声可分为单频噪声、脉冲噪声和起伏噪声3种。

单频噪声:单频噪声是一种连续波的干扰,其频谱集中在某个频率附近较窄的范围之内,主要是指无线电噪声。不过干扰的频率可以通过实测来确定,因而只要采取适当的措施便能防止或削弱其对通信的影响。

脉冲噪声:脉冲噪声的特点是突发性、持续时间短,但每个突发的脉冲幅度大,相邻突发脉冲之间有较长的平静期,如工业噪声中的电火花、电路开关噪声、天电干扰中的雷电等。

起伏噪声:起伏噪声是最基本的噪声来源,是普遍存在和不可避免的,其波形随时间作不规律的随机变化,且具有较宽的频谱,主要包括信道内元器件所产生的热噪声、散弹噪声和天电噪声中的宇宙噪声。从它的统计特性看,可认为起伏噪声是一种高斯噪声,且在相当宽的频谱范围内具有平坦的功率谱密度,可称其为白噪声,因此,起伏噪声又可称为高斯白噪声。

以上3种噪声中,单频噪声不是所有的信道中都有的,且较易防止;脉冲噪声虽然对模拟通信的影响不大,但在数字通信中,一旦突发噪声脉冲,由于它的幅度大,会导致一连串误码,造成严重的危害,通常采用纠错编码技术来减轻这一危害;起伏噪声是信道所固有的一种连续噪声,既不能避免,又始终起作用,因此必须加以重视。下面介绍几种主要的起伏噪声。

5.2.3 起伏噪声

热噪声:任何电阻(导体)即使不与电源接通,它的两端也仍存在电压,这是由导体中组成传导电流的自由电子无规则的热运动而引起的。因为,某一瞬间向一个方向运动的电子有可能比另一个方向运动的电子数目多,也就是说,在任何时刻通过导体每个截面的电子数目的代数和是不等于零的,即自由电子的随机热骚动带来一个大小和方向都不确定(随机)的电流——起伏电流(噪声电流)。但在没有外加电场的情况下,这些起伏电流(或电压)相互抵消,使净电流(或电压)的平均值为零。

实验结果表明,电阻中热噪声电压始终存在,而且热噪声具有极宽的频谱,热噪声电压在从直流到 10^{13} Hz 频率的范围内具有均匀的功率谱密度。

散弹噪声:散弹噪声出现在电子管和半导体器件中。电子管中的散弹噪声是由阴极表面发射电子的不均匀性引起的。在半导体二极管和三极管中的散弹噪声则是由载流子扩散的不均匀性与电子空穴对产生和复合的随机性引起的。

散弹噪声的性质可用平板型二极管的电子发射来说明。二极管的电流是由阴极发射的电子飞到阳极而形成的。每个电子带有一个负电荷,到达阳极时产生小的电流脉冲,所有电流脉冲之和产生了二极管的平均阳极电流。但是,阴极在单位时间内所发射的电子数并不恒定,它随时间做不规则的随机变化。电子的发射是一个随机过程,因而二极管电流中包含着时变分量。

宇宙噪声:宇宙噪声是指天体辐射波对接收机形成的噪声,它在整个空间的分布是不均匀的,最强的来自银河系的中部,其强度与季节、频率等因素有关。实践证明,宇宙噪声也是服从高斯分布的。在一般的工作频率范围内,它也具有平坦的功率谱密度。

需要注意的是,信道模型中的噪声源是分散在通信系统各处的噪声的集中表示。在以后的讨论中,不再区分散弹噪声、热噪声和宇宙噪声,而集中表示为起伏噪声,并一律定义为高斯白噪声。

5.3　MATLAB 通信仿真函数

MATLAB 通信系统工具箱中提供了许多与通信系统有关的函数命令,其中包括信源产生函数、信源编码/解码函数、信道函数、调制/解调函数、滤波器函数等,下面将对这些函数进行介绍。

5.3.1　信源产生函数

在 MATLAB 中,提供了 rander、randi、randsrc 及 wgn 函数用于产生信源,下面分别对这几个函数进行简要介绍。

1. randerr 函数

该函数用于产生误比特图样。其调用格式如下所述。

out = randerr(m):产生一个 m×m 维的二进制矩阵,矩阵中的每一行有且只有一个非零元,且非零元素在每一行中的位置是随机的。

out = randerr(m,n):产生一个 m×n 维的二进制矩阵,矩阵中的每一行有且只有一个非零元,且非零元素在每一行中的位置是随机的。

out = randerr(m,n,errors):产生一个 m×n 维的二进制矩阵,参数 errors 可以是一个标量、行向量或只有两行的矩阵。

- 当 errors 为一标量时,产生的矩阵的每一行中 1 的个数等于 errors。
- 当 errors 为一行向量时,产生的矩阵的每一行中出现 1 的可能个数由 errors 的相应元素指定。
- 当 errors 为两行矩阵时,第一行指定出现 1 的可能个数,第二行说明出现 1 的概率,第二行中所有元素的和应该等于 1。

out = randerr(m,n,prob,state):参数 prob 为 1 出现的概率;参数 state 为需要重新

设置的状态。

　　out ＝ randerr(m,n,prob,s)：使用随机流 s 创建一个二进制矩阵。

　　【例 5-1】　利用 randerr 函数生成一个没有种子输入值的不可重复输出和有种子输入值的可重复输出的随机错误矩阵。

```
% 指定输出矩阵维度的输入参数、错误数和种子值
>> m = 2;
n = 8;
errors = 2;
seed = 1234;
% 使用 randerr 函数用同一个命令生成两次随机错误二进制矩阵. 每次执行 randerr 函数,输出的二
% 进制矩阵值都是相同的
out = randerr(m,n,errors,seed)
out =
    0    0    1    1    0    0    0    0
    0    1    0    1    0    0    0    0
>> out = randerr(m,n,errors,seed)
out =
    0    0    1    1    0    0    0    0
    0    1    0    1    0    0    0    0
>> % 更改种子值并调用 randerr 函数两次. 在每次执行 randerr 函数时,二进制矩阵的输出值都是相
% 同的,但它们不同于使用前一个种子值输出的二进制矩阵值
>> seed = 345;
out = randerr(m,n,errors,seed)
out =
    0    0    0    0    1    0    1    0
    1    0    0    0    1    0    0    0
>> out = randerr(m,n,errors,seed)
out =
    0    0    0    0    1    0    1    0
    1    0    0    0    1    0    0    0
```

2. randi 函数

该函数用于产生均匀分布的伪随机整数。其调用格式如下所述。

　　X＝randi(imax)：返回一个介于 1 和 imax 之间的伪随机整数标量。

　　X＝randi(imax,n)：返回 n×n 矩阵,其中包含从区间[1,imax]的均匀离散分布中得到的伪随机整数。

　　X＝randi(imax,sz1,…,szN)：返回 sz1×…×szN 数组,其中 sz1,…,szN 指示每个维度的大小。例如,randi(10,3,4) 返回一个由介于 1 和 10 之间的伪随机整数组成的 3×4 数组。

　　X＝randi(imax,sz)：返回一个数组,其中大小向量 sz 定义 size(X)。例如,randi(10,[3,4]) 返回一个由介于 1 和 10 之间的伪随机整数组成的 3×4 数组。

　　X＝randi(imax,classname)：返回一个伪随机整数,其中 classname 指定数据类型。classname 可以为'single'、'double'、'int8'、'uint8'、'int16'、'uint16'、'int32'或'uint32'.

　　X＝randi(imax,n,classname)：返回数据类型为 classname 的 n×n 数组。

　　X＝randi(imax,sz1,…,szN,classname)：返回数据类型为 classname 的 sz1×…×szN 数组。

X＝randi(imax,sz,classname)：返回一个数组,其中大小向量 sz 定义 size(X),classname 定义 class(X)。

X＝randi(imax,'like',p)：返回一个类如 p 的伪随机整数,即具有相同的数据类型(类)。

X＝randi(imax,n,'like',p)：返回一个类如 p 的 n×n 数组。

X＝randi(imax,sz1,…,szN,'like',p)：返回一个类如 p 的 sz1×…×szN 数组。

X＝randi(imax,sz,'like',p)：返回一个类如 p 的数组,其中大小向量 sz 定义 size(X)。

X＝randi([imin,imax],＿＿＿)：使用以上任何语法返回一个数组,其中包含从区间[imin,imax]的均匀离散分布中得到的整数。

【例 5-2】 利用 randi 控制随机数生成。

```
>> %保存随机数生成器的当前状态并创建一个由随机整数组成的1×5向量
>> s = rng;
r = randi(10,1,5)
r =
     1     3     6    10    10
>> %将随机数生成器的状态恢复为 s,然后创建一个由随机整数组成的新 1×5 向量,值与之前相同
rng(s);
r1 = randi(10,1,5)
r1 =
     1     3     6    10    10
```

在以上代码中,始终使用 rng 函数(而不是 rand 或 randn 函数)指定随机数生成器的设置。

3. randsrc 函数

该函数是根据给定的数字表产生一个随机符号矩阵。矩阵中包含的元素是数据符号,它们之间相互独立。其调用格式如下所述。

out＝randsrc：产生一个随机标量,这个标量是 1 或－1,且产生 1 和－1 的概率相等。

out＝randsrc(m)：产生一个 m×m 的矩阵,且此矩阵中的元素是等概率出现的 1 和－1。

out＝randsrc(m,n)：产生一个 m×n 的矩阵,且此矩阵中的元素是等概率出现的 1 和－1。

out＝randsrc(m,n,alphabet)：产生一个 m×n 的矩阵,矩阵中的元素为 alphabet 中所指定的数据符号,每个符号出现的概率相等且相互独立。

out＝randsrc(m,n,[alphabet; prob])：产生一个 m×n 的矩阵,矩阵中的元素为 alphabet 集合中所指定的数据符号,每个符号出现的概率由 prob 决定。prob 集合中所有数据相加必须等于 1。

【例 5-3】 利用 randsrc 生成一个矩阵,其中－1 或 1 的可能性是－3 或 3 的可能性的 4 倍。

```
>> out = randsrc(10,10,[-3 -1 1 3; 0.1 0.4 0.4 0.1])
out =
    -1     1     1    -1    -1     1     1    -1    -3    -1
     3    -3    -3    -1     1    -1    -1     1    -3     1
     3     1    -1     1     1     1     1     1     1    -1
    -1     3    -3     1    -1     1     1     1     1     1
     1     1    -3    -1    -1     1     3     3     3    -1
    -1     1     1    -1    -1     3    -1    -1    -1     1
```

−1	1	1	−1	3	1	−1	1	1	−1
3	−1	−1	1	−1	−1	−1	1	−1	1
1	1	3	1	1	−1	1	−1	−3	1
3	−1	−3	1	−1	−1	−1	1	−1	1

```
>> %绘制柱状图,值−1和1的可能性更大
>> histogram(out,[−4 −2 0 2 4])    %效果如图5-4所示
```

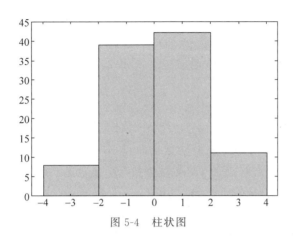

图 5-4　柱状图

4. wgn 函数

该函数用于产生高斯白噪声(White Gaussian Noise)。通过 wgn 函数可以产生实数形式或复数形式的噪声,噪声的功率单位可以是 dBW(瓦分贝)、dBm(毫瓦分贝)或绝对数值。其中,

$$1W = 0dBW = 30dB$$

加性高斯白噪声是最简单的一种噪声,它表现为信号围绕平均值的一种随机波动过程。加性高斯白噪声的均值为 0,方差表现为噪声功率的大小。

wgn 函数的调用格式如下所述。

y＝wgn(m,n,p):产生 m 行 n 列的白噪声矩阵,p 表示输出信号 y 的功率(单位: dBW),并且设定负载的电阻为 1Ω。

y＝wgn(m,n,p,imp):生成 m 行 n 列的白噪声矩阵,功率为 p,指定负载电阻 imp(单位:Ω)。

y＝wgn(m,n,p,imp,state):参数 state 为需要重新设置的状态。

y＝wgn(…,powertype):参数 powertype 指明了输出噪声信号功率 p 的单位,这些单位可以是 dBW、dBm 或 linear。

y＝wgn(…,outputtype):参数 outputtype 用于指定输出信号的类型。当 outputtype 被设置为 real 时,输出实信号;当设置为 complex 时,输出信号的实部和虚部的功率都为 p/2。

【例 5-4】　利用 wgn 函数生成真实和复杂的高斯白噪声(WGN)样本,并检查输出 WGN 矩阵的幂。

```
>> %生成真实 WGN 样本的1000个元素的列向量,并确认功率约为1W,即0dBW
>> y1 = wgn(1000,1,0);
var(y1)
```

```
ans =
    0.9808
>> % 生成 1000 个元素的复合 WGN 样本列向量,并确认功率约为 0.25Ω,即 - 6dBW
>> y2 = wgn(1000,1, - 6,'complex');
var(y2)
ans =
    0.2523
```

5.3.2 信源编码/解码函数

在 MATLAB 中,提供了一些常用信源编码/解码函数,下面分别对这些函数进行介绍。

1. arithenco/arithdeco 函数

arithenco 函数用于实现算术二进制编码。函数 arithdeco 用于实现算术二进制解码。它们的调用格式如下所述。

code=arithenco(seq,counts):根据指定向量 seq 对应的符号序列产生二进制算术代码,向量 counts 是代码信源中指定符号在数据集合中出现的次数统计。

dseq=arithdeco(code,counts,len):解码二进制算术代码 code,恢复相应的 len 符号列。

【例 5-5】 利用 arithenco/arithdeco 函数实现算术二进制编码/解码。

```
>> clear all;
counts = [99 1];
len = 1000;
seq = randsrc(1,len,[1 2; .99 .01]);          % 随机序列
code = arithenco(seq,counts);                 % 编码
dseq = arithdeco(code,counts,length(seq));    % 解码
isequal(seq,dseq)                             % 检查 dseq 是否与原序列 seq 一致
```

运行程序,输出为:

```
ans =
    1
```

由以上结果可知,检查解码与编码的序列是一致的,当返回结果为 0 时,即表示不一致。

2. dpcmenco/dpcmdeco 函数

dpcmenco 函数用于实现差分码调制编码;dpcmdeco 函数用于实现差分码调制解码。它们的调用格式如下所述。

indx=dpcmenco(sig,codebook,partition,predictor):参数 sig 为输入信号,codebook 为预测误差量化码本,partition 为量化阈值,predictor 为预测期的预测传递函数系数向量,返回参数 indx 为量化序号。

[indx,quants]=dpcmenco(sig,codebook,partition,predictor):返回参数 quants 为量化的预测误差。

sig=dpcmdeco(indx,codebook,predictor):返回参数为输出信号,indx 为量化序号,codebook 为预测误差量化码本,partition 为量化阈值,predictor 为预测期的预测传递函数系数向量。

[sig,quanterror]=dpcmdeco(indx,codebook,predictor):参数 quanterror 为量化的预

测误差。

【例 5-6】 用训练数据优化 DPCM 方法,对一个锯齿波信号数据进行预测量化。

```
>> clear all;
t = [0:pi/60:2 * pi];
x = sawtooth(3 * t);                        % 原始信号
initcodebook = [ - 1:.1:1];                 % 初始化高斯噪声
% 优化参数,使用初始序列 initcodebook
[predictor,codebook,partition] = dpcmopt(x,1,initcodebook);
% 使用 DPCM 量化 X
encodedx = dpcmenco(x,codebook,partition,predictor);
% 尝试从调制信号中恢复 X
[decodedx,equant] = dpcmdeco(encodedx,codebook,predictor);
distor = sum((x - decodedx).^2)/length(x)    % 均方误差
plot(t,x,t,equant,' * ');
```

运行程序,输出如下,效果如图 5-5 所示。

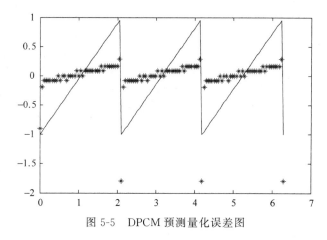

图 5-5 DPCM 预测量化误差图

3. compand 函数

该函数按 Mu 律或 A 律对输入信号进行扩展或压缩。其调用格式如下所述。

out＝compand(in,param,v):参数 param 指出 Mu 或 A 的值,v 为输入信号的最大幅值。

out＝compand(in,Mu,v,'mu/compressor'):利用 Mu 律对信号进行压缩。

out＝compand(in,Mu,v,'mu/expander'):利用 Mu 律对信号进行扩展。

out＝compand(in,A,v,'A/compressor'):利用 A 律对信号进行压缩。

out＝compand(in,A,v,'A/expander'):利用 A 律对信号进行扩展。

【例 5-7】 利用 compand 函数对 Mu 律进行压缩和扩展。

```
>> % 生成一个数据序列
>> data = 2:2:12;
>> % 使用 Mu 律压缩输入序列,Mu 的典型值为 255,数据范围是 8.1～12,而不是 2～12
>> compressed = compand(data,255,max(data),'mu/compressor')
compressed =
    8.1644    9.6394    10.5084    11.1268    11.6071    12.0000
>> % 展开压缩信号.展开的序列几乎与原始序列相同
```

```
>> expanded = compand(compressed,255,max(data),'mu/expander')
expanded =
    2.0000    4.0000    6.0000    8.0000   10.0000   12.0000
```

4. lloyds 函数

该函数能够优化标量量化的阈值和码本。它使用 Lloyds_max 算法优化标量量化参数,用给定的训练序列向量优化初始码本,使量化误差小于给定的容差。其调用格式如下所述。

[partition,codebook]＝lloyds(training_set,initcodebook):参数 training_set 为给定的训练序列,initcodebook 为码本的初始预测值。

[partition,codebook]＝lloyds(training_set,len): len 为给定的预测长度。

[partition,codebook]＝lloyds(training_set,…,tol): tol 为给定容差。

[partition,codebook,distor]＝lloyds(…):返回最终的均方差 distor。

[partition,codebook,distor,reldistor]＝ lloyds(…):返回有关算法的终止值 reldistor。

【例5-8】 通过一个2比特通道优化正弦传输量化参数。

```
>> clear all;
>> % 产生正弦信号的一个完整周期
>> x = sin([0:1000] * pi/500);
>> [partition,codebook,distor,reldistor] = lloyds(x,2^2)
```

运行程序,输出如下:

```
partition =
   -0.5715    0.0037    0.5761
codebook =
   -0.8520   -0.2910    0.2984    0.8539
distor =
    0.0210
reldistor =
    0
```

5. quantiz 函数

该函数用于产生一个量化序号和输出量化值。其调用格式如下所述。

index ＝ quantiz(sig,partition):根据判断向量 partition,对输入信号 sig 产生量化索引 index,index 的长度与 sig 向量的长度相同。

[index,quants]＝ quantiz(sig,partition,codebook):根据给定的向量 partition 及码本 codebook,对输入信号 sig 产生一个量化序号 index 和输出量化误差 quants。

[index,quants,distor]＝ quantiz(sig,partition,codebook):参数 distor 为量化的预测误差。

【例5-9】 用训练序列和 Lloyd 算法,对一个正弦信号数据进行标量量化。

```
>> clear all;
N = 2^4;                              % 以 4bit 传输信道
t = [0:100] * pi/20;
u = sin(t);
```

```
[p,c] = lloyds(u,N);                    %生成分界点向量和编码手册
[index,quant,distor] = quantiz(u,p,c);  %量化信号
plot(t,u,t,quant,'+');
```

运行程序,效果如图 5-6 所示。

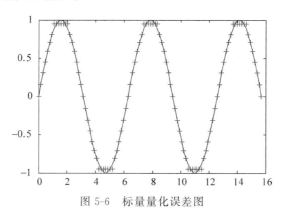

图 5-6　标量量化误差图

5.3.3　信道函数

对于最常用的两种信道,高斯白噪声信道和二进制对称信道,MATLAB 为其提供了对应的函数,下面分别进行介绍。

1. awgn 函数

该函数在输入信号中叠加一定强度的高斯白噪声,噪声的强度由函数参数确定。其调用格式如下所述。

y=awgn(x,SNR):在信号 x 中加入高斯白噪声。信噪比 SNR 以 dB 为单位,x 的强度假定为 0dBW。如果 x 是复数,就加入复噪声。

y=awgn(x,SNR,SIGPOWER):如果 SIGPOWER 是数值,则其代表以 dBW 为单位的信号强度;如果 SIGPOWER 为'measured',则函数将在加入噪声之前测定信号强度。

y=awgn(x,SNR,SIGPOWER,STATE):重置 RANDN 的状态。

y=awgn(…,POWERTYPE):指定 SNR 和 SIGPOWER 的单位。POWERTYPE 可以是'dB'或'linear'。如果 POWERTYPE 是'dB',那么 SNR 以 dB 为单位,而 SIGPOWER 以 dBW 为单位。如果 POWERTYPE 是'linear',那么 SNR 作为比值来度量,而 SIGPOWER 以瓦特(W)为单位。

【例 5-10】　对输入的锯齿波进行叠加高斯白噪声。

```
>> clear all;
t = 0:.1:10;
x = sawtooth(t);          %产生锯齿波信号
y = awgn(x,10,'measured'); %添加高斯白噪声
plot(t,x,t,y)             %绘制原信号和输出信号
legend('原始信号','叠加高斯白噪声信号');
```

运行程序,效果如图 5-7 所示。

2. bsc 函数

该函数通过二进制对称信道以误码概率 p 传输二进制输入信号。该函数的调用格式

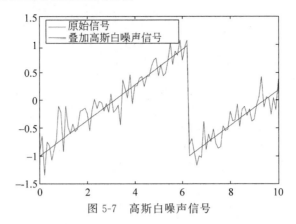

图 5-7　高斯白噪声信号

如下所述。

ndata＝bsc(data,p)：给定输入信号 data 及误码概率，返回二进制对称信道误码率。

ndata＝bsc(data,p,s)：参数 s 为一个任意的有效随机流。

ndata＝bsc(data,p,state)：参数 state 指定状态。

[ndata,err] ＝ bsc(…)：err 指定返回的误差。

【例 5-11】　利用 bsc 函数，在概率为 0.01 的随机矩阵中引入比特误差，并使用维特比解码器解码消息数据。

```
>> % 为维特比解码器定义网格,生成和编码消息数据
>> trel = poly2trellis([4 3],[4 5 17;7 4 2]);
msg = ones(10000,1);
>> % 创建卷积编码器、维特比解码器和错误率计算器的对象
>> hEnc = comm.ConvolutionalEncoder(trel);
hVitDec = comm.ViterbiDecoder(trel, 'InputFormat','hard', 'TracebackDepth', …
    2, 'TerminationMethod', 'Truncated');
hErrorCalc = comm.ErrorRate;
>> % 对消息数据进行编码,引入一些错误,并显示错误总数
>> code = hEnc(msg);
[ncode,err] = bsc(code,.01);
numchanerrs = sum(sum(err))
numchanerrs =
   164
>> % 解码数据,并检查解码后的错误数
>> dcode = hVitDec(ncode);
berVec = hErrorCalc(msg, dcode);
ber = berVec(1)
ber =
    0.0023
>> numsyserrs = berVec(2)
numsyserrs =
    23
```

5.4　信号与信道

前面几节简单介绍了几种产生信号与信道的方法，本节将进一步讲述 MATLAB 及 Simulink 中产生信号与信道的函数及模块。

5.4.1　随机数据信号源

本节将介绍几种数字信号产生器,包括伯努利二进制信号产生器、泊松分布整数产生器以及随机整数产生器等。

1. 伯努利二进制产生器

1) MATLAB 函数

将试验 E 重复进行 n 次,若各次试验的结果互不影响,即每次试验结果出现的概率都不依赖于其他各次试验的结果,则称这 n 次试验是相互独立的。

设试验 E 只有两个可能结果 A 及 $\overline{A}$,$P(A)=p$,$P(\overline{A})=1-p=q(0<p<1)$。将 E 独立重复地进行 n 次,则称这一串重复的独立试验为 n 重伯努利试验,简称伯努利试验。伯努利试验是一种很重要的数学模型。它有广泛的应用,是研究得最多的模型之一。

以 X 表示 n 重伯努利试验中事件 A 发生的次数,X 是一个随机变量,来求它的分布率。X 所有可能取的值为 $0,1,2,\cdots,n$。由于各次试验是相互独立的,因此事件 A 在指定的 $k(0\leqslant k\leqslant n)$ 次试验中发生,其他 $n-k$ 次试验中不发生(例如在前 k 次试验中发生,而后 $n-k$ 次试验中不发生)的概率为:

$$\underbrace{p\cdot p\cdots p}_{k\text{个}}\cdot\underbrace{(1-p)\cdot(1-p)\cdots(1-p)}_{n-k\text{个}}=p^k(1-p)^{n-k}$$

由于这种指定的方式共有 C_n^k 种,它们是两两互不相容的,故在 n 次试验中 A 发生 k 次的概率为 $C_n^k p^k(1-p)^{n-k}$,即:

$$P\{X=k\}=C_n^k p^k q^{n-k},\quad k=0,1,2,\cdots,n \tag{5-1}$$

显然:

$$\begin{cases} P\{X=k\}\geqslant 0,\quad k=0,1,2,\cdots,n \\ \sum\limits_{k=0}^{n}C_n^k p^k q^{n-k}=(p+q)^n=1 \end{cases} \tag{5-2}$$

即 $\{X=k\}$ 满足条件式(5-1)、式(5-2)。注意到 $C_n^k p^k q^{n-k}$ 刚好是二项式 $(p+q)^n$ 的展开式中出现 p^k 的一项,故称随机变量 X 服从参数为 n,p 的二项分布,记为:

$$X\sim B(n,p)$$

特别地,当 $n=1$ 时二项分布化为:

$$P\{X=k\}=p^k q^{1-k},\quad k=0,1$$

这就是 $0-1$ 分布。

MATLAB 统计工具箱提供了伯努利二进制的计算函数,包括 binopdf、binocdf、binofit、binoinv、binornd、binostat 等。

【例 5-12】　某人向空中抛硬币 100 次,落下为正面的概率为 0.5,求这 100 次中正面向上的次数概率。

```
>> clear all;
p1 = binopdf(45,100,0.5)        %计算 x = 45 的概率
p2 = binocdf(45,100,0.5)        %计算 x≤45 的概率,即累积概率
x = 1:100;
p = binopdf(x,100,0.5);
px = binopdf(x,100,0.5);
subplot(121);plot(x,p,'rp');    %绘制分布函数图像
```

```
xlabel('x'); ylabel('p');title('分布函数');
axis square;
subplot(122);plot(x,px,'+'); % 绘制概率密度函数图像
xlabel('x'); ylabel('p');title('概率密度函数');
axis square;
```

运行程序,输出如下,效果如图 5-8 所示。

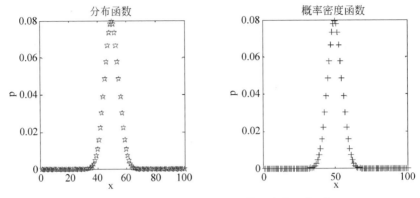

图 5-8　伯努利二进制分布函数及密度函数图

```
p1 =
    0.0485
p2 =
    0.1841
```

2) Simulink 模块

伯努利二进制信号产生器产生随机二进制序列,并且在这个二进制序列中的 0 和 1 满足伯努利分布,如式(5-3)所示:

$$\Pr(x) = \begin{cases} p, & x = 0 \\ 1-p, & x = 1 \end{cases} \tag{5-3}$$

即伯努利二进制信号产生器产生的序列中,产生 0 的概率为 p,产生 1 的概率为 $1-p$。根据伯努利序列的性质可知,伯努利分布均值为 $1-p$,方差为 $p(1-p)$。产生 0 的概率 p 由伯努利二进制信号产生器中的 Probability of a zero 项控制,它可以是 0 和 1 之间的某个实数。

伯努利二进制信号产生器的输出信号,可以是基于帧的矩阵、基于采样的行或列向量,或者基于采样的一维序列。输出信号的性质可以由二进制伯努利序列产生器中的 Frame-based outputs、Samples per frame 和 Interpret vector parameters as 1-D 三个选项控制。

伯努利二进制信号产生器模块及参数设置对话框如图 5-9 所示。

伯努利二进制信号产生器中包含多个参数项,下面分别对各项进行简单的介绍。

Probability of a zero:伯努利二进制信号产生器输出 0 的概率。对应于式(5-3)中的 p,为 0 和 1 之间的实数。

Source of Initial seed:伯努利二进制信号产生器的随机数种子,它可以是与 Probability of a zero 项长度相同的向量或标量。当使用相同的随机数种子时,伯努利二进制信号产生器每次都会产生相同的二进制序列;不同的随机数种子通常产生不同的序列。当随机数种子的维数大于 1 时,伯努利二进制信号产生器的输出信号的维数也大于 1。

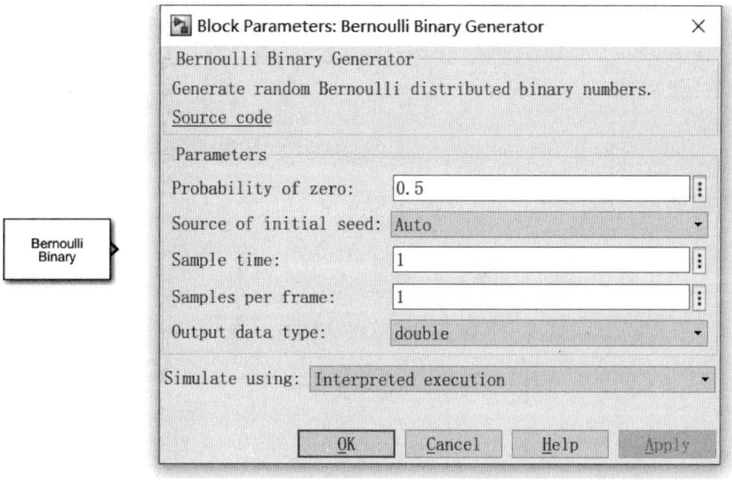

图 5-9　伯努利二进制信号产生器模块及参数设置对话框

Sample time：输出序列中每个二进制符号的持续时间。

Sample per frame：指定伯努利二进制信号产生器每帧采样。

Output data type：决定模块输出的数据类型，可以是 boolean、int8、uint8、int16、uint16、int32、uint32、single、double 等众多类型，默认为 double。

Simulate using：指定使用仿真的方式。

2. 泊松分布整数产生器

1）MATLAB 函数

如果离散随机变量 ξ 的取值为非负整数值 $k=0,1,2,\cdots$，且取值等于 k 的概率为：

$$p_k = P(\xi = k) = \frac{\lambda^k}{k!}\exp(-\lambda)$$

则称离散随机变量 ξ 服从泊松分布。泊松分布随机变量的期望和均值为：

$$E(\xi) = \lambda$$
$$\mathrm{Var}(\xi) = \lambda$$

两个分别服从参数为 λ_1 和 λ_2 的独立泊松分布的随机变量之和也是泊松分布的，其参数为 $\lambda_1 + \lambda_2$。

在对二项分布的概率计算中，需要计算组合数，这在独立试验次数很多的情况下是不方便的。泊松定理指出，当一次试验的事件概率很小 $p \to 0$，独立试验次数很大 $n \to \infty$，而两者之乘积 $np = \lambda$ 为有限值时，二项分布 $P_k(n,p)$ 趋近于参数为 λ 的泊松分布，即有 $\lim\limits_{n \to \infty} P_k(n,p) = \frac{\lambda^k}{k!}\mathrm{e}^{-\lambda}$。利用泊松分布可以对单次事件概率很小而独立试验次数很大的二项分布概率进行有效的建模及近似计算。

如果产生一系列参数同为 λ 的指数分布的随机数 $t_i(i=1,2,\cdots)$，可认为在时间段 $\sum\limits_{i=1}^{k} t_i$ 上发生了 k 个事件，因此在单位时间段 $t=1$ 上发生的事件数 k 满足方程：

$$\sum_{i=1}^{k} t_i \leqslant 1 < \sum_{i=1}^{k+1} t_i \tag{5-4}$$

利用这一关系即可产生参数为 λ 的泊松分布随机数,即不断产生参数为 λ 的指数分布的随机数 $t_i, i=1, 2, \cdots$,并将它们累加起来,如果累加到 $k+1$ 个的结果大于1,则将计数值 k 作为泊松分布的随机数输出。

设随机数 x_i 是均匀分布在区间 $[0, 1]$ 上的随机数,则根据前述反函数法,$t_i = -\dfrac{1}{\lambda}\ln x_i$ 将是参数为 λ 的指数分布随机数。将其代入式(5-4)可得:

$$\sum_{i=1}^{k} -\frac{1}{\lambda}\ln x_i \leqslant 1 < \sum_{i=1}^{k+1} -\frac{1}{\lambda}\ln x_i \tag{5-5}$$

利用式(5-5)计算时需要计算对数求和,效率较低。事实上,式(5-5)可简化为:

$$\prod_{i=1}^{k} x_i \geqslant \exp(-\lambda) > \prod_{i=1}^{k+1} x_i \tag{5-6}$$

这样,泊松随机数的产生就简化为连乘运算和条件判断,具体算法如下。

(1) 初始化:置计数器 $i := 0$,以及乘积变量 $v := 1$。

(2) 计算连乘:产生一个区间 $[0, 1]$ 上均匀分布的随机数 x_i,并赋值 $v := v \times x_i$。

(3) 判断:如果 $v \geqslant \exp(\lambda)$,则令 $i := i+1$,返回(2);否则,将当前计数值作为泊松随机数输出,然后转到(1)。

MATLAB 统计工具箱提供的泊松分布计算指令包括:poisspdf、poisscdf、poissfit、poissinv、poissrnd、poissstats 等。

【例 5-13】 生成泊松分布的随机数。

```
>> clear all;
% 设置泊松分布的参数
lambda = 4;
% 产生 len 个随机数
len = 5;
y1 = poissrnd(lambda, [1 len])
% 产生 P 行 Q 列的矩阵
P = 3;
Q = 4;
y2 = poissrnd(lambda, P,Q)
% 显示泊松分布的柱状图
M = 1000;
y3 = poissrnd(lambda, [1 M]);
figure(1);
t = 0:1:max(y3);
hist(y3,t);
axis([0 max(y3) 0 250]);
xlabel('取值');
ylabel('计数值');
```

运行程序,输出如下,效果如图 5-10 所示。

```
y1 =
    7     3     0     3     3
y2 =
    4     2     2     2
    4     5     3     5
    5     0     4     2
```

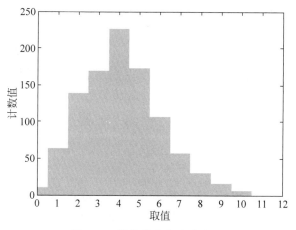

图 5-10 泊松分布频率直方图

2）Simulink 模块

泊松分布整数产生器产生服从泊松分布的整数序列。

泊松分布整数产生器利用泊松分布产生随机整数。假设 x 是一个服从泊松分布的随机变量，那么 x 等于非负整数 k 的概率可以用式(5-7)表示：

$$\Pr(k) = \frac{\lambda^k e^{-k}}{k!}, \quad k = 0,1,2,\cdots \tag{5-7}$$

其中，λ 为一正数，称为泊松参数。并且泊松随机过程的均值和方差都等于 λ。

利用泊松分布整数产生器可以在双传输通道中产生噪声，在这种情况下，泊松参数 λ 应该比 1 小，通常远小于 1。泊松分布参数产生器的输出信号，可以是基于帧的矩阵、基于采样的行或列向量，也可以是基于采样的一维序列。输出信号的性质可以由泊松分布整数产生器中的 Frame-based outputs、Samples per frame 和 Interpret vector parameters as 1-D 三个选项控制。

泊松分布整数产生器模块及其参数设置对话框如图 5-11 所示。

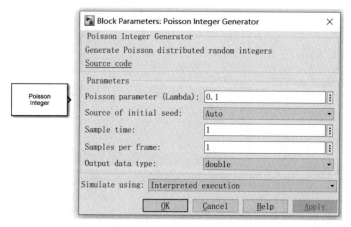

图 5-11 泊松分布整数产生器模块及参数设置对话框

泊松分布整数产生器对话框中包含多个参数项，下面分别对各项进行简单的说明。

Poisson parameter(Lambda)：确定泊松参数 λ，如果输入为一个标量，那么输出向量的每一个元素分享相同的泊松参数。

Source of initial seed：泊松分布整数产生器的随机数种子。当使用相同的随机数种子时，泊松分布整数产生器每次都会产生相同的二进制序列；不同的随机数种子通常产生不同的序列。当随机数种子的维数大于 1 时，泊松分布参数产生器的输出信号的维数也大于 1。

Sample time：输出序列中每个整数的持续时间。

Samples per frame：该参数用来确定每帧的抽样点的数目。本项只有当 Frame-based outputs 项选中后才有效。

Output data type：决定模块输出的数据类型，可以是 boolean、int8、uint8、int16、uint16、int32、uint32、single、double 等众多类型，默认为 double。

Simulate using：指定使用仿真的方式。

3. 随机整数产生器

随机整数产生器用来产生 $[0, M-1]$ 范围内具有均匀分布的随机整数。

随机整数产生器输出整数的范围 $[0, M-1]$ 可以由用户自己定义。M 的大小可在随机整数产生器中的 M-ary number 项中随机输入。M 可以是标量也可以是向量。如果 M 为标量，那么输出均匀分布且互不相关的随机变量。如果 M 为向量，其长度必须和随机整数产生器中 Source of Initial seed 的长度相同，在这种情况下，每一个输出对应一个独立的输出范围。如果 Source of Initial seed 是一个常数，那么产生的噪声是周期重复的。

随机整数产生器的输出信号，可以是基于帧的矩阵、基于采样的行或列向量，也可以是基于采样的一维序列。输出信号的性质可以由 Frame-based outputs、Samples per frame 和 Output data type 三个选项控制。

随机整数产生器模块及参数设置对话框如图 5-12 所示。

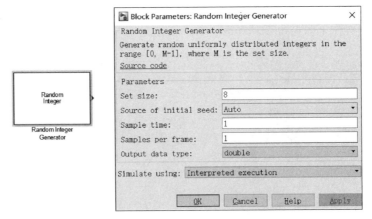

图 5-12　随机整数产生器模块及参数设置对话框

随机整数产生器对话框包含多个参数项，下面分别对各项进行简单的介绍。

Set size：输入正整数或正整数向量，设定随机整数的大小。

Source of initial seed：随机整数产生器的随机种子。当使用相同的随机数种子时，随机整数产生器每次都会产生相同的二进制序列；不同的随机数种子通常产生不同的序列。当随机数种子的维数大于 1 时，随机整数产生器的输出信号的维数也大于 1。

Sample time：输出序列中每个整数的持续时间。

Samples per frame：该参数用来确定每帧的采样点的数目。本项只有当 Frame-based outputs 选项中后有效。

Output data type：决定模块输出的数据类型，可以是 boolean、uint8、uint16、uint32、single、double 等众多类型，默认为 double。如果想要输出为 boolean 型，M-ary number 项必须为 2。

5.4.2 序列产生器

序列产生器用来产生一个具有某种特性的二进制序列，这种序列可能有比较独特的外相关属性或互相关属性。

1. PN 序列产生器

PN 序列产生器用于产生一个伪随机序列。PN 序列产生器利用线性反馈移位寄存器 (LFSR)来产生 PN 序列。线性反馈移位寄存器可以通过简单的移位暂存器产生器结构得到实现。

PN 序列产生器中共有 r 个寄存器，每个寄存器都以相同的抽样频率更新寄存器的状态，即第 k 个寄存器在 $t+1$ 时刻的状态 m_k^{t+1} 等于第 $k+1$ 个寄存器在 t 时刻的状态 m_{k+1}^t。PN 序列产生器可以用一个生成的多项式表示：

$$g_r z^r + g_{r-1} z^{r-1} + g_{r-2} z^{r-2} + \cdots + g_1 z + g_0$$

Simulink 提供了 PN 序列产生器模块，其模块及参数设置对话框如图 5-13 所示（图中并未显示全）。

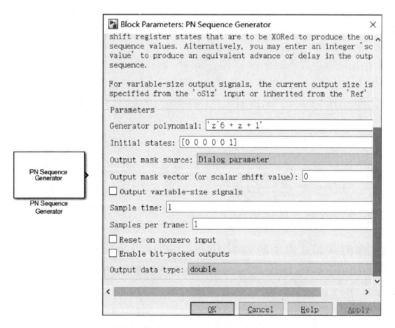

图 5-13　PN 序列产生器模块及参数设置对话框

PN 序列产生器中包含多个参数项,下面分别对各项进行简要介绍。

Sample time:输出序列中每个元素的持续时间。

Frame-based outputs:指定 PN 序列产生器以帧格式产生输出序列。

Samples per frame:该参数用来确定每帧的采样点的数目。本项只有当 Frame-based outputs 项选中后有效。

Output variable-size signals:选择该项后即设定输入单变量的范围。

Maximum output size:设定输出数据的大小,在 Output variable-size signals 项选中时有效。

Reset on nonzero input:选择该项之后,PN 序列产生器提供一个输入端口,用于输入复位信号。如果输入不为 0,PN 序列产生器会将各个寄存器恢复到初始状态。

Enable bit-packed outputs:选定后激活 Number of packed bits、Interpret bit-packed values as signed 两项。

- Number of packed bits:设定输出字符的位数(1~32)。
- Interpret bit-packed values as signed:有符号整数与无符号整数判断项。如果该项被选定,最高位为 1 时,表示为负。

Output data type:决定模块输出的数据类型,默认为 double。

Output mask source:选择模块中的输出屏蔽信息的给定方式。此项为复选框。如果选定 Dialog parameter,则可在 Output mask vector(or scalar shift value)项中输入;如果选定 Iinput port,则需要在弹出的对话框中输入。

Output mask vector(or scalar shift value):给定输出屏蔽(或移位量)。输入的整数或二进制向量决定了生成的 PN 序列相对于初始时刻的延时。如果移位限定为二进制向量,那么向量的长度必须和生成多项式的次数相同。此项只有在 Output mask source 选定为 Dialog parameter 时有效。

2. Gold 序列产生器

Gold 序列产生器用来产生 Gold 序列。Gold 序列的一个重要的特性是其具有良好的互相关性。Gold 序列产生器根据两个长度为 $N=2^n-1$ 的序列 u 和 v 产生一个 Gold 序列 $G(u,v)$,序列 u 和 v 称为一个"优选对"。但是想要成为"优选对"进而产生 Gold 序列,长度为 $N=2^n-1$ 的序列 u 和 v 必须满足以下几个条件。

(1) n 不能被 4 整除。

(2) $v=u[q]$,即序列 v 是通过对序列 u 每隔 q 个元素进行一次采样得到的序列,其中 q 是奇数,$q=2^k+1$ 或 $q=2^{2k}-2^k+1$。

(3) n 和 k 的最大公约数满足条件:$\gcd(n,k)=\begin{cases}1, & n\equiv1\bmod 2\\2, & n\equiv2\bmod 4\end{cases}$。

由"优选对"序列 u 和 v 产生的 Gold 序列 $G(u,v)$ 可用以下公式表示:
$$G(u,v)=\{u,v,u\oplus v,u\oplus Tv,u\oplus T^2v,\cdots,u\oplus T^{N-1}v\}$$
其中,T^nx 表示将序列 x 以循环移位的方式向左移 n 位。$\oplus$ 代表模二加。值得注意的是,长度为 N 的两个序列 u 和 v 产生的 Gold 序列 $G(u,v)$ 中包含了 $N+2$ 个长度为 N 的序列,Gold 序列产生器可根据设定的参数输出其中的某一个序列。

如果有两个 Gold 序列 X、Y 属于同一个集合 $G(u,v)$,并且长度 $N=2^n-1$,那么这两

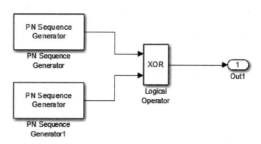

个序列的互相关函数只能有三种可能：$-t(n)$、-1、$t(n)-2$。其中：

$$t(n)=\begin{cases}1+2^{(n+1)/2}, & n \text{ 为偶数} \\ 1+2^{(n+2)/2}, & n \text{ 为奇数}\end{cases}$$

Gold 序列实际上是把两个长度相同的 PN 序列产生器产生的"优选对"序列进行异或运算后得到的序列，如图 5-14 所示。

Gold 序列产生器模块及参数设置对话框如图 5-15 所示。

Gold 码序列产生器对话框中包含多个参数项，下面分别对各项进行简单的介绍。

图 5-14　Gold 序列产生器结构图

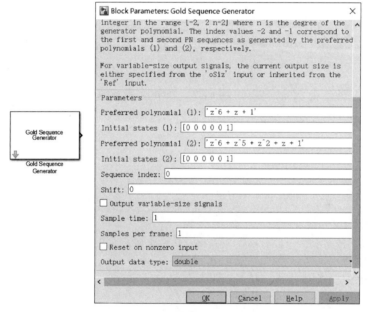

图 5-15　Gold 序列产生器模块及其参数设置对话框

Preferred polynomial(1)："优选对"序列 1 的生成多项式，可以是二进制向量的形式，也可以是由多项式下标构成的整数向量。

Initial states(1)："优选对"序列 1 的初始状态。它是一个二进制向量，用于表明与优选对序列 1 对应的 PN 序列产生器中每个寄存器的初始状态。

Preferred polynomial(2)："优选对"序列 2 的生成多项式，可以是二进制向量的形式，也可以是由多项式下标构成的整数向量。

Initial states(2)："优选对"序列 2 的初始状态。它是一个二进制向量，用于表明与优选对序列 2 对应的 PN 序列产生器中每个寄存器的初始状态。

Sequence index：用于限定 Gold 序列 $G(u,v)$ 的输出，其范围是 $[-2,-1,0,1,2,\cdots,2^n-2]$。

Shift：指定 Gold 序列产生器的输出序列的时延。该参数是一个整数，表示序列延时 Shift 个采样周期后输出。

Output variable-size signals：选择该项后即设定输入单变量的范围。

Sample time：输出序列中每个元素的持续时间。

Samples per frame：该参数用来确定每帧的采样点数目。本项只有当 Frame-based outputs 项被选中后有效。

Maximum output size：设定输出数据的大小，在 Output variable-size signals 项选中时有效。

Reset on nonzero input：选择该项之后，Gold 序列产生器提供一个输入端口，用于输入复位信号。如果输入不为 0，Gold 序列产生器会将各个寄存器恢复到初始状态。

Output data type：决定模块输出的数据类型，可以是 boolean、double、Smallest、unsigned、integer 等类型，默认为 double。

3. Walsh 序列产生器

Walsh 序列产生器产生一个 Walsh 序列。

如果用 W_i 表示第 i 个长度为 N 的 Walsh 序列，其中 $i=0,1,\cdots,N-1$，并且 Walsh 序列的元素是 $+1$ 或 -1，$W_i[k]$ 表示 Walsh 序列 W_i 的第 k 个元素，那么对于任意的 i，$W_i[0]=0$。对于任意两个长度为 N 的 Walsh 序列 W_i 和 W_j，有 $W_i W_j^{\mathrm{T}}=\begin{cases}0, & i\neq j\\ N, & i=j\end{cases}$。

在 Simulink 中提供对应的模块用于实现产生 Walsh 序列，该模块及模块参数设置对话框如图 5-16 所示。

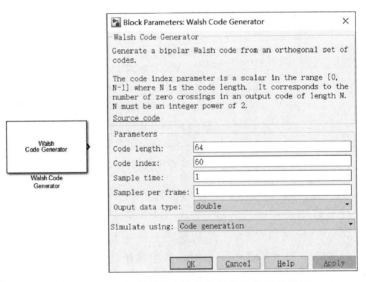

图 5-16　Walsh 序列产生器模块及参数设置对话框

Walsh 序列产生器对话框中包含多个参数项，下面分别对各项进行简单的介绍。

Samples per frame：该参数用来确定每帧的采样点数目。本项只有当 Frame-based outputs 项被选中后有效。

Output data type：决定模块输出的数据类型，可以是 double、int8 类型，默认为

double。

Simulate using：指定使用仿真的方式。

5.5 信道的分类

在信号传输的过程中，它会不可避免地受到各种干扰，这些干扰统称为噪声。根据信道中占据主导地位的噪声的特点，信道可以分成加性高斯白噪声信道、多径瑞利退化信道和莱斯退化信道等。下面将分别进行介绍。

5.5.1 加性高斯白噪声信道

加性高斯白噪声是最简单的一种噪声，它表现为信号围绕平均值的一种随机波动过程。加性高斯白噪声的均值为 0，方差表现为噪声功率的大小。加性高斯白噪声信道模块的作用就是在输入信号中加入高斯白噪声。加性高斯白噪声信道模块及参数设置对话框如图 5-17 所示。

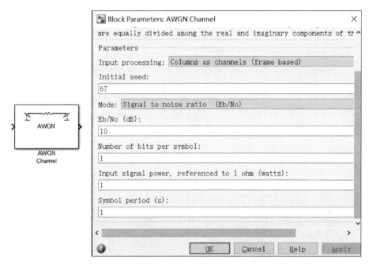

图 5-17 加性高斯白噪声信道模块及参数设置对话框

加性高斯白噪声信道模块中包含多个参数项，下面分别对各项进行简单的介绍。

Initial seed：加性高斯白噪声信道模块的初始化种子。不同的初始种子值对应不同的输出，相同的值对应相同的输出。因此具有良好的可重复性，便于多次重复仿真。当输入矩阵为信号时，初始种子值可以是向量，向量中的每个元素对应矩阵的一列。

Mode：加性高斯白噪声信道模块中的模式设定。当设定为 Signal to noise ration(E_b/N_o)时，模块根据信噪比 E_b/N_o 确定高斯白噪声功率；当设定为 Signal to noise ration(E_s/N_o)时，模块根据信噪比 E_s/N_o 确定高斯白噪声功率，此时需要设定三个参量：信噪比 E_s/N_o、输入信号功率和信号周期。当设定为 Signal to noise ration(SNR)时，模块根据信噪比 SNR 确定高斯白噪声功率，此时需要设定两个参量：信噪比 SNR 及信号周期。当设定为 Variance from mask 时，模块根据方差确定高斯白噪声功率，这个方差由 Variance 指定，而且必须为正。当设定为 Variance from port 时，模块有两个输入，一个输入信号，另一个输入确定高斯白噪声的方差。

当输入信号为复数时,加性高斯白噪声信道模块中的 E_b/N_o、E_s/N_o 和 SNR 之间有特定的关系,如式(5-8)、式(5-9)所示:

$$E_s/N_o = (T_{sym}/T_{samp})\text{SNR} \tag{5-8}$$

$$E_s/N_o = E_b/N_o \lg K \tag{5-9}$$

在式(5-8)中,T_{sym} 表示输入信号的符号周期,T_{samp} 表示输入信号的抽样周期。式(5-9)中 E_b/N_o 表示比特能量与噪声谱密度的比,K 代表每个字符的比特数。加性高斯白噪声信道模块中复信号的噪声功率谱密度等于 N_o,而在实信号当中,信号噪声的功率谱密度等于 $N_o/2$,因此对于实信号形式的输入信号,E_s/N_o 和 SNR 之间的关系为:

$$E_s/N_o = 0.5(T_{sym}/T_{samp})\text{SNR} \tag{5-10}$$

Nb/No(dB):加性高斯白噪声信道模块的信噪比 E_b/N_o,单位为 dB。本项只有当 Mode 项选定为 Signal to noise ration(E_b/N_o)时有效。

Es/No(dB):加性高斯白噪声信道模块的信噪比 E_s/N_o,单位为 dB。本项只有当 Mode 项选定为 Signal to noise ration(E_s/N_o)时有效。

SNR(dB):加性高斯白噪声信道模块的信噪比 SNR,单位为 dB。本项只有当 Mode 项选定为 Signal to noise ration(SNR)时有效。

Number of bits per symbol:加性高斯白噪声信道模块每个输出字符的比特数,本项只有当 Mode 项选定为 Signal to noise ration(E_b/N_o)时有效。

Input signal power(watts):加性高斯白噪声信道模块输入信号的平均功率,单位为 W。本项只有在参数 Mode 设定在 Signal to noise ration(E_b/N_o、E_s/N_o、SNR)三种情况下有效。选定为 Signal to noise ration(E_b/N_o、E_s/N_o)时,表示输入符号的均方根功率;选定为 Signal to noise ration(SNR)时,表示输入抽样信号的均方根功率。

Symbol period(s):加性高斯白噪声信道模块每个输入符号的周期,单位为 s。本项只有在参数 Mode 设定在 Signal to noise ration(E_b/N_o、E_s/N_o)情况下有效。

Variance:加性高斯白噪声信道模块产生的高斯白噪声信号的方差。本项只有在参数 Mode 设定为 Variance from mask 时用效。

5.5.2 多径瑞利退化信道

瑞利退化是移动通信系统中的一种相当重要的退化信道类型,它在很大程度上影响着移动通信系统的质量。在移动通信系统中,发送端和接收端都可能处在不停的运动状态之中,发送端和接收端之间的这种相对运动产生多普勒频移。

瑞利信道就是没有直射路径信号到达接收端的信道,主要用于描述多径信道和多普勒频移现象,莱斯信道则是通过一条直射路径来传输,莱斯分布也称为广义瑞利分布,信号通过莱斯信道比信号通过瑞利信道所受多径退化的影响小。

在多径瑞利退化信道模块中,输入信号被延迟一定的时间之后形成多径信号,这些多径信号分别乘以相对的增益,叠加以后就形成了瑞利退化信号。

多径瑞利退化信道模块及参数设置对话框如图 5-18 所示。

模块主要参数如图 5-18 所示,主要分为两块,也体现了多径瑞利退化信道的两个特点:频率选择性退化和时间选择性退化。

Discrete path delays:指的是离散路径延时,不同路径到达目标点会有不同的延时。

图 5-18　多径瑞利退化信道模块及参数设置对话框

Average path gains：指的是各径的功率，此处是均值，实际产生的能量都是以此为均值的随机量，对于单径瑞利退化信道来说，信道增益是具有 0 均值的复高斯随机过程。

由于反射路径信号的存在，发射不同频率的信号时，在接收处接收到的信号有的频率增强了，有的频率退化了，就会产生频率选择性退化，实际信号包络符合瑞利分布。

Maximum Doppler shift：指的是最大多普勒频偏，由于接收体接收的发射源发射信息的频率与发射源发射信息频率不相同而产生。

Doppler spectrum：表示使用的一个 Doppler 的模型，Jakes 是基于正弦波叠加法的一种确定的仿真模型，产生信号非广义平稳且不具各态历经性。多径退化仿真最重要的是产生特定多普勒功率谱密度的瑞利过程，实际常用的是 Jakes 功率谱。

5.6　信号观测设备

在通信系统的仿真过程中，用户希望能够把接收到的数据通过某种方式保存或显示出来，以直观的形态对仿真的结果进行评估，这就需要用到信号观测设备。MATLAB 提供了若干个模块用于实现这种功能。

5.6.1　星座图

星座图又称离散时间发散图，通常用来观测调制信号的特性和信道对调制信号的干扰特性。星座图模块接收复信号，并且根据输入信号绘制发散图。星座图模块只有一个输入端口，输入信号必须为复信号。双击星座图模块，会弹出如图 5-19 所示的示波器窗口，单击示波器

中的 ◎ 按钮,即可打开其参数设置对话框,星座图模块及其参数设置对话框如图 5-20 所示。

由图 5-20 可见,星座图参数设置对话框中包含 3 个选项,下面分别对这 3 个选项进行介绍。

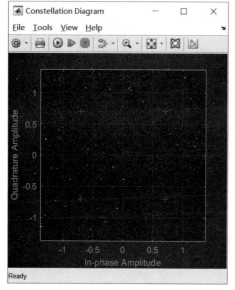

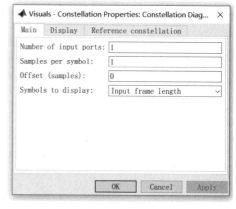

图 5-19　星座图示波器　　　　　　图 5-20　星座图模块及其参数设置对话框

1. Main 选项

Main 选项为星座图的主选项,用来设定星座图的绘制方式。该项为默认项,如图 5-20 所示,其包含如下参数。

Number of input ports:设定输出的端口数量。

Samples per symbol:设定星座图中每个符号的抽样点数目。

Offset(samples):开始绘制星座图之前应该忽略的抽样点个数。该项一定要小于 Sample per symbol 项的非负整数。

Symbols to display:符号显示形式。

2. Display 选项

该选项主要用于设定星座的显示形式,选定该项后,显示如图 5-21 所示。

Display 选项各参数的含义如下所述。

Show grid:显示网格。

Show legend:显示图例。

Color fading:颜色渐变复选框。选定后,眼图中每条迹上的点的颜色深度随着仿真时间的推移而逐渐减弱。

X-limits(Minimum):设定星座图观测仪横坐标的最小值。

X-limits(Maximum):设定星座图观测仪横坐标的最大值。

Y-limits(Minimum):设定星座图观测仪纵坐标的最小值。

Y-limits(Maximum):设定星座图观测仪纵坐标的最大值。

Title:设置星座图标题。

X-axis label：设置星座图横坐标的标签。

Y-axis label：设置星座图纵坐标的标签。

3．Reference constellation 选项

该选项主要用于设定星座图的显示形式，选定该项后，显示如图 5-22 所示。

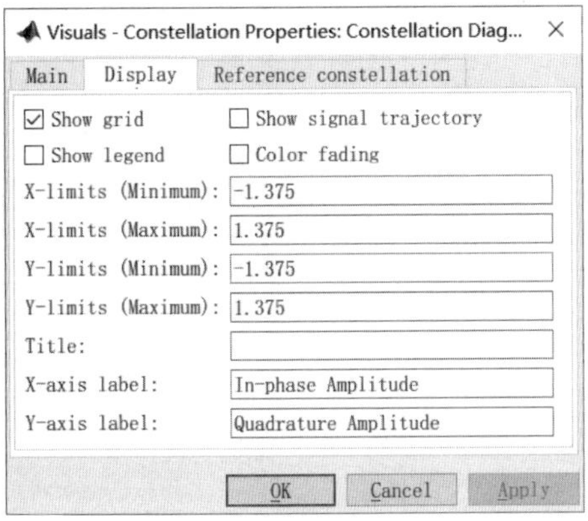

图 5-21　Display 选项 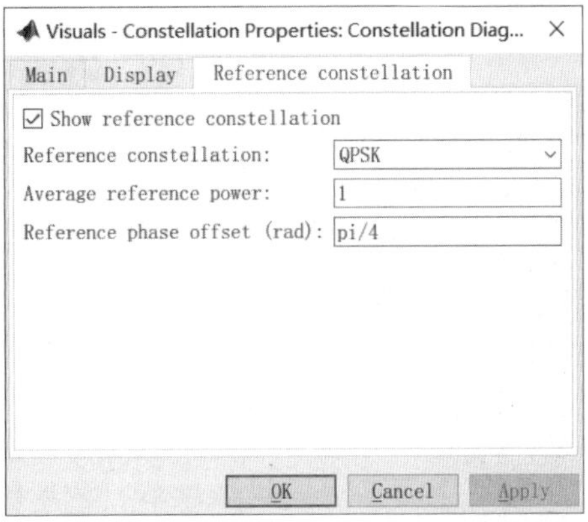　　　　　图 5-22　Reference constellation 选项

Reference constellation 选项各参数的含义如下所述。

Show reference constellation：显示星座参考线。

Reference constellation：选择参考线的模型。

Average reference power：指定星座的平均参考功率。

Reference phase offset(rad)：指定星座的参考相位偏移。

5.6.2　误码率计算器

误码率计算器模块分别从发射端和以间接手段得到输入数据，再对两个数据进行比较，根据比较的结果计算误码率。

应用这个模块，既可以得到误比特率，也可以得到误符号率。当输入信号是二进制数据时，则统计得到的结果是误比特率，否则，统计得到的结果是误符号率。误码率计算器模块只比较两个输入信号的正负关系，而不具体地比较它们的大小。误码率计算器模块及参数设置对话框如图 5-23 所示。

误码率计算器模块中有若干参数，下面分别对其进行简单说明。

Receive delay：接收端时延设定项。在通信系统中，接收端需要对接收到的信号进行解调、解码或解交织，这些过程可能会产生一定的时延，使得到达误码率计算器接收端的信号滞后于发送端的。为了弥补这种时延，误码率计算器模块需要把发送端的输入数据延时若干个输入数据，本参数即表示接收端输入的数据滞后发送端输入数据的大小。

Computation delay：计算时延设定项。在仿真过程中，有时需要忽略初始的若干输入数据，这时可以通过本项设定。

Computation mode：计算模式项。误码率计算器模块有三种计算模式。分别为帧计算模式、掩码模式和端口模式。其中帧计算模式对发送端和接收端的所有输入数据进行统计。在掩码模式下，模块根据掩码对特定的输入数据进行统计，掩码的内容可由参数项 Selected samples from frame 设定。在端口模式下，模块会新增一个输入端 Sel，只有此端

195

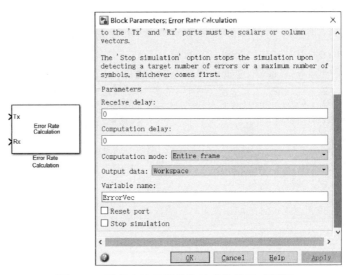

图 5-23 误码率计算器模块及参数设置对话框

口的输入信号有效时才统计错误率。

Selected samples from frame：掩码设定项。本参数用于设定哪些输入数据需要统计。本项只有当 Computation mode 项设定为 Samples from mask 时有效。

Output data：设定数据输出方式，有 Worksapce 和 Port 两种方式。Worksapce 时将统计数据输出到工作区，Port 时将统计数据从端口中输出。

Variable name：指定用于保存统计数据的工作区间变量的名称。本项只有在 Output data 设定为 Workspace 时有效。

Reset port：复位端口项。选定此项后，模块增加一个输入端口 Rst，当这个信号有效时，模块被复位，统计值重新设定为 0。

Stop simulation：仿真停止项。选定本项后，如果模块检测到指定对象的错误，或数据的比较次数达到了门限，则停止仿真过程。

Target number of errors：错误门限项。用于设定仿真停止之前允许出现错误的最大个数。本项只有在 Stop simulation 选定后有效。

Maximum number of symbols：比较门限项。用于设定仿真停止之前允许比较的输入数据的最大个数。本项只有在 Stop simulation 选定后有效。

5.7 信源编译码

信源编码是用量化的方式将一个源信号转化为一个数字信号，所得信号的符号为某一有限范围内的非负整数。信源译码就是将信源编码的信号恢复到原来的信号。

5.7.1 信源编码

信源编码也称为量化或信号格式化，它一般是为了减少冗余或为后续的处理做准备而进行的数据处理。在 Simulink 中，提供了 A 律编码、Mu 律编码、差分编码和量化编码等模块，下面分别进行介绍。

1. A 律编码模块

模拟信号的量化有两种方式：均匀量化和非均匀量化。均匀量化是把输入信号的取值范围等距离地分割成若干个量化区间，无论抽样值大小怎样，量化噪声的均值、均方根固定不变，但实际过程中大多采用非均匀量化。比较常用的两种非均匀量化的方法是 A 律压缩和 Mu 律压缩。

如果输入信号为 x，输出信号为 y，则 A 律压缩满足：

$$y = \begin{cases} \dfrac{A\,|x|}{1+\log A}\,\mathrm{sgn}(x), & 0 \leqslant x \leqslant \dfrac{V}{A} \\[3mm] \dfrac{V(1+\log(A\,|x|/V))}{1+\log A}\,\mathrm{sgn}(x), & \dfrac{V}{A} \leqslant x \leqslant V \end{cases} \tag{5-11}$$

式中，A 为 A 律压缩参数，最常用采用的 A 值为 87.6；V 为输入信号的峰值；$\log$ 为自然对数；sgn 函数当输入为正时，输出 1，当输入为负时，输出 0。

模块的输入并无限制，如果输入为向量，则向量中的每一个分量将会被单独处理。A 律压缩编码模块及参数设置对话框如图 5-24 所示。

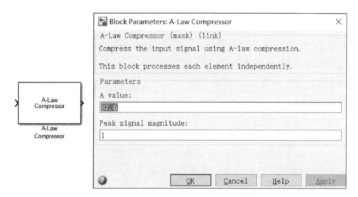

图 5-24　A 律压缩模块及参数设置对话框

A 律压缩编码模块参数设置对话框中包含两个参数，下面分别对其进行简单说明。

A value：用于指定压缩参数 A 的值。

Peak signal magnitude：用于指定输入信号的峰值 V。

2. Mu 律编码模块

和 A 律压缩编码类似，Mu 律压缩编码中如果输入信号为 x，输出信号为 y，则 Mu 律压缩满足：

$$y = \frac{V\ln(1+Mu\,|x|/V)}{\ln(1+Mu)}\,\mathrm{sgn}(x)$$

式中，Mu 为 Mu 律压缩参数；V 为输入信号的峰值；sgn 函数当输入为正时，输出 1，当输入为负时，输出 0。

模块的输入并无限制，如果输入为向量，则向量中的每一个分量将会被单独处理。Mu 律压缩编码模块及参数设置对话框，如图 5-25 所示。

Mu 律压缩编码模块参数对话框的参数含义如下所述。

mu value：用于指定 Mu 律压缩参数 Mu 的值。

Peak signal magnitude：用于指定输入信号的峰值 V，也是输出信号的峰值。

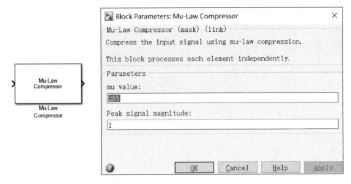

图 5-25　Mu 律压缩编码模块及参数设置对话框

3. 差分编码模块

差分编码又称为增量编码，它用一个二进制数来表示前后两个抽样信号之间的大小关系。在 MATLAB 中，差分编码器根据当前时刻之前的所有输入信息计算输出信号，这样，在接收端即可只按照接收到的前后两个二进制信号恢复出原来的信息序列。

差分编码模块对输入的二进制信号进行差分编码，输出二进制的数据流。输入的信号可以是标量、向量或帧格式的行向量。如果输入信号为 $m(t)$，输出信号为 $d(t)$，那么 t_k 时刻的输出 $d(t_k)$ 不仅与当前时刻的输入信号 $m(t_k)$ 有关，而且与前一时刻的输出 $d(t_{k-1})$ 有关，如下：

$$\begin{cases} d(t_0) = m(t_0) \quad \text{XOR} \quad \text{初始条件参数值} \\ d(t_k) = d(t_{k-1}) \quad \text{XOR} \quad m(t_k) \end{cases}$$

即输出信号值取决于当前时刻及上一时刻所有的输入信号的数值。

差分编码模块及其参数设置对话框如图 5-26 所示。

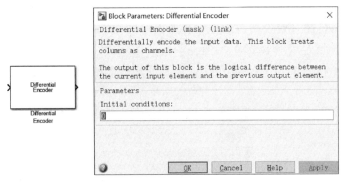

图 5-26　差分编码模块及参数设置对话框

差分编码模块中包含一个参数，含义如下所述。

Initial conditions：用于指定信号符号之间的间隔。

4. 量化编码

量化编码模块用标量量化法来量化输入信号。它根据码本向量把输入信号转换成数字信号，并且输出量化指标、量化电平、编码信号和量化均方误差。模块的输入信号可以是标量、向量或矩阵。模块的输入与输出信号长度相同。

量化编码模块及参数设置对话框如图 5-27 所示。

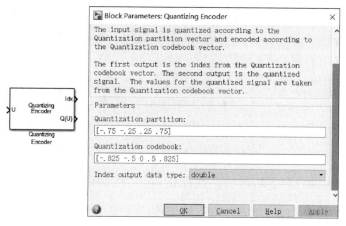

图 5-27　量化编码模块及参数设置对话框

量化编码模块中包含三个参数,主要含义如下所述。

Quantization partition:用于指定量化分区,是一个长度为 n 的向量(n 为码元素)。该向量分量要严格按照升序排列。如果设该参量为 p,那么模块的输出 y 与输入 x 之间的关系满足:

$$y = \begin{cases} 0, & x \leqslant p(1) \\ m, & p(m) < x \leqslant p(m+1) \\ n, & p(n) \leqslant x \end{cases}$$

Quantization codebook:表示量化码本,是一个长度为 $n+1$ 的向量。

Index output data type:索引输出数据类型。

5.7.2　信源译码

在 Simulink 中也提供了对应的模块实现译码。

1. A 律译码模块

A 律译码模块用来恢复被 A 律压缩模块压缩的信号。它的过程与 A 律压缩编码模块正好相反。A 律译码模块的特征函数是 A 律压缩编码模块特征函数的反函数,如下式所示:

$$x = \begin{cases} \dfrac{y(1+\log A)}{A}, & 0 \leqslant |y| \leqslant \dfrac{V}{1+\log A} \\ \exp\left(|y|(1+\log A)/V - 1\right) \dfrac{V}{A}\mathrm{sgn}(y), & \dfrac{V}{1+\log A} \leqslant |y| \leqslant V \end{cases}$$

A 律译码模块及其参数设置对话框如图 5-28 所示。

A 律译码模块参数设置对话框中包含两个参数,其含义如下所述。

A value:用于指定压缩参数 A 的值。

Peak signal magnitude:用于指定输入信号的峰值 V,同时也是输出信号的峰值。

2. Mu 律译码模块

Mu 律译码模块用来恢复被 Mu 律压缩模块压缩的信号。它的过程与 Mu 律压缩编码

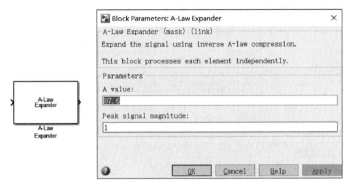

图 5-28　A 律译码模块及参数设置对话框

模块正好相反。Mu 律译码模块的特征函数是 Mu 律压缩编码模块特征函数的反函数，如下式所示：

$$x = \frac{V}{Mu}(e^{|y|\log(1+Mu)/V} - 1)\text{sgn}(y)$$

Mu 律译码模块及参数设置对话框如图 5-29 所示。

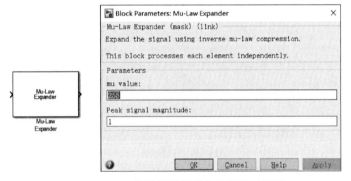

图 5-29　Mu 律译码模块及参数设置对话框

Mu 律译码模块参数设置对话框中包含两个参数，含义如下所述。

mu value：用于指定 Mu 律压缩参数 Mu 的值。

Peak signal magnitude：用于指定输入信号的峰值 V，也是输出信号的峰值。

3．差分译码模块

差分译码模块对输入信号进行差分译码。模块的输入与输出均为二进制信号，且输入与输出之间的关系和差分编码模块中的两者关系相同。

差分译码模块及参数设置对话框如图 5-30 所示。

差分译码模块参数设置对话框包含一个参数，含义如下所述。

Initial conditions：用于指定信号符号之间的间隔。

4．量化译码模块

量化译码模块用于从量化信号中恢复出消息，它执行的是量化编码模块的逆过程。模块的输入信号是量化的区间号，可以是标量、向量或矩阵。如果输入为向量，那么向量的每一个分量将被分别单独处理。量化译码模块中的输入与输出信号的长度相同。

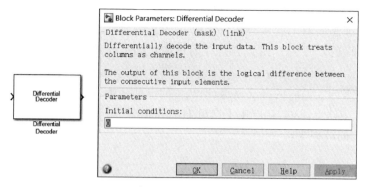

图 5-30　差分译码模块及参数设置对话框

量化译码模块及参数设置对话框如图 5-31 所示。

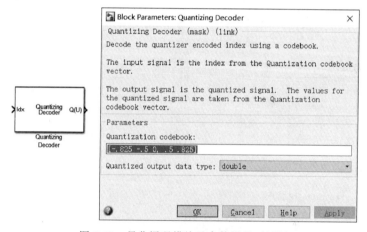

图 5-31　量化译码模块及参数设置对话框

量化译码模块中包含两个参数,含义如下所述。

Quantization codebook:为一个实向量,规定与输入的每个非负整数对应的输出值。

Quantization output data type:选择输出数据类型。

5.8　MATLAB/Simulink 通信系统仿真实例

前面几节简单介绍了利用 MATLAB 及 Simulink 实现信源产生、信道产生,本节将通过具体实例进行演示。

5.8.1　MATLAB 编码实例

信源编码可分为两类:无失真编码和限失真编码。目前已有各种无失真编码算法,例如 Huffman 编码和 Lempel-Ziv 编码。这里介绍无失真编码中的最佳变长编码——Huffman 码。Huffman 编码的基本原理就是为概率较小的信源输出分配较长的码字,而对那些出现可能性较大的信源输出分配较短的码字。

Huffman 编码算法及步骤如下。

(1) 将信源消息按照概率大小顺序排列。

(2) 按照一定的规则,从最小概率的两个消息开始编码。例如,将较长的码字分配给较小概率的消息,把较短的码字分配给概率较大的消息。

(3) 将经过编码的两个消息的概率合并,并重新按照概率大小排序,重复步骤(2)。

(4) 重复上面的步骤(3),一直到合并的概率达到 1 时停止。这样便可以得到编码树状图。

(5) 按照从下到上编码的方式编程,即从树的根部开始,将 0 和 1 分别放到合并成同一节点的任意两个支路上,这样就产生了这组 Huffman 码。

Huffman 码的效率为:

$$\eta = \frac{信息熵}{平均码长} = \frac{H(X)}{\overline{L}}$$

【例 5-14】 利用 Huffman 编码算法实现对某一信源的无失真编码。该信源的字符集为 $X = \{x_1, x_2, \cdots, x_6\}$,相应的概率向量为:$P = \{0.30, 0.10, 0.21, 0.09, 0.05, 0.25\}$。

首先将概率向量 P 中的元素进行排序,$P = \{0.30, 0.25, 0.21, 0.10, 0.09, 0.05\}$。然后根据 Huffman 编码算法得到 Huffman 树状图,如图 5-32 所示,编码之后的树状如图 5-33 所示。

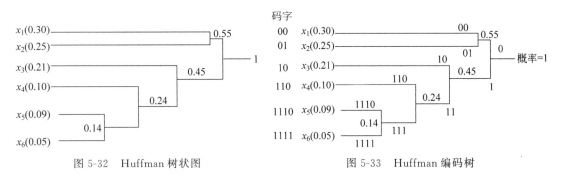

图 5-32　Huffman 树状图　　　　　图 5-33　Huffman 编码树

由图 5-33 可知 $x_1, x_2, x_3, x_4, x_5, x_6$ 的码字依次分别为:00、01、10、110、1110、1111。

平均码长为:

$$\overline{L} = 2 \times (0.30 + 0.25 + 0.21) + 3 \times 0.10 + 4 \times (0.09 + 0.05) = 2.38b$$

信源的熵为:

$$H(X) = -\sum_{i=1}^{6} p_i \log_2 p_i = 2.3549b$$

所以,Huffman 码的效率为:

$$\eta = H(X)/\overline{L} = 0.9895$$

因此,可以利用 MATLAB 将 Huffman 编码算法编写成函数文件 huffman_code,实现对具有概率向量 P 的离散无失真信源的 Huffman 编码,并得到其码字和平均码长。

在 M 文件编辑器中输入以下 huffman_code.m 函数代码。

```
function [h,e] = huffman_code(p)
% Huffman 代码如下
if length(find(p<0))~= 0,
    error('Not a prob. vector');        % 判断是否符合概率分布的条件
end
if abs(sum(p) - 1)>10e - 10,
    error('Not a prob. vector');
end
```

```matlab
n = length(p);
for i = 1:n - 1,                          % 对输入的概率进行从大到小排序
    for j = i:n
        if p(i)< = p(j)
            P = p(i);
            p(i) = p(j);
            p(j) = P;
        end
    end
end
disp('概率分布');
p                                          % 显示排序结构
q = p;
m = zeros(n - 1,n);
for i = 1:n - 1,
    [q,e] = sort(q);
    m(i,:) = [e(1:n - i + 1),zeros(1,i - 1)];
    q = [q(1) + q(2) + q(3:n),e];
end
for i = 1:n - 1,
    c(i,:) = blanks(n * n);
end
% 以下计算各个元素码字
c(n - 1,n) = '0';
c(n - 2,2 * n) = '1';
for i = 2:n - 1
    c(n - i,1:n - 1) = c(n - i + 1,n * (find(m(n - i + 1,:) == 1)) - (n - 2):n * (find(m(n - i + 1,:)
== 1)));
    c(n - i,n) = '0';
    c(n - i,n + 1:2 * n - 1) = c(n - i,1:n - 1);
    c(n - i,2 * n) = '1';
    for j = 1:i - 1
        c(n - i,(j + 1) * n + 1:(j + 2) * n) = c(n - i + 1,n * (find(m(n - i + 1,:) == j + 1) - 1) + …
            1:n * find(m(n - i + 1,:) == j + 1));
    end
end
for i = 1:n
    h(i,1:m) = c(1,n * (find(m(1,:) == i) - 1) + 1:find(m(1,:) == i) * n);
    e(i) = length(find(abs(h(i,:))~ = 32));
end
e = sum(p. * e);     % 计算平均码长
```

在命令窗口中,只需调用函数文件 huffman_code,计算如下:

```matlab
>> p = [0.30 0.10 0.21 0.09 0.05 0.25];
>> [h,e] = huffman_code(p)
```

输出结果如下:

```
概率分布
p =
    0.3000    0.2500    0.2100    0.1000    0.0900    0.0500
h =                   % 输出各个元素码字
  11
  10
```

```
    00
    010
    0111
    0110
e = 2.3800        % 输出平均码长
```

【例 5-15】 若输入 A 律 PCM 编码器的正弦信号为 $x(t) = \sin(1600\pi t)$，抽样序列为 $x(n) = \sin(0.2\pi n), n = 0, 1, 2, \cdots, 10$，将其进行 PCM 编码，给出编码器的输出码组序列 $y(n)$。

其实现的 MATLAB 程序代码如下：

```
>> clear all;
x = [0:0.001:1];              % 定义幅度序列
y1 = apcm(x,1);               % 参数为 1 的 A 律曲线
y2 = apcm(x,10);              % 参数为 10 的 A 律曲线
y3 = apcm(x,87.65);          % 参数为 87.65 的 A 律曲线
plot(x,y1,':',x,y2,'-',x,y3,'-.');
legend('A = 1','A = 10','A = 87.65')
```

运行程序，得到的效果图如图 5-34 所示。

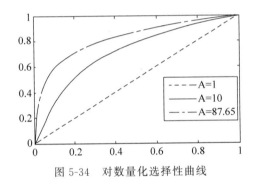

图 5-34　对数量化选择性曲线

在运行程序的过程中，调用自定义编写的 apcm.m 函数，其源代码如下：

```
function y = apcm(x,a)
% A 律量化将得到的结果存在序列 y 中
% x 为一个序列,值在 0 到 1 之间
% a 为一个正实数,大于 1
t = 1/a;
for i = 1:length(x)
    if (x(i)>= 0),                                    % 判断该输入序列值是否大于 0
        if (x(i)<= t),
            y(i) = (a * x(i))/(1 + log(a));           % 若值小于 1/a,则采用此计算法
        else
            y(i) = (1 + log(a * x(i)))/(1 + log(a));   % 若值大于 1/a,则采用另一计算法
        end
    else
        if (x(i)>= -t),                               % 若值小于 0,则算法有所不同
            y(i) = -(a * -x(i))/(1 + log(a));
        else
            y(i) = -(1 + log(a * -x(i)))/(1 + log(a));
        end                                            % 内层条件判断结束
```

```
        end                              % 外层条件判断结束
    end
% 运用上面的压缩特性来解本例
>> x = 0:1:10;
y = sin(0.2 * pi * x);
z = apcm(y,87.5)                         % 求 sin(0)到 sin(10)的量化值
z =
      0      0.9029    0.990    0.9908    0.9029    0.0000   - 0.9029   - 0.9908   - 0.9908
    - 0.902      - 0.0000
```

【例 5-16】 使用 MATLAB 编程方法实现对 HDB3 码的编码/解码。

HDB3 码规定,每当出现四个连 0 时,用以下两种取代节代替这四个连 0,规则如下。

(1) 令 V 表示违反极性交替规则的传号脉冲,B 表示符合极性交替规则的传号脉冲,当相邻两个 V 脉冲之间的传号脉冲数为奇数时,以 000V 作为取代节。

(2) 当相邻两个 V 脉冲之间的信号脉冲数为偶数时,以 B00V 作为取代节。

这样,就能始终保持相邻 V 脉冲之间的 B 脉冲数为奇数,使得 V 脉冲序列自身也满足极性交替规则。

对 HDB3 码解码很容易,根据 V 脉冲极性破坏规则,只要发现当前脉冲极性与上一个脉冲极性相同,就可判断当前脉冲为 V 脉冲,从而将 V 脉冲连同之前的 3 个传输时隙均置为 0,即可清除取代节,然后取绝对值即可恢复归零二进制序列。

实现的 MATLAB 代码如下:

```
>> clear all;
xn = [1 0 1 1 0 0 0 0 0 0 0 1 1 0 0 0 0 0 0 1 0];   % 输入单极性码
yn = xn;                                 % 输出 yn 初始化
num = 0;                                 % 计算器初始化
for k = 1:length(xn)
    if xn(k) == 1
        num = num + 1;                   % "1"计数器
        if num/2 == fix(num/2)           % 奇数个 1 时输出 - 1,进行极性交替
            yn(k) = 1;
        else
            yn(k) = - 1;
        end
    end
end
% HDB3 编码
num = 0;                                 % 连零计数器初始化
yh = yn;                                 % 输出初始化
sign = 0;                                % 极性标志初始化为 0
V = zeros(1,length(yn));                 % V 脉冲位置记录变量
B = zeros(1,length(yn));                 % B 脉冲位置记录变量
for k = 1:length(yn)
    if yn(k) == 0
        num = num + 1;                   % 连 0 个数计数
        if num == 4
            num = 0;                     % 如果连 0 个数为 4,计数器清零
            yh(k) = 1 * yh(k - 4);
            % 让 0000 的最后一个 0 改变为与前一个非零符号相同极性的符号
            V(k) = yh(k);                % V 脉冲位置记录
```

```
            if yh(k) == sign                  % 如果当前 V 符号与前一个 V 符号极性相同
                yh(k) = -1 * yh(k);
                % 则让当前 V 符号极性反转,以满足 V 符号间相互极性反转要求
                yh(k - 3) = yh(k);             % 添加 B 符号,与 V 符号同极性
                B(k - 3) = yh(k);              % B 脉冲位置记录
                V(k) = yh(k);                  % V 脉冲位置记录
                yh(k + 1:length(yn)) = -1 * yh(k + 1:length(yn));
                % 并让后面的非零符号从 V 开始再交替变化
            end
            sign = yh(k);                      % 记录前一个 V 符号的极性
        end
    else
        num = 0;                               % 当前输入为[1],则连[0]计数器清零
    end
end                                            % 完成编码
re = [xn', yn', yh', V', B']                    % 结果输出
% HDB3 解码
input = yh;
decode = input;                                % 输出初始化
sign = 0;                                      % 极性标志初始化
for k = 1:length(yh)
    if input(k) ~= 0
        if sign == yh(k)                       % 如果当前码与前一个非零码的极性相同
            decode(k - 3:k) = [0 0 0 0];       % 则该码判为 V 码并将 * 00V 清零
        end
        sign = input(k);                       % 极性标志
    end
end
decode = abs(decode);                          % 整流
error = sum([xn' - decode']);                  % 解码的正确性检验
% 作图
subplot(311);stairs([0:length(xn) - 1], xn);axis([0 length(xn) - 2 2]);
subplot(312);stairs([0:length(xn) - 1], yh);axis([0 length(xn) - 2 2]);
subplot(313);stairs([0:length(xn) - 1], decode);axis([0 length(xn) - 2 2]);
```

运行程序,输出如下,效果如图 5-35 所示。

```
re =
    1    -1    -1     0     0
    0     0     0     1     0
    1     1     1     0     0
   ...        ...
    0     0     0     0     0
    1     1    -1     0     0
    0     0     0     0     0
```

5.8.2 Simulink 信道实例

下面利用 Simulink 提供的模块,实现信道。

【例 5-17】 设某二进制数字通信系统的码元传输速率为 100bps,仿真模型的系统采样速率为 1000Hz。用示波器观察并比较信号经过高斯白噪声信道前后的不同。

(1)根据题意,建立如图 5-36 所示的通信系统模型。

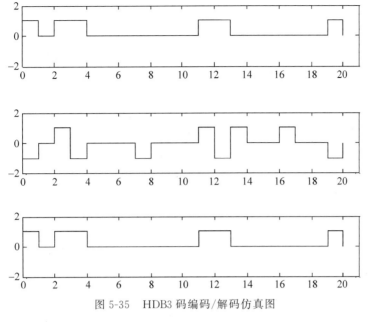

图 5-35　HDB3 码编码/解码仿真图

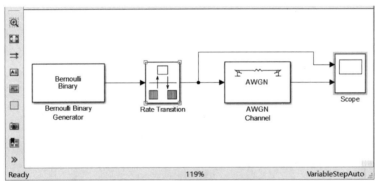

图 5-36　建立的通信系统模型

（2）设置模块参数。

双击图 5-36 中的 Bernoulli Binary Generator 模块，设置产生零的概率为 0.5，初始种子随意设置，采样时间为 0.01 以产生 100bps 的二进制随机信号，如图 5-37 所示。

双击图 5-36 中的 Rate Transition 模块，设置输出端口的采样时间为 0.001，这样系统采样速率即为 1000Hz，如图 5-38 所示。

双击图 5-36 中的 AWGN Channel 模块，初始种子随意设置，信道模式设为 Signal to noise ratio（Eb/No），Eb/No 设为 25dB，输入信号功率为 1W，输入符号周期为 0.01，如图 5-39 所示。

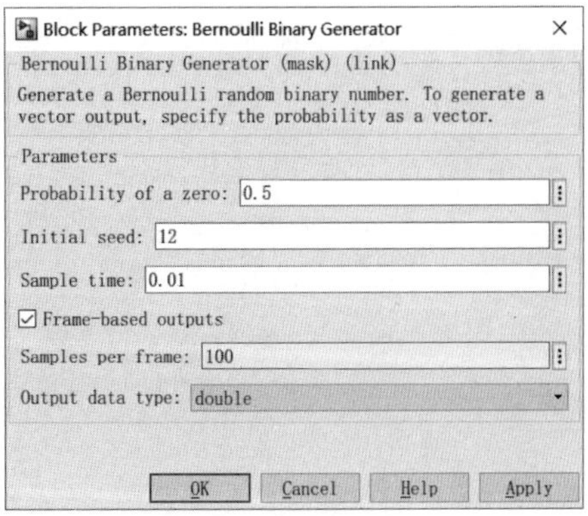

图 5-37　Bernoulli Binary Generator 模块参数设置

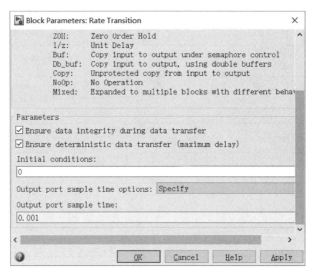

图 5-38　Rate Transition 模块参数设置

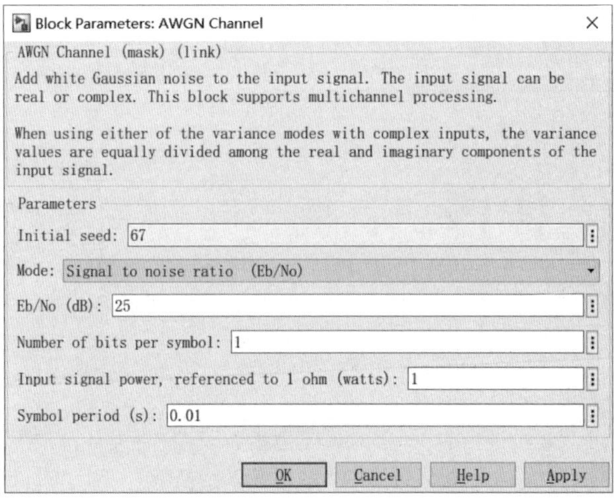

图 5-39　AWGN Channel 模块参数设置

双击图 5-36 中的 Scope 模块，在弹出的示波器窗口中，单击界面中的 ◎ 按钮，在弹出参数设置窗口中的 Main 选项中，将 Number of input ports 设置为 2，即可有两个输入，效果如图 5-40 所示。

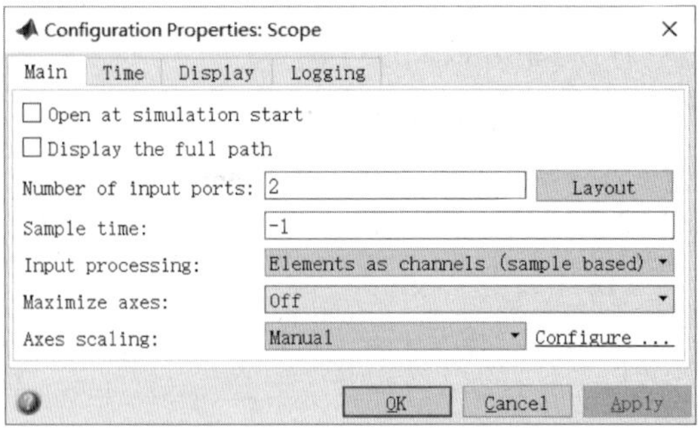

图 5-40　示波器模块参数设置

（3）设置仿真参数。

将仿真时间设置为 0～10s，固定步长求解器，步长为 0.001，效果如图 5-41 所示。

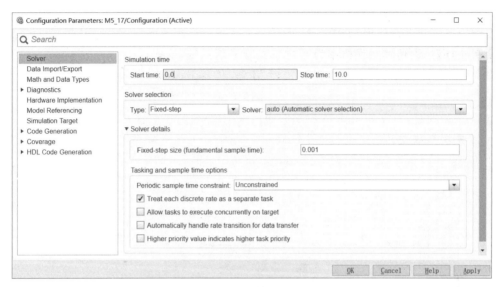

图 5-41　仿真参数设置

（4）运行仿真，仿真效果如图 5-42 所示。上面一个为输入信号进入信道前的波形，下面一个为输入信号进入信道后的波形。

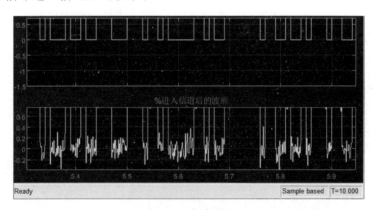

图 5-42　仿真结果

设信道输入符号集合为 $\chi = \{x_1, x_2, \cdots, x_j, \cdots, x_N\}$，并设信道输出的符号集合为 $\gamma = \{y_1, y_2, \cdots, y_i, \cdots, y_M\}$，在发送符号为 x_j 的条件下，相应接收符号为 y_i 的概率记为 $P(y_i \mid x_j)$，称之为信道转移概率。由信道转移概率构成的信道转移概率矩阵，记为：

$$\boldsymbol{P} = [\boldsymbol{P}(y_i \mid x_j)] = \begin{bmatrix} P(y_1 \mid x_1) & \cdots & P(y_1 \mid x_N) \\ \vdots & \ddots & \vdots \\ P(y_M \mid x_1) & \cdots & P(y_M \mid x_N) \end{bmatrix}.$$

二进制对称信道（BSC）是离散无记忆信道的一个特例，其输入/输出符号集合分别为 $\chi = \{0, 1\}$，$\gamma = \{0, 1\}$，传输中由 0 错为 1 的概率与由 1 错为 0 的概率相等，设为 p。那么，二进制对称信道（BSC）的信道转换概率矩阵为：

$$P = \begin{bmatrix} 1-p & p \\ p & 1-p \end{bmatrix}$$

人们也经常用信道概率转换图来等价地表示离散无记忆信道,例如二进制对称信道,如图5-43所示。

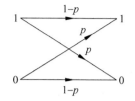

【例5-18】 设传输错误概率为0.013,构建通信系统,统计误码率。要求传输信号为二进制单极性信号,传输比特率为1000bps。

(1)根据题意,建立如图5-44所示的通信系统模型。

(2)模块参数设置。

图5-43 二进制对称信道模型

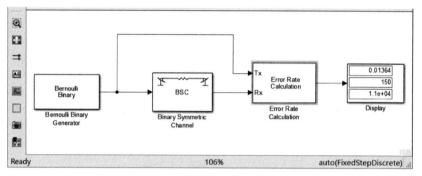

图5-44 建立通信系统模型

双击图5-44中的Bernoulli Binary Generator模块,该模块产生比特率为1000bps的二进制单极性信号,因此,设置产生零的概率为0.5,初始种子随意设置,设置采样时间为0.001。双击图5-44中的Binary Symmetric Channel模块,设置误码率为0.013,初始种子随意设置,如图5-45所示。

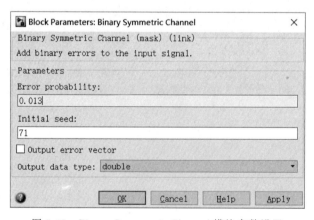

图5-45 Binary Symmetric Channel模块参数设置

双击图5-44中的Error Rate Calculation模块,用来计算误码率。接收延时和计算延时均设为0,计算模式设为Entire frame全帧计算模式,数据输出设为Port端口输出(也可以设为Workspace,输出到MATLAB工作空间),如图5-46所示。

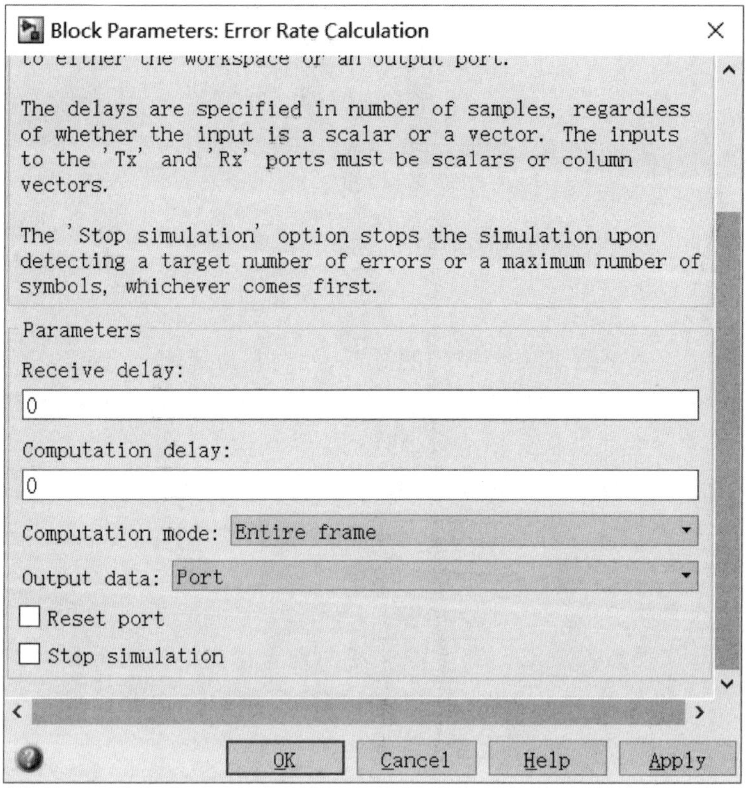

图 5-46　Error Rate Calculation 模块参数设置

（3）设置仿真参数。

将仿真时间设置为 $0\sim10\mathrm{s}$，固定步长求解器，步长为 0.001。

（4）运行仿真。

仿真结果显示在 Display 模块上，如图 5-44 所示。Display 模块上显示结果有三个，分别代表误码率、总误码数目以及总统计码字数目。从图 5-44 中可看出，Bernoulli Binary Generator 模块输出误码率为 0.01364，总误码数为 150，总统计码字数为 $1.1\mathrm{e}+04$。

注意：一般，当误码数达到 100 以下时，就可以认为统计误码率是足够精确的。

在通信系统中,很多地方都需要用到滤波器,如调制与解调、波形成型等。滤波器是一种十分重要的线性时不变系统,它是一种能让某些频率的分量通过,而完全阻止其他频率成分通过的系统。但这是一种理想化的滤波器,实际上很难实现完全阻止其他频率成分通过。因为滤波器是一个因果系统,在实际中不能实现完全阻止某些频率分量通过,只能使其衰减到一定的指标。从广义来讲,任何能够对某些频率进行修正的系统都可以看成滤波器。

滤波器可以分成模拟滤波器和数字滤波器两种。目前的应用中数字滤波器应用相对比较广泛。下面分别从函数及模块两方面介绍滤波器。

6.1 滤波器概述

滤波,本质上是从被噪声畸变和污染了的信号中提取原始信号所携带的信息的过程。

根据滤波器所使用综合方法的不同,可将其划分为巴特沃斯(Butterworth)型、切比雪夫(Chebyshev)Ⅰ型、切比雪夫Ⅱ型、椭圆(Elliptic)型等。

在此仅介绍如何使用 MATLAB/Simulink 的函数或模块来设计这些滤波器。不同类型的滤波器设计参数有所不同。

模拟滤波器设计的 4 个重要参数如下。

(1) 通带拐角频率(passband corner frequency)f_p(Hz):对于低通或高通滤波器,分别为高端拐角频率或低端拐角频率;对于带通或带阻滤波器,则为低拐角频率和高拐角频率两个参数。

(2) 阻带起始频率(stopband corner frequency)f_s(Hz):对于带通或带阻滤波器则为低起始频率和高起始频率两个参数。

(3) 通带内波动(passband ripple)R_p(dB):即通带内所允许的最大衰减。

(4) 阻带内最小衰减(stopband attenuation)R_s(dB):即阻带内允许的最小的衰减。

对于数字滤波器,在设计时需要将以上参数中的频率参数根据采样

率转换为归一化频率参数,设采样率为 f_N,则:

- 通带拐角归一化频率 w_p(Hz):$w_p = f_p(f_N/2)$,其中 $w_p \in [0, 1]$,$w_p = 1$ 时对应于归一化角频率 π。
- 阻带起始归一化频率 w_s(Hz):$w_s = f_s(f_N/2)$,其中 $w_s \in [0, 1]$。

所谓滤波器设计,就是根据设计的滤波器类型和参数计算出满足设计要求的滤波器的最低阶数和相应的 3dB 截止频率,然后进一步求出对应传递函数的分子分母系数。

模拟滤波器的设计是根据给定滤波器的设计类型、通带拐角频率、阻带起始频率、通带内波动和阻带最小衰减来进行的。数字滤波器则还需考虑采样率参数,并常以通带截止归一化频率和阻带起始归一化频率来计算。

MATLAB 专门提供了滤波器设计工具箱,而且还通过图形化界面向用户提供了更为方便的滤波器分析和设计工具 FDATool。在 MATLAB 命令行窗口中输入 fdatool,将打开滤波器分析和设置界面,如图 6-1 所示。相应的 Simulink 模块是 DSP Blockset 中的 Digital Filter Design 模块,不过 Digital Filter Design 还具有滤波器的实现功能。

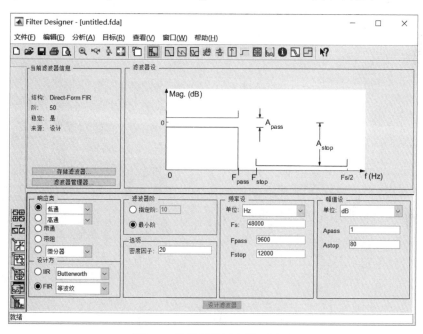

图 6-1　滤波器分析和设置界面

在 FDATool 图形界面下,可以选择滤波器类型、设计模型、滤波器阶数、采样率、通带、阻带频率、幅度特性等一系列参数,然后单击"设计滤波器"按钮进行设计运算,通过图形显示滤波器的幅频响应、相频响应、群时延失真、冲激响应、阶跃响应、零极点图、滤波器系数等。Digital Filter Design 模块将实现设计结果。

6.2　滤波器结构

在通信系统中,有两种滤波器类型,一种为模拟滤波器,另一种为数字滤波器,下面分别对这两种滤波器结构做介绍。

6.2.1 模拟滤波器结构

一个 IIR 滤波器的系统函数为：

$$H(z)=\frac{B(z)}{A(z)}=\frac{\sum\limits_{m=0}^{M}b_m z^{-m}}{\sum\limits_{n=0}^{N}a_n z^{-n}}=\frac{b_0+b_1 z^{-1}+\cdots+b_M z^{-M}}{1+a_1 z^{-1}+\cdots+a_N z^{-N}},\quad a_0=1 \tag{6-1}$$

式中，b_m，a_n 是滤波器的系数。一般情况下，假设 $a_0=1$。如果 $a_N\neq0$，则这时 IIR 滤波器阶数为 N。IIR 滤波器的差分方程为：

$$y(n)=\sum_{m=0}^{M}b_m x(n-m)-\sum_{n=0}^{N}a_n y(n-m) \tag{6-2}$$

在工程实际中通过 3 种结构来实现 IIR 滤波器：直接形式、级联形式和并联形式，下面分别对它们加以说明。

1. 直接形式

直接形式是用延迟器、乘法器和加法器以给定的形式直接实现差分方程式(6-2)。为了具体说明，设 $M=N=4$，那么差分方程为：

$$y(n)=b_0 x(n)+b_1 x(n-1)+b_2 x(n-2)+b_3 x(n-3)+b_4 x(n-4)-$$
$$a_1 y(n-1)-a_2 y(n-2)-a_3 y(n-3)-a_4 y(n-4)$$

在 MATLAB 中，直接形式结构由两个行向量描述，$\boldsymbol{b}$ 为包含 $\{b_n\}$ 的分子系数，$\boldsymbol{a}$ 为包含 $\{a_n\}$ 的分母系数。它可以直接由 MATLAB 提供的 filter() 函数来实现。

2. 级联形式

在这种形式中，系统函数 $H(z)$ 写成实系数二阶子系统的乘积形式。首先把分子、分母多项式的根解出，然后把每一对共轭复根或任意两个实根组合在一起，得到二阶子系统。假设 N 为偶数，于是式(6-1)可转化为：

$$H(z)=\frac{b_0+b_1 z^{-1}+\cdots+b_M z^{-M}}{1+a_1 z^{-1}+\cdots+a_N z^{-N}}=b_0\frac{1+\dfrac{b_1}{b_0}z^{-1}+\cdots+\dfrac{b_N}{b_0}z^{-N}}{1+a_1 z^{-1}+\cdots+a_N z^{-N}}$$
$$=b_0\prod_{k=1}^{K}\frac{1+B_{k,1}z^{-1}+B_{k,2}z^{-2}}{1+A_{k,1}z^{-1}+A_{k,2}z^{-2}} \tag{6-3}$$

式中，$K=N/2$；$B_{k,1}$、$B_{k,2}$、$A_{k,1}$、$A_{k,2}$ 均为实数，表示二阶子系统的系数。二阶子系统为：

$$H_k(z)=\frac{Y_{k+1}(z)}{Y_k(z)}=\frac{1+B_{k,1}z^{-1}+B_{k,2}z^{-2}}{1+A_{k,1}z^{-1}+A_{k,2}z^{-2}},\quad k=1,2,\cdots,K \tag{6-4}$$

式中的参量满足：

$$Y_1(z)=b_0 X(z);\quad Y_{k+1}(z)=Y(z) \tag{6-5}$$

在工程实际中，一般把如式(6-4)所示的结构称为二阶环节(Biquad)，它的输入是第 $k-1$ 个双二阶环节的输出，同时第 k 个双二阶环节的输出为第 $k+1$ 个双二阶环节的输入，而整个滤波器由双二阶环节的级联形式实现。

3. 并联形式

在这种形式中，系统函数用部分分式展开式(PFE)写成二阶子系统的和的形式：

$$H(z) = \frac{B(z)}{A(z)} = \frac{b_0 + b_1 z^{-1} + \cdots + b_M z^{-M}}{1 + a_1 z^{-1} + \cdots + a_N z^{-N}}$$

$$= \frac{\hat{b}_0 + \hat{b}_1 z^{-1} + \cdots + \hat{b}_{1-N} z^{1-N}}{1 + \hat{a}_1 z^{-1} + \cdots + \hat{a}_N z^{-N}} + \sum_{k=0}^{M-N} C_K z^{-k}$$

$$= \sum_{k=1}^{K} \frac{B_{k,0} + B_{k,1} z^{-1}}{1 + A_{k,1} z^{-1} + A_{k,2} z^{-2}} + \sum_{k=0}^{M-N} C_K z^{-k} \tag{6-6}$$

式中，$K = N/2$；$B_{k,0}$、$B_{k,1}$、$A_{k,1}$、$A_{k,2}$ 均为实数，表示二阶子系统的系数，而且只有当 $M \geqslant N$ 时才有后面的 FIR 部分（即多项式和）。二阶子系统为：

$$H_k(z) = \frac{Y_{k+1}(z)}{Y_k(z)} = \frac{B_{k,0} + B_{k,1} z^{-1}}{1 + A_{k,1} z^{-1} + A_{k,2} z^{-2}}, \quad k = 1, 2, \cdots, K \tag{6-7}$$

式中的参量满足：

$$Y_k(z) = H_k(z) X(z), \quad Y(z) = \sum Y_k(z), \quad M < N \tag{6-8}$$

在工程实际中，一般把式(6-6)所示的结构称为双二阶环节，滤波器的输入对所有双二阶环节均有效，同时，若 $M \geqslant N$（FIR 部分），它也是多项式部分的输入，这些环节的和构成了滤波器的输出。

【例 6-1】 已知直接形式滤波器的系数 $\{b_n\}$ 和 $\{a_n\}$，假设并联形式的滤波器结构为 b_0、$B_{k,i}$ 和 $A_{k,i}$，要求编制将直接形式转化为级联形式的函数。

由于需要，自定义一个 dir2par 函数，用于将直接型转换为并联型，代码如下：

```
function [C,B,A] = dir2par(b,a)
%  直接型到并联型的转换
%[C,B,A] = dir2par(b,a)
%  C 为当 b 的长度大于 a 时的多项式部分
%  B 为包含各 bk 的 K 乘二维实系数矩阵
%  A 为包含各 ak 的 K 乘三维实系数矩阵
%  b 为直接型分子多项式系数
%  a 为直接型分母多项式系数
M = length(b);
N = length(a);
[r1,p1,C] = residuez(b,a);
p = cplxpair(p1,10000000 * eps);
x = cplxcomp(p1,p);
r = r1(x);
K = floor(N/2);
B = zeros(K,2);
A = zeros(K,3);
if K * 2 == N,
    for i = 1:2:N - 2,
        br = r(i:1:i + 1,:);
        ar = p(i:1:i + 1,:);
        [br,ar] = residuez(br,ar,[]);
        B(fix((i + 1)/2),:) = real(br');
        A(fix((i + 1)/2),:) = real(ar');
    end
    [br,ar] = residuez(r(N - 1),p(N - 1),[]);
    B(K,:) = [real(br') 0];
```

```
            A(K,:) = [real(ar') 0];
    else
        for i = 1:2:N-1,
            br = r(i:1:i+1,:);
            ar = p(i:1:i+1,:);
            [br,ar] = residuez(br,ar,[]);
            B(fix((i+1)/2),:) = real(br);
            A(fix((i+1)/2),:) = real(ar);
        end
    end
```

以上代码中调用了自定义的 cplxcomp() 函数,由于进行滤波器形式转换时需要把极点-留数对按复共轭极点-留数对、实极点-留数对的顺序进行排列,而 MATLAB 内置的 cplxpair() 函数可以做到这一点,它可以把复数数组分类为复共轭对,但由于连续两次调用此函数(一次为极点,一次为留数),不能保证极点和留数的互相对应,因此编制了一个新的 cplxcomp() 函数,它把两个混乱的复数数组进行比较,返回一个数组的下标,用它重新给另一个数组排序。

cplxcomp() 函数的代码如下:

```
function I = cplxcomp(p1,p2)
%   I = cplxcomp(p1,p2)
%   比较两个包含同样标量元素但(可能)有不同下标的复数对
%   本程序必须用在 cplxpair() 程序之后以便重新排序频率极点向量
%   及其相应的留数向量
%   p2 = cplxpair(p1)
I = [];
for i = 1:length(p2)
    for j = 1:length(p1)
        if(abs(p1(j) - p2(i)) < 0.0001)
            I = [I,j];
        end
    end
end
I = I';
```

6.2.2　数字滤波器结构

一个具有有限持续时间冲激响应的滤波器的系统函数为:

$$H(z) = b_0 + b_1 z^{-1} + \cdots + b_{M-1} z^{1-M} = \sum_{n=0}^{M-1} b_n z^{-n} \tag{6-9}$$

则其冲激响应为:

$$h(n) = \begin{cases} b_n, & 0 \leqslant n \leqslant M \\ 0, & \text{其他} \end{cases} \tag{6-10}$$

其差分方程可以描述为:

$$y(n) = b_0 x(n) + b_1 x(n-1) + \cdots + b_{M-1} x(n-M+1) \tag{6-11}$$

FIR 滤波器也有 4 个结构:直接形式、级联形式、线性相位形式和频率采样形式。由于频率采样形式及复数运算在工程实际中应用较少,所以本节只介绍其他 3 种形式。

1. 直接形式

这种形式与 IIR 滤波器的直接形式类似,只是没有反馈回路,因此它由抽头延迟线实

现。设 $M=3$(即二阶 FIR 滤波器),则其差分方程为:
$$y(n) = b_0 x(n) + b_1 x(n-1) + b_2 x(n-2)$$

在 MATLAB 中,FIR 结构的直接形式由一个行向量描述,$\boldsymbol{b}$ 为包含 $\{b_n\}$ 的分子系数。它可以直接由 MATLAB 提供的 filter() 函数来实现,把 a 设为 1,其用法在前面章节已经介绍过,请读者参考。

2. 级联形式

这种形式与 IIR 形式类似。把系统函数 $H(z)$ 转换成具有实系数的二阶子系统的乘积,子系统以直接形式实现,整个滤波器用二阶子系统的级联实现。从式(6-9)可以得到:

$$H(z) = b_0 + b_1 z^{-1} + \cdots + b_{M-1} z^{1-M} = b_0 \left(1 + \frac{b_1}{b_0} z^{-1} + \cdots + \frac{b_{M-1}}{b_0} z^{-M+1} \right) \tag{6-12}$$

$$= b_0 \prod_{k=1}^{K} (1 + B_{k,1} z^{-1} + B_{k,2} z^{-2})$$

式中,$K = [M/2]$,实数 $B_{k,1}$、$B_{k,2}$ 表示二阶子系统的系数。

FIR 级联形式的实现可以使用 IIR 的级联形式函数 dir2cas(),这里需要把分母向量设置为 1。类似地,用 cas2dir() 函数也可以把 FIR 滤波器从级联形式转换为直接形式。

3. 线性相位形式

在工程实际中,通常希望选项滤波器(如低通滤波器)得到线性相位,即要求系统函数的相位为频率的线性函数,满足:

$$\angle H(\mathrm{e}^{j\omega}) = \beta - \alpha\omega, \quad -\pi < \omega \leqslant \pi \tag{6-13}$$

式中,$\beta = 0$ 或 $\pm\pi/2$;α 为一个常数,对于线性时不变因果性的 FIR 滤波器,它的冲激响应在区间 $[0, M-1]$ 上。线性相位条件式(6-13)表明了 $h(n)$ 有如下所示的对称性:

$$h(n) = h(M-1-n), \quad \beta = 0, \quad 0 \leqslant n \leqslant M-1 \tag{6-14}$$

$$h(n) = -h(M-1-n), \quad \beta = \pm\pi/2, \quad 0 \leqslant n \leqslant M-1 \tag{6-15}$$

满足条件式(6-14)的冲激响应称为对称冲激响应,满足条件式(6-15)的冲激响应称为反对称冲激响应。这些对称条件可以在称为线性相位的结构中使用。

若差分方程(6-11)具有式(6-14)中的对称冲激响应,则满足:

$$y(n) = b_0 x(n) + b_1 x(n-1) + \cdots + b_{M-1} x(n-M+1)$$

$$= b_0 [x(n) + x(n-M+1)] + b_1 [x(n-1) + x(n-M+2)] + \cdots \tag{6-16}$$

显然这种结构比直接形式所需的乘法次数少 50%,对反对称冲激响应同样可以有类似的结构。

线性相位结构在本质上仍然为直接形式,它只是缩减了乘法计算量,因此,在 MATLAB 实现上,线性相位结构等同于直接形式。

【**例 6-2**】 已知 FIR 滤波器由下面的系统函数描述:
$$H(z) = 1 + 8.125 z^{-3} + z^{-6}$$
求出并画出直接形式、线性相位形式和级联形式的结构。

(1)直接形式的差分方程为:
$$y(n) = x(n) + 8.125 x(n-3) + x(n-6)$$

(2)线性相位形式的差分方程为:
$$y(n) = [x(n) + x(n-6)] + 8.125 x(n-3)$$

（3）级联形式的结构可以用下面的 MATLAB 语句求得：

```
>> clear all;
b = [1 0 0 8.125 0 0 1];
[b0,B,A] = dir2cas(b,1)
```

运行程序，输出如下：

```
b0 =
    1
B =
    1.0000    − 0.5000    0.2500
    1.0000    − 2.0000    4.0000
    1.0000      2.5000    1.0000
A =
    1    0    0
    1    0    0
    1    0    0
```

在程序中调用的自定义的 dir2cas 函数的代码如下：

```
function [b0,B,A] = dir2cas(b,a)
% 直接型到级联型的转换
% [b0,B,A] = dir2cas(b,a)
% a 为直接型的分子多项式系数
% b 为直接型的分母多项式系数
% b0 为增益系数
% B 为包含各 bk 的 k 乘二维实系数矩阵
% A 为包含各 ak 的 k 乘三维实系数矩阵
% 计算增益系数
b0 = b(1);
b = b/b0;
a0 = a(1);
a = a/a0;
b0 = b0/a0;
M = length(b);
N = length(a);
if N > M,
    b = [b,zeros(1,N − M)];
elseif N < M
    a = [a,zeros(1,M − N)];
    N = M;
else
    NM = 0;
end
k = floor(N/2);
B = zeros(k,3);
A = zeros(k,3);
if k * 2 == N
    b = [b,0];
    a = [a,0];
end
broots = cplxpair(roots(b));
aroots = cplxpair(roots(a));
for i = 1:2:2 * k,
```

```
        br = broots(i:1:i + 1, :);
        br = real(poly(br));
        B(fix((i + 1)/2), :) = br;
        ar = aroots(i:1:i + 1, :);
        ar = real(poly(ar));
        A(fix((i + 1)/2), :) = ar;
    end
end
```

6.3　滤波器 MATLAB 函数

在 MATLAB 中,提供了相关函数用于实现滤波器,下面分别对这些函数进行介绍。

6.3.1　模拟滤波器 MATLAB 函数

1. 设计模拟滤波器

在 MATLAB 中,提供了相关函数用于实现模拟滤波器的设计。

1) 巴特沃斯模拟低通滤波器

巴特沃斯模拟低通滤波器的平方幅频响应函数为:

$$|H(j\omega)|^2 = A(\omega^2) = \frac{1}{1 + (\omega/\omega_c)^{2N}}$$

式中,ω_c 为低通滤波器的截止频率,N 为滤波器的阶数。

巴特沃斯滤波器的特点是:通带内具有最大平坦的频率特性,且随着频率增大平滑单调下降;阶数越高,特性越接近矩形,过渡带越窄,传递函数无零点。这里的特性接近矩形,是指通带频率响应段与过渡带频率响应段的夹角接近直角。通常该角为钝角,如果该角为直角,则为理想滤波器。

在 MATLAB 中,提供了 buttap 函数用于设计巴特沃斯模拟低通滤波器。函数的调用格式如下所述。

[z,p,k]=buttap(n):函数返回 n 阶低通模拟滤波器原型的极点和增益。参数 n 表示巴特沃斯滤波器的阶数;参数 z、p、k 分别为滤波器的零点、极点、增益。

【例 6-3】　绘制巴特沃斯低通模拟原型滤波器的幅频平方响应曲线,阶数分别为 2, 5, 10, 20。

```
>> clear all;
n = 0:0.01:2;                    % 频率点
for i = 1:4                      % 取 4 种滤波器
    switch i
        case 1, N = 2;
        case 2; N = 5;
        case 3; N = 10;
        case 4; N = 20;
    end
    [z,p,k] = buttap(N);         % 设计 Butterworth 滤波器
    [b,a] = zp2tf(z,p,k);        % 将零点极点增益形式转换为传递函数形式
    [H,w] = freqs(b,a,n);        % 按 n 指定的频率点给出频率响应
    magH2 = (abs(H)).^2;         % 给出传递函数平方幅度
    hold on;
    plot(w,magH2);               % 绘制传递函数平方幅度
end
```

```
xlabel('w/wc');                      % 显示横坐标
ylabel('|H(jw)|^2');                 % 显示纵坐标
title('Butterworth 模拟原型滤波器');  % 标题显示
text(1.5,0.18,'n = 2');              % 做必要的标记
text(1.3,0.08,'n = 5');
text(1.16,0.08,'n = 10');
text(0.93,0.98,'n = 20');
grid on;
```

运行程序，效果如图 6-2 所示。

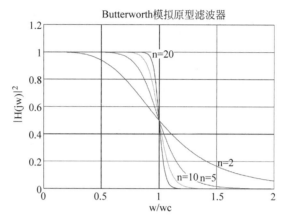

图 6-2　巴特特沃斯滤波器原型平方幅频响应曲线

2）切比雪夫 I 型滤波器

切比雪夫 I 型模拟低通滤波器的平方幅频响应函数为：

$$|H(j\omega)|^2 = A(\omega^2) = \frac{1}{1 + \varepsilon^2 C_N^2\left(\dfrac{\omega}{\omega_c}\right)}$$

式中，ε 为小于 1 的正数，表示通带内的幅值波纹情况；ω_c 为截止频率，N 为切比雪夫多项式阶数，$C_N\left(\dfrac{\omega}{\omega_c}\right)$ 为切比雪夫多项式，定义为：

$$C_N(x) = \begin{cases} \cos(N\cos^{-1}(x)), & |x| \leqslant 1 \\ \cosh(N\cosh^{-1}(x)), & |x| > 1 \end{cases}$$

切比雪夫 I 型滤波器的特点是：通带内具有等波纹起伏特性，而在阻带内则单调下降，且具有更大衰减特性；阶数越高，特性越接近矩形。传递函数没有零点。

在 MATLAB 中，提供了 cheb1ap 函数用于设计切比雪夫 I 型滤波器。函数的调用格式如下所述。

[z,p,k]=cheb1ap(n,Rp)：参数 n 表示阶数；参数 Rp 为通带波纹；参数 z、p、k 分别为滤波器的零点、极点、增益。

【例 6-4】　绘制 10 阶切比雪夫 I 型模拟低通滤波器原型的平方幅频响应曲线。

```
>> clear all;
n = 0:0.01:2;
N = 10;
```

```
Rp = 0.65;
[z,p,k] = cheb1ap(N,Rp);              % 切比雪夫 I 型低通滤波器
[b,a] = zp2tf(z,p,k);
[H,w] = freqs(b,a,n);
mag = (abs(H)).^2;
plot(w,mag,'LineWidth',2);
axis([0 2 0 1.2]);
xlabel('w/wc');ylabel('|H(jw)|^2');
grid on;
```

运行程序,效果如图 6-3 所示。

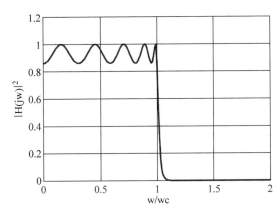

图 6-3　切比雪夫 I 型模拟低通滤波器的平方幅频响应曲线

3) 切比雪夫 II 型滤波器

切比雪夫 II 型低通模拟滤波器的平方幅频响应函数为:

$$|H(j\omega)|^2 = A(\omega^2) = \frac{1}{1 + \left[\varepsilon^2 C_N^2\left(\dfrac{\omega}{\omega_c}\right)\right]^{-1}}$$

式中,各项参数的意义同上。

切比雪夫 II 型滤波器的特点是:阻带内具有等波纹的起伏特性,而在通带内是单调、平滑的,阶数越高,频率特性曲线越接近矩形,传递函数既有极点又有零点。

在 MATLAB 中,提供了 cheb2ap 函数用于设计切比雪夫 II 型滤波器。函数的调用格式如下所述。

[z,p,k]=cheb2ap(n,Rs):参数 n 为阶数;参数 Rs 为阻带波纹;参数 z、p、k 分别为滤波器的零点、极点、增益。

【例 6-5】　绘制 10 阶切比雪夫 II 型模拟低通滤波器原型的平方幅频响应曲线。

```
>> clear all;
n = 0:0.01:2;
N = 10;
Rp = 12;
[z,p,k] = cheb2ap(N,Rp);              % 切比雪夫 II 型低通滤波器
[b,a] = zp2tf(z,p,k);
[H,w] = freqs(b,a,n);
mag = (abs(H)).^2;
plot(w,mag,'LineWidth',2);
```

```
axis([0.4 2.5 0 1.1]);
xlabel('w/wc');ylabel('|H(jw)|^2');
grid on;
```

运行程序,效果如图 6-4 所示。

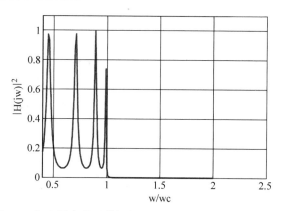

图 6-4　切比雪夫 II 型模拟低通滤波器的平方幅频响应曲线

4)椭圆滤波器

椭圆模拟低通原型滤波器的平方幅频响应函数为:

$$|H(j\omega)|^2 = A(\omega^2) = \frac{1}{1 + \mu^2 E_N^2\left(\dfrac{\omega}{\omega_c}\right)}$$

式中,μ 为小于 1 的正数,表示波纹情况;ω_c 为低通滤波器的截止频率,N 为滤波器的阶数,$E_N\left(\dfrac{\omega}{\omega_c}\right)$ 为椭圆函数,其定义已超出本课程的范围,这里直接利用。

椭圆滤波器的特点是:在通带和阻带内均具有等波纹起伏特性,与前几个滤波器原型相比,相同的性能指标所需的阶数最小,但相频响应具有明显的非线性。

在 MATLAB 中,提供了 ellipap 函数用于设计模拟低通椭圆滤波器原型。函数的调用格式如下所述。

[z,p,k]=ellipap(n,Rp,Rs):参数 n 为椭圆滤波器阶数;Rp 为通带波纹;Rs 为阻带衰减,单位都为 dB,通常滤波器的通带波纹的范围为 1~5dB,阻带衰减的范围大于 15dB。参数 z、p、k 分别为滤波器的零点、极点和增益。

【例 6-6】 绘制椭圆低通滤波器原型的平方幅频响应曲线,阶数分别为 1、3、7、9。

```
>> clear all;
n = 0:0.01:2;                    % 频率点
for i = 1:4                      % 取 4 种滤波器
    switch i
        case 1, N = 1;
        case 2; N = 3;
        case 3; N = 7;
        case 4; N = 9;
    end
Rp = 1; Rs = 15;                 % 设置通带波纹为 1dB,阻带衰减为 15dB
    [z,p,k] = ellipap(N,Rp,Rs);  % 设计椭圆滤波器
```

```
    [b,a] = zp2tf(z,p,k);            % 将零点极点增益形式转换为传递函数形式
    [H,w] = freqs(b,a,n);            % 按 n 指定的频率点给出频率响应
    magH2 = (abs(H)).^2;             % 给出传递函数平方幅度
    posplot = ['2,2',num2str(i)];    % 将数字 i 转换为字符串,与'2,2'合并并赋给 posplot
    subplot(2,2,i);
    plot(w,magH2);
    title(['N = ' num2str(N)]);      % 将数字 N 转换为字符串,与 N = '合并作为标题
    xlabel('w/wc');                  % 显示横坐标
    ylabel('椭圆|H(jw)|^2');         % 显示纵坐标
    grid on;
end
```

运行程序,效果如图 6-5 所示。

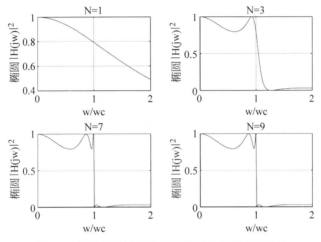

图 6-5　椭圆低通滤波器原型的平方幅频响应曲线

5) Bessel 滤波器

前面讲过的各类原型滤波器均没有绘出其相位随频率的变化特性(相频特性)。在后面的数字信号处理学习中,将会看到它们的相位特性是非线性的。这里所介绍的 Bessel 滤波器则能最大限度地减少相频特性非线性,使得通带内通过的信号形状不变(复制不走样)。

Bessel 模拟低通滤波器的特点是:在零频时具有最平坦的群延时,并在整个通带内群延时几乎不变。在零频时的群延时为 $\left(\dfrac{(2N)!}{2^N N!}\right)^{\frac{1}{N}}$。由于这一特点,Bessel 模拟滤波器通带内保持信号形状不变。但数字 Bessel 滤波器没有平坦特性,因此 MATLAB 信号处理工具箱只有模拟 Bessel 滤波器设计函数。

在 MATLAB 中,提供了 besselap 函数用于设计 Bessel 模拟低通滤波器原型。函数的调用格式如下所述。

[z,p,k]＝besselap(n):参数 n 为滤波器的阶数,应小于 25;参数 z、p、k 为滤波器的零点、极点、增益。

【例 6-7】　绘制 6 阶和 12 阶 Bessel 低通滤波器原型的平方帧频和相频图。

```
>> clear all;
n = 0:0.01:2;
```

```
for i = 1:2
    switch i
        case 1
            pos = 1;                        % 设置极点
            N = 6;
        case 2
            pos = 3;
            N = 12;
    end
[z,p,k] = besselap(N);
    [b,a] = zp2tf(z,p,k);
    [h,w] = freqs(b,a,n);
    magh2 = (abs(h)).^2;
    phah = unwrap(angle(h));
    phah = phah * 180/pi;
    subplot(2,2,pos);plot(w,magh2);
    axis([0 2 0 1]);
    xlabel('w/wc');ylabel('Bessel "|H(jw)|^2');
    title(['N = ',num2str(N)]);
    grid on;
    subplot(2,2,pos + 1); plot(w,phah);
    xlabel('w/wc');ylabel('Bessel "|Ph(jw)|');
    title(['N = ',num2str(N)]);
    grid on;
end
```

运行程序,效果如图 6-6 所示。

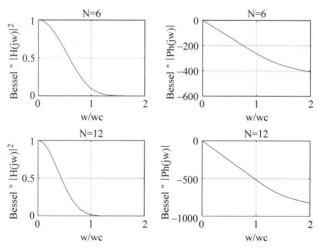

图 6-6　Bessel 模拟原型滤波器的平方帧频和相频图

2. 求模拟滤波器的最小阶

MATLAB 中提供了 buttord、cheb1ord、cheb2ord,ellipord 四个函数来分别设计巴特沃斯型、切比雪夫 Ⅰ、Ⅱ 型滤波器以及椭圆型模拟滤波器或数字滤波器。下面分别进行介绍。

1) buttord 函数

函数的调用格式如下所述。

[n,Wn] = buttord(Wp,Ws,Rp,Rs):返回符合要求的数字滤波器的最小阶次 n 和滤

波器的固有频率 Wn(3dB 频率)。参数 Wp 为通带截止频率；Ws 为阻带截止频率；Rp 为通带允许的最大衰减；Rs 为阻带应达到的最小衰减。Wp 和 Ws 为归一化频率,其值在 0～1 之间,1 对应抽样频率的一半。Rp 和 Rs 的单位为 dB。对于低通和高通滤波器,Wp 和 Ws 都是标量;对于带通和带阻滤波器,Wp 和 Ws 为 1×2 的向量。

[n,Wn] = buttord(Wp,Ws,Rp,Rs,'s'):返回符合要求的模拟滤波器的最小阶次 n 和滤波器的固有频率 Wn(3dB 频率)。参数的含义与前面相同,只是 Wp 与 Ws 的单位为 rad/s,因此,它们是实际的频率。

【例 6-8】 对于 1000Hz 采样的数据,设计一个低通滤波器,在 0～40Hz 的通带中纹波不超过 3dB,在阻带中衰减至少 60dB,求滤波器的阶数和截止频率。

```
>> Wp = 40/500;
Ws = 150/500;
[n,Wn] = buttord(Wp,Ws,3,60)
n =
     5
Wn =
     0.0810
% 指定滤波器的二阶部分,并绘制频率响应
>> [z,p,k] = butter(n,Wn);
sos = zp2sos(z,p,k);
freqz(sos,512,1000)
title(sprintf('n = %d 巴特沃斯低通滤波器',n))
```

运行程序,效果如图 6-7 所示。

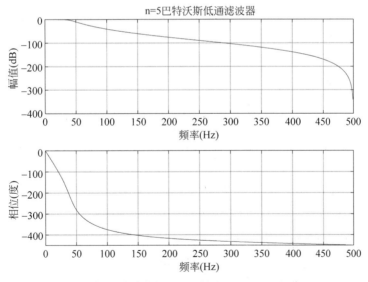

图 6-7 巴特沃斯低通滤波器频率响应效果图

2) cheb1ord 函数

函数的调用格式如下所述。

[n,Wp] = cheb1ord(Wp,Ws,Rp,Rs):返回符合要求的数字滤波器的最小阶次 n 和滤波器的固有频率 Wp(3dB 频率)。输入参数 Wp 为通带截止频率;Ws 为阻带截止频率;

Rp 为通带允许的最大衰减；Rs 为阻带应达到的最小衰减。Wp 和 Ws 为归一化频率，其值在 0～1 之间，1 对应抽样频率的一半。Rp 和 Rs 的单位为 dB。对于低通和高通滤波器，Wp 和 Ws 都是标量；对于带通和带阻滤波器，Wp 和 Ws 为 1×2 的向量。

［n, Wp］= cheb1ord(Wp, Ws, Rp, Rs,'s')：返回符合要求的模拟滤波器的最小阶次 n 和滤波器的固有频率 Wp(3dB 频率)。参数的含义与前面相同，只是 Wp 与 Ws 的单位为 rad/s。因此，它们是实际的频率。

【例 6-9】 对于 1000Hz 采样的数据，设计一个切比雪夫Ⅰ型低通滤波器，在定义为 0～40Hz 的通带内纹波小于 3dB，在定义为 150Hz 到奈奎斯特(Nyquist)频率的阻带内纹波至少 60dB，求滤波器的阶数和截止频率。

```
>> Wp = 40/500;
Ws = 150/500;
Rp = 3;
Rs = 60;
[n,Wp] = cheb1ord(Wp,Ws,Rp,Rs)
n =
    4
Wp =
    0.0800
>> [b,a] = cheby1(n,Rp,Wp);
freqz(b,a,512,1000)
title('n = 4 切比雪夫Ⅰ型低通滤波器')
```

运行程序，效果如图 6-8 所示。

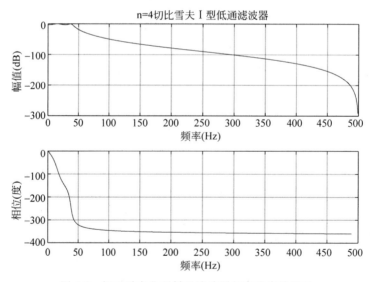

图 6-8　切比雪夫Ⅰ型低通滤波器频率响应效果图

3）cheb2ord 函数

函数的调用格式如下所述。

［n, Wp］= cheb2ord(Wp, Ws, Rp, Rs)：返回符合要求的数字滤波器的最小阶次 n 和滤波器的固有频率 Wp(3dB 频率)。输入参数 Wp 为通带截止频率；Ws 为阻带截止频率；

Rp 为通带允许的最大衰减；Rs 为阻带应达到的最小衰减。Wp 和 Ws 为归一化频率，其值为 0～1，1 对应抽样频率的一半。Rp 和 Rs 的单位为 dB。对于低通和高通滤波器，Wp 和 Ws 都是标量；对于带通和带阻滤波器，Wp 和 Ws 为 1×2 的向量。

[n,Wp] = cheb2ord(Wp,Ws,Rp,Rs,'s')：返回符合要求的模拟滤波器的最小阶次 n 和滤波器的固有频率 Wp(3dB 频率)。参数的含义与前面相同，只是 Wp 与 Ws 的单位为 rad/s。因此，它们是实际的频率。

【例 6-10】 对于 1000Hz 采样的数据，设计一个切比雪夫 II 型低通滤波器，在定义为 0 到 40Hz 的通带中纹波小于 3dB，在定义为 150Hz 到 Nyquist 频率的阻带中衰减至少 60dB，并求滤波器的阶数和截止频率。

```
>> Wp = 40/500;
Ws = 150/500;
Rp = 3;
Rs = 60;
[n,Ws] = cheb2ord(Wp,Ws,Rp,Rs)
n =
     4
Ws =
     0.3000
>> [b,a] = cheby2(n,Rs,Ws);
freqz(b,a,512,1000)
title('n = 4 切比雪夫 II 型低通滤波器')
```

运行程序，效果如图 6-9 所示。

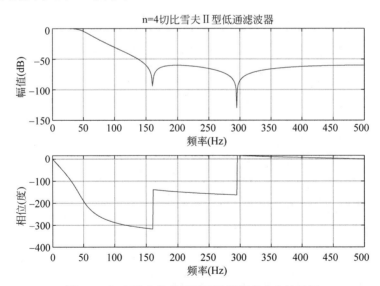

图 6-9 切比雪夫 II 型低通滤波器频率响应效果图

4）ellipord 函数

函数的调用格式如下所生。

[n,Wp]＝ellipord(Wp,Ws,Rp,Rs)：返回符合要求的数字滤波器的最小阶次 n 和滤波器的固有频率 Wp(3dB 频率)。输入参数 Wp 为通带截止频率；Ws 为阻带截止频率；Rp

为通带允许的最大衰减；Rs 为阻带应达到的最小衰减。Wp 和 Ws 为归一化频率,其值为 0～1,1 对应抽样频率的一半。Rp 和 Rs 的单位为 dB。对于低通和高通滤波器,Wp 和 Ws 都是标量;对于带通和带阻滤波器,Wp 和 Ws 为 1×2 的向量。

[n,Wp]=ellipord(Wp,Ws,Rp,Rs,'s')：返回符合要求的模拟滤波器的最小阶次 n 和滤波器的固有频率 Wp(3dB 频率)。参数的含义与前面相同,只是 Wp 与 Ws 的单位为 rad/s。因此,它们是实际的频率。

【例 6-11】 对于 1000Hz 采样数据,设计一个椭圆低通滤波器,通带纹波小于 3dB,定义为 0 到 40Hz,阻带纹波至少 60dB,定义为 150Hz 到 Nyquist 频率 500Hz。求滤波器的阶数和截止频率。

```
>> Wp = 40/500;
Ws = 150/500;
Rp = 3;
Rs = 60;
[n,Wp] = ellipord(Wp,Ws,Rp,Rs)
n =
    4
Wp =
    0.0800
%指定滤波器的二阶部分,并绘制频率响应
>> [z,p,k] = ellip(n,Rp,Rs,Wp);
sos = zp2sos(z,p,k);
freqz(sos,512,1000)
title(sprintf('n = %d 椭圆低通滤波器',n))
```

运行程序,效果如图 6-10 所示。

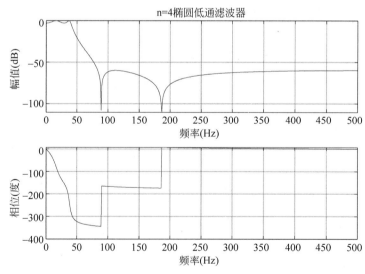

图 6-10　椭圆低通滤波器频率响应效果图

3. 滤波器的传递函数

求出滤波器的阶数以及 3dB 截止频率后,可用相应的 MATLAB 函数计算出实现传递函数的分子分母系数。

1) butter 函数

巴特沃斯滤波器是通带内最大平坦、带外单调下降型的,其传递函数为 butter,调用格式如下所述。

[z,p,k]＝butter(n,Wn):返回值为零点、极点和增益。参数 n 为滤波器的阶数,Wn 为归一化的截止频率。

[z,p,k]＝butter(n,Wn,'ftype'):返回值为零点、极点和增益。函数中参数 ftype 为滤波器的类型,可以取值为 high(高通)、low(低通)、stop(带阻)。系统默认为带通滤波器。

[b,a]＝butter(n,Wn)或[b,a]＝butter(n,Wn,'ftype'):返回值为系统函数的分子和分母多项式的系数。

[A,B,C,D]＝butter(n,Wn)或[A,B,C,D]＝butter(n,Wn,'ftype'):用来设计一个低通、高通、带通或带阻的数字巴特沃斯滤波器,并返回指定其状态空间表示的矩阵。

【例 6-12】　利用 butter 函数设计一个 6 阶的巴特沃斯滤波器。

```
>> clear all;
n = 6;
Wn = [2.5e6 29e6]/500e6;
ftype = 'bandpass';
% 设计传递函数
[b,a] = butter(n,Wn,ftype);              % 巴特沃斯滤波器
h1 = dfilt.df2(b,a);                     % 这是一个不稳定的滤波器
% 零极点设计
[z, p, k] = butter(n,Wn,ftype);
[sos,g] = zp2sos(z,p,k);
h2 = dfilt.df2sos(sos,g);
% 绘图
hfvt = fvtool(h1,h2,'FrequencyScale','log');   % 打开数字信号可视化滤波器工具
legend(hfvt,'TF 设计','ZPK 设计')
xlabel('归一化频率');ylabel('幅度 dB');
title('幅度响应 dB')
```

运行程序,效果如图 6-11 所示。

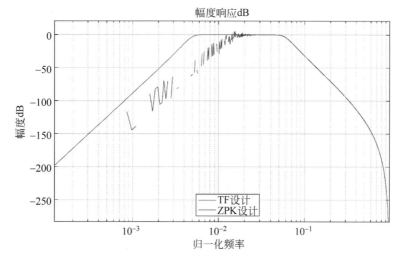

图 6-11　巴特沃斯滤波器

2) cheby1 函数

切比雪夫 I 型滤波器是通带等波纹（Equiripple）、阻带单调下降型的,其计算函数为 cheby1 函数,调用格式如下所述。

[z,p,k]=cheby1(n,R,Wp)：返回值为零点、极点和增益。函数中参数 n 为滤波器的阶数,R 为通带的纹波,单位为 dB,Wp 为归一化的截止频率。

[z,p,k]=cheby1(n,R,Wp,'ftype')：参数 ftype 为滤波器的类型,可取值为 high(高通)、low(低通)、stop(带阻)。系统默认为带通滤波器。

[b,a]=cheby1(n,R,Wp)：返回分子和分母多项式的系数。

[A,B,C,D]=cheby1(n,R,Wp)：返回值为状态空间表达式系数。

[z,p,k]=cheby1(n,R,Wp,'s')：用来设计模拟切比雪夫 I 型滤波器。

【例 6-13】 利用 cheby1 函数设计一个 6 阶的切比雪夫 I 型滤波器。

```
>> clear all;
n = 6;
r = 0.1;
Wn = ([2.5e6 29e6]/500e6);
ftype = 'bandpass';
% 设计传递函数
[b,a] = cheby1(n,r,Wn,ftype);
h1 = dfilt.df2(b,a);                          % 这是一个不稳定的滤波器
% 零极点设计
[z, p, k] = cheby1(n,r, Wn,ftype);
[sos,g] = zp2sos(z,p,k);
h2 = dfilt.df2sos(sos,g);
% 绘图
hfvt = fvtool(h1,h2,'FrequencyScale','log');  % 打开数字信号可视化滤波器工具
legend(hfvt,'TF 设计','ZPK 设计')
xlabel('归一化频率');ylabel('幅度 dB');
title('幅度响应 dB')
```

运行程序,效果如图 6-12 所示。

3) cheby2 函数

切比雪夫 II 型滤波器是通带内单调、阻带等波纹形的,其计算函数为 cheby2,调用格式如下所述。

[z,p,k]=cheby2(n,R,Wst)：返回值为零点、极点和增益。函数中参数 n 为滤波器的阶数,R 为阻带衰减,单位为 dB；Wst 为归一化的截止频率。

[z,p,k]=cheby2(n,R,Wst,'ftype')：参数 ftype 为滤波器的类型,可取值为 high(高通)、low(低通)、stop(带阻)。系统默认为带通滤波器。

[b,a]=cheby2(n,R,Wst)：返回分子和分母多项式的系数。

[A,B,C,D]=cheby2(n,R,Wst)：返回值为状态空间表达式系数。

[z,p,k]=cheby2(n,R,Wst,'s')：用来设计模拟切比雪夫 II 型滤波器。

【例 6-14】 利用 cheby2 函数设计一个 6 阶的切比雪夫 II 型模拟滤波器。

```
>> clear all;
n = 6;
r = 80;
```

```
Wn = ([2.5e6 29e6]/500e6);
ftype = 'bandpass';
% 设计传递函数
[b,a] = cheby2(n,r,Wn,ftype);
h1 = dfilt.df2(b,a);               % 这是一个不稳定的滤波器
% 零极点设计
[z, p, k] = cheby2(n,r, Wn,ftype);
[sos,g] = zp2sos(z,p,k);
h2 = dfilt.df2sos(sos,g);
% 绘图
hfvt = fvtool(h1,h2,'FrequencyScale','log'); %打开数字信号可视化滤波器工具
legend(hfvt,'TF 设计','ZPK 设计')
xlabel('归一化频率');ylabel('幅度 dB');
title('幅度响应 dB')
```

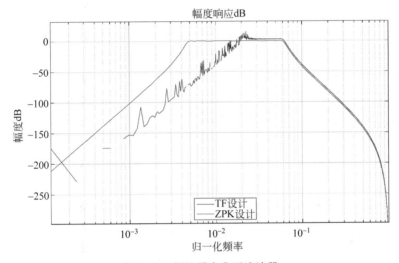

图 6-12　切比雪夫 I 型滤波器

运行程序,效果如图 6-13 所示。

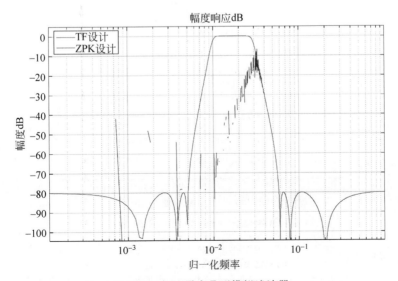

图 6-13　切比雪夫 II 型模拟滤波器

4）ellip 函数

椭圆滤波器是通带、阻带内均为等波纹形的，其计算函数为 ellip，调用格式如下所述。

$[z,p,k]=ellip(n,Rp,Rs,Wp)$：返回值为零点、极点和增益。参数 n 为滤波器的阶数，Rp 为通带纹波，Rs 为阻带衰减，单位都为 dB，Wp 为归一化的截止频率。

$[z,p,k]=ellip(n,Rp,Rs,Wp,'ftype')$：参数 ftype 为滤波器的类型，可取值为 high（高通）、low（低通）、stop（带阻）。系统默认为带通滤波器。

$[b,a]=ellip(n,Rp,Rs,Wp)$：返回分子和分母多项式的系数。

$[A,B,C,D]=ellip(n,Rp,Rs,Wp)$：返回值为状态空间表达式系数。

$[z,p,k]=ellip(n,Rp,Rs,Wp,'s')$：参数's'用于设计模拟的椭圆滤波器。

【例 6-15】 利用 ellip 函数设计一个 6 阶的椭圆滤波器。

```
>> clear all;
n = 6;
Rp = .1; Rs = 80;
Wn = [2.5e6 29e6]/500e6;
ftype = 'bandpass';
[b,a] = ellip(n,Rp,Rs,Wn,ftype);          % 椭圆滤波器
h1 = dfilt.df2(b,a);
[z, p, k] = ellip(n,Rp,Rs,Wn,ftype);
[sos,g] = zp2sos(z,p,k);
h2 = dfilt.df2sos(sos,g);
hfvt = fvtool(h1,h2,'FrequencyScale','log');
legend(hfvt,'TF 设计','ZPK 设计')
xlabel('归一化频率');ylabel('幅度 dB');
title('幅度响应 dB')
```

运行程序，效果如图 6-14 所示。

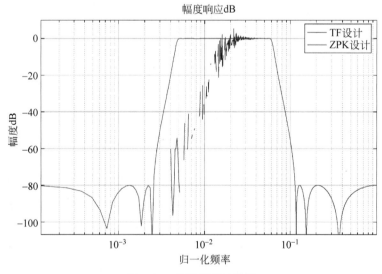

图 6-14 椭圆模拟滤波器

5）yulewalk 函数

在 MATLAB 中，提供了 yulewalk 函数用于设计递归型的 IIR 数字滤波器。函数的调

用格式如下所述。

[b,a]＝yulewalk(n,f,m)：参数 n 为滤波器的阶数。f 为给定的频率点向量，为归一化频率，取值范围为 0～1，f 的第一个频率点必须为 0，最后一个频率点必须为 1，其中 1 对应于 Nyquist 频率。在使用滤波器时，根据数据采样率确定数字滤波器的通带和阻带对此信号滤波的频率范围。f 向量的频率点必须是递增的，m 为和频率向量 f 对应的理想幅值响应向量，m 和 f 必须是相同维数向量。b、a 分别为所设计滤波器的分子和分母多项式系数向量。

【例 6-16】 利用 yulewalk 函数创建一个 8 阶递归型 IIR 带通滤波器。

```
>> clear all;
f = [0 0.6 0.6 1];
m = [1 1 0 0];
[b,a] = yulewalk(8,f,m);    %8 阶递归型 IIR 带通滤波器
[h,w] = freqz(b,a,128);
plot(f,m,w/pi,abs(h),'-- ')
legend('理想滤波器','递归型 IIR 滤波器')
title('比较频率响应的幅值')
```

运行程序，效果如图 6-15 所示。

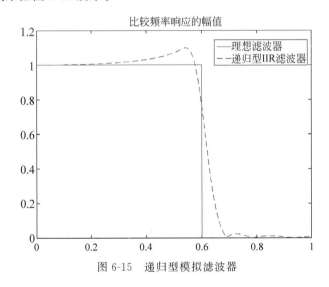

图 6-15　递归型模拟滤波器

6.3.2　数字滤波器 MATLAB 函数

数字滤波器的窗函数设计法是设计数字滤波器的最简单的方法，它的基本原理为：首先根据相关技术指标得到理想滤波器的频率响应 $H_d(e^{j\omega})$。然后，对其进行傅里叶反变换，得到理想滤波器单位采样响应 $h_d(n)$，此时的 $h_d(n)$ 是无限长的，这就需要截短，使其变成有限长，于是就得到了 FIR 滤波器的单位采样响应 $h(n)$。为保证系统的物理可实现性，一般需要将 $h(n)$ 进行平移。最后，得到了所设计的 FIR 滤波器的单位采样响应，也就得到了 FIR 数字滤波器。

1. 窗函数

所谓的窗函数法，是指在对理想滤波器的单位抽样响应 $h_d(n)$ 进行截短时需要采用窗

函数。常用的窗函数有矩形窗、三角窗、巴特利窗、汉宁窗、海明窗、布莱克曼窗、凯泽窗、切比雪夫窗等。下面对这几种窗的形式进行说明。

1) 矩形窗

表达式为：

$$w_R(n) = R_N(n)$$

矩形窗的频率响应为 $w_R(e^{j\omega}) = \dfrac{\sin(\omega N/2)}{\sin(\omega/2)} e^{-j\frac{1}{2}(N-1)\omega}$，其主瓣宽度为 $4\pi/N$，第一副瓣比主瓣低 13dB。

MATLAB 中调用 rectwin 函数来实现矩形窗，其调用格式如下所述。

w＝rectwin(L)：返回长度为 L 的矩形窗。

2) 巴特利窗

巴特利窗（Bartlett Window）表达式为：

$$w_{Br}(n) = \begin{cases} \dfrac{2n}{N-1}, & 0 \leqslant n \leqslant \dfrac{1}{2}(N-1) \\ 2 - \dfrac{2n}{N-1}, & \dfrac{1}{2}(N-1) < n \leqslant N-1 \end{cases}$$

其频率响应为 $w_{Br}(e^{j\omega}) = \dfrac{2}{N}\left[\dfrac{\sin\left(\dfrac{N}{4}\omega\right)}{\sin(\omega/2)}\right]^2 e^{-j\left(\omega + \frac{N-1}{2}\omega\right)}$，主瓣宽度为 $8\pi/N$，第一副瓣比主瓣低 26dB。

MATLAB 中调用 bartlett 函数来实现巴特利窗，其调用格式如下所述。

w＝bartlett(n)：返回长度为 n 的巴特利窗。

3) 汉宁窗

汉宁窗（Hanning Window）表达式为：

$$w_{Hn}(n) = 0.5\left[1 - \cos\left(\dfrac{2\pi n}{N-1}\right)\right] R_N(n)$$

其频域表达式为 $w_{Hn}(n) = 0.5 w_R(\omega) + 0.25\left[w_R\left(\omega - \dfrac{2\pi}{N}\right) + w_R\left(\omega + \dfrac{2\pi}{N}\right)\right]$，$w_R(\omega)$ 由 $w_R(e^{j\omega}) = \text{FFT}[R_N(n)] = w_R(\omega)e^{-j\frac{N-1}{2}}$ 得到，主瓣宽度为 $8\pi/N$，第一副瓣比主瓣低 31dB。

MATLAB 中调用 hann 函数来实现汉宁窗，其调用格式如下所述。

w＝hann(L)：返回 L 点对称的汉宁窗。

w＝hann(L,sflag)：使用 sflag 指定的窗口采样，并返回一个汉宁窗。

4) 海明窗

海明窗（Hamming Window）表达式为：

$$w_{Hm}(n) = \left[0.54 - 0.46\cos\left(\dfrac{2\pi n}{N-1}\right)\right] R_N(n)$$

其频率响应为 $w_{Hm}(e^{j\omega}) = 0.54 w_R(\omega) + 0.23 w_R(e^{j(\omega - \frac{2\pi}{N-1})}) - 0.23 w_R(e^{j(\omega + \frac{2\pi}{N-1})})$，主瓣宽度为 $8\pi/N$，第一旁瓣比主瓣小 40dB，MATLAB 中调用 hamming 函数实现海明窗，其调用格式如下所述。

w＝hamming(L)：返回 L 点对称的海明窗。

w＝hamming(L,sflag)：使用 sflag 指定的窗口采样，并返回一个海明窗。

5）布莱克曼窗

布莱克曼窗（Blackman Window）表达式为：

$$w_{Bl}(n) = \left[0.42 - 0.5\cos\frac{2\pi n}{N-1} + 0.08\cos\frac{4\pi n}{N-1} \right] R_N(n)$$

在频域表示为：

$$w_{Bl}(e^{j\omega}) = 0.42w_R(e^{j\omega}) - 0.25\left[\omega(e^{j\left(\omega-\frac{2\pi}{N-1}\right)}) + \omega(e^{j\left(\omega+\frac{2\pi}{N-1}\right)}) \right] +$$
$$0.04\left[\omega(e^{j\left(\omega-\frac{4\pi}{N-1}\right)}) + \omega(e^{j\left(\omega+\frac{4\pi}{N-1}\right)}) \right]$$

其主瓣宽度为 $12\pi/N$，第一旁瓣比主瓣小 57dB，MATLAB 中调用 blackman 函数实现布莱克曼窗，其调用格式如下所述。

w＝blackman(L)：返回 L 点对称的布莱克曼窗。

w＝blackman(L,sflag)：使用 sflag 指定的窗口采样，并返回一个布莱克曼窗。

6）凯泽窗

凯泽窗（Kaiser Window）表达式为：

$$w_k(n) = \frac{I_0(\beta)}{I(\alpha)}, \quad 0 \leqslant n \leqslant N-1$$

式中，$\beta = \alpha\sqrt{1 - \left(\frac{2n}{N-1}\right)^2}$，$I_0(x)$ 为第一类修正贝赛尔函数，窗函数的频域幅度函数为

$w_k(\omega) = w_k(0) + 2\sum\limits_{n=1}^{\frac{N-1}{2}} w_k(n)\cos\omega n$，其主瓣宽度为 $10\pi/N$，第一旁瓣比主瓣小 57dB。

MATLAB 中调用 kaiser 函数实现凯泽窗，其调用格式如下所述。

w＝kaiser(n, beta)：其中 beta 参数与最小旁瓣抑制有关，增大该参数可使主瓣变宽，旁瓣幅度降低。

7）切比雪夫窗

MATLAB 中调用 chebwin() 函数实现切比雪夫窗（Chebyshev Window），其调用格式如下所述。

w＝chebwin(n,r)：该函数返回 n 点切比雪夫窗，旁瓣低于主瓣 rdB。

【例 6-17】 绘制各窗函数效果图，并进行比较。

```
>> clear all;
N = 128;x1 = rectwin(N);
subplot(2,3,1);plot(x1);
axis([1,N,0,1.2]);xlabel('(a) 矩形窗');
x2 = bartlett(N);
subplot(2,3,2);plot(x2);
axis([1,N,0,1]);xlabel('(b) 巴特利窗');
x3 = hanning(N);
subplot(2,3,3);plot(x3);
axis([1,N,0,1]);xlabel('(c) 汉宁窗');
x4 = hamming(N);
subplot(2,3,4);plot(x4);
```

```
axis([1,N,0,1]);xlabel('(d) 海明窗');
x5 = blackman(N);
subplot(2,3,5);plot(x5);
axis([1,N,0,1]);xlabel('(e) 布莱克曼窗');
x6 = kaiser(N);
subplot(2,3,6);plot(x6);
axis([1,N,0.8,1.2]);xlabel('(f) 凯泽窗');
```

运行程序,效果如图 6-16 所示。

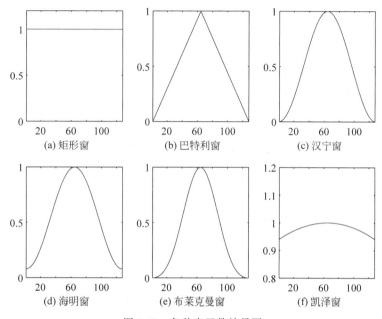

图 6-16 各种窗函数效果图

2. 数字滤波器频率响应函数

在 MATLAB 中,提供了若干函数用于实现滤波器的频率响应,下面分别进行介绍。

1) fir1 函数

在 MATLAB 中,提供了 fir1 函数采用窗函数法设计数字滤波器,能够设计低通、高通、带通、带阻滤波器。函数的调用格式如下所述。

b=fir1(n,Wn):返回所设计的 n 阶低通 FIR 数字滤波器的系数向量 b(单位采样响应序列),b 的长度为 n+1。Wn 为固有频率,它对应频率处的滤波器的幅度为−6dB。它是归一化频率,范围在 0~1,1 对应采样频率的一半。如果 Wn 为一个 1×2 的向量 Wn=[w1,w2],则返回的是一个 n 阶的带通滤波器的设计结果。滤波器的通带为:w1≤Wn≤w2。

b= fir1(n,Wn,'ftype'):通过参数 ftype 来指定滤波器类型,包括:

- ftype= low 时,设计一个低通 FIR 数字滤波器。
- ftype=high 时,设计一个高通 FIR 数字滤波器。
- ftype=bandpass 时,设计一个带通 FIR 数字滤波器。
- ftype=bandstop 时,设计一个带阻 FIR 数字滤波器。

b = fir1(n,Wn,'ftype',window):ftype 为滤波器类型;window 为窗函数类型,其长度为 n+1。函数自动默认为汉宁窗。

【例 6-18】 采用不同的窗函数设计 49 阶截止频率为 0.45 的低通 FIR 滤波器,并比较幅频响应。

```
>> clear all;
% 窗函数设计
n = 49;
window1 = rectwin(n + 1);
window2 = chebwin(n + 1, 30);
% 滤波器设计
Wn = 0.45;
b1 = fir1(n, Wn, window1);
b2 = fir1(n, Wn);
b3 = fir1(n, Wn, window2);
% 幅频响应对比
[H1, W1] = freqz(b1);
[H2, W2] = freqz(b2);
[H3, W3] = freqz(b3);
% 绘图
plot(W1, 20 * log10(abs(H1)), W2, 20 * log10(abs(H2)), ':', W3, 20 * log10(abs(H3)), 'r - .');
xlabel('归一化频率'); ylabel('幅频')
```

运行程序,效果如图 6-17 所示。

2) fir2 函数

在 MATLAB 中,提供了 fir2 函数用于设计基于频率采样的 FIR 滤波器。函数的调用格式如下所述。

b＝fir2(n, f, m):设计一个 n 阶的 FIR 数字滤波器,返回值 b 为滤波器转移函数的系数向量,也是滤波器的单位采样响应序列,其长度为 n＋1;f 为频率点向量,其范围在 0～1,1 代表采样频率的一半,f 必须按照升序排列;m 为 f 所代表的频率点处的滤波器幅值向量。

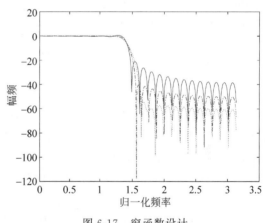

图 6-17　窗函数设计

b＝fir2(n, f, m, npt, lap):参数 lap 用于指定 fir2 在重复频率点附近插入的区域大小。

b＝fir2(n, f, m, npt, lap, window):参数 window 为指定所使用的窗函数的类型,默认时采用汉宁窗。

【例 6-19】 设计多通带 FIR 滤波器,滤波器阶数为 40,比较理想滤波器和实际滤波器的频率响应。

```
>> clear all;
m = [0 0 1 1 0 0 0 1 1 0 0 0 1 1 0 0];
f = [0 0.1 0.15 0.2 0.25 0.3 0.4 0.45 0.5 0.55 0.6 0.7 0.75 0.8 0.85 1];
N = 40;                % 设计滤波器阶数为 40
b = fir2(N, f, m, hamming(N + 1));
[h, w] = freqz(b, 1, 128);
plot(f, m, '-- ', w/pi, abs(h));
xlabel('频率'); ylabel('多通带');
```

grid on;

运行程序,效果如图 6-18 所示。

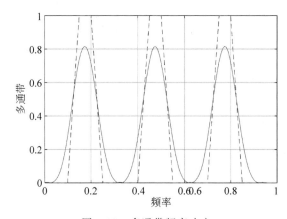

图 6-18　多通带频率响应

3) firls 函数

firls 是 fir1 和 fir2 函数的扩展,它采用最小二乘法,使指定频段内的理想分段线性函数与滤波器幅频响应之间的误差平方和最小。函数的调用格式如下所述。

b＝firls(n,f,a):用于设计 n 阶 FIR 滤波器,其幅频特性由 f 和 a 向量确定,返回长度为 n+1 的滤波器系数向量 b,且这些系数遵循 b(k)＝−b(n＋2−k),k＝1,2,…,n+1。f 为频率点向量,范围为[0,1],频率点是逐渐增大,允许向量中有重复的频率点。a 是指定频率点的幅度响应,期望的频率响应由(f(k),a(k))和(f(k＋1),a(k＋1))的连线组成,firls 则把 f(k＋1)与 f(k＋2)(k 为奇数)之间的频带视为过渡带。所以,所需要的频率响应是分段线性的,其总体平方误差最小。

b＝firls(n,f,a,w):使用权系数 w 给误差加权,w 的长度为 f 和 a 的一半。

b＝firls(n,f,a,ftype):参数 ftype 用于指定所设计的滤波器类型,ftype＝hilbert 时,为奇对称的线性相位滤波器,返回的滤波器系数满足 b(k)＝−b(n＋2−k),k＝1,2,…,n+1;ftype＝differentiatior 时,则采用特殊加权技术生成奇对称的线性相位滤波器,使低频段误差远远小于高频段误差。

【例 6-20】　利用 firls 函数设计一个 24 阶 FIR 多通带低通滤波器。

```
>> clear all;
F = [0 0.3  0.4 0.6  0.7 0.9];
A = [0  1    0  0  0.5 0.5];
b = firls(24,F,A,'hilbert');
for i = 1:2:6,
    plot([F(i) F(i+1)],[A(i) A(i+1)],'--'), hold on
end
[H,f] = freqz(b,1,512,2);
plot(f,abs(H));
grid on, hold off
legend('理想','firls 设计');
xlabel('归一化频率');ylabel('幅频')
```

运行程序,效果如图 6-19 所示。

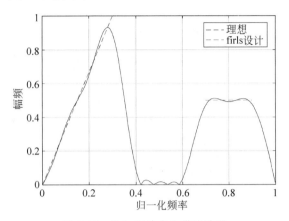

图 6-19　firls 设计多通带滤波器

4) firpm 函数

firpm 函数的调用格式与参数含义与 firls 函数一致,只是采用的算法不同,下面以具体示例来演示 firpm 函数的用法。

【例 6-21】　利用 firpm 函数设计多通带数字滤波器。

```
>> clear all;
f = [0 0.3 0.4 0.6 0.7 1];
a = [0 0 1 1 0 0];
b = firpm(17,f,a);
[h,w] = freqz(b,1,512);
plot(f,a,':',w/pi,abs(h))
legend('理想','firpm 设计');
```

运行程序,效果如图 6-20 所示。

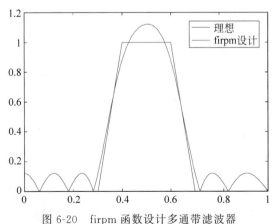

图 6-20　firpm 函数设计多通带滤波器

5) rcosdesign 函数

在 MATLAB 中,提供了 rcosdesign 函数实现余弦 FIR 脉冲整形滤波器的设计。函数的语法格式如下所述。

b＝rcosdesign(beta,span,sps)：返回参数 b,它对应于一个平方根凸起的余弦 FIR 滤波器,其 rolloff 系数由 beta 指定。滤波器被截断为跨符号,每个符号周期包含 sps 样本。过滤器的顺序为 sps * span,必须是偶数。过滤能量为1。

b＝rcosdesign(beta,span,sps,shape)：当将 shape 设置为'sqrt'时返回一个平方根凸起余弦滤波器,当将 shape 设置为'normal'时返回一个普通凸起余弦 FIR 滤波器。

【例 6-22】 比较普通凸起余弦滤波器和平方根凸起余弦滤波器。

一个理想(无限长)法线凸起余弦脉冲整形滤波器等价于级联中的两个理想平方根凸起余弦滤波器。因此,FIR 正规滤波器的脉冲响应应该类似于平方根滤波器与自身卷积的脉冲响应。

```
%创建一个普通的凸起余弦滤波器,音量设置为 0.25.指定此过滤器跨越 4 个符号,每个符号有 3 个
%样本
>> clear all;
rf = 0.25;
span = 4;
sps = 3;
h1 = rcosdesign(rf,span,sps,'normal');
%普通滤波器在 sps 的整数倍处有零交叉,因此它满足 Nyquist 的零符号间干扰准则,然而平方根过
%滤器没有
h2 = rcosdesign(rf,span,sps,'sqrt');
%将平方根滤波器与自身进行卷积.从最大值向外截断脉冲响应,使其长度与 h1 相同.使用最大值来
%标准化响应,然后比较卷积平方根滤波器和普通滤波器
h3 = conv(h2,h2);
p2 = ceil(length(h3)/2);
m2 = ceil(p2 - length(h1)/2);
M2 = floor(p2 + length(h1)/2);
ct = h3(m2:M2);
stem([h1/max(abs(h1));ct/max(abs(ct))]','filled')
xlabel('样本')
ylabel('归一化幅度')
legend('h1','h2 * h2')
```

运行程序,效果如图 6-21 所示。

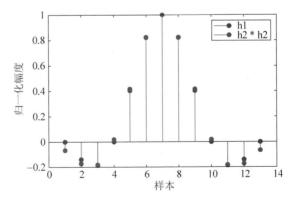

图 6-21　普通凸起余弦滤波器和平方根凸起余弦滤波器比较效果图

6）gaussdesign 函数

在 MATLAB 中,提供了 gaussdesign 函数实现高斯 FIR 脉冲整形滤波器设计。函数

的语法格式如下所述。

h＝gaussdesign(bt,span,sps)：设计一个低通 FIR 高斯脉冲整形滤波器，并返回滤波器系数的向量 h。滤波器被截断为跨符号，每个符号周期包含 sps 样本。过滤器的顺序为 sps * span，必须是偶数。

【例 6-23】 设计一个 GSM GMSK 数字蜂窝通信系统的高斯滤波器。

实例中指定用于传输比特的调制是高斯最小移位键控(GMSK)脉冲。这个脉冲的 3dB 带宽等于 0.3 的比特率。将滤波器截断为 4 个符号，并用 8 个样本表示每个符号。

```
>> bt = 0.3;
span = 4;
sps = 8;
h = gaussdesign(bt,span,sps);
fvtool(h,'impulse')
```

运行程序，效果如图 6-22 所示。

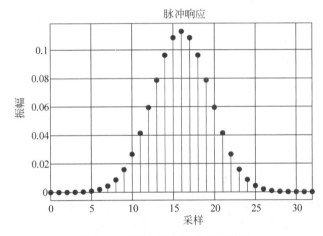

图 6-22 GSM GMSK 高斯滤波器

7) fircls 函数

在 MATLAB 中，提供了 fircls 函数用于实现 FIR 滤波器的最小二乘设计。函数的调用格式如下所述。

b = fircls(n,f,amp,up,lo)：返回长度为 n+1 的线性相位滤波器，期望逼近的频率分段恒定，由向量 f 和 amp 确定，频率的上下限由参数 up 及 lo 确定，长度与 amp 相同；f 中元素为临界频率，取值范围为[0,1]，且按递增顺序排列。

fircls(n,f,amp,up,lo,'design_flag')：design_flag 可取"trace""plot"或"both"。

【例 6-24】 使用 fircls 函数设计一个带通滤波器。

```
>> n = 150;
f = [0 0.4 1];
a = [1 0];
up = [1.02 0.01];
lo = [0.98 −0.01];
b = fircls(n,f,a,up,lo,'both');
```

运行程序,输出如下,效果如图 6-23 所示。

```
Bound Violation = 0.0788344298966
Bound Violation = 0.0096137744998
Bound Violation = 0.0005681345753
Bound Violation = 0.0000051519942
Bound Violation = 0.0000000348656
Bound Violation = 0.0000000006231
```

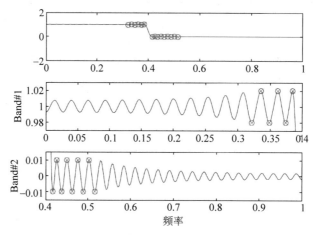

图 6-23　fircls 设计带通滤波器

8) fircls1 函数

在 MATLAB 中,提供了 fircls1 函数采用约束最小二乘法设计基本的线性相位高通和低通滤波器。函数的调用格式如下所述。

b＝fircls1(n,wo,dp,ds):返回长度为 n＋1 的线性相位低通 FIR 滤波器,截止频率为 wo,在 0～1 之间取值。通带幅度偏离 1 的最大值为 dp,阻带偏离 0 的最大值为 ds。

b＝fircls1(n,wo,dp,ds,'high'):返回高通滤波器,n 必须为偶数。

b＝fircls1(n,wo,dp,ds,wp,ws,k):采用平方误差加权,通带的权值比阻带的大 k 倍;wp 为通带边缘频率;ws 为阻带边缘频率,其中 wp＜wo＜ws。如果要设计高通滤波器,则必须使 ws＜wo＜wp。

【例 6-25】　利用 fircls1 函数设计一个带通滤波器。

```
>> clear all;
n = 55;
wo = 0.3;
dp = 0.02;
ds = 0.008;
b = fircls1(n,wo,dp,ds,'both');
```

运行程序,输出如下,效果如图 6-24 所示。

```
Bound Violation = 0.0870385343920
Bound Violation = 0.0149343456540
Bound Violation = 0.0056513587932
Bound Violation = 0.0001056264205
```

```
Bound Violation = 0.0000967624352
Bound Violation = 0.0000000226538
Bound Violation = 0.0000000000038
```

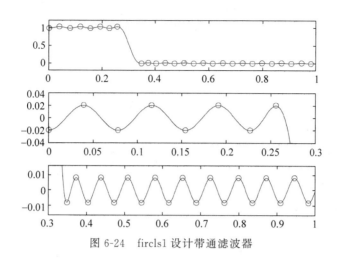

图 6-24 fircls1 设计带通滤波器

6.4 滤波器设计模块

在 Simulink 中提供了供用户自行设计、分析、实现滤波器的模拟器设计模块。下面分别对这些滤波器模块进行介绍。

6.4.1 数字滤波器设计模块

Simulink 中提供了 Digital Filter Design 模块实现 FIR 和 IIR 数字滤波器。Digital Filter Design 模块可实现与 Digital Filter block 相同的滤波器。

Digital Filter Design 模块将指定的滤波器应用到每个通道的离散时间输入信号上，并输出滤波结果。该结果在数值上与 Digital Filter block、MATLAB 中的 filter 函数，以及滤波器设计工具箱中的 filter 函数所得结果相同。

模块的输入可以是基于帧或基于采样的向量、矩阵。在模块中，基于帧的向量或矩阵都被看成一个信道。模块对每一个信道实行单独滤波。输出和输入具有相同的维数和状态。

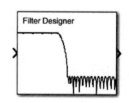

Digital Filter Design 模块如图 6-25 所示。

在此以一个低通 FIR 数字滤波器的设计为例，说明

图 6-25 Digital Filter Design 模块

如何使用 Digital Filter Design 模块，其实现步骤如下所述。

(1) 建立一个新的仿真窗口。

(2) 打开 Signal Processing Blockset Filtering 库，找到 Filter Designs 库，将其中的 Digital Filter Design 模块拖到仿真窗口中。

(3) 双击 Digital Filter Design 模块，打开模块图形用户界面。

(4) 在图形用户界面设定参数：响应类型＝低通；设计方法＝FIR-等波纹；滤波器阶数＝最小阶；频率设定＝归一化(0 到 1)；wpass＝0.25；wstop＝0.6。

（5）单击图形用户界面中的"设计滤波器"按钮,确定参数设定,效果如图6-26所示。

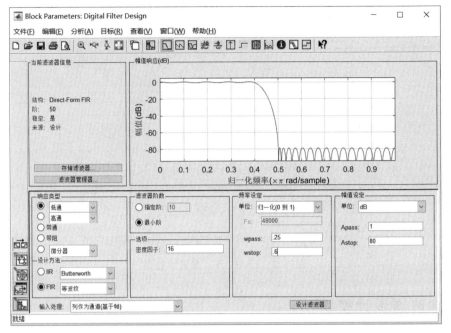

图6-26　Digital Filter Design模块图形用户界面

（6）选择菜单项"编辑"|"转换结构"项,打开"转换结构"对话框,如图6-27所示。

（7）在对话框中选定Direct-Form FIR,单击"确定"按钮。

（8）为模块设定的低通滤波器重命名。

实际上Digital Filter Design模块是利用FDATool图形用户界面进行滤波器设计的,Filter Realization Wizard模块和FDATool图形用户界面如图6-28所示。

单击FDATool图形用户界面左端的▦图标,出现参数设定界面,按照上文中低通滤波器的参

图6-27　"转换结构"对话框

数设定本界面中的参数,可获得相同的结果,如图6-29所示。

由图6-27及图6-29可知,两者的结果相同。因此,利用Digital Filter Design和Filter Realization Wizard模块中的任意一个,均可设计滤波器。两个模块具有若干相似性。

6.4.2　模拟滤波器设计模块

除了数字滤波器设计模块,Simulink还提供了一个模拟滤波器设计模块Analog Filter Design。

Analog Filter Design模块能够设计并实现巴特沃斯、切比雪夫Ⅰ、切比雪夫Ⅱ或者椭圆类型的低通、高通、带通或带阻滤波器。

Analog Filter Design的输入必须为基于采样的连续实值标量信号。

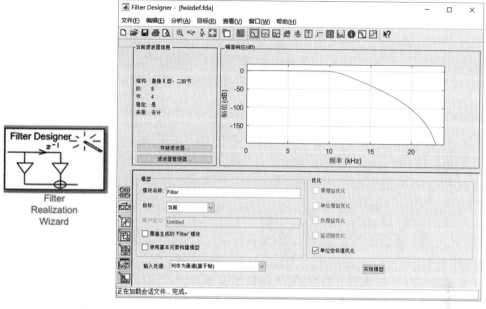

图 6-28 Filter Realization Wizard 模块和 FDATool 图形用户界面

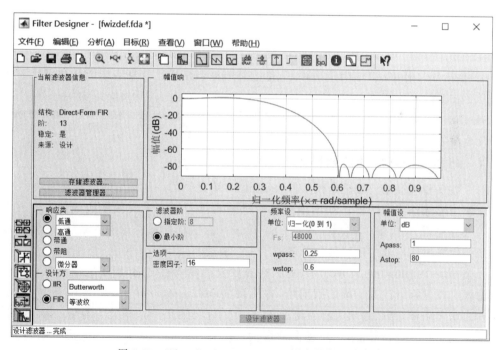

图 6-29 Filter Realization Wizard 设定的低通滤波器

Analog Filter Design 模块及参数设置对话框如图 6-30 所示。

Analog Filter Design 模块参数设置对话框中包含几个参数项,其主要含义如下所述。

Design method:滤波器设计方法,有巴特沃斯(Butterworth)、切比雪夫Ⅰ型(ChebyshevⅠ)、切比雪夫Ⅱ型(ChebyshevⅡ)、椭圆型(Elliptic)以及 Bessel 型。

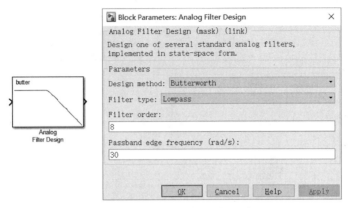

图 6-30　Analog Filter Design 模块及参数设置对话框

Filter type：滤波器类型，包括低通（Lowpass）、高通（Highpass）、带通（Bandpass）和带阻（Bandstop）。

Filter order：滤波器设置阶数，对于低通和高通滤波器，设置阶数就是滤波器的实现阶数，但是对于带通或带阻滤波器，其实现阶数为设置阶数的 2 倍。

Lower passband edge frequency（rad/s）：通带下边频率，单位是 rad/s，是带通和带阻滤波器的设计参数。

Upper passband edge frequency（rad/s）：通带上边频率，单位是 rad/s，是带通和带阻滤波器的设计参数。

Passband ripple in dB：阻带边频率，单位是 rad/s，是切比雪夫Ⅱ型低通和切比雪夫Ⅱ型高通滤波器的设计参数。

Stopband attenuation in dB：阻带衰减分贝，单位是 dB，是切比雪夫Ⅱ型和椭圆型滤波器的设计参数。

6.4.3　理想矩形脉冲滤波器模块

除了数字和模拟滤波器设计模块外，Simulink 还提供了一些常用的滤波器模块。

理想矩形脉冲滤波器模块利用矩形脉冲对输入信号提高采样频率或成形。模块将每个输入采样复制 N 次，N 为模块中的 Pulse length 参数项的值。对输入采样复制后，模块还可归一化输出信号或应用线性幅值增益。

如果模块中 Pulse delay 项非零，那么在开始复制输入值之前，模块输出零点个数。模块的输入可以是标量或基于帧的列向量，并支持 double、single 和 fixed-point 等数据类型。如果输入基于采样，那么输出采样实际是输入采样时间的 $1/N$。输出与输入的维数相同。此时模块的 Input sampling mode 项必须设为 Sample-based。如果输入是基于帧的 $K \times 1$ 阶矩阵，那么输出是基于帧的 $K \times N \times 1$ 阶矩阵。输出帧周期与输入帧周期对应。此时模块的 Input sampling mode 项必须设为 Frame-based。

模块的归一化可通过 Normalize output signal 和 Linear amplitude gain 两个参数项来设定。

在默认情况下，Normalize output signal 项是选定的。如果撤销选定，则 Normalization method 项消失。模块将会用 Linear amplitude gain 项参数乘以复制的值。

如果 Normalize output signal 项选定,那么模块将会显示 Normalization method 项。模块将会缩放复制值从而满足以下两个条件中的一个。

(1) 每个脉冲的采样总数等于模块复制的初始输入值。

(2) 每个脉冲的能量等于模块复制的初始输入值,也即是每个脉冲中矩形采样的和等于输入值的平方。

模块应用 Normalization method 项的缩放设定后,将会用缩放后的信号乘以 Linear amplitude gain 参数项的值。

理想矩形脉冲滤波器模块及参数设置对话框如图 6-31 所示。

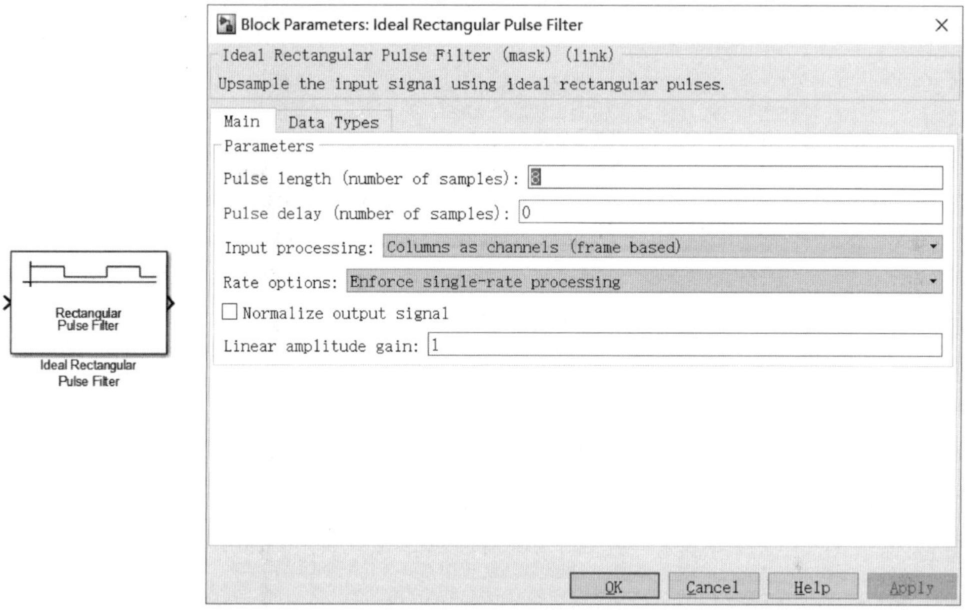

图 6-31　理想矩形脉冲滤波器模块及参数设置对话框

理想矩形脉冲滤波器模块包含两个选项卡,分别为 Main 选项和 Data Types 选项。

1) Main 选项卡

Main 选项卡如图 6-31 所示。它包含以下几个参数项,主要含义如下所述。

Pulse length:设定每个输出脉冲中的采样数,就是当模块生成输出信号时对每个输入值的复制次数。

Pulse delay:脉冲延迟项。表示仿真初始阶段,在开始复制输入值之前,模块输出零点的个数。

Input processing:设定输入数据类型,有 Columns as channels(frame based)、Elements as channels (Sample base)和 Inherited(this choice will be removed-see release notes)三种。

Rate options:滤波器的速率选项,有 Enforce single-rate processing 和 Allow multirate processing 两项。

Normalize output signal:选定本项后,在应用线性幅值增益前,模块将会对复制值进行缩放。

Linear amplitude gain：用于对输出信号进行缩放，需要为正的标量。

2）Data Types 选项卡

理想矩形脉冲滤波器模块中还包含 Data Types 类参数项，如图 6-32 所示。

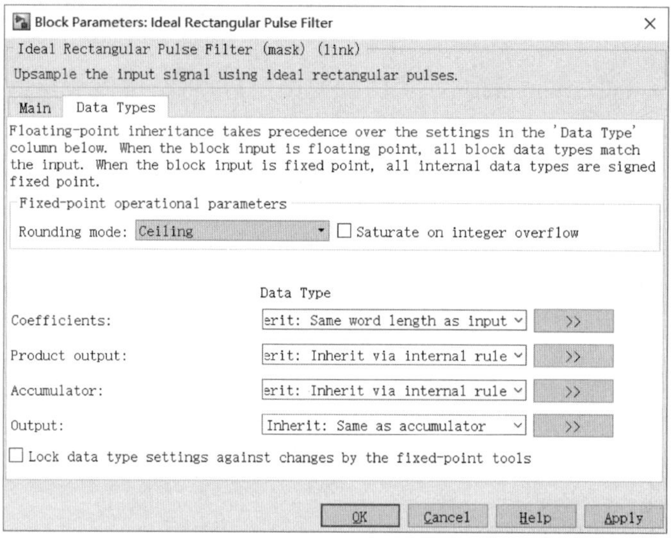

图 6-32　Data Types 选项卡

Data Types 选项卡包含参数主要含义如下所述。

Rounding mode：选择定点操作的凑整方式。滤波器的系数并不服从本参数，它们通常为 Nearest 型凑整。

Saturate on integer overflow：选中该项，即选择定点操作的溢出方式。滤波器的系数并不服从该参数，它们通常是饱和的。

Coefficients：选择怎样设定滤波器系数的字长和小数长度。当选择 Same word length as input 时，滤波器系数的字长和模块的输入相对应，小数长度自动设置为 binary-point；当选择 Spcify word length 时，可以自行输入系数的字长，单位为 bit，小数长度自动设置为 binary-point；当选择 Binary point scaling 时，可以自行输入字长与小数长度，单位为 bit，此时，可以单独输入分子系数与分母系数的小数长度；当选择 Slope and bias scaling 时，可自行输入滤波器系数的字长和斜率，该模块要求斜率为 2 的幂次方，偏置为 0。

Product output：该参数用于指定用户怎样设置乘积输出字长和小数长度。当本项选定为 Same as input 时，乘积输出字长和小数长度与模块的输入相对应；当该项选定为 Binary point scaling 时，可自行设定乘积输出的字长和小数长度；当该项选定为 Slope and bias scaling 时，可自行设定乘积输出的字长和斜率，此时要求斜率为 2 的幂次方，偏置为 0。

Accumulator：该参数用于指定用户怎样设置累加器的字长和小数长度。当该项选定为 Same as input 时，累加器字长和小数长度与模块的输入相对应；当该项选定为 Same as product output 时，累加器字长和小数长度与模块的输出相对应；当该项选定为 Binary point scaling 时，可自行设定累加器的字长和小数长度；当该项选定为 Slope and bias scaling 时，可自行设定累加器的字长和斜率，此时要求斜率为 2 的幂次方，偏置为 0。

Outout：选择怎样设定输出字长和小数长度。当该项选定为 Same as input 时，输出字长和小数长度与输入相对应;当该项选定为 Same as accumulator 时,输出字长和小数长度与累加器的字长和小数长度相对应;当该项选定为 Binary point scaling 时,可自行设定输出的字长和小数长度;当该项选定为 Slope and bias scaling 时,可自行设定输出的字长和斜率,此时要求斜率为 2 的幂次方,偏置为 0。

Lock data type settings against changes by the fixed-point tools:当选择该项时,即锁定坐标刻度。

6.4.4　升余弦发射滤波器模块

升余弦发射滤波器模块利用常规升余弦 FIR 滤波器或平方根升余弦 FIR 滤波器对输入信号提高采样频率或成形。

如果滚降系数为 R,符号周期 T,那么常规升余弦滤波器的脉冲响应可表示为:

$$h(t) = \frac{\sin\left(\frac{\pi t}{T}\right)}{\left(\frac{\pi t}{T}\right)} \cdot \frac{\cos\left(\frac{\pi R t}{T}\right)}{(1 - 4R^2 t^2 / T^2)}$$

而平方根升余弦滤波器的脉冲响应可表示为:

$$h(t) = 4R \frac{\cos((1+R)\pi t/T) + \dfrac{\sin((1-R)\pi t/T)}{(4Rt/T)}}{\pi \sqrt{T}(1 - (4Rt/T)^2)}$$

模块中的 Group delay 参数是滤波器响应起始点与峰值之间的符号周期数。该项与模块中的提高采样频率参数 N 决定了滤波器的脉冲响应为 $2 \times N \times$ Group delay $+1$。

模块中的 Rolloff factor 参数是滤波器的滚降系数,必须为 0 到 1 之间的实数。该项决定滤波器的超出带宽。例如当该项为 0.5 时,表示滤波器的带宽是输入采样频率的 1.5 倍。

模块中的 Filter gain 项显示模块怎样归一化滤波器参数。

(1) 如果该项为 Normalized,那么模块将会应用自动缩放。

当 Filter type 是 Normal 时,模块归一化滤波器参数使得峰值参数等于 1;当 Filter type 是 Square root 时,模块归一化滤波器使得滤波器与本身的卷积生成一个峰值参数为 1 的常规升余弦滤波器。

(2) 如果该项为 User-specified,那么滤波器的带宽增益如下所述。

常规滤波器:20lg(Upsampling factor(N)×Linear amplitude filter gain)。

平方根滤波器:20lg(sqrt(Upsampling factor(N) ×Linear amplitude filter gain))。

模块的输入信号必须是标量或基于帧的列向量。模块支持 double、single、fixed-point 等数据类型。参数项 Input sampling mode 决定模块的输入是基于帧还是基于采样。该项和 Upsampling factor 参数项 N 共同决定输出信号特征。

如果输入是基于采样的标量,那么输出也是基于采样的标量,且输出采样时间是输入采样时间的 N 倍。

如果输入是基于帧的,那么输出也是基于帧的向量,且向量长度是输入向量长度的 N 倍。输出帧与输入帧的周期相同。

升余弦发射滤波器模块及其参数设置对话框如图 6-33 所示。

升余弦发射滤波器模块包含两大类参数选项:Main 选项和 Data Types 选项。

1）Main 选项卡

Main 选项卡参数如图 6-33 所示。它包含以下几个参数，主要含义如下所述。

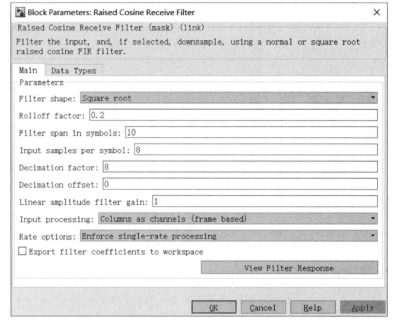

图 6-33　升余弦发射滤波器模块及参数设置对话框

Fitler shape：设定升余弦滤波器类型，有 Square root 和 Normal 两种。

Rolloff factor：滤波器的滚降系数，为 0～1 范围内的实数。

Filter span in symbols：滤波器信号值，默认值为 8。

Input samples per symbol：每秒输入样本数，默认值为 8。

Decimation factor：滤波器的抽取因子，默认值为 8。

Decimation offset：滤波器的延迟因子，默认值为 0。

Linear amplitude filter gain：线性振幅增益项，为用于缩放滤波器参数的正的标量。该项只有当 Filter gain 项选定为 User-specified 时出现。

Input processing：设定输入数据类型，有 Columns as channels（frame based）、Elements as channels（Sample base）和 Inherited（this choice will be removed-see release notes）三种。

Rate options：滤波器的速率选项，有 Enforce single-rate processing 和 Allow multirate processing 两项。

Export filter coefficients to workspace：滤波器参数输出到工作空间项，选定本项后，模块将在 MATLAB 中创造一个包含滤波器参数的变量。

View Filter Response：该项为按钮。单击该按钮后，MATLAB 将会启动滤波器可视化工具，模块的参数发生任何变化时将会对升余弦滤波器进行分析。

2）Data Types 选项卡

升余弦发射器模块中的 Data Types 选项卡的参数如图 6-34 所示，主要参数项的含义如下。

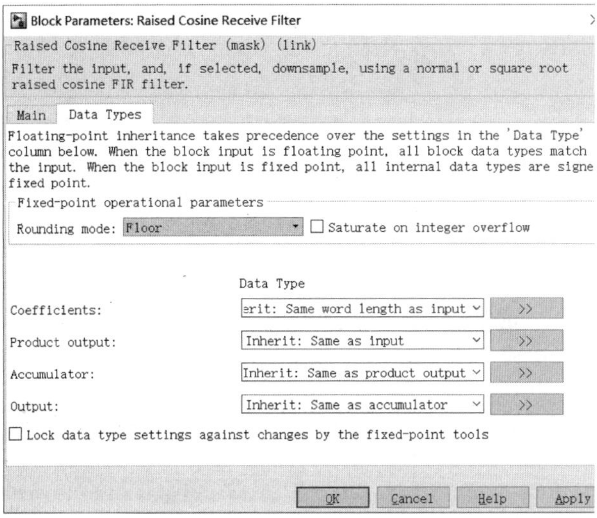

图 6-34　Data Types 选项卡

Rounding mode：选择定点操作的凑整方式。滤波器的系数并不服从该参数，它们通常为 Nearest 型凑整。

Saturate on integer overflow：选中该项，即选择定点操作的溢出方式。滤波器的系数并不服从该参数，它们通常是饱和的。

Coefficients：选择怎样设定滤波器系数的字长和小数长度。当选择 Same word length as input 时，滤波器系数的字长和模块的输入相对应，小数长度自动设置为 binary-point；当选择 Specify word length 时，可以自行输入系数的字长，单位为 bit，小数长度自动设置为 binary-point；当选择 Binary point scaling 时，可以自行输入字长与小数长度，单位为 bit，此时，可以单独输入分子系数与分母系数的小数长度；当选择 Slope and bias scaling 时，可自行输入滤波器系数的字长和斜率，可以单独输入分子系数与分母系数的斜率，该模块要求斜率为 2 的幂次方，偏置为 0。

Product output：该参数用于指定用户怎样设置乘积输出字长和小数长度。当本项选定为 Same as input 时，乘积输出字长和小数长度与模块的输入相对应；当该项选定为 Binary point scaling 时，可自行设定乘积输出的字长和小数长度；当该项选定为 Slope and bias scaling 时，可自行设定乘积输出的字长和斜率，此时要求斜率为 2 的幂次方，偏置为 0。

Accumulator：该参数用于指定用户怎样设置累加器的字长和小数长度。当该项选定为 Same as input 时，累加器字长和小数长度与模块的输入相对应；当该项选定为 Same as product output 时，累加器字长和小数长度与模块的输出相对应；当该项选定为 Binary point scaling 时，可自行设定累加器的字长和小数长度；当该项选定为 Slope and bias scaling 时，可自行设定累加器的字长和斜率，此时要求斜率为 2 的幂次方，偏置为 0。

Outout：选择怎样设定输出字长和小数长度。当该项选定为 Same as input 时，输出字长和小数长度与输入相对应；当该项选定为 Same as accumulator 时，输出字长和小数长度与累加器的字长和小数长度相对应；当该项选定为 Binary point scaling 时，可自行设定输出的字长和小数长度；当该项选定为 Slope and bias scaling 时，可自行设定输出的字长和斜率，此时要求斜率为 2 的幂次方，偏置为 0。

Lock data type settings against changes by the fixed-point tools：当选择该项时，即锁定定点数据类型。

6.4.5　升余弦接收滤波器模块

升余弦接收滤波器模块利用普通升余弦 FIR 滤波器或平方根升余弦 FIR 滤波器对输入信号进行上采样和滤波。例如 Ouput mode 项设定为 Downsampling，它会减小滤波器后的信号采样频率。

当 Output mode 项设定为 Downsampling 且 Downsampling factor 项参数为 L 时，模块将按照下面的方法保留采样的 $1/L$。

- 如果 Sample offset 项为 0，模块选择滤波后信号序列为 1、$L+1$、$2L+1$、$3L+1$ 等的采样。
- 如果 Sample offset 项为小于 L 的正整数，那么模块去掉初始的 Sample offset 项正整数个采样，再按照上面的方法来降低采样频率。

模块的输入信号必须是标量或基于帧的列向量。模块支持 double、single、fixed-point 等数据类型。

- 如果 Output mode 项设为 0，那么输入和输出信号具有相同的采样方式、采样时间、向量长度。如果 Output mode 项设为 Downsampling，并且 Downsampling factor 项参数为 L 时，那么 L 和输入采样方式决定输出信号的特征。
- 如果输入是基于采样的标量，那么输出也是基于采样的标量，且输出采样时间是输入采样时间的 $1/L$。如果输入是基于帧的，那么输出也是基于帧的向量，且向量长度是输入向量长度的 $1/L$。输出帧与输入帧的周期相同。

升余弦接收滤波器模块及参数设置对话框如图 6-35 所示。

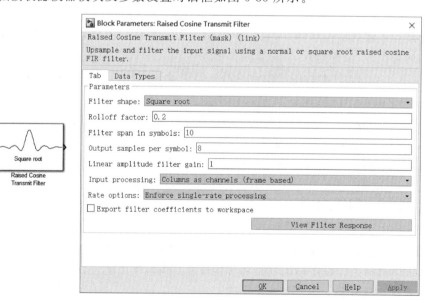

图 6-35　升余弦接收滤波器模块及参数设置对话框

升余弦接收滤波器模块及参数设置对话框包含两个选项,分别为 Tab 选项卡和 Data Types 选项卡,下面分别给予介绍。

1) Tab 选项卡

Tab 选项卡包含若干个参数项,主要含义如下。

Filter shape：设定升余弦滤波器的类型,有 Square root 和 Normal 两种类型。

Rolloff factor：滤波器的滚降系数,为 0 到 1 之间的实数。

Filter span in symbols：滤波器输入信号中每个符号的采样数,必须为一个大于 1 的整数。

Output samples per symbol：输出信号中每个符号的采样数,必须为大于 1 的整数。

Linear amplitude filter gain：线性振幅增益项,用于缩放滤波器参数的正的标量。该项只有当 Filter gain 项选定为 User-specified 时出现。

Input processing：设定输入数据类型,有 Columns as channels（frame based）、Elements as channels（Sample base）和 Inherited（this choice will be removed-see release notes）三种。

Rate options：滤波器的速率选项,有 Enforce single-rate processing 和 Allow multirate processing 两项。

Export filter coefficients to workspace：滤波器参数输出到工作空间项,选定本项后,模块将在 MATLAB 中创造一个包含滤波器参数的变量。

View Filter Response：该项为按钮。单击该按钮后,MATLAB 将会启动滤波器可视化工具 FVTool,模块的参数发生任何变化时将会对升余弦滤波器进行分析。

2) Data Types 选项卡

升余弦接收滤波器模块中 Data Types 选项卡的参数如图 6-36 所示。

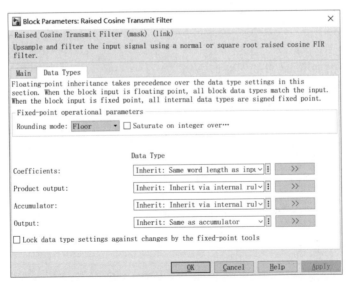

图 6-36　Data Types 选项卡

升余弦接收滤波器模块中的 Data Types 选项卡的参数项和升余弦发射滤波器模块类同,在此不再赘述。

6.5 滤波器设计实例

下面通过示例来了解滤波器的相关性能及指标。

【例 6-26】 试设计一个模拟低通滤波器 $f_p = 3500\,\mathrm{Hz}$，$f_s = 5500\,\mathrm{Hz}$，$R_p = 2.5\,\mathrm{dB}$，$R_s = 25\,\mathrm{dB}$，首先分别用巴特沃斯和椭圆滤波器原型求出其 3dB 截止频率和滤波器阶数、传递函数，给出幅频、相频特性曲线。其次，用 Digital Filter Design 模块实现该滤波器，用示波器观察其冲激响应，并与计算得出的理论曲线进行对比。

其实现步骤如下。

1）用 MATLAB 代码实现相应求解

（1）用巴特沃斯滤波器设计，代码如下：

```
>> clear all;
fp = 3500; fs = 5500; Rp = 2.5; Rs = 25;          % 设计要求指标
[n, fn] = buttord(fp, fs, Rp, Rs, 's');           % 用巴特沃斯滤波器计算阶数和截止频率
Wn = 2 * pi * fn;                                 % 转换为角频率
[b, a] = butter(n, Wn, 's');                      % 计算用巴特沃斯滤波器 H(s)
f = 0:100:10000;                                  % 计算频率点和频率范围
s = j * 2 * pi * f;
Hs = polyval(b, s)./polyval(a, s);                % 计算相应频率点处 H(s)的值
figure(1);
subplot(2, 1, 1); plot(f, 20 * log10(abs(Hs)));   % 幅频特性
axis([0 10000 - 40 1]);
xlabel('频率 Hz'); ylabel('幅度 dB');
grid on;
subplot(2, 1, 2); plot(f, angle(Hs));             % 相频特性
xlabel('频率 Hz'); ylabel('相角 rad');
disp('滤波器阶数和截止频率:')
grid on;
n, fn, b, a
```

运行程序，输出如下，效果如图 6-37 所示。

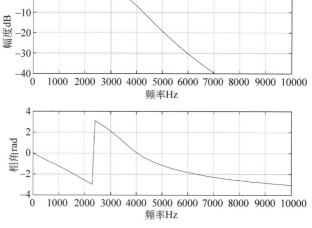

图 6-37　巴特沃斯滤波器的幅频响应与相频响应曲线

滤波器阶数和截止频率：

```
n =
    7
fn =
  3.6466e + 03
b =
  1.0e + 30 *
     0        0        0        0        0        0        0      3.3150
a =
  1.0e + 30 *
  0.0000   0.0000   0.0000   0.0000   0.0000   0.0000   0.0007   3.3150
```

（2）用椭圆滤波器设计，代码如下：

```
>> clear all;
% 用椭圆滤波器设计
fp = 3500; fs = 5500; Rp = 2.5; Rs = 25;          % 设计要求指标
[n,fn] = ellipord(fp,fs,Rp,Rs,'s');               % 用椭圆滤波器计算阶数和截止频率
Wn = 2 * pi * fn;                                 % 转换为角频率
[b,a] = ellip(n,Rp,Rs,Wn,'s');                    % 用椭圆滤波器计算 H(s)
f = 0:100:10000;                                  % 计算频率点和频率范围
s = j * 2 * pi * f;
Hs = polyval(b,s)./polyval(a,s);                  % 计算相应频率点处 H(s)的值
figure(1);
subplot(2,1,1);plot(f,20 * log10(abs(Hs)));       % 幅频特性
axis([0 10000 - 40 1]);
xlabel('频率 Hz');ylabel('幅度 dB');
grid on;
subplot(2,1,2);plot(f,angle(Hs));                 % 相频特性
xlabel('频率 Hz');ylabel('相角 rad');
disp('滤波器阶数和截止频率:')
grid on;
n,fn,b,a
```

运行程序，输出如下，效果如图 6-38 所示。

滤波器阶数和截止频率：

```
n =
    3
fn =
     3500
b =
  1.0e + 12 *
     0   0.0000        0   4.0558
a =
  1.0e + 12 *
  0.0000   0.0000   0.0005   4.0558
```

由巴特沃斯滤波器的分子 b、分母 a 系数计算出传递函数，再调用 impulse 函数计算理论冲激函数，代码如下：

```
>> b = [ 0   0   0   0   0   0   0   3.3150e + 030];
a = [0.0000  0.0000  0.0000   0.0000  0.0000  0.0000  0.0007e + 030   3.3150e + 030];
```

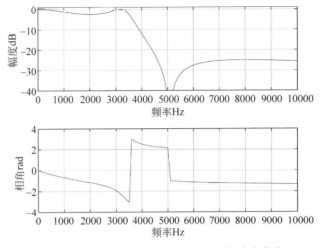

图 6-38 椭圆滤波器的幅频响应和相频响应曲线

```
Transfer = tf(b,a)      % 传递函数方程
impulse(Transfer);      % 冲激响应
title('冲激响应曲线');
xlabel('时间/s');ylabel('幅度');
```

运行程序,得到传递函数的代码形式如下,其对应的冲激响应波形如图 6-39 所示。

```
Transfer =
      3.315e30
  -------------------
  7e26 s + 3.315e30
Continuous - time transfer function.
```

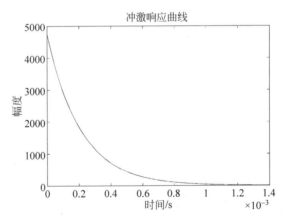

图 6-39 巴特沃斯滤波器的冲激响应曲线图

2) 用 Simulink 模型实现

(1) 根据需要建立如图 6-40 所示的 Simulink 仿真模型图。

(2) 模块参数设置。

数字滤波器的设计采样率为 4800 样值/秒。模型中采用脉冲串信号作为输入以近似冲激输入,只要脉冲串周期足够长,脉冲宽度就足够窄。

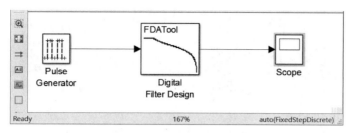

图 6-40　Simulink 仿真模型框图

双击图 6-40 模型中的 Pulse Generatorr 脉冲串信号发生器,弹出的参数对话框中的参数设置如图 6-41 所示。

双击图 6-40 模型中 Digital Filter Design 模块,打开 Digital Filter Design 模块参数设计对话框,其参数设置效果如图 6-42 所示。参数设置完成后,单击对话框中的 Design Filter 按钮完成设计,既可显示幅频响应和相频响应,也可显示设计的冲激响应、零极点图、滤波器系数等内容。

(3) 运行仿真。

将仿真系统设置为固定步长,步长取 1/48000,仿真时间设置为 0.001s。然后单击仿真模型中的 Start Simulation 按钮进行仿真,其效果如图 6-43 所示。

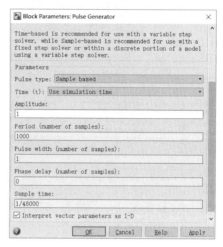

图 6-41　Pulse Generator 模块参数设置

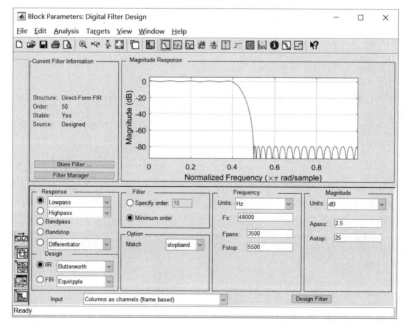

图 6-42　Digital Filter Design 滤波器参数设计对话框(巴特沃斯滤波器)

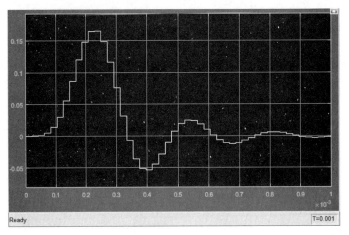

图 6-43   Digital Filter Design 滤波器实现的冲激响应仿真(巴特沃斯滤波器)

将图 6-42 中的 Digital Filter Design 滤波器参数设计对话框中滤波器设计方法(Design 中 IIR)选项修改为椭圆滤波器,则可实现数字椭圆滤波器下的冲激响应仿真,其效果如图 6-44 所示。

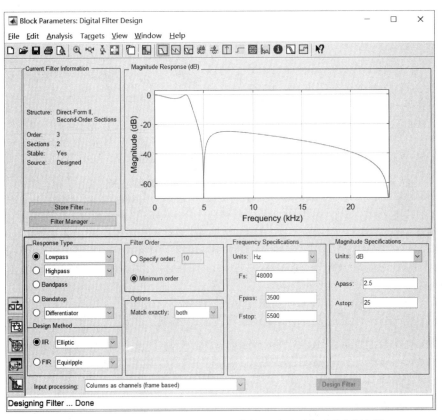

图 6-44   Digital Filter Design 滤波器参数设计对话框(椭圆滤波器)

由椭圆滤波器的分子 b、分母 a 系数计算出传递函数,再调用 impulse 函数计算理论冲激函数,代码如下:

```
>> b = [ 0       0.0000     0.0000     4.0558e + 012];
a = [0.0000     0.0000     0.0005e + 012     4.0558e + 012];
Transfer = tf(b,a)      % 传递函数方程
impulse(Transfer);      % 冲激响应
title('冲激响应曲线');
xlabel('时间/s');ylabel('幅度');
```

运行程序,得到传递函数的代码形式如下,其对应的冲激响应波形如图 6-45 所示。

```
Transfer =
      4.056e12
    ------------------
  5e08 s + 4.056e12
Continuous - time transfer function.
```

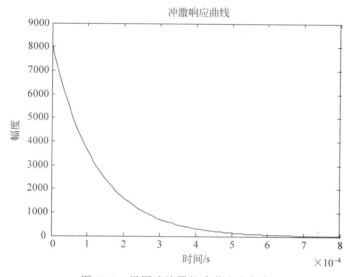

图 6-45   椭圆滤波器的冲激响应曲线

Simulink 实现数字椭圆滤波器的仿真效果如图 6-46 所示。

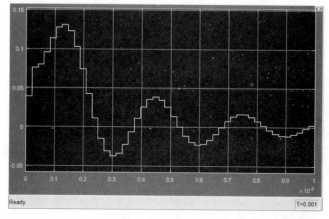

图 6-46   Digital Filter Design 滤波器实现的冲激响应仿真(椭圆滤波器)

从信号传输的角度看,调制与解调是通信系统中重要的环节,它使信号发生了本质性的变化。

7.1 模拟调制的基本概念

我们知道一般对语音、音乐、图像等信息源直接转换得到的电信号,其频率是很低的。这类信号的频谱特点是低频成分非常丰富,有时还包括直流分量,如电话信号的频率范围在 0.3～3.4kHz,通常称这种信号为基带信号。模拟基带信号可以直接通过明线、电缆等有线信道传输,但不可能直接在无线信道中传输。另外,模拟基带信号在有线信道传输时,一对线路只能传输一路信号,其信道利用率非常低,很不经济。为了使模拟基带信号能够在无线信道中进行频带传输,同时也为了实现单一信道传输多路模拟基带信号,就需要采用调制解调技术。

在发送端把具有较低频率分量(频谱分布在零频附近)的低通基带信号搬移到信道通带(处在较高频段)内的过程称为调制,而在接收端把已搬到给定信道通带内的频谱还原为基带信号频谱的过程称为解调。调制和解调是通信系统中的一个极为重要的组成部分,目前,模拟通信仍然非常多,在相当一段时间内还将继续使用,模拟调制是其他调制的基础。

7.1.1 模拟调制功能

调制解调过程从频域角度看是一个频谱搬移过程。它具有以下几个重要功能。

(1) 适合信道传输:将基带信号转换成适合于信道传输的已调信号(频带信号)。

(2) 实现有效辐射:为了充分发挥天线的辐射能力,一般要求天线的尺寸和发送信号的波长在同一数量级。一般天线的长度应为所传信号波长的 1/4。如果把语音基带信号(0.3～3.4kHz)直接通过天线发射,那么天线的长度应为:

$$l = \frac{\lambda}{4} = \frac{c}{4f} = \frac{3 \times 10^8}{4 \times 3.4 \times 10^3} \approx 22 \text{(km)}$$

长度(高度)为 22km 的天线显然是不存在的,也是无法实现的。但是如果把语音信号的频率首先进行频谱搬移,搬移到较高频段处,则天线的高度可以降低。因此调制是为了使天线容易辐射。

（3）实现频率分配：为使各个无线电台发出的信号互不干扰,每个电台都分配有不同的频率。这样利用调制技术把各种语音、音乐、图像等基带信号调制到不同的载频上,以便用户任意选择各个电台,收听所需节目。

（4）实现多路复用：如果传输信道的通带较宽,可以用一个信道同时传输多路基带信号,只要把各个基带信号分别调制到不同的频带内,然后将它们合在一起送入信道传输即可。这种在频域上实行的多路复用称为频分复用(FDM)。

（5）提高系统抗噪声性能：不同的调制系统会具有不同的抗噪声能力。例如 FM 系统抗噪声性能要优于 AM 系统抗噪声性能。

7.1.2　模拟调制分类

调制器的模型通常可用一个三端非线性网络来表示,如图 7-1 所示。图中 $m(t)$ 为输入调制信号,即基带信号；$c(t)$ 为载波信号；$s(t)$ 为输出已调信号。调制的本质是进行频谱变换,它把携带消息的基带信号的频谱搬移到较高的频带上。经

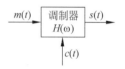

图 7-1　调制器模型

过调制后的已调信号应该具有两个基本特性：一是仍然携带有原来基带信号的消息；二是具有较高的频谱,适合于信道传输。

根据不同的 $m(t)$、$c(t)$ 和不同的调制器功能,可将调制分成如下几类。

（1）根据调制信号 $m(t)$ 的不同分类：调制信号 $m(t)$ 有模拟信号和数字信号之分,因此调制可以分成模拟调制和数字调制。

（2）根据载波 $c(t)$ 的不同分类：载波通常有连续波和脉冲波之分,因此调制可以分为连续波调制和脉冲波调制。

连续波调制：载波信号 $c(t)$ 为一个连续波形,通常用单频余弦波和正弦波。

脉冲波调制：载波信号 $c(t)$ 为一个脉冲序列,通常用矩形周期脉冲序列,此时调制器输出的已调信号为脉冲振幅调制(PAM)信号、脉冲宽度调制(PWM)信号或脉冲相位调制(PPM)信号,其中 PAM 调制最常见。

（3）根据所调载波参数不同分类：载波的参数有幅度、频率和相位,因此调制可以分为幅度调制、频率调制和相位调制。

幅度调制：载波信号 $c(t)$ 的振幅随调制信号 $m(t)$ 的大小变化而变化,如调幅(AM)等。

频率调制：载波信号 $c(t)$ 的频率随调制信号 $m(t)$ 的大小变化而变化,如调频(FM)等。

相位调制：载波信号 $c(t)$ 的相位随调制信号 $m(t)$ 的大小变化而变化,如调相(PM)等。

（4）根据调制器频谱特性 $H(\omega)$ 的不同分类：调制器的频谱特性 $H(\omega)$ 对调制信号的影响表现在已调信号与调制信号频谱之间的关系,因此根据两者之间的关系可以分为线性调制和非线性调制。

线性调制：输出已调信号 $s(t)$ 的频谱和调制信号 $m(t)$ 的频谱之间呈线性搬移关系。即调制信号 $m(t)$ 与已调信号 $s(t)$ 的频谱之间没有发生变化,仅是频率的位置发生了变化。

如振幅调制（AM）、双边带（DSB）、单边带（SSB）、残留边带（VSB）等调制方式。

非线性调制：输出已调信号 $s(t)$ 的频谱和调制信号 $m(t)$ 的频谱之间呈非线性关系。即输出已调信号的频谱与调制信号频谱相比发生了根本性变化，出现了频率扩展或增生，如 FM、PM 等。

7.2　数字调制

数字调制按方法分类可以分为多进制幅度键控（M-ASK）、正交幅度键控（Q-ASK）、多进制频率键控（M-FSK）以及多进制相位键控（M-PSK）。数字调制包括数/模转换和模拟调制两部分，如图 7-2 所示。

图 7-2　数字调制过程

7.2.1　线性调制原理

线性调制是用调制信号去控制载波的振幅，使其按调制信号的规律而变化的过程。幅度调制器的一般模型如图 7-3 所示。

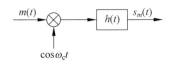

图 7-3　幅度调制器的一般模型

设调制信号 $m(t)$ 的频谱为 $M(\omega)$，滤波器传输特性为 $H(\omega)$，其冲激响应应为 $h(t)$，输出已调信号的时域和频域表达式为：

$$s_m(t) = [m(t) \cdot \cos\omega_c t] * h(t)$$

$$s_m(\omega) = \frac{1}{2}[M(\omega+\omega_c) + M(\omega-\omega_c)] \cdot H(\omega)$$

式中，ω_c 为载波角频率，$H(\omega) \Leftrightarrow h(t)$。

由以上可见，对于幅度调制信号，在波形上，它的幅度随基带信号而变化；在频谱结构上，它的频谱完全是基带信号频谱在频域内的简单搬移。由于这种搬移是线性的，因此幅度调制常称为线性调制。

在图 7-3 的一般模型中，适当选择滤波器的特性 $H(\omega)$ 便可得到各种幅度调制信号，如 AM、DSB、SSB 及 VSB 等。

7.2.2　双边带调幅与解调

1. 双边带调幅

在双边带调幅（DSB AM）中，已调信号的时域表示为：

$$u(t) = m(t)c(t) = A_c m(t)\cos(2\pi f_c t + \phi_c) \tag{7-1}$$

式中，$m(t)$ 是消息信号，$c(t) = A_c\cos(2\pi f_c t + \phi_c)$ 为载波，f_c 是载波的频率，ϕ_c 是初始相位。为了讨论方便，取初相 $\phi_c = 0$。

对 $u(t)$ 作傅里叶变换，即可得到信号的频域表示：

$$U(f) = \frac{A_c}{2}M(f-f_c) + \frac{A_c}{2}M(f+f_c) \tag{7-2}$$

传输带宽 B_T 是消息信号带宽 W 的两倍，即：$B_T = 2W$。

【例 7-1】 某消息信号 $m(t) = \begin{cases} 1, & 0 < t < t_0/3 \\ -2, & t_0/3 \leqslant t < 2t_0/3 \\ 0, & 其他 \end{cases}$，用信号 $m(t)$ 以 DSB AM 方

式调制载波 $c(t) = \cos(2\pi f_c t)$，所得到的已调制信号记为 $u(t)$。设 $t_0 = 0.15\text{s}$，$f_c = 250\text{Hz}$。
试比较消息信号与已调信号，并绘制它们的频谱。其实现的 MATLAB 程序代码如下：

```
>> clear all;
t = 0.15;                              % 信号保持时间
ts = 0.001;                            % 采样时间间隔
fc = 250;                              % 载波频率
fs = 1/ts;                             % 采样频率
df = 0.3;                              % 频率分辨率
t1 = [0:ts:t];                         % 时间向量
m = [ones(1,t/(3 * ts)), -2 * ones(1,t/(3 * ts)), zeros(1,t/(3 * ts) + 1)];   % 定义信号序列
y = cos(2 * pi * fc. * t1);            % 载波信号
u = m. * y;                            % 调制信号
[n,m,df1] = fftseq(m,ts,df);           % 傅里叶变换
n = n/fs;
[ub,u,df1] = fftseq(u,ts,df);
ub = ub/fs;
[Y,y,df1] = fftseq(y,ts,df);
f = [0:df1:df1 * (length(m) - 1)] - fs/2;   % 频率向量
subplot(221);
plot(t1,m(1:length(t1)));              % 未解调信号
title('未解调信号');
subplot(222);
plot(t1,u(1:length(t1)));              % 解调信号
title('解调信号');
subplot(223);
plot(f,abs(fftshift(n)));              % 未解调信号频谱
title('未解调信号频谱');
subplot(224);
plot(f,abs(fftshift(ub)));             % 解调信号频谱
title('解调信号频谱');
```

该程序运行后得到的信号和调制信号及信号调制前后的频谱对比如图 7-4 所示。
在以上代码中调用的自定义函数的代码为：

```
function [M,m,df] = fftseq(m,tz,df)
fz = 1/tz;
if nargin == 2                 % 判断输入参数的个数是否符合要求
    n1 = 0;
else
    n1 = fz/df;                % 根据参数个数决定是否使用频率缩放
end
n2 = length(m);
n = 2^(max(nextpow2(n1),nextpow2(n2)));
M = fft(m,n);                  % 进行离散傅里叶变换
m = [m,zeros(1,n - n2)];
df = fz/n;

function p = ampower(x)
```

```
% 此函数用作计算信号功率
p = (norm(x)^2)/length(x);      % 计算出信号能量
t0 = 0.15;
tz = 0.001;
m = zeros(1,501);
for i = 1:1:125                 % 计算第 1 段信号值的功率
    m(i) = i;
end
for i = 1:126:1:375            % 计算第 2 段信号值的功率
    m(i) = m(125) - i + 125;
end
for i = 376:1:501             % 计算第 3 段信号值的功率
    m(i) = m(375) + i - 375;
end
m = m/1000;                   % 功率归一化
n_hat = imag(hilbert(m));
```

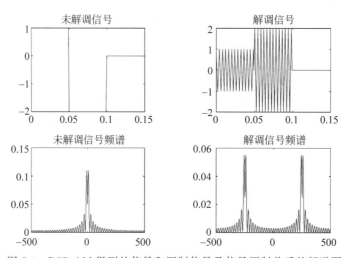

图 7-4　DSB AM 得到的信号和调制信号及信号调制前后的频谱图

DSB AM 调制信号的解调过程如图 7-5 所示。

调制信号 $u(t) = A_c m(t) \cos(2\pi f_c t)$ 与接收机本地振荡器所产生的正弦信号 $\cos(2\pi f_c t)$ 相乘,可得混频器输出为:

$$y(t) = A_c m(t)\cos^2(2\pi f_c t) = \frac{A_c}{2}m(t) + \frac{A_c}{2}m(t)\cos(4\pi f_c t) \tag{7-3}$$

它的傅里叶变换为:

$$Y(f) = \frac{A_c}{2}M(f) + \frac{A_c}{2}M(f - 2f_c) + \frac{A_c}{2}M(+2f_c) \tag{7-4}$$

可见,混频器输出由一个低频分量 $\frac{A_c}{2}M(f)$ 和 $\pm f_c$ 处的两个高频分量组成。

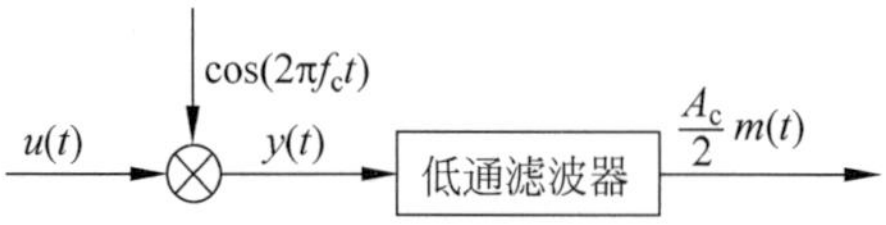

2. 双边带解调

将 $y(t)$ 通过带宽为 W 的低通滤波器,高频分量被滤除,而与消息信号成正比的低通分

图 7-5　DSB AM 调制信号的解调

量 $\frac{A_c}{2}m(t)$ 被解调。如果调制相位 ϕ_c 未知,则需使用 Costas 环解调方法来恢复接收信号的相位信息。Costas 环解调法如图 7-6 所示。

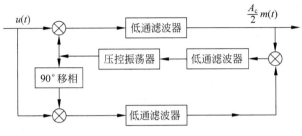

图 7-6　Costas 环解调法

【**例 7-2**】　对例 7-1 的单边带调制信号进行相干解调,并绘出消息信号的时频域曲线。其实现的 MATLAB 代码如下:

```
>> clear all;
t = 0.15;                                        % 信号保持时间
ts = 1/1500;                                      % 采样时间间隔
fc = 250;                                         % 载波频率
fs = 1/ts;                                        % 采样频率
df = 0.3;                                         % 频率分辨率
t1 = [0:ts:t];                                    % 时间向量
m = [ones(1,t/(3 * ts)), - 2 * ones(1,t/(3 * ts)),zeros(1,t/(3 * ts) + 1)];    % 定义信号序列
c = cos(2 * pi * fc. * t1);                       % 载波信号
u = m. * c;                                       % 调制信号
y = u. * c;                                       % 缩放
[n,m,df1] = fftseq(m,ts,df);                      % 傅里叶变换
n = n/fs;
[ub,u,df1] = fftseq(u,ts,df);
ub = ub/fs;
[Y,y,df1] = fftseq(y,ts,df);
Y = Y/fs;
f_c_off = 150;                                    % 滤波器的截止频率
n_c_off = floor(150/df1);                         % 设计滤波器
f = [0:df1:df1 * (length(m) - 1)] - fs/2;         % 频率向量
h = zeros(size(f));
h(1:n_c_off) = 2 * ones(1,n_c_off);
h(length(f) - n_c_off + 1:length(f)) = 2 * ones(1,n_c_off);
dem1 = h. * Y;                                    % 滤波器输出的频率
dem = real(ifft(dem1)) * fs;                      % 滤波器的输出
subplot(221);
plot(t1,m(1:length(t1)));                         % 未解调信号
title('未解调信号');
subplot(222);
plot(t1,dem(1:length(t1)));                       % 解调信号
title('解调信号');
subplot(223);
plot(f,abs(fftshift(n)));                         % 未解调信号频谱
title('未解调信号频谱');
subplot(224);
```

```
plot(f,abs(fftshift(dem1)));            % 解调信号频谱
title('解调信号频谱');
```

运行程序,效果如图 7-7 所示。

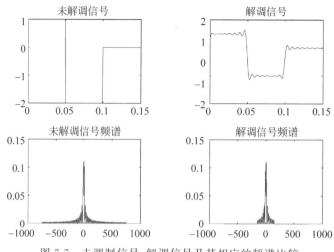

图 7-7　未调制信号、解调信号及其相应的频谱比较

为了恢复消息信号 $m(t)$,将混频信号 $y(t)$ 通过一个带宽为 $150\,\mathrm{Hz}$ 的低通滤波器。这里滤波器的带宽的选择可以具有一定的任意性,这是因为被调信号没有严格的带限。对于有严格带限的被调信号,低通滤波器带宽的最佳选择为 W,即被调信号的带宽。因此,本例所用的理想低通滤波器为:

$$H(f) = \begin{cases} 1, & \mid f \mid \leqslant 150 \\ 0, & 其他 \end{cases}$$

7.2.3　常规双边带调幅

常规双边带调幅(AM)在很多方面与双边带幅度调制类似。不同的是,用 $1+am_n(t)$ 代替 $m(t)$。在此 a 是调制指数,$m_n(t)$ 是经过归一化处理的消息信号。

在常规 AM 中,调制信号的时域表示为:

$$u(t) = A_c[1 + am_n(t)]\cos(2\pi f_c t) \tag{7-5}$$

对 $u(t)$ 作傅里叶变换,即可得到信号的频域表示:

$$U(f) = \frac{A_c}{2}[\delta(f-f_c) + aM(f-f_c) + \delta(f+f_c) + aM(f+f_c)] \tag{7-6}$$

传输带宽 B_T 是消息信号带宽的两倍,即 $B_T = 2W$。

【例 7-3】　以例 7-1 中提供的信号进行常规幅度调制,给定调制指数 $a=0.6$,试绘制信号和调制信号的频谱。其实现的 MATLAB 程序代码如下:

```
>> clear all;
t = 0.15;                    % 信号保持时间
ts = 0.001;
fc = 250;                    % 载波频率
fs = 1/ts;                   % 采样频率
df = 0.3;                    % 频率分辨率
```

```
a = 0.6;                                    % 调制系数
t1 = [0:ts:t];                              % 时间向量
m = [ones(1,t/(3 * ts)), - 2 * ones(1,t/(3 * ts)),zeros(1,t/(3 * ts) + 1)];    % 定义信号序列
c = cos(2 * pi * fc. * t1);                 % 载波信号
m1 = m/max(abs(m));                         % 调制信号
u = (1 + a * m1). * c;                       % 调制信号载波
[n,m,df1] = fftseq(m,ts,df);                % 傅里叶变换
n = n/fs;
[ub,u,df1] = fftseq(u,ts,df);
ub = ub/fs;
f = [0:df1:df1 * (length(m) - 1)] - fs/2;   % 频率向量
subplot(221);
plot(t1,m(1:length(t1)));                   % 未解调信号
title('未解调信号');
subplot(222);
plot(t1,u(1:length(t1)));                   % 解调信号
title('解调信号');
subplot(223);
plot(f,abs(fftshift(n)));                   % 未解调信号频谱
title('未解调信号频谱');
subplot(224);
plot(f,abs(fftshift(ub)));                  % 解调信号频谱
title('解调信号频谱');
```

运行程序,效果如图 7-8 所示。

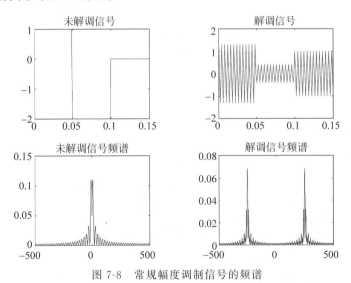

图 7-8　常规幅度调制信号的频谱

7.2.4　抑制载波双边带调幅

由于常规幅度调制的效率太低,耗用了大量功率,在小功率场合很不方便,而抑制载波双边带调幅(DSB SC)就克服了效率低的缺点,它的特点是直接将未调信号与载波相乘,而不是先叠加一个直流在未调信号上然后再相乘。时域表达式为:

$$S_{DSB}(t) = Af(t)\cos(\omega_c t + \theta_c) \tag{7-7}$$

抑制载波双边带调制的频谱与常规调幅类似,但没有载频的冲激分量。如果记 $F(f)$ 为调制信号的频域表达式,则已调信号的频域表达式为:

$$S_{\mathrm{DSB}}(f) = \frac{A}{2}F(f - f_{\mathrm{c}}) + \frac{A}{2}F(f + f_{\mathrm{c}}) \tag{7-8}$$

从频域表达式可看出,已调信号的频带宽度仍是调制信号频带宽度的两倍:$B_{\mathrm{T}} = 2W$,如图 7-9 所示。

【例 7-4】 已知未调制信号为 $S(t) = \begin{cases} \mathrm{sinc}(200t), & |t| \leqslant t_0 \\ 0, & \text{其他} \end{cases}$,其中,$t_0$ 取 2s,载波为 $C(t) = \cos 2\pi f_{\mathrm{c}}t, f_{\mathrm{c}} = 100\,\mathrm{Hz}$,用抑制载波调幅来调制信号,给出调制信号 $M(t)$ 的波形,画出 $S(t)$ 与 $M(t)$ 的频谱。

其中,$M(t) = S(t)C(t)$,即:

$$M(t) = \begin{cases} 3\mathrm{sinc}(10t)\cos(400\pi t), & |t| \leqslant 0.1 \\ 0, & \text{其他} \end{cases}$$

其实现的 MATLAB 代码如下:

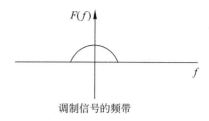

调制信号的频带

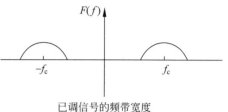

已调信号的频带宽度

图 7-9 抑制载波调幅的频谱图

```
>> clear all;
t0 = 2;                              % 信号持续时间
ts = 0.001;                          % 抽样时间间隔
fc = 100;                            % 载波频率
fs = 1/ts;
df = 0.3;                            % 频率分辨率
t = [ - t0/2:ts:t0/2];               % 定义时间序列
% 以下为定义信号序列
x = sin(200 * t);
m = x./(200 * t);
m(1001) = 1;                         % 避免产生无穷大的值
c = cos(2 * pi * fc. * t);           % 载波信号
u = m. * c;                          % 抑制载波调制信号
[M,m,df1] = fftseq(m,ts,df);         % 傅里叶变换
M = M/fs;
[U,u,df1] = fftseq(u,ts,df);         % 傅里叶变换
U = U/fs;                            % 频率压缩
f = [0:df1:df1 * (length(m) - 1)] - fs/2;
subplot(2,2,1);plot(t,m(1:length(t)));   % 作出未调信号的波形
axis([ - 0.4,0.4, - 0.5,1.1]);
xlabel('时间');  title('未调信号');
subplot(2,2,3);plot(t,c(1:length(t)));
axis([ - 0.1,0.1, - 1.5,1.5]);
xlabel('时间');title('载波');
subplot(2,2,2);plot(t,u(1:length(t)));
axis([ - 0.2,0.2, - 1,1.2]);
xlabel('时间');title('已调信号');
figure;
subplot(2,1,1);plot(f,abs(fftshift(M)));
xlabel('频率');title('未调信号的频谱');
subplot(2,1,2);plot(f,abs(fftshift(U)));
xlabel('频率');title('已调信号的频谱');
```

运行程序,得到的抑制载波调幅波形图如图 7-10 所示,得到的抑制载波调幅频谱图如图 7-11 所示。

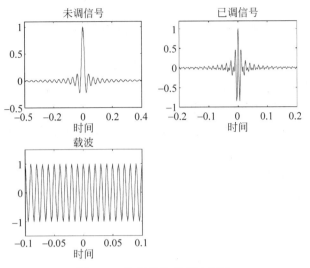

图 7-10　抑制载波调幅波形图

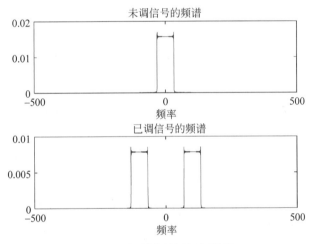

图 7-11　抑制载波调幅频谱图

7.2.5　单边带调幅与解调

1. 希尔伯特变换

实信号 $x(t)$ 的希尔伯特变换就是将该信号中所有频率成分的信号分量移相 $-\pi/2$ 而得到的新信号,记为 $\hat{x}(t)$。对于单频率正弦波信号,设 $m(t)=A\cos(2\pi ft+\phi)$,则其希尔伯特变换为:

$$\hat{m}(t)=A\cos\left(2\pi ft+\phi-\frac{\pi}{2}\right)=A\sin(2\pi ft+\phi) \qquad (7\text{-}9)$$

对于任意实周期信号 $x(t)$,可用周期傅里叶级数展开表示为:

$$x(t)=\sum_{n=0}^{\infty}a_n\cos(2\pi nft+\phi_n) \qquad (7\text{-}10)$$

其希尔伯特变换为：

$$\hat{x}(t) = \sum_{n=0}^{\infty} a_n \cos\left(2\pi nft + \phi_n - \frac{\pi D}{2}\right) = \sum_{n=0}^{\infty} a_n \sin(2\pi nft + \phi_n) \tag{7-11}$$

实信号 $x(t)$ 的解析信号 $y(t)$ 是一个复信号，其实部为信号 $x(t)$ 本身，虚部为 $x(t)$ 的希尔伯特变换 $\hat{x}(t)$，即：

$$y(t) = x(t) + \mathrm{j}\hat{x}(t) \tag{7-12}$$

MATLAB 中提供了希尔伯特变换函数 hilbert 利用 FFT 来计算任意离散时间序列的解析信号序列。函数的调用格式如下所述。

x＝hilbert(xr)：xr 是实信号序列，返回 x 是一个复数信号序列；x 的实部就是 xr，x 的虚部则是 xr 的希尔伯特变换序列。

x＝hilbert(xr，n)：n 作为 FFT 的点数。

【例 7-5】 对 $x(t) = \sin(t)$ 进行希尔伯特变换。

其实现的 MATLAB 代码如下：

```
>> clear all;
t = 0:0.1:30;
y = sin(t);
s_y = hilbert(y);  % 希尔伯特变换
plot(t,real(s_y),t,imag(s_y),'r:');
legend('原信号','希尔伯特变换结果');
```

运行程序后得出的原信号和希尔伯特变换信号如图 7-12 所示。

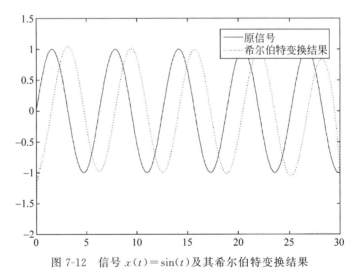

图 7-12　信号 $x(t) = \sin(t)$ 及其希尔伯特变换结果

2. 单边带调幅

去掉双边带幅度调制(DSB AM)的一边就得到单边带幅度调制(SSB AM)。依据所保留的边带是上边还是下边，可以分为 USSA 和 LSSB 两种不同的方式，此时信号的时域表示为：

$$u(t) = A_c m(t)\cos(2\pi f_c t)/2 \mp A_c \hat{m}(t)\sin(2\pi f_c t)/2 \tag{7-13}$$

频域表示为：

$$U_{\mathrm{USSB}}(f)=\begin{cases}M(f-f_c)+M(f+f_c) & f_c\leqslant|f|\\0 & \text{其他}\end{cases} \quad (7\text{-}14)$$

$$U_{\mathrm{LSSB}}(f)=\begin{cases}M(f-f_c)-M(f+f_c) & f_c\leqslant|f|\\0 & \text{其他}\end{cases} \quad (7\text{-}15)$$

这里 $\hat{m}(t)$ 是 $m(t)$ 的希尔伯特变换,定义为 $\hat{m}(t)=m(t)*(1/\pi t)$,频域表示为 $\hat{m}(f)=$ $-\mathrm{jsgn}(f)M(f)$。SSB AM 占有 DSB AM 一半的带宽,即等于信号带宽:$B_{\mathrm{T}}=W$。

【例 7-6】 设基带信号为一个频率在 $150\sim400\,\mathrm{Hz}$ 内、幅度随频率逐渐递减的音频信号,载波信号为 $1000\,\mathrm{Hz}$ 的正弦波,幅度为 1,仿真采样率设为 $10\,000\,\mathrm{Hz}$,仿真时间为 $1\mathrm{s}$。求 SSB 调制输出信号波形和频谱。其实现的 MATLAB 程序代码如下:

```
>> clear all;
Fs = 10000;                                    % 仿真的采样率
t = 1/Fs:1/Fs:1;                               % 仿真时间点
m_t(Fs * 1) = 0;                               % 基带信号变量初始化
for f = 150:400                                % 基带信号发生:频率 150~400Hz
    m_t = m_t + 0.01 * sin(2 * pi * f * t) * (400 - f);   % 幅度随频率线性递减
end
m_t90shift = imag(hilbert(m_t));               % 基带信号的希尔伯特变换
carriercos = cos(2 * pi * 1000 * t);           % 1000Hz 载波 cos
carriersin = sin(2 * pi * 1000 * t);           % 1000Hz 正交载波 sin
S_SSB1 = m_t. * carriercos − m_t90shift. * carriersin;   % 上边带 SSB
S_SSB2 = m_t. * carriercos + m_t90shift. * carriersin;   % 下边带 SSB

% 下面作出各波形以及频谱
figure;
subplot(421);
plot(t(1:100),carriercos(1:100),t(1:100),carriersin(1:100),':m');   % 载波
subplot(422);
plot([0:9999],abs(fft(carriercos)));           % 载波频谱
axis([0 2000 − 500 12000]);
subplot(423);
plot(t(1:100),m_t(1:100));                     % 基带信号
subplot(424);
plot([0:9999],abs(fft(m_t)));                  % 载波频谱
axis([0 2000 − 500 12000]);
subplot(425);
plot(t(1:100),S_SSB1(1:100));                  % SSB 波形上边带信号
subplot(426);
plot([0:9999],abs(fft(S_SSB1)));               % SSB 波形上边带频谱
axis([0 2000 − 500 12000]);
subplot(427);
plot(t(1:100),S_SSB2(1:100));                  % SSB 波形下边带信号
subplot(428);
plot([0:9999],abs(fft(S_SSB2)));               % SSB 波形下边带频谱
axis([0 2000 − 500 12000]);
```

运行程序,效果如图 7-13 所示。图中给出了 $0\sim0.01\mathrm{s}$ 内的信号时域波形和 $0\sim 2000\,\mathrm{Hz}$ 内的幅度频谱。由图可知,单边带调制是对基带信号的线性频谱搬移,调制前后频谱仅仅是位置发生变化,频谱形状没有改变。但是,基带信号和单边带调制输出信号时域波形上没有简单的对应关系。

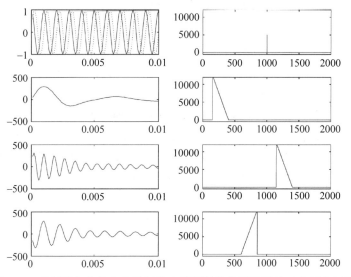

图 7-13　利用希尔伯特变换进行单边带调制的信号波形及对应幅度频谱

3. 单边带解调

单边带信号的解调方法是相干法,设接收机中本地载波为:

$$c(t) = \cos(2\pi(f_c + \Delta f)t + \Delta\phi) \tag{7-16}$$

其中,Δf 和 $\Delta\phi$ 分别为本地载波和发送端调制载波之间的频率误差和相位误差。相干解调器的相乘输出信号为:

$$s_{DSB}(t)c(t) = \frac{A}{2}\sum_{n=0}^{\infty}a_n\cos(2\pi(f_c+nf)t+\phi_n)\cos(2\pi(f_c+\Delta f)t+\Delta\phi)$$

$$= \frac{A}{2}\sum_{n=0}^{\infty}a_n\cos[2\pi(nf-\Delta f)t+(\phi_n-\Delta\phi)]+高频分量 \tag{7-17}$$

经过低通滤波器后,高频分量被滤除,最后得到解调输出为:

$$\tilde{m}(t) = \frac{A}{2}\sum_{n=0}^{\infty}a_n\cos[2\pi(nf-\Delta f)t+(\phi_n-\Delta\phi)] \tag{7-18}$$

对比发送基带信号 $m(t)$,解调输出信号中的频率分量存在一定的频率偏移和相位偏移。人耳对于话音波形的相位失真是不敏感的,频率失真会影响到语音音色,但若频率偏移较小(几 Hz 到几十 Hz 内),对语音的可懂度就不会造成大的影响。在实际的话音单边带通信机中,一般采用一个高稳定度的晶体振荡器或频率合成器来产生本地解调载波,而不需要像双边带的解调那样需要用锁相环(PLL)来恢复载波,这就大大降低了单边带接收机的技术复杂度和成本。

【例 7-7】　对例 7-6 产生的单边带(上边带)信号进行相干解调,仿真其解调波形和幅度频谱。

仿真程序代码如下,单边带信号的相干解调中的低通滤波器用于将相关乘法器输出的载波二次谐波分量滤除,程序中滤波器设计为 4 阶巴特沃斯低通滤波器,截止频率为 400Hz。

```
>> clear all;
FS = 10000;
```

```
t = 1/FS:1/FS:1;
m_t(FS * 1) = 0;                                    % 基带信号变量初始化
for f = 150:400                                     % 基带信号发生:频率 150~400Hz[E3]
    m_t = m_t + 0.01 * sin(2 * pi * f * t) * (400 - f);   % 幅度随频率线性递减
end
m_t90shift = imag(hilbert(m_t));                    % 基带信号的希尔伯特变换
carriercos = cos(2 * pi * 1000 * t);                % 1000 载波 cos
carriersin = sin(2 * pi * 1000 * t);                % 1000Hz 正交载波 sin
S_SSB1 = m_t. * carriercos - m_t90shift. * carriersin;   % 上边带 SSB
out = S_SSB1. * carriercos;                         % 相干解调
[a, b] = buffer(4, 500/(FS/2));                     % 低通滤波设计为 4 阶,截止频率为 400Hz
demsig = filter(a, b, out);                         % 解调输出
% 下面作出各滤波波形以及频谱
figure(1);
subplot(321);
plot(t(1:100), S_SSB1(1:100));                      % SSB 波形
subplot(322);
plot([0:9999], abs(fft(S_BBS1)));                   % SSB 频谱
axis([0 2000 - 500 12000]);
subplot(323);
plot(t(1:100), out(1:100));                         % 相干解调波形
subplot(324);
plot([0:9999], abs(fft(out)));                      % 相干解调频谱
axis([0 2000 - 500 12000]);
subplot(325);
plot(t(1:100), demsig(1:100));                      % 低通输出信号
subplot(326);
plot([0:9999], abs(fft(demsig)));                   % 低通输出频谱
axis([0 2000 - 500 12000]);
```

程序执行后输出的解调波形及对应幅度频谱如图 7-14 所示。对比图 7-13 中的发送基带信号,可见解调输出时域波形是发送基带信号波形的近似。

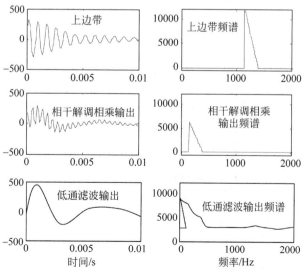

图 7-14　单边带信号相干解调波形及对应幅度频谱

　　如果单边带解调时使用的本地载波与发送调制载波之间存在频差和相位差,那么解调输出的时域波形将产生严重失真。但是,解调信号的幅度谱与发送基带信号幅度谱之间失真不大。对于话音信号,实验表明,单边带解调相干载波频差和相位差引起的解调波形失真对话音信号的可懂度影响较小。下面的程序仿真了单边带解调时本地载波与发送调制载波之间存在频差和相位差的情况,仿真结果如图7-15所示。

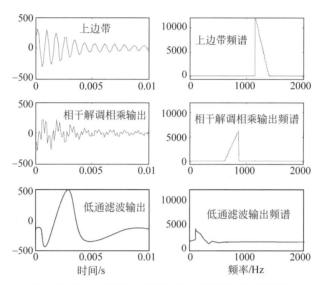

图7-15　存在频差和相位差情况下的单边带信号相干解调波形及对应幅度频谱

```
>> clear all;
FS = 10000;
t = 1/FS:1/FS:1;
m_t(FS * 1) = 0;                                    % 基带信号变量初始化
for f = 150:400                                     % 基带信号发生:频率 150~400Hz
    m_t = m_t + 0.01 * sin(2 * pi * f * t) * (400 - f);   % 幅度随频率线性递减
end
m_t90shift = imag(hilbert(m_t));                    % 基带信号的希尔伯特变换
carriercos = cos(2 * pi * 1000 * t);               % 1000 载波 cos
carriersin = sin(2 * pi * 1000 * t);               % 1000Hz 正交载波 sin
S_SSB1 = m_t. * carriercos - m_t90shift. * carriersin;  % 上边带 SSB
out = S_SSB1. * cos(2 * pi * 2018 * t + 1);        % 存在频率误差和相位误差时的相干解调
[a,b] = buffer(4,500/(FS/2));                      % 低通滤波设计为 4 阶,截止频率为 500Hz
demsig = filter(a,b,out);                          % 解调输出
% 下面作出各滤波波形以及频谱
figure(1);
subplot(321);
plot(t(1:100),S_SSB1(1:100));                      % SSB 波形
subplot(322);
plot([0:9999],abs(fft(S_SSB1)));                   % SSB 频谱
axis([0 2000 - 500 12000]);
subplot(323);
plot(t(1:100),out(1:100));                         % 相干解调波形
subplot(324);
```

```
plot([0:9999],abs(fft(out)));                    % 相干解调频谱
axis([0 2000 - 500 12000]);
subplot(325);
plot(t(1:100),demsig(1:100));                    % 低通输出信号
subplot(326);
plot([0:9999],abs(fft(demsig)));                 % 低通输出频谱
axis([0 2000 - 500 12000]);
```

7.3　模拟角度调制

模拟角度调制与线性调制(幅度调制)不同,角度调制中已调信号的频谱与调制信号的频谱之间不存在对应关系,而是产生了与频谱搬移不同的新频率分量,因而呈现非线性过程的特征,又称为非线性调制。

角度调制包括频率调制和相位调制,通常使用较多的是频率调制,频率调制与相位调制可以互相转化。

7.3.1　频率调制

频率调制(FM)亦称为等振幅调制。在频率调制过程中,输入信号控制载波的频率,使已调信号 $u(t)$ 的频率按输入信号的规律变化。调制公式为:

$$u(t) = \cos(2\pi f_c t + 2\pi\theta(t) + \phi_c)$$

其中,$u(t)$ 为调制后的信号,f_c 为载波的频率(单位为 Hz),ϕ_c 为初始相位,$\theta(t)$ 为瞬时相位,随着输入信号的振幅变化。$\theta(t)$ 的计算公式为:

$$\theta(t) = k_c\int_0^t m(t)\mathrm{d}t$$

其中 k_c 为比例常数。频率调制的解调过程使用锁相环方法,如图 7-16 所示。

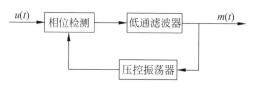

图 7-16　FM 的解调框图

【例 7-8】　已知信号 $S(t) = \begin{cases} 1, & 0 < t < t_0/3 \\ -2, & t_0/3 \leqslant t < 2t_0/3 \\ 0, & 2t_0/3 \leqslant t < t_0 \end{cases}$,采用载波 $C(t) = \cos 2\pi f_c t$ 进

行调频,$f_c = 200\mathrm{Hz}$,$t_0 = 0.15\mathrm{s}$,偏移常数 $K_F = 50$,调制信号的时域表达式为 $M(t) = A_c\cos\left(2\pi f_c t + 2\pi K_F\int_{-\infty}^t S(\tau)\mathrm{d}\tau\right)$,绘制调频波的波形及频谱图。其实现的 MATLAB 代码如下:

```
>> clear all;
t0 = 0.15;                                        % 信号持续时间
tz = 0.0005;                                      % 抽样时间间隔
fc = 200;                                         % 载波频率
```

```
kf = 50;                                    % 调制系数
fz = 1/tz;
t = [0:tz:t0];                              % 定义时间序列
df = 0.25;                                  % 频率分辨力
% 定义信号序列
m = [ones(1,t0/(3 * tz)), - 2 * ones(1,t0/(3 * tz)),zeros(1,t0/(3 * tz) + 1)];
int_m(1) = 0;                               % 对 m 积分,以便后面调频
for i = 1:length(t) - 1
    int_m(i + 1) = int_m(i) + m(i) * tz;
end
[M,m,df1] = fftseq(m,tz,df);                % 傅里叶变换
M = M/fz;
f = [0:df1:df1 * (length(m) - 1)] - fz/2;
u = cos(2 * pi * fc * t + 2 * pi * kf * int_m);  % 调制信号调制在载波上
[U,u,df1] = fftseq(u,tz,df);                % 傅里叶变换
U = U/fz;                                   % 频率压缩
figure;
subplot(2,1,1);plot(t,m(1:length(t)));     % 作出未调信号的波形
axis([0,0.15, - 2.1,2.1]);
xlabel('时间');  title('未调信号');
subplot(2,1,2);plot(t,u(1:length(t)));
axis([0,0.15, - 2,2.1]);
xlabel('时间');title('调频信号');
figure;
subplot(2,1,1);plot(f,abs(fftshift(M)));
xlabel('频率');title('信号的频谱');
subplot(2,1,2);plot(f,abs(fftshift(U)));
xlabel('频率');title('调频信号的频谱');
```

运行程序,得到调频波的波形图如图 7-17 所示,得到的调频波的频谱图如图 7-18 所示。

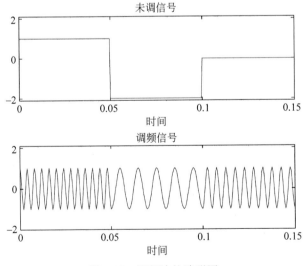

图 7-17　调频波的波形图

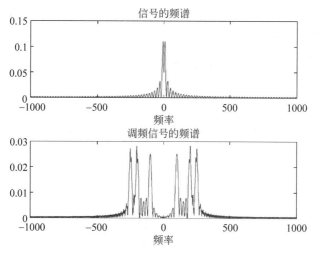

图 7-18 调频波的频谱图

7.3.2 相位调制

相位调制(PM)则是利用输入信号 $m(t)$ 控制已调信号 $u(t)$ 的相位,控制规律为:

$$u(t) = \cos(2\pi f_c t + 2\pi\theta(t) + \phi_c)$$

式中,$u(t)$ 为调制后的信号,f_c 为载波频率(单位为 Hz),ϕ_c 为初始相位,$\theta(t)$ 为瞬时相位,它随输入信号的振幅而变化:

$$\theta(t) = k_c m(t)$$

式中,k_c 为比例常数,称为调制器的灵敏度。相位调制的解调过程如图 7-19 所示。

图 7-19 PM 解调框图

【例 7-9】 已知信号 $S(t) = \begin{cases} 40t, & 0 < t < t_0/4 \\ -40t + 10t_0, & t_0/4 \leqslant t < 3t_0/4 \\ 40t - 40t_0, & 3t_0/4 \leqslant t < t_0 \end{cases}$,现用调相将其调制到

载波 $f(t) = \cos(f_c t)$ 上,其中,$t_0 = 0.25\mathrm{s}$,$f_c = 50\mathrm{Hz}$,绘制波的调相波形及频谱图。其实现的 MATLAB 代码如下:

```
>> clear all;
t0 = 0.25;                    % 信号持续时间
tz = 0.0005;                  % 抽样时间间隔
fc = 200;                     % 载波频率
kf = 50;                      % 调制系数
fz = 1/tz;
t = [0:tz:t0];                % 定义时间序列
df = 0.25;                    % 频率分辨率
% 定义信号序列
```

```
m = zeros(1,501);
for i = 1:1:125;              % 前 125 个点值为对应标号
    m(i) = i;
end
for i = 126:1:375;           % 中央的 250 个点值呈下降趋势
    m(i) = m(125) - i + 125;
end
for i = 367:1:501            % 后 125 个点值又用另一条直线方程
    m(i) = m(375) + i - 375;
end
m = m/50;
[M,m,df1] = fftseq(m,tz,df); % 傅里叶变换
M = M/fz;
f = [0:df1:df1 * (length(m) - 1)] - fz/2;
for i = 1:length(t)          % 便于进行相位调制和作图
    mn(i) = m(i);
end
u = cos(2 * pi * fc * t + mn);  % 相位调制
[U,u,df1] = fftseq(u,tz,df);    % 傅里叶变换
U = U/fz;                       % 频率压缩
figure;
subplot(2,1,1);plot(t,m(1:length(t)));
axis([0,0.25, - 3,3]);
xlabel('时间');  title('信号波形');
subplot(2,1,2);plot(t,u(1:length(t)));
axis([0,0.15, - 2.1,2.1]);
xlabel('时间');title('调相信号的时域波形');
figure;
subplot(2,1,1);plot(f,abs(fftshift(M)));
xlabel('频率');title('信号的频谱');
subplot(2,1,2);plot(f,abs(fftshift(U)));
xlabel('频率');title('调相信号的频谱');
```

运行程序,得到三角波调相波的波形图如图 7-20 所示,三角波调相波的频谱图如图 7-21 所示。

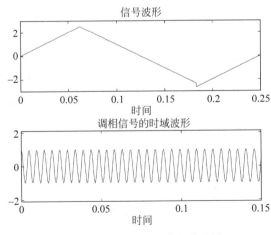

图 7-20   三角波调相波的波形图

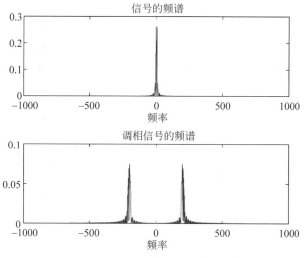

图 7-21 三角波调相波的频谱图

7.4 数字信号基带传输

　　来自数据终端的原始数据信号,如计算机输出的二进制序列、电传机输出的代码或 PCM 码组、ΔM 序列等都是数字信号。这些信号都有一个共同的特点,就是它的频谱都是从零频或零频附近开始,其功率主要集中在一个有限的频带范围内,这种信号通常称作数字基带信号。

　　在传输距离不太远的情况下,数字基带信号可以不经过载波调制,只对其波形做适当调整(例如形成升余弦等)进行传输,这种传输方式称为数字信号的基带传输,该系统称为数字基带传输系统。但大多数信道,如各种无线信道和光信道,是带通型的,不能传输低频分量或直流分量,数字基带信号必须经过调制器调制,使其成为数字频带信号再进行传输,接收端通过解调器进行解调。这种经过调制和解调的数字信号传输方式称为频带传输,该系统称为数字频带传输系统。

7.4.1 数字基带传输系统构成

　　数字基带传输系统框图如图 7-22 所示,它主要由脉冲形成器、发送滤波器、信道、接收滤波器和抽样判决器等部件组成。为保证数字基带系统正常工作,通常还应有同步系统。

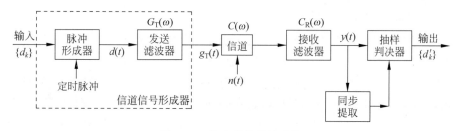

图 7-22 数字基带传输系统

图 7-22 中各部分原理及作用如下。

脉冲形成器:输入的是由电传机、计算机等终端设备发送来的二进制数据序列或是经模数转换后的二进制脉冲序列,用$\{d_k\}$表示,它们一般是脉冲宽度为T的单极性码。脉冲形成器的作用是将$\{d_k\}$变换成比较适合信道传输的码型,并提供同步定时信息,使信号适合信道传输,保证收发双方同步工作。

发送滤波器:发送滤波器的传输函数为$G_T(\omega)$。基带传输的信道通常为有线信道,如市话电缆和架空明线等,信道的传输特性通常是变化的,信道中还会引入噪声。在通信系统的分析中,常常把噪声等效,集中在信道引入。这是由于信号经过信道传输,受到很大衰减,在信道的输出端信噪比最低,噪声的影响最为严重,以它为代表最能反映噪声干扰影响的实际情况。但如果认为只有信道才引入噪声,其他部件不引入噪声,是不正确的。

接收滤波器:接收滤波器的传输函数为$G_R(\omega)$,它的主要作用是滤除带外噪声,对信道特性进行均衡,使输出信噪比尽可能大并使输出的波形最有利于抽样判决。

抽样判决器:它的作用是在信道特性不理想及有噪声干扰的情况下,正确恢复出原来的基带信号。为保证正确恢复信号,同步系统是必不可少的。

7.4.2　数字基带信号码型设计原则

数字基带信号是数字信息的电脉冲表示,电脉冲的形式称为码型。通常把数字信息的电脉冲表示过程称为码型编码或码型变换,由码型还原为数字信息称为码型译码。

不同的码型具有不同的频域特性,合理地设计码型使之适合于给定信道的传输特性,是基带传输首先要考虑的问题。通常,在设计数字基带信号码型时应考虑以下原则。

(1) 码型中低频、高频分量尽量少。

(2) 码型中应包含定时信息,以便定时提取。

(3) 码型变换设备要简单可靠。

(4) 码型具有一定检错能力,若传输码型有一定的规律性,就可根据这一规律性来检测传输质量,以便做到自动检测。

(5) 编码方案对发送消息类型不应有任何限制,适合于所有二进制信号。这种与信源的统计特性无关的特性称为对信源具有透明性。

(6) 低误码增殖。误码增殖是指单个数字传输错误在接收端解码时,造成错误码元的平均个数增加。从传输质量要求出发,希望它越小越好。

(7) 高编码效率。

7.4.3　几种常用的码型

7.4.2节中码型设计的原则并不是任何基带传输码型均能完全满足的,常常是根据实际要求满足其中的一部分。数字基带信号的码型种类繁多。这里介绍6种码型,首先给出码型表示二元序列的结果,然后再逐一介绍其用处与不同之处。

1. 单极性非归零码

用电平1来表示二元信息中的"1",用电平0来表示二元信息中的"0",电平在整个码元的时间里不变,记作NRZ码。

单极性非归零码的优点是实现简单,但由于含有直流分量,对在带限信道中传输不利,另外当出现连续的0或连续的1时,电平长时间保持一个值,不利于提取时间信息以获得同步。

2. 单极性归零码

它与单极性非归零码不同之处在于输入二元信息为1时,给出的码元前半时间为1,后半时间为 0,输入 0 则完全相同。

单极性归零码部分解决了传输问题,直流分量减小,但遇到连续长 0 时同样无法给出定时信息。

3. 双极性非归零码

它与单极性非归零码类似,区别仅在于双极性使用电平−1 来表示信息 0。

4. 双极性归零码

此种码型比较特殊,它使用前半时间 1、后半时间 0 来表示信息 1;采用前半时间−1、后半时间 0 来表示信息 0。因此它具有 3 个电平,严格来说是一种三元码(电平 1、0、−1)。

双极性归零码包含了丰富的时间信息,每一个码元都有一个跳变沿,便于接收方定时。同时对随机信号,信息 1 和 0 出现概率相同,所以此种码元几乎没有直流分量。

5. 数字双相码

该码型又称为曼彻斯特(macheser)码,此种码元方法采用一个码元时间的中央时刻从 0 到 1 的跳变来表示信息 1,从 1 到 0 的跳变来表示信息 0。或者说是用前半时间 0、后半时间 1 来表示信息 1;前半时间 1、后半时间 0 来表示信息 0。

数字双相码的好处是含有丰富的定时信息,每一个码元都有跳变沿,遇到连续的 0 或 1 时不会出现长时间维持同一电平的现象。另外,虽然数字双相码有直流,但对每一个码元其直流分量是固定的 0.5,只要叠加−0.5 就转换为没有直流了,所以实际上是没有直流的,方便传输。

6. 条件双相码

前面介绍的几种码都是只与当前的二元信息 0 或 1 有关,而条件双相码(又称差分曼彻斯特码)却不仅与当前的信息元有关,并且与前一个信息元也有关,确切地说应该是同前一个码元的电平有关。条件双相码也使用中央时刻的电平跳变来表示信息,与数字双相码的不同在于,对于信息 1,前半时间的电平与前一个码元的后半时刻电平相同,在中央处再跳变;对于信息 0,则前半时间的电平与前一个码元的后半时刻电平相反(即遇 0 取 1,遇 1 取 0)。

条件双相码的好处是当遇到传输中电平极性反转情况时,前面介绍的几种码都会出现译码错误,而条件双相码却不会受极性反转的影响。

7.4.4　码型的功率谱分布

通过计算可以绘出单极性非归零码、单极性归零码、双极性非归零码、双极性归零码、数字双相码、条件双相码和密勒码几种码的功率谱密度,并加以分析(假设传递的是纯随机信号,电压波形采用矩形波)。

数字基带信号一般是随机信号,因此随机信号的频谱特性要用功率谱密度来分析。一般来说,求解功率谱是一件相当困难的事,但由于上述几种码型比较简单,因此可以求出其功率谱。

假设数字基带信号为某种标准波形 $g(t)$ 在周期 T_s 内传出去,则数字基带信号可用

$$S(t) = \sum_{-\infty}^{+\infty} a_n g(t - nT_s)$$

来表示,式中 $g(t)$ 为矩形波。a_n 是基带信号在时间 $nT_s < t < (n+1)T_s$ 内的幅度值,由编码规律和输入码决定。T_s 为码元周期(即上面提及的码元时间)。

符号$\{a_n\}$组成的离散随机过程的自相关函数为:

$$R(k) = E(a_n a_{n+k})$$

假设其为广义平稳,则基带信号的自相关函数为:

$$R_s(t + \tau, t) = \sum_{-\infty}^{+\infty} \sum_{-\infty}^{+\infty} R(m - n) g(t + \tau - mT_s) g(t - nT_s)$$

上述的函数是以 T_s 为周期的,故可以称为周期性平稳随机过程。假设该周期性平稳随机过程为各态历经性的,则可导出平均功率谱密度计算公式为:

$$\Phi_s(f) = \frac{1}{T_s} \mid G(f) \mid^2 \left\{ R(0) - E^2[a] + 2 \sum_{k=1}^{\infty} (R(k) - E^2[a]) \cos(2\pi k f T_s) \right\}$$

其中,$G(f)$ 为波形 $g(t)$ 的傅里叶变换。

$$E[a] = E[a_n] = \bar{a}_n \, \forall \, n$$

$$R(k) = E\{a_n a_{n+k}\} = \overline{a_n a_{n+k}}$$

除了上式的连续谱以外,还在频率为 k/T_s 处有离散谱:

$$S\left(\frac{k}{T_s}\right) = \frac{2E^2[a]}{T_s^2} \left| G\left(\frac{k}{T_s}\right) \right|^2 \delta\left(f - \frac{n}{T_s}\right)$$

上面两式适用于编码后只存在一种标准波形的情况。求解时,为简化计算,取 $T_s = 1$,则:

$$G(f) = \mathrm{sinc}(\pi f) = \frac{\sin(\pi f)}{\pi f}$$

对单极性非归零码、单极性归零码、双极性非归零码和双极性归零码 4 种码,由于统计的独立性,$R(k) = E^2[a]$,于是上面连续谱的式子简化为:

$$\Phi_s(f) = \frac{1}{T_s} \mid G(f) \mid^2 \{R(0) - E^2[a]\}$$

对单极性非归零码,由于输入随机序列,对应的 0 和 1 的概率应该相等,用电平 1 表示信息 1,电平 0 表示信息 0,则有 a 的概率分布为:

$$a_n = \begin{cases} 0, & \text{概率 } 1/2 \\ 1, & \text{概率 } 1/2 \end{cases}$$

单极性归零码概率分布为:

$$a_n = \begin{cases} 0, & \text{概率 } 3/4 \\ 1, & \text{概率 } 1/4 \end{cases}$$

双极性非归零码概率分布为:

$$a_n = \begin{cases} -1, & \text{概率 } 1/2 \\ 1, & \text{概率 } 1/2 \end{cases}$$

双极性归零码概率分布为:

$$a_n = \begin{cases} 0, & \text{概率 } 1/2 \\ 1, & \text{概率 } 1/4 \\ -1 & \text{概率 } 1/4 \end{cases}$$

7.5　载波提取分析

MATLAB 中提供了多个模拟调制解调的模块,下面给予介绍。

7.5.1 幅度键控分析

1. DSB AM 调制模块

DSB AM 调制模块对输入信号进行双边带幅度调制。输出为通带表示的调制信号。输入和输出信号都是基于采样的实数标量信号。

模块中,如果输入一个时间函数 $u(t)$,则输出为 $(u(t)+k)\cos(2\pi f_c t+\theta)$。其中,$k$ 为 Input signal offset 参数,f_c 为 Carrier frequency 参数,θ 为 Initial phase 参数。通常设定 k 为输入信号 $u(t)$ 负值部分最小值的绝对值。

在通常情况下,Carrier frequency 参数项要比输入信号的最高频率高很多。根据 Nyquist 采样理论,模型中采样时间的倒数必须大于 Carrier frequency 参数项的两倍。

DSB AM 调制模块及其参数设置对话框如图 7-23 所示,包含以下几个参数项。

- Input signal offset:设定补偿因子 k,应该大于等于输入信号最小值的绝对值。
- Carrier frequency(Hz):设定载波频率。
- Initial phase(rad):设定载波初始相位。

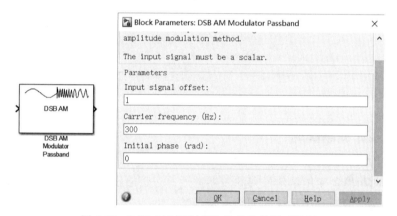

图 7-23　DSB AM 调制模块及参数设置对话框

2. DSB AM 解调模块

DSB AM 解调模块对双边带幅度调制的信号进行解调。输入信号为通带表示的调制信号,且输入/输出信号均为基于采样的实数标量信号。

在解调过程中,DSB AM 解调模块使用了低通滤波器。通常情况下,Carrier frequency 参数项要比输入信号的最高频率高很多。根据 Nyquist 采样理论,模型中采样时间的倒数必须大于 Carrier frequency 参数项的两倍。

DSB AM 解调模块及其参数设置对话框如图 7-24 所示,主要包含以下几个参数选项。

- Input signal offset:设定输出信号偏移。模块中的所有解调信号都将减去这个偏移量,从而得到输出数据。
- Carrier frequency(Hz):设定调制信号的载波频率。
- Initial phase(rad):设定发射载波的初始相位。
- Lowpass filter design method:滤波器的产生方法,包括 Butterworth、Chebyshev type Ⅰ、Chebyshev type Ⅱ、Elliptic 等。
- Filter order:设定 Lowpass filter design method 项的滤波阶数。

- Cutoff frequency(Hz)：设定 Lowpass filter design method 项的低通滤波器的截止频率。

- Passband ripple(dB)：设定通带起伏，为通带中的峰-峰起伏。只有当 Lowpass filter design method 选定为 Chebyshev typeⅠ和 Elliptic 滤波器时，该项有效。

- Stopband ripple(dB)：设定阻带起伏，为阻带中的峰-峰起伏。只有当 Lowpass filter design method 选定为 Chebyshev typeⅡ和 Elliptic 滤波器时，该项有效。

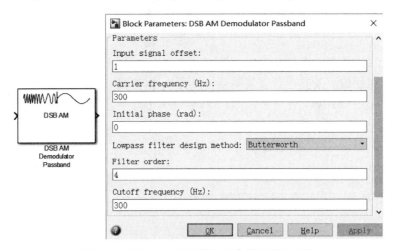

图 7-24　DSB AM 解调模块及参数设置对话框

7.5.2　SSB AM 调制解调

1. SSB AM 调制模块

SSB AM 调制模块使用希尔伯特滤波器进行单边带幅度调制。输出为通带形式的调制信号。输入和输出均为基于采样的实数标量信号。

模块中，如果输入一个时间函数 $u(t)$，则输出为 $u(t)\cos(f_c t + \theta) \mp \hat{u}(t)\sin(f_c t + \theta)$。其中，$f_c$ 为 Carrier frequency 参数，θ 为 Initial phase 参数。$\hat{u}(t)$ 表示输入信号 $u(t)$ 的希尔伯特变换。式中减号代表上边带，加号代表下边带。

通常情况下，Carrier frequency 参数项要比输入信号的最高频率高很多。根据 Nyquist 采样理论，模型中采样时间的倒数必须大于 Carrier frequency 参数项的两倍。SSB AM 调制模块及其参数设置对话框如图 7-25 所示，主要包含以下几个参数选项。

- Carrier frequency(Hz)：设定载波频率。
- Initial phase(rad)：已调制信号的相位补偿 θ。
- Sideband to modulate：传输方式设定项。有 Upper 和 Lower 两种，分别为上边带传输和下边带传输。
- Hilbert transform filter order(must be even)：设定用于希尔伯特变换的 FIR 滤波器的阶数。

2. SSB AM 解调模块

SSB AM 解调模块对单边带幅度调制信号进行解调。输入为通带形式的调制信号。输入和输出均为基于采样的实数标量信号。

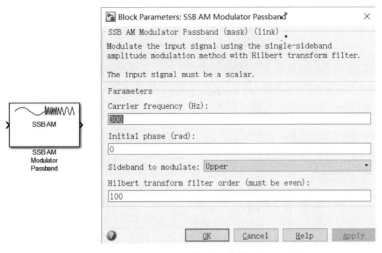

图 7-25　SSB AM 调制模块及参数设置对话框

SSB AM 解调模块及其参数设置对话框如图 7-26 所示,主要包含以下几个参数项。

- Carrier frequency(Hz)：SSB AM 解调模块中调制信号的载波频率。
- Initial phase(rad)：已调制信号的相位补偿 θ。
- Lowpass filter design method：滤波器的产生方法,包括 Butterworth、Chebyshev type Ⅰ、Chebyshev type Ⅱ 及 Elliptic 等。
- Filter order：设定 Lowpass filter design method 项中选定的数字低通滤波器的滤波阶数。
- Cutoff frequency(Hz)：设定 Lowpass filter design method 项中选定的数字低通滤波器的截止频率。
- Passband ripper(dB)：设定通带起伏,为通带中的峰-峰起伏。只有当 Lowpass filter design method 选定为 Chebyshev type Ⅰ 和 Elliptic 滤波器时,该项有效。
- Stopband ripple(dB)：设定阻带起伏,为阻带中的峰-峰起伏。只有当 Lowpass filter design method 选定为 Chebyshev type Ⅱ 和 Elliptic 滤波器时,该项有效。

7.5.3　DSBSC AM 调制解调

1. DSBSC AM 调制模块

DSBSC AM 调制模块进行双边带抑制载波幅度调制。输出信号为通带形式的调制信号。输入和输出均为基于采样的实数标量信号。

模块中,如果输入一个时间函数 $u(t)$,则输出为 $u(t)\cos(f_c t+\theta)$。其中 f_c 为 Carrier frequency 参数,θ 为 Initial phase 参数。

通常情况下,Carrier frequency 参数项要比输入信号的最高频率高得多。根据 Nyquist 采样理论,模型中采样时间的倒数必须大于 Carrier frequency 参数项的两倍。

DSBSC AM 调制模块及其参数设置对话框如图 7-27 所示,包含以下两个参数项。

- Carrier frequency(Hz)：设定载波频率。
- Initial phase(rad)：设定初始相位。

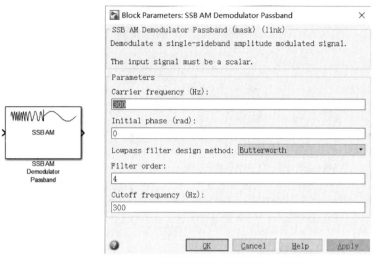

图 7-26　SSB AM 解调模块及参数设置对话框

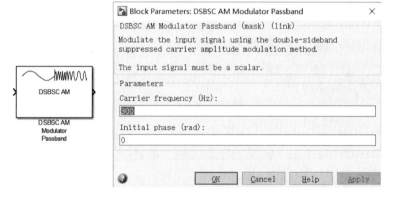

图 7-27　DSBSC AM 调制模块及参数设置对话框

2. DSBSC AM 解调模块

DSBSC AM 解调模块对双边带抑制载波幅度调制信号进行解调。输入信号为通带形式的调制信号。输入和输出均为基于采样的实数标量信号。

通常情况下,Carrier frequency 参数项要比输入信号的最高频率高得多。根据 Nyquist 采样理论,模型中采样时间的倒数必须大于 Carrier frequency 参数项的两倍。

DSBSC AM 解调模块及其参数设置对话框如图 7-28 所示,主要包含以下几个参数项。

- Carrier frequency(Hz):DSBSC AM 解调模块中调制信号的载波频率。
- Initial phase(rad):设定载波初始相位。
- Lowpass filter design method:滤波器的产生方法,包括 Butterworth、Chebyshev type Ⅰ、Chebyshev type Ⅱ 及 Elliptic 等。
- Filter order:设定 Lowpass filter design method 项中选定的数字低通滤波器的滤波阶数。
- Cutoff frequency(Hz):设定 Lowpass filter design method 项中选定的数字低通滤波器的截止频率。

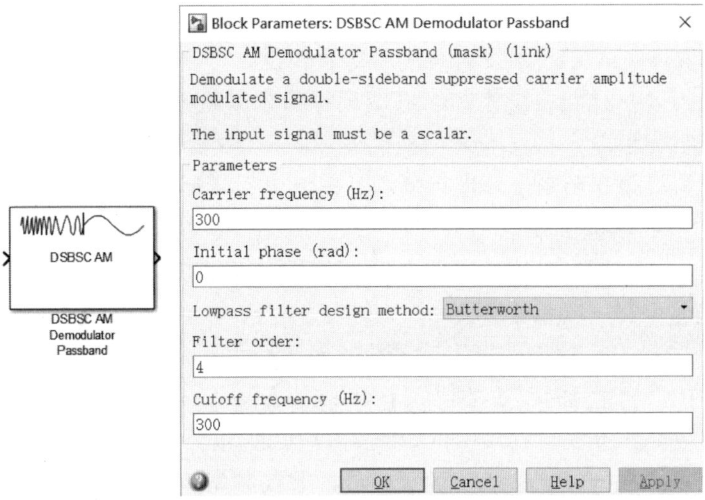

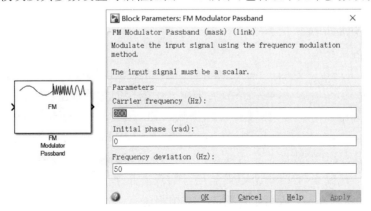

图 7-28　DSBSC AM 调制模块及参数设置对话框

- Passband ripper(dB)：设定通带起伏，为通带中的峰-峰起伏。只有当 Lowpass filter design method 选定为 Chebyshev type Ⅰ 和 Elliptic 滤波器时，该项有效。
- Stopband ripple(dB)：设定阻带起伏，为阻带中的峰-峰起伏。只有当 Lowpass filter design method 选定为 Chebyshev type Ⅱ 和 Elliptic 滤波器时，该项有效。

7.5.4　FM 调制解调

1. FM 调制模块

FM 调制模块用于频率调制。输出为通带形式的调制信号。输出信号的频率随着输入信号的幅度而变化，输入和输出信号均采用基于采样的实数标量信号。

模块中，如果输入一个时间函数 $u(t)$，则输出为 $\cos\left(2\pi f_c t + 2\pi K_c \int_0^t u(\tau)\mathrm{d}\tau + \theta\right)$。

其中 f_c 为 Carrier frequency 参数，θ 为 Initial phase 参数，K_c 为 Modulation constant 参数。

通常情况下，Carrier frequency 参数项要比输入信号的最高频率高得多。根据 Nyquist 采样理论，模型中采样时间的倒数必须大于 Carrier frequency 参数项的两倍。

FM 调制模块及其参数设置对话框如图 7-29 所示，包含以下几个参数项。

图 7-29　FM 调制模块及参数设置对话框

- Carrier frequency(Hz)：表示调制信号的载波频率。
- Initial phase(rad)：表示发射载波的初始相位。
- Frequency deviation(Hz)：表示载波频率的频率偏移。

2. FM 解调模块

FM 解调模块对频率调制信号进行解调。输入为通带形式的信号。输入和输出信号均采用基于采样的实数标量信号。

在解调过程中,模块要使用一个滤波器。为了执行滤波器的希尔伯特变换,载波频率最好大于输入信号采样时间的 10%。

通常情况下,Carrier frequency 参数项要比输入信号的最高频率高得多。根据 Nyquist 采样理论,模型中采样时间的倒数必须大于 Carrier frequency 参数项的两倍。

FM 解调模块及其参数设置对话框如图 7-30 所示,包含以下几个参数项。

- Carrier frequency(Hz)：表示调制信号的载波频率。
- Initial phase(rad)：表示发射载波的初始相位。
- Frequency deviation(Hz)：表示载波频率的频率偏移。
- Hilbert transform filter order(must be even)：表示用于希尔伯特变换的 FIR 滤波器的阶数。

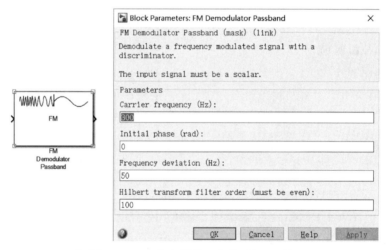

图 7-30　FM 解调模块及参数设置对话框

7.5.5　PM 调制解调

1. PM 调制模块

PM 调制模块进行通带相位调制。输出为通带表示的调制信号,输出信号的频率随输入信号的幅度而变化。输入和输出信号均采用基于采样的实数标量信号。

模块中,如果输入一个时间函数 $u(t)$,则输出为 $\cos(2\pi f_c t + 2\pi K_c u(t) + \theta)$。其中 f_c 为 Carrier frequency 参数,θ 为 Initial phase 参数,K_c 为 Modulation constant 参数。

PM 调制模块及其参数设置对话框如图 7-31 所示,包含以下几个参数项。

- Carrier frequency(Hz)：表示调制信号的载波频率。
- Initial phase(rad)：表示发射载波的初始相位。

• Phase deviation(Hz)：表示载波频率的相位偏移。

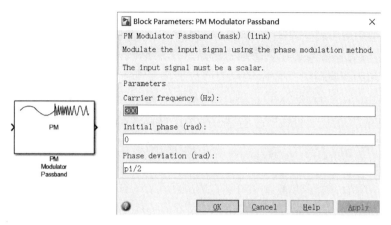

图 7-31 PM 调制模块及参数设置对话框

2. PM 解调模块

PM 解调模块对通带相位调制的信号进行解调。输入信号为通带形式的已调信号。输入和输出均为基于采样的实数标量信号。

在解调过程中,模块要使用一个滤波器。为了执行滤波器的希尔伯特变换,载波频率最好大于输入信号采样时间的 10%。

通常情况下,Carrier frequency 参数项要比输入信号的最高频率高得多。根据 Nyquist 采样理论,模型中采样时间的倒数必须大于 Carrier frequency 参数项的两倍。

PM 解调模块及其参数设置对话框如图 7-32 所示,包含以下几个参数项。

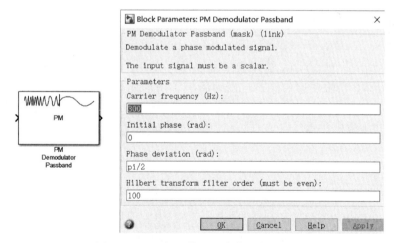

图 7-32 PM 解调模块及参数设置对话框

• Carrier frequency(Hz)：表示调制信号的载波频率。

• Initial phase(rad)：表示发射载波的初始相位。

• Phase deviation(Hz)：表示载波频率的相位偏移。

• Hilbert transform filter order：表示用于希尔伯特变换的 FIR 滤波器的阶数。

7.6　数字基带调制解调

数字信号在信号处理、传输、再生、交换、加密、信号质量等众多方面有着模拟信号无法比拟的优越性,因此在许多领域数字通信都取代了模拟通信。数字调制又可分为基带调制和频带调制。把频谱从零开始而未经调制的数字信号所占有的频率范围称为基带频率,简称基带。利用基带信号直接传输的方式称为基带传输。

在 Simulink 中提供了相关模块实现数字基带调制与解调。

7.6.1　数字幅度调制解调

1. 数字幅度调制模块

Simulink 对数字幅度调制提供了 General QAM Modulator Baseband、M-PAM Modulator Baseband、Rectangular QAM Modulator Baseband 等多个模块。下面以 M-PAM Modulator Baseband 模块为例进行介绍。

M-PAM Modulator Baseband 称为 M 相基带幅度调制模块,该模块用于基带 M 元脉冲的幅度调制。模块的输出为基带形式的已调制的信号。模块中,M-ary number 项的参数 M 为信号星座图的点数,而且必须是偶数。

模块使用默认的星座图映射方式,将位于 $0\sim(M-1)$ 的整数 X 映射为复数值 $[2X-M+1]$。模块的输入和输出都是离散信号,参数项 Input type 决定模块是接收 $0\sim(M-1)$ 的整数,还是接收二进制形式表示的整数。

如果 Input type 设置为 Integer,那么模块接收整数,输入可以是标量,也可以是 int8、uint8、int16、uint16、int32、uint32、single 或 double 类型的基于帧的列向量。

如果 Input type 设置为 Bit,那么模块接收 K bit,称为二进制字。输入可以是长度为 K 的向量,也可以是长度为 K 的整数倍的基于帧的列向量。在这种情况下,模块可以接收 int8、uint8、int16、uint16、int32、uint32、boolean、single 或 double 类型的数据。

参数 Constellation ordering 决定模块怎样将二进制字分配到信号星座图的点。如果此项设为 Binary,那么模块使用自然二进制编码星座图;如果此项设置为 Gray,那么模块使用格雷码星座图。

M-PAM 调制模块及参数设置对话框如图 7-33 所示,包含 Main 和 Data Types 两个选项卡。

1) Main 选项卡

Main 选项卡页面如图 7-33 所示,包含以下几个参数选项。

- M-ary number:表示信号星座图的点数,该项必须设为一个偶数。
- Input type:表示输入是由整数(Integer)还是由比特(Bit)组成。如果该项设为 Bit,那么 M-ary number 项必须为 2^K,其中 K 为正整数。
- Constellation ordering:该项决定怎样将输入的比特映射成相应的整数。
- Normalization method:该项决定怎样测量信号的星座图,有 Min. distance between symbols、Average Power 和 Peak Power 等可选项。
- Minimum distance:表示星座图中两个距离最近的点间的距离。该项只有当 Normalization method 项选为 Min. distance between symbols 时有效。

- Average power（watts）：星座图中符号的平均功率，该项只有当 Normalization method 项选为 Average Power 时有效。
- Peak power（watts）：星座图中符号的最大功率，该项只有当 Normalization method 项选为 Peak Power 时有效。

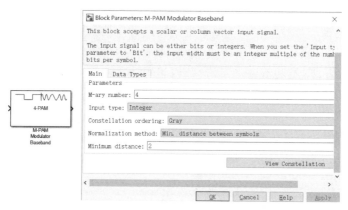

图 7-33　M-PAM 调制模块及参数设置对话框

2）Data Types 选项卡

Data Types 选项卡参数设置对话框如图 7-34 所示，根据选择的内容有对应的参数项。

- Output data type：设定输出数据类型。可以设为 double、single、Fixed-point、User-defined 或 Inherit via back propagation 等多种类型。
- Output word length：设定 Fixed-point 输出类型的输出字长。该项只有当 Output data type 设为 Fixed-point 时有效并可见。
- User-defined data type：设定带符号的或定点数据类型。该项只有当 Output data type 设为 User-defined 时有效并可见。
- Set output fraction length to：设定固定点输出比例。该项只有当 Output data type 设为 Fixed-point 或 User-defined 时有效并可见。
- Output fraction length：设定固定点输出数据的分数位数。

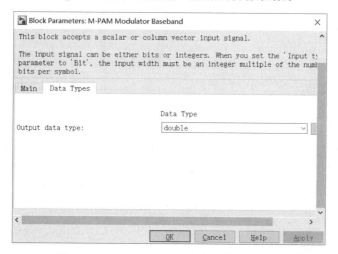

图 7-34　Data Types 选项卡参数设置对话框

2. 数字幅度解调模块

Simulink中对数字幅度解调提供了 General QAM Demodulator Baseband、M-PAM Demodulator Baseband、Rectangular QAM Demodulator Baseband 等多个模块。下面以 M-PAM Demodulator Baseband 模块为例进行介绍。

M-PAM Demodulator Baseband 称为 M 相基带幅度解调模块，该模块用于基带 M 元脉冲幅度调制的解调。模块的输入为基带形式的已调制信号。

Output type 参数项决定模块是产生整数，还是二进制形式表示的整数。如果 Output type 设置为 Integer，那么模块输出整数；如果 Output type 设置为 Bit，那么模块输出 K bit，称为二进制字。参数 Constellation ordering 决定模块怎样将二进制字分配到信号星座图的点。

M-PAM 解调模块及参数设置对话框如图 7-35 所示，包含 Main 和 Data Types 两个选项卡。

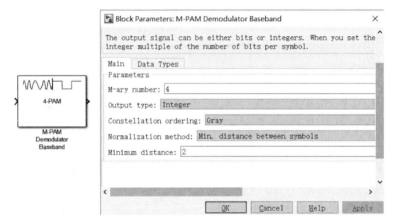

图 7-35　M-PAM 解调模块及参数设置对话框

1）Main 选项卡

Main 选项卡包含以下几个参数项。

- M-ary number：表示信号星座图的点数，该项必须设为一个偶数。
- Output type：表示输出是由整数（Integer）还是由比特（Bit）组成。如果该项设为 Bit，那么 M-ary number 项必须为 2^K，其中 K 为正整数。
- Constellation ordering：该项决定怎样将输出的比特映射成相应的整数。该项只有在 Output type 设定为 Bit 时有效。
- Normalization method：该项决定怎样测量信号的星座图，有 Min. distance between symbols、Average Power 和 Peak Power 等可选项。
- Minimum distance：表示星座图中两个距离最近的点间的距离。该项只有当 Normalization method 项选为 Min. distance between symbols 时有效。
- Average power(watts)：星座图中符号的平均功率，该项只有当 Normalization method 项选为 Average Power 时有效。
- Peak power(watts)：星座图中符号的最大功率，该项只有当 Normalization method 项选为 Peak Power 时有效。

2）Data Types 选项卡

Data Types 选项卡参数设置对话框如图 7-36 所示。

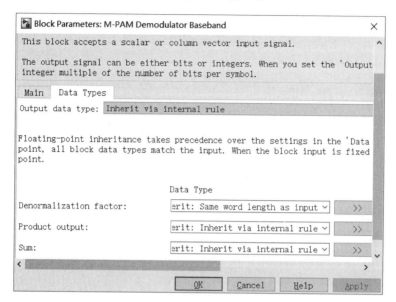

图 7-36　Data Types 选项卡参数设置对话框

Data Types 选项卡参数设置对话框中包含以下参数项。

- Output data type：输出设定项。当参数设定为 Inherit via internal rule(默认)时，模块的输出数据类型由输入端决定。当输入数据为 single 或 double 类型时，输出与输入类型相同。否则输出数据类型将会和该项设定为 Smallest unsigned integer 的情况相同。当参数设定为 Smallest unsigned integer 时，输出数据的类型由模型中结构参数对话框中的 Hardware Implementation 项决定。如果 Hardware Implementation 项选为 ASIC/FPGA，输出为满足期望最小长度的最小字长无符号整数。

- Denormalization factor：可以选定为 Same word length ad input 或 Specify word length，选定后将会出现一个输入框。

- Product output：可以选定为 Inherit via internal rule 或 Specify word length，选定后将会出现一个输入框。

- Sum：可以选定为 Inherit via internal rule、Same as product output 或 Specify word length，选定后将会出现一个输入框。

7.6.2　数字频率调制解调

1. 数字频率调制模块

Simulink 中提供了 M-FSK Modulator Baseband 模块用于进行基带 M 元频移键控调制。

M-ary number 项参数 M 为已调信号频率。参数 Frequency separation 为已调信号连续频率之间的间隔。

模块的输入和输出为离散信号。Input type 项决定模块是接收 $0 \sim M-1$ 的整数，还是二进制形式的整数。

如果 Input type 项选为 Integer,那么模块接收整数输入。输入可以是标量,也可以是基于帧的列向量。如果 Input type 项选为 Bit,那么模块接收 K bit,称为二进制字。输入可以是长度为 K 的向量或基于帧的列向量(长度为 K 的整数倍)。

M-FSK 调制模块及参数设置对话框如图 7-37 所示,包含以下几个参数项。

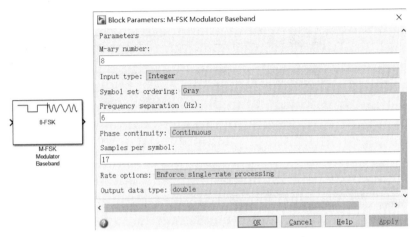

图 7-37　M-FSK 调制模块及参数设置对话框

- M-ary number:表示信号星座图的点数,且必须为一个偶数。
- Input type:表示输入由整数组成还是由比特组成。如果该项设为 Bit,那么参数 M-ary number 必须为 2^K,K 为正整数。
- Symbol set ordering:设定模块怎样将每一个输入比特映射到相应的整数。
- Frequency separation(Hz):表示已调信号中相邻频率之间的间隔。
- Phase continuity:决定已调制信号的相位是连续的还是非连续的。如果该项设为 Continuous,那么即使频率发生变化,调制信号的相位依然维持不变;如果该项设为 Discontinuous,那么调制信号由不同频率的 M 正弦曲线部分构成,这样如果输入值发生变化,那么调制信号的相位也会发生变化。
- Samples per symbol:对应于每个输入的整数或二进制字模块输出的采样个数。
- Output data type:设定模块的输出数据类型,可为 double 或 single。默认为 double 类型。

2. 数字频率解调模块

对应 M-FSK Modulator Baseband 模块,Simulink 提供了 M-FSK Demodulator Baseband 模块,用于基带 M 元频移键控的解调。模块的输入为基带形式的已调制信号。模块的输入和输出均为离散信号。输入可以是标量或基于采样的向量。

M-ary number 项参数 M 为已调信号频率。参数 Frequency separation 为已调信号连续频率之间的间隔。

如果 Output type 项选为 Integer,那么模块输出 $0 \sim M-1$ 的整数;如果 Output type 项设为 Bit,那么 M-ary number 项具有 2^K 的形式,K 为正整数,模块输出 $0 \sim M-1$ 的二进制形式整数。

M-FSK 解调模块及参数设置对话框如图 7-38 所示，包含以下几个参数项。

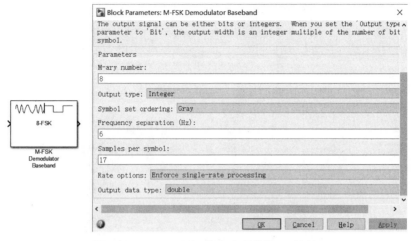

图 7-38　M-FSK 解调模块及参数设置对话框

- M-ary number：表示信号星座图的点数，且必须为一个偶数。
- Outout type：表示输出数据是由整数组成还是由比特组成。如果该项设为 Bit，那么参数 M-ary number 必须为 2^K，K 为正整数。
- Symbol set ordering：设定模块怎样将每一个输出比特映射到相应的整数。
- Frequency separation（Hz）：表示已调信号中相邻频率之间的间隔。
- Samples per symbol：对应于每个输入的整数或二进制字模块输出的采样个数。
- Output data type：设定模块的输出数据类型，可为 boolean、int8、uint8、int16、uint16、int32、uint32 或 double。默认为 double 类型。

7.6.3　数字相位调制解调

1. 数字相位调制模块

Simulink 中提供了众多的相位调制解调模块，此处以 M-PSK Modulator Baseband 模块为例，介绍基带数字相位调制。

M-PSK 调制模块进行基带 M 元相移键控调制。输出为基带形式的已调信号。M-ary number 项参数 M 表示信号星座图的点数。

M-PSK 调制模块及参数设置对话框如图 7-39 所示。

由图 7-39 可知，M-PSK 调制模块参数设置对话框中包含 Main 和 Data Types 两个选项卡。

1）Main 选项卡

Main 选项卡参数设置对话框如图 7-39 所示，包含以下几个参数选项。

- M-ary number：表示信号星座图的点数，该项必须设为一个偶数。
- Input type：表示输入是由整数还是比特组成。如果该项设为 Bit，那么 M-ary number 项必须为 2^K，其中 K 为正整数。此时模块的输入信号是一个长度为 K 的二进制向量，且有 $K = \log_2 M$；如果该项为 Integer，那么模块接收范围在 $[0, M-1]$ 的整数输入。输入可以是标量，也可以是基于帧的列向量。

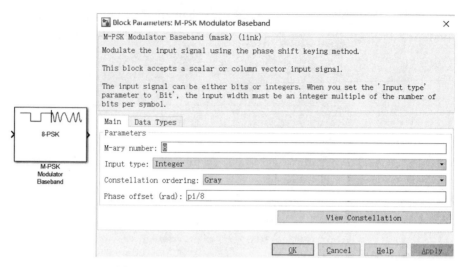

图 7-39　M-PSK 调制模块及参数设置对话框

- Constellation ordering：星座图编码方式。如果该项设为 Binary，MATLAB 把输入的 K 个二进制符号当作一个自然二进制序列；如果该项设为 Gray，MATLAB 把输入的 K 个二进制符号当作一个 Gray 码。
- Constellation mapping：该项只有当 Constellation ordering 项设定为 User-defined 时有效。该项可以是大小为 M 的行或列向量。其中向量的第一个元素对应图中 0＋Phase offset 角，后面的元素按照逆时针旋转，最后一个元素对应星座图的点 －pi/M＋Phase offset。
- Phase offset：表示信号星座图中的零点相位。

2）Data Types 选项卡

Data Types 选项卡参数设置对话框如图 7-40 所示。

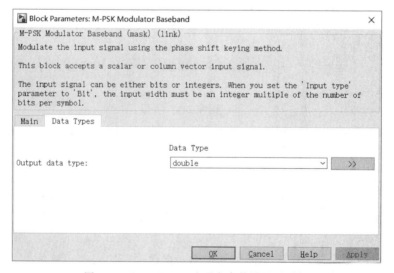

图 7-40　Data Types 选项卡参数设置对话框

在 Data Types 选项卡参数设置对话框中,根据选择的内容有对应的参数项。

- Output data type:设定输出数据类型。可以设为 double、single、Fixed-point、User-defined 或 Inherit via back propagation 等多种类型。

- Output word length:设定 Fixed-point 输出类型的输出字长。该项只有当 Output data type 设为 Fixed-point 时有效并可见。

- User-defined data type:设定带符号的或定点数据类型。该项只有当 Output data type 设为 User-defined 时有效并可见。

- Set output fraction length to:设定固定点输出比例。该项只有当 Output data type 设为 Fixed-point 或 User-defined 时有效并可见。

- Output fraction length:设定固定点输出数据的分数位数。

2. 数字相位解调模块

对应 M-PSK Modulator Baseband 模块,Simulink 提供了 M-PSK Demodulator Baseband 模块,用于基带 M 元相移键控调制的解调。输入为基带形式的已调信号。模块的输入和输出都是离散的时间信号。输入可以是标量也可以是基于帧的列向量。参数 M-ary number 表示信号星座图的点数。

M-PSK Demodulator Baseband 模块及参数设置对话框如图 7-41 所示。

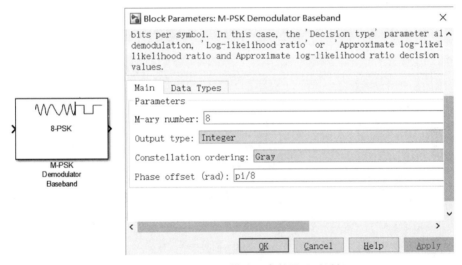

图 7-41　M-PSK 解调模块及参数设置对话框

如图 7-41 所示,M-PSK 解调模块参数设置对话框中包含 Main 和 Data Types 两个选项卡。

1) Main 选项卡

Main 选项卡主要包含以下参数项。

- M-ary number:表示信号星座图的点数,且必须为一个偶数。

- Phase offset:表示信号星座图中零点的相位。

- Constellation ordering:星座图编码方式。决定模块怎样将符号映射成输出比特或整数。

- Constellation mapping:该项只有当 Constellation ordering 项设定为 User-defined

时有效。该项可以是大小为 M 的行或列向量。其中向量的第一个元素对应图中 0 度角，后面的元素按照逆时针旋转，最后一个元素对应星座图的点 $-\mathrm{pi}/M$。

- Outout type：表示输出数据由整数组成还是由比特组成。如果该项设为 Bit，那么参数 M-ary number 必须为 2^K，K 为正整数。

- Decision type：当 Outout type 选为 Bit 时出现本项，用于设定输出为 bitwise hard decision、LLR 或 approximate LLR 形式。

- Noise variance source：只有当 Decision type 选定为 Approximate log-likelihood ratio 或 Log-likelihood ratio 时显示该项。如果选择 Dialog，则在 Noise variance 中输入噪声变化；如果选择 Port，则模块中显示用于设定噪声变化的端口。

- Noise variance：当 Noise variance source 设定为 Dialog 时显示该项，用于设定噪声变化。

2）Data Types 选项卡

Data Types 选项卡参数设置对话框如图 7-42 所示。

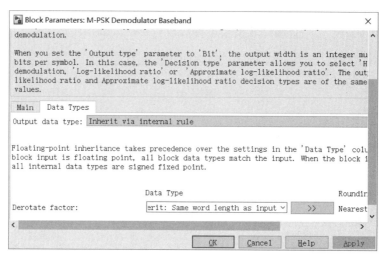

图 7-42　Data Types 选项卡参数设置对话框

Data Types 选项卡包含以下参数项。

- Output data type：设定输出。对于比特输出，当 Decision type 设置为 Hard decision 时，输出数据类型可以为 Inherit via internal rule、Smallest unsigned integer、double、single、int8、uint8、int16、uint16、int32、uint32、boolean 等类型；对于整数输出，输出数据类型可以是 Inherit via internal rule、Smallest unsigned integer、double、single、int8、uint8 、int16、uint16、int32、uint32 类型。如果该项设定为 Inherit via internal rule（默认项），那么数据的输出类型由输入端决定。如果输入端的输入为 floating-point type 型数据，则输出数据类型相同；如果该项设定为 fixed-point，那么输出数据类型将会和该项设定为 Smallest unsigned integer 时相同。如果该项设定为 Smallest unsigned integer，那么输出数据的类型由模型中结构参数对话框中的 Hardware Implementation 项决定。如果 Hardware

Implementation 项选为 ASIC/FPGA,并且 Output data type 为 Bit,那么输出数据类型为 ideal minimum one-bit size。如果 Hardware Implementation 项选为 ASIC/FPGA,并且 Output data type 为 Integer,那么输出数据类型为 ideal minimumize。

- Derotate factor:该项只使用于 M-ary number 项设为 2、4、8,输入为 fixed-point 类型,同时 Phase offset 项为非平凡(即该项当 $M=2$ 时为 $\pi/2$ 的整数倍;当 $M=4$ 时为 $\pi/4$ 的奇数倍;当 $M=8$ 时为任意值)的情况。该项有两个可选项:Same word length as input 和 Specify word length。选定后出现设定框。在输出为比特的情况下,如果 Decision type 设定为 Log-liklihood ratio 或 Approximate log-likelihood ratio 类型,则输出与输入的数据类型相同。

7.7 调制与解调的 Simulink 应用

在 Simulink 仿真中,每一时刻所有的功能模型均同时在执行;而在 MATLAB 仿真中,功能函数是数据流依次执行的,即数据流处理是一级一级传递的。因此绝大多数情况下,通信系统仿真均利用 Simulink 环境来进行。

下面通过几个实例来演示 Simulink 实现通信系统仿真。

【例 7-10】 用 Simulink 仿真 FSK 调制框图。

(1)根据需要,建立 Simulink 仿真 FSK 调制的框图,如图 7-43 所示。

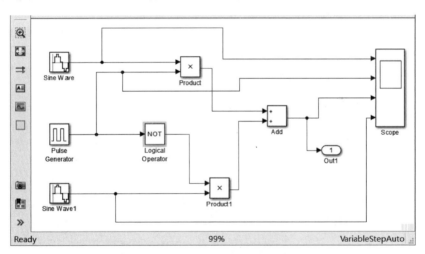

图 7-43 Simulink 仿真 FSK 调制的框图

其中,Sine Wave 和 Sine Wave1 是两个频率分别为 f1 和 f2 的载波,Pulse Generator 模块为信号源,NOT 实现方波的反相,最后经过相乘器和相加器生成 2FSK 信号。

(2)参数设置。双击图 7-43 中的 Sine Wave 模块,设置载波 f1 的参数:幅度为 1,f1=20Hz,采样时间为 0.002s,效果如图 7-44 所示。

双击图 7-43 中的 Sine Wave1 模块,设置载波 f2 的参数:幅度为 1,f2=120Hz,采样时间为 0.002s,效果如图 7-45 所示。

信号源 s(t)选择了基于采样的 Pulse Generator 信号模块,双击图 7-43 中的 Pulse Generator 模块,设置方波是幅度为 1,周期为 3,占比为 33%的基于采样的信号,效果如图 7-46 所示。

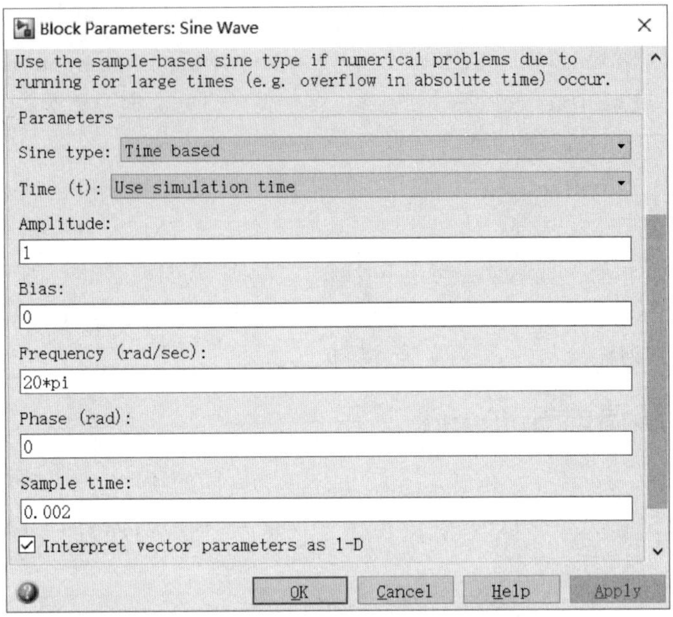

图 7-44 载波 f1 的参数设置

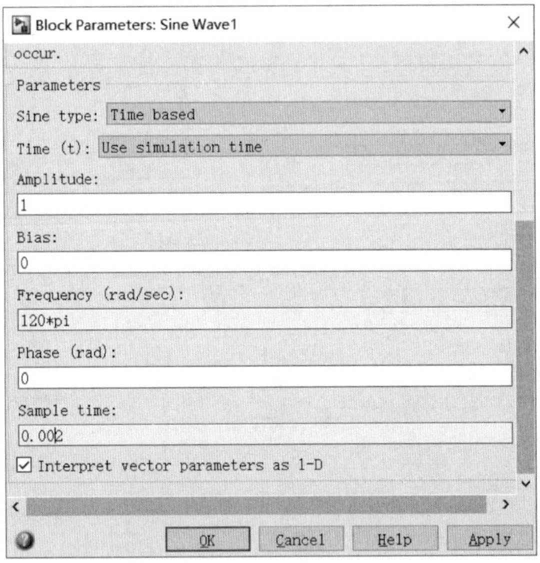

图 7-45 载波 f2 的参数设置

双击图 7-43 中的 Logical Operation 模块，在 Operation 选择框中选择 NOT，效果如图 7-47 所示。

（3）运行仿真。其他参数采用默认值，单击界面中的运行按钮，即可实现仿真，仿真效果如图 7-48 所示。

由图 7-48 可看出，经过 f1 和 f2 两个载波的调制，2FSK 信号有明显的频率上的差别。

另外，用参数 f1＝10 和 f2＝20 再次运行仿真，波形如图 7-49 所示，可见 2FSK 信号有明显的频率上的差别。

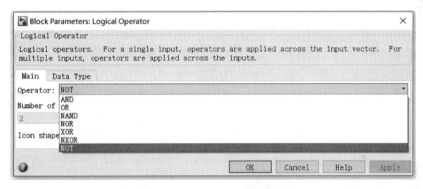

图 7-46　信号源 s(t)的参数设置

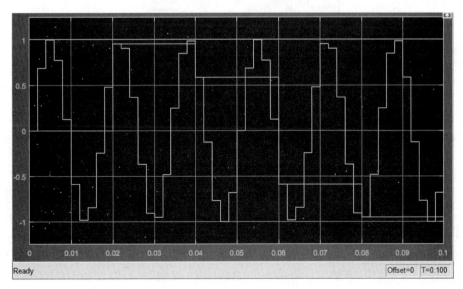

图 7-47　方波反相模块设置

图 7-48　2FSK 信号调制各点的时间波形(f1＝20 和 f2＝120)

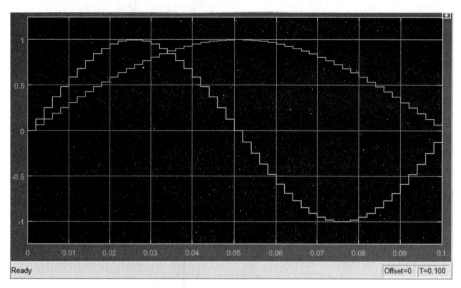

图 7-49   2FSK 信号调制各点的时间波形(f1＝10 和 f2＝20)

【例 7-11】   FSK 频移键控是一种标准的调制技术,它将数字信号加载到不同频率的正弦载波上。试建立一个用于基带信号的频移键控仿真模型。

(1)根据需要,建立如图 7-50 所示的频移键控仿真模型。

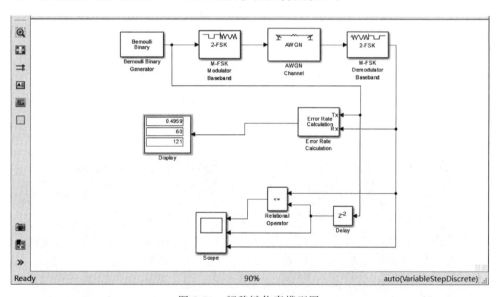

图 7-50   频移键仿真模型图

(2)参数设置。双击图 7-50 中的 Bernoulli Binary Generator 伯努利二进制信号发生器模块,将采样时间设置为 1/1200。双击图 7-50 中的 M-FSK Modulator Baseband 模块,参数 M-ary numbert 设为 2,Frequency separation 设为 1000Hz,Sample per symbol 设为1200,效果如图 7-51 所示。

双击图 7-50 中的 M-FSK Demodulator Baseband 模块,参数设置如图 7-52 所示。

双击图 7-50 中的 AWGN Channel 高斯白噪声信道模块,设置其 Es/No 为 10dB,

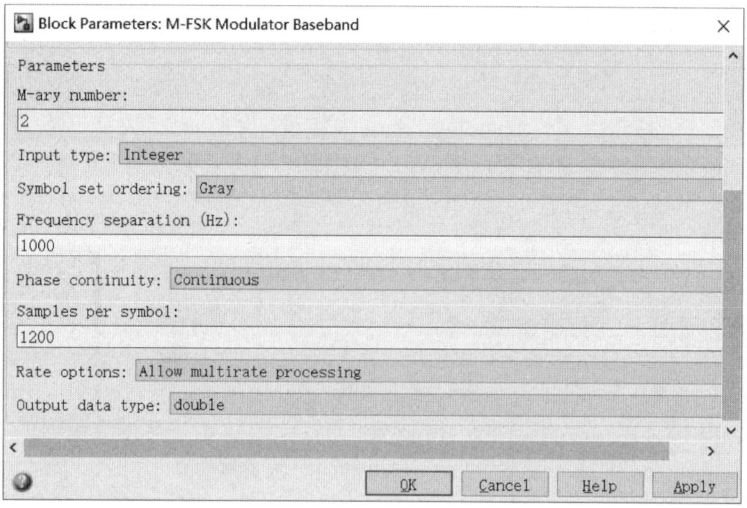

图 7-51　　M-FSK 调制模块参数设置

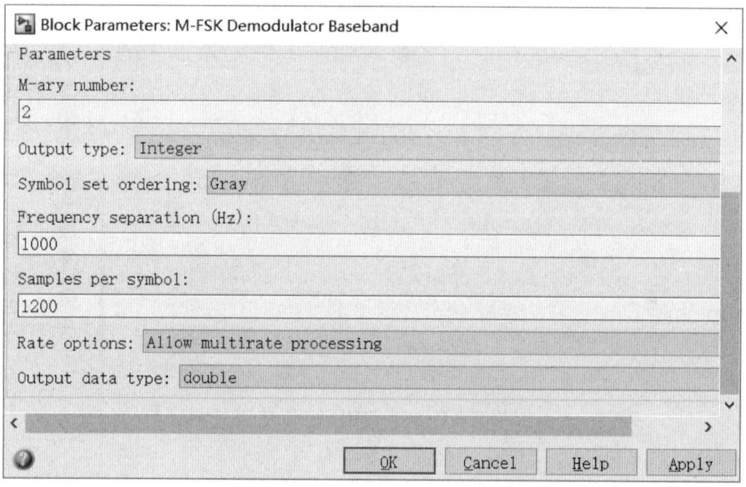

图 7-52　M-FSK 解调模块参数设置

Symbol period 为 1/1200,效果如图 7-53 所示。

双击图 7-50 中的 Error Rate Calculation 误码计算模块,设置 Output data 输出数据至 Port 端口,效果如图 7-54 所示。

双击图 7-50 中的 Delay 模块,参数设置如图 7-55 所示。

(3) 运行仿真。设置仿真时间为 0.1s,运行仿真模型,可看到 Display 模块显示了如图 7-50 所示的数据,即误码率为 0.4959,误码数为 60,总码数为 121。仿真效果如图 7-56 所示。

图 7-56 中,第一个为接收信号与经延迟后的源信号的比较结果,第二个为经延迟后的源信号波形,第三个为接收到的信号波形。

【例 7-12】　多进制的 PSK,能够获得更快的传输速率,但是其之间的相关也将随之减小,这同时说明了其速率将随误码率的增加而提高。

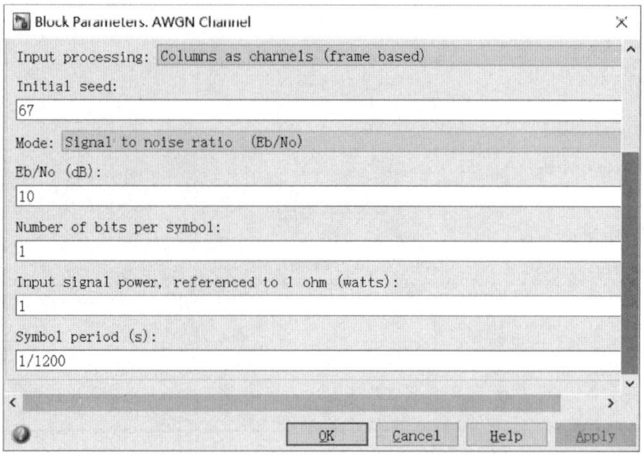

图 7-53　AWGN Channel 模块参数设置

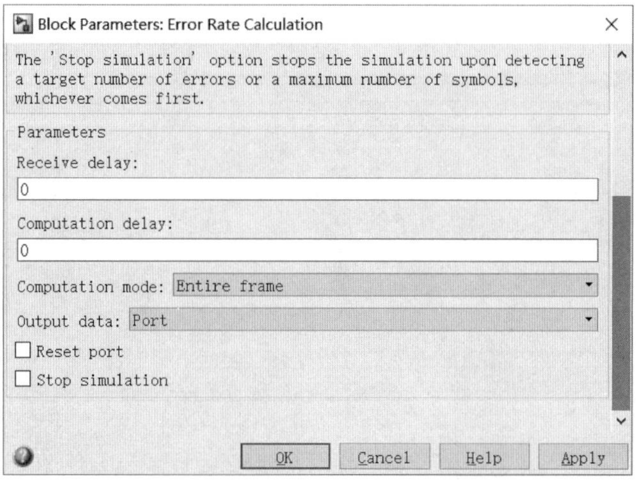

图 7-54　Error Rate Calculation 模块参数设置

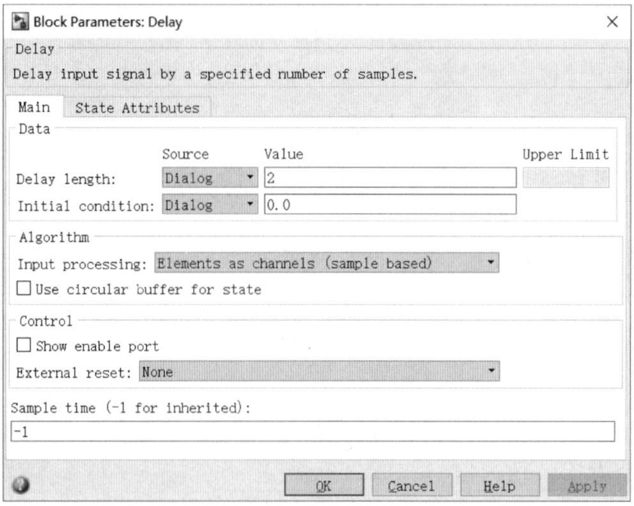

图 7-55　Delay 模块参数设置

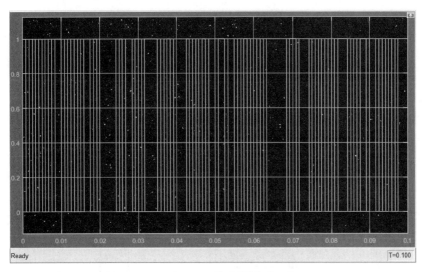

图 7-56　仿真效果

根据需要,建立 M-PSK 仿真系统框图,如图 7-57 所示。

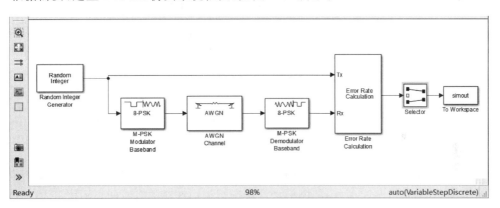

图 7-57　　M-PSK 仿真系统框图

实现的 M-PSK 仿真程序代码如下:

```
>> clc;                              % 清屏
x = - 6:15;                          % 表示信噪比
BitRate = 10000;                     % 信源产生信号的比特率等于 10kbps
SimulationTime = 2;                  % 仿真时间
hold off;
M1 = [2 4 8];                        % 设定 FSK 进制数 M1 向量
y = zeros(length(x),length(M1));     % 初始化二维向量
% 产生在信噪比 x 下的误差率向量 y 的 for 循环
for j = 1:length(M1)
    M = M1(j);
    for i = 1:length(x)
        SNR = x(i);
        sim('exp7_16');
        y(i,j) = mean(simout);
    end
```

```
end
semilogy(x,y);                    % x,y 的画出图形
axis([ - 6 16 0.00001 1]);        % 限定图形的坐标系的范围
grid on;
title('M 进制移频键控 MPSK 抗噪声性能曲线');
xlabel('SNR(dB)');
ylabel('比特误码率(Pe)');
legend('进制数 M = 2','进制数 M = 4','进制数 M = 8');
```

运行程序,得到仿真效果如图 7-58 所示。

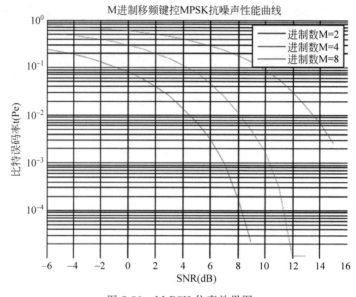

图 7-58　M-PSK 仿真效果图

由图 7-58 可看出,进制数 M 分别采用了 2、4、8 三种进制进行了比较,在其他参数不做改变的情况下,随着进制的增大,调制解调系统的抗噪声性能随之减弱。

本章主要对通信系统中的射频与信道编码进行介绍。

8.1 射频损耗

射频损耗是指射频信号在物理信道或接收机中受到的各种损耗,包括信号在自由空间中的传输损耗、相位和频率偏移、相位噪声、热噪声,以及接收机的非线性作用等。

8.1.1 射频的 MATLAB 实现

在 MATLAB 的通信系统工具箱 RF Toolbox 中提供一系列函数、对象和 App,用于射频(RF)组件网络的设计、建模、分析和可视化。此工具箱支持无线通信、雷达和信号完整性应用。

可以使用 RF Toolbox 构建包含滤波器、传输线、匹配网络、放大器和混频器等射频组件的网络。要指定组件,可以使用 Touchstone 文件等测量数据,也可以使用网络参数或物理属性。此工具箱提供了用于射频数据分析、操作和可视化的函数。可以分析 S 参数,在 S、Y、Z、T 和其他网络参数之间进行转换,还可借助矩形图、极坐标图以及史密斯圆图将射频数据可视化。还可以去嵌入、检查和强制无源性,并计算群和相位延迟。

此外,借助射频链路预算分析器,可以从噪声、功率和非线性方面分析收发机链路,并为电路包络仿真生成 RF Blockset 模型。可以使用有理函数拟合方法,构建背板、互连和线性组件模型,并导出为 Simulink 模块、SPICE 网表或 Verilog-A 模块,以用于时域仿真。

下面通过几个实例来演示射频在 MATLAB 中的应用。

1. 使用射频预算分析仪 App 的超外差接收机

RF 系统设计者在开始设计过程时,首先要确定整个系统必须满足的增益、噪声系数(NF)和非线性系数(IP3)。为了确保作为一个简单的射频元件级联模型的架构的可行性,设计人员计算每级和级联增益、噪声系数和 IP3(第三截距点)的值。

使用 RF 预算分析仪 App,可以做到:

- 建立一个射频元素级联。
- 计算系统的每级和级联输出功率、增益、噪声系数、信噪比和 IP3。

- 导出每个阶段和级联值到 MATLAB 工作空间。
- 导出系统设计到 RF Blockset 进行仿真。
- 将系统设计导出到 RF Blockset measurement testbench 作为 DUT（被测设备）子系统，通过 App 验证得到的结果。

其实现步骤如下所述。

1）系统架构

使用 App 设计的接收系统架构如图 8-1 所示。

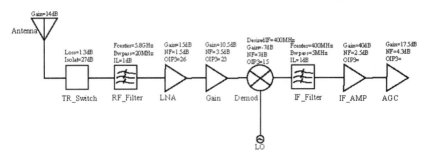

图 8-1　接收系统架构图

2）构建超外差接收机

可以使用 MATLAB 命令行构建超外差接收机的所有组件，并使用 RF Budget Analyzer app 查看分析结果。

超外差接收机系统结构的第一个组成部分是天线和 TR 开关。用到达开关的有效功率代替天线组。

（1）该系统使用 TR 开关在发射机和接收机之间进行切换。交换机给系统增加 1.3dB 的损耗。代码中创建一个增益为 −1.3dB，OIP3 为 37dBm 的 TR 开关。为了匹配参考的射频预算结果，假设噪声系数为 2.3dB。

```
>> clear all;
elements(1) = rfelement('Name','TRSwitch','Gain', − 1.3,'NF',2.3,'OIP3',37);
```

（2）为了建立射频带通滤波器的模型，代码中使用 rfilter 来设计滤波器。为了进行预算计算，每个阶段内部终止 50Ω。因此，为了达到 1dB 的插入损耗，下一个元件即放大器的 Zin 被设置为 132.986Ω。

```
>> Fcenter = 5.8e9;
Bwpass   = 20e6;
Z        = 132.986;
elements(2) = rffilter('ResponseType', 'Bandpass',                    …
    'FilterType','Butterworth','FilterOrder',6,                       …
    'PassbandAttenuation',10 * log10(2),                              …
    'Implementation', 'Transfer function',                            …
    'PassbandFrequency',[Fcenter − Bwpass/2 Fcenter + Bwpass/2],'Zout',50,  …
    'Name','RF_Filter');
```

以上代码设计的滤波器的 S 参数并不理想，并且会自动在系统中插入大约 −1dB 的损耗。

（3）下面代码使用放大器对象来创建一个低噪声放大器模块，增益为 15dB，噪声系数为 1.5dB，OIP3 为 26dBm。

```
>> elements(3) = amplifier( 'Name','LNA','Gain',15,'NF',1.5,'OIP3',26, 'Zin',Z)
```

（4）模型 a 的增益值设为 10.5dB，噪声系数设为 3.5dB，OIP3 设为 23 dBm。

```
>> elements(4) = amplifier( 'Name','Gain','Gain',10.5,'NF',3.5,'OIP3',23);
```

（5）接收机将 RF 的下变频变为 400MHz 的中变频。使用调制器对象创建频率为 5.4GHz、增益为 -7dB、噪声系数为 7dB、OIP3 为 15dBm 的解调器模块。

```
>> elements(5) = modulator('Name','Demod','Gain', - 7,'NF',7,'OIP3',15,     …
    'LO',5.4e9,'ConverterType','Down');
```

（6）为了建立射频带通滤波器的模型，使用 rfilter 来设计滤波器。

```
>> Fcenter = 400e6;
Bwpass   = 5e6;
elements(6) = rffilter('ResponseType','Bandpass',                   …
    'FilterType','Butterworth','FilterOrder',4,                     …
    'PassbandAttenuation',10 * log10(2),                            …
    'Implementation','Transfer function',                           …
    'PassbandFrequency',[Fcenter - Bwpass/2 Fcenter + Bwpass/2],'Zout',50,  …
    'Name','IF_Filter');
```

代码中的滤波器的 S 参数还是不理想，并且会自动在系统中插入大约 -1dB 的损耗。

（7）将 a 型中频放大器，增益设为 40dB，噪声系数设为 2.5dB。

```
>> elements(7) = amplifier( 'Name','IFAmp','Gain',40,'NF',2.5,'Zin',Z);
```

（8）接收机使用一个 AGC（自动增益控制）模块，其中增益随可用的输入功率水平而变化。当输入功率为 -80dB 时，AGC 增益最大为 17.5dB。使用一个放大器模块来模拟 AGC。建立增益为 17.5dB，噪声系数为 4.3dB，OIP3 为 36dBm 的 AGC 模块。

```
>> elements(8) = amplifier('Name','AGC','Gain',17.5,'NF',4.3,'OIP3',36);
```

（9）根据以下系统参数计算超外差接收机的 rbudget：输入频率为 5.8GHz，可用输入功率为 -80dB，信号带宽为 20MHz。将天线元件替换为有效可用输入功率，估计达到 TR 开关的输入功率为- 66dB。

```
>> superhet = rfbudget( 'Elements',elements,'InputFrequency',5.8e9,     …
    'AvailableInputPower', - 66,'SignalBandwidth',20e6)
superhet =
  rfbudget with properties:
                Elements: [1x8 rf.internal.rfbudget.Element]
          InputFrequency: 5.8 GHz
     AvailableInputPower: - 66 dBm
          SignalBandwidth:  20 MHz
                  Solver: Friis
              AutoUpdate: true
    Analysis Results
    OutputFrequency: (GHz) [ 5.8    5.8    5.8    5.8    0.4    0.4    0.4    0.4]
    OutputPower: (dBm) [ - 67.3 - 67.3  - 53.3  - 42.8    - 49.8    - 49.8    - 10.8    6.7]
```

TransducerGain: (dB)[−1.3   −1.3   12.7   23.2   16.2   16.2   55.2   72.7]
                  NF:(dB) [2.3   2.3   3.531   3.657   3.693 3.693 3.728   3.728]
                  IIP2: (dBm) [ ]
                  OIP2: (dBm) [ ]
                  IIP3: (dBm)[38.3 38.3 13.29 −0.3904 −3.824 −3.824 −3.824 −36.7]
                  OIP3: (dBm)[37   37   25.99   22.81   12.38 12.38 51.38   36]
                  SNR:(dB)[32.66 32.66 31.43   31.31 31.27 31.27   31.24 31.24]

```
% 在射频预算分析软件中查看分析结果
>> show(superhet);    % 效果如图 8−2 所示
```

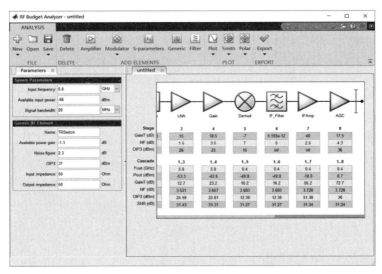

图 8-2   射频预算分析效果图

图 8-2 中 App 显示的级联值包括：接收机输出频率、输出功率、增益、噪声系数、OIP3、信噪比等。

图 8-3 中显示了 RF_filter 级联对应的值。

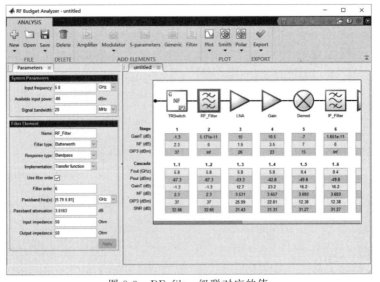

图 8-3   RF_filter 级联对应的值

绘制级联传感器增益和级联噪声图。

（1）利用函数 rfplot 绘制接收端的级联传感器增益。

```
>> rfplot(superhet,'GainT')
>> view(90,0)      % 效果如图 8 - 4 所示
```

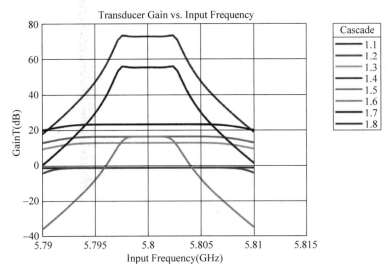

图 8-4 接收端的级联传感器增益

（2）绘制接收机的级联噪声图。

```
>> rfplot(superhet,'NF')
>> view(90,0)    % 效果如图 8 - 5 所示
```

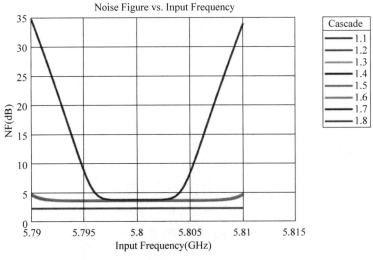

图 8-5 接收机的级联噪声图

此外，还可以使用 RFBudgetAnalyzer 应用程序上的 Plot 按钮来绘制不同的输出值。

2. 功率放大器特性与 DPD 降低信号失真

本示例提供了一种方法用来表征非线性射频 Blockset 功率放大器(PA)的记忆和自适应 DPD 反馈系统,以减少射频发射机的输出信号失真。该过程的第一步是确定在选择具有交叉项的 Volterra 记忆多项式模型时,射频功率放大器模块所需的系数矩阵。

实例中使用 PA 的实际测量数据,在推导出 PA 模型的系数集后,进行了系统级的仿真。该系统包括一个自适应 DPD 算法,可在使用拨动开关的模拟过程中启用,并演示启用 DPD 校正后射频发射机系统输出信号的线性度如何改善。

(1) 读取和可视化测量 PA 输入/输出数据。

首先,加载 PA 的输入/输出复合 I/Q 信号。这是一种商用功率放大器,在实验室中使用了符合标准的 LTE 信号,采样率为 15.36MHz。

```
>> load('simrfV2_powamp_dpd_data.mat')
DataRate = 15.36e6;
Tstep = 1/DataRate;
% 图 8-6 描绘了输入和输出信号的绝对值随时间的变化
>> numDataPts = length(inDataPA);
plot((1:numDataPts) * Tstep, abs(inDataPA), '--',
     (1:numDataPts) * Tstep, abs(outDataPA))
legend('绝对(In)','绝对(Out)','Location','northeast')
xlabel('时间(s)')
xlim([0 1e-5])
ylabel('电压 (V)')
title('输入/输出电压信号的绝对值')
```

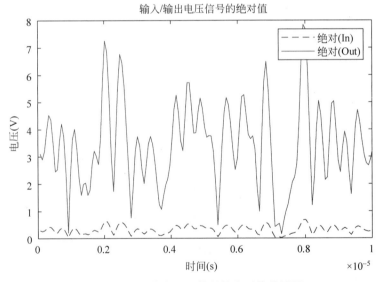

图 8-6　输入/输出电压信号的绝对值效果图

图 8-7 描绘了放大器的幅度特征:输出增益为输入信号的绝对值。一般来说,在代表增益的直线周围的散射是由记忆效应(曲线色散)引起的,而输入信号值较大时数据曲线的弯曲是由功率放大器非线性(偏离直线水平线)引起的。

```
>> TransferPA = abs(outDataPA./inDataPA);
```

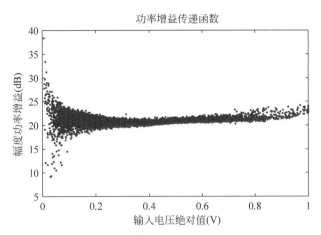

图 8-7　放大器的幅度特征效果图

```
plot(abs(inDataPA),20 * log10(TransferPA),'.')
xlabel('输入电压绝对值(V)')
ylabel('幅度功率增益(dB)')
title('功率增益传递函数')
```

(2) 从测量的输入和输出信号中确定 PA 模块系数矩阵。

使用多用途辅助函数 simrfV2_powamp_dpd_helper 来确定放大器特性的记忆多项式模型的复系数。在这里,模型的内存大小是根据经验选择的,也可以自动进行这种选择。

```
>> memLen = 3;
degLen = 7;
% 只使用了一半的数据来计算拟合系数,因为将使用整个数据集来计算相对误差
>> halfDataPts = round(numDataPts/2);
% helper 函数支持选择不同内存模型的可能性,如使用无交叉项的记忆多项式
>> modType = 'memPoly';
% 函数 simrfV2_powamp_dpd_helper 可以编辑自定义修改,并返回所需的矩阵
>> fitCoefMat = simrfV2_powamp_dpd_helper('coefficientFinder',             ...
    inDataPA(1:halfDataPts),outDataPA(1:halfDataPts),memLen,degLen,modType);
% 为了验证拟合,使用辅助函数来计算误差估计,该误差估计包括预测信号相对于测量信号的标准
% 偏差
>> [errSig] = simrfV2_powamp_dpd_helper('errorMeasure',             ...
    inDataPA, outDataPA, fitCoefMat, modType);
>> disp(['信号标准偏差 = ' num2str(errSig) '%'])
% 信号标准偏差 = 4.8083%
% 为了使测量的输出信号和拟合的输出信号可视化,可以绘制时域输出电压图
>> outDataPA_fit = simrfV2_powamp_dpd_helper('signalGenerator',             ...
    inDataPA, fitCoefMat, modType);
plot((1:numDataPts) * Tstep, abs(outDataPA), 'o - ',             ...
    (1:numDataPts) * Tstep, abs(outDataPA_fit), '. - ')
xlabel('时间(s)')
ylabel('电压(V)')
xlim([0 1e - 5])
legend('绝对值(Out)','绝对值(OutFit)','Location','northeast')
title('输出和拟合输出信号的绝对值')
```

运行程序,效果如图 8-8 所示。

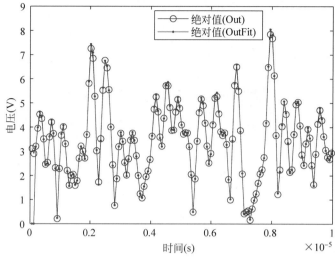

图 8-8　时域输出电压图

彩色图片

```
% 也可绘制功率传递函数的大小
>> TransferPA_fit = abs(outDataPA_fit./inDataPA(:));
plot(abs(inDataPA), 20 * log10(TransferPA), 'o',
    abs(inDataPA), 20 * log10(TransferPA_fit), '.')
xlabel('输入电压绝对值(V)')
ylabel('幅度功率增益(dB)')
legend('绝对值增益','绝对值增益拟合','Location','northeast')
title('功率增益传递函数')
```

运行程序,效果如图 8-9 所示。

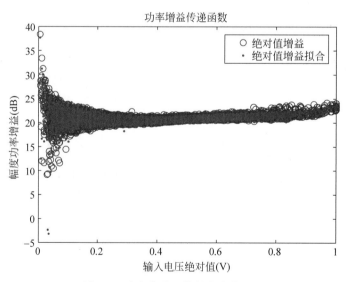

图 8-9　功率传递函数的大小效果图

（3）改进记忆多项式模型的拟合,包括交叉项。

下面使用一种不同的方法,包括领先和滞后记忆交叉项,从输入和输出特性确定拟合系数矩阵。

```
>> modType = 'ctMemPoly';
fitCoefMat = simrfV2_powamp_dpd_helper('coefficientFinder',    ⋯
    inDataPA(1:halfDataPts),outDataPA(1:halfDataPts),memLen,degLen,modType);
```

为了验证拟合，使用辅助函数来计算预测信号相对于测量信号的标准偏差。但由于领先和滞后的记忆交叉项，现在的误差更低了。

```
>> [errSig] = simrfV2_powamp_dpd_helper('errorMeasure',    ⋯
    inDataPA, outDataPA, fitCoefMat, modType);
disp(['信号标准偏差 = ' num2str(errSig)])
```

程序得出的信号标准偏差为 2.7045。为了验证拟合具有更高的质量，并使测量的输出信号和拟合的输出信号可视化，对数据进行了绘图。

```
>> outDataPA_fit = simrfV2_powamp_dpd_helper('signalGenerator',    ⋯
    inDataPA, fitCoefMat, modType);
plot((1:numDataPts) * Tstep, abs(outDataPA), 'o-',    ⋯
    (1:numDataPts) * Tstep, abs(outDataPA_fit), '.-')
xlabel('时间(s)')
ylabel('电压(V)')
xlim([0 1e-5])
legend('绝对值(Out)','绝对值(OutFit)','Location','northeast')
title('输出和拟合输出信号的绝对值')
```

运行程序，效果如图 8-10 所示。

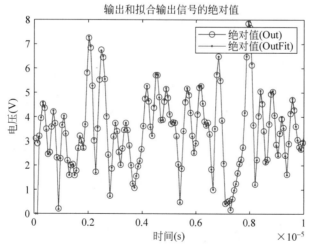

图 8-10　输出信号和拟合的输出信号可视化

```
>> TransferPA_fit = abs(outDataPA_fit./inDataPA(:));
plot(abs(inDataPA), 20 * log10(TransferPA), 'o',    ⋯
    abs(inDataPA), 20 * log10(TransferPA_fit), '.')
xlabel('输入电压绝对值(V)')
ylabel('幅度功率增益(dB)')
legend('绝对值增益','绝对值增益拟合','Location','northeast')
```

```
title('功率增益传递函数')
```

运行以下程序,得到的功率增益传递函数效果图如图 8-11 所示。

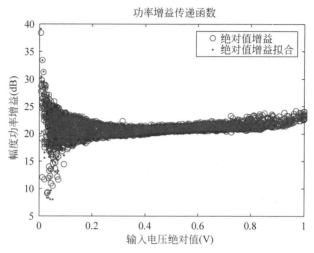

图 8-11　功率增益传递函数效果图

最后,保存了 PA 模型的系数矩阵,并将其导入 RF 块集中用于系统级的仿真。

3. a 级联射频网络模型

在本例中,使 RF Toolbox 命令行接口对级联网络的增益和噪声值进行建模,并在频域分析网络和绘制结果。

实例中使用的网络由一个放大器和两条传输线组成。"工具箱"使用射频电路对象表示射频组件和射频网络。下面将学习如何创建和操作这些对象来分析级联放大器网络,其实现步骤如下所述。

1)创建射频组件

在 MATLAB 提示符下键入以下命令集,以使用默认属性值创建三个 circuit(rfckt)对象,这些电路对象代表两条传输线和放大器。

```
>> clear all;
FirstCkt = rfckt.txline;
SecondCkt = rfckt.amplifier;
ThirdCkt = rfckt.txline;
```

2)指定组件的数据

在本例的这一部分中,指定以下组件属性。

(1)输电线路属性。

① 将第一条传输线 FirstCkt 的线路长度更改为 12。

```
>> FirstCkt.LineLength = 12;
```

② 将第三条传输线 ThirdCkt 的线路长度更改为 0.025,将相速度更改为 2.0e8。

```
>> ThirdCkt.LineLength = 0.025;
ThirdCkt.PV = 2.0e8;
```

（2）放大器特性。

① 从默认值导入网络参数、噪声数据和功率数据。

```
>> read(SecondCkt, 'default.amp');
```

② 将放大器的插补方法 SecondCkt 改为 cubic。

（3）输电线路属性

在本部分的实例中，绘制网络参数和功率数据（输出功率与输入功率），以验证放大器的行为。

① 使用 smith 命令在 Z Smith 图上绘制放大器（SecondCkt）的原始 S11 和 S22 参数。

```
>> figure
lineseries1 = smith[E9](SecondCkt,'S11','S22');
lineseries1(1).LineStyle = '-';
lineseries1(1).LineWidth = 1;
lineseries1(2).LineStyle = ':';
lineseries1(2).LineWidth = 1;
```

运行程序，效果如图 8-12 所示。

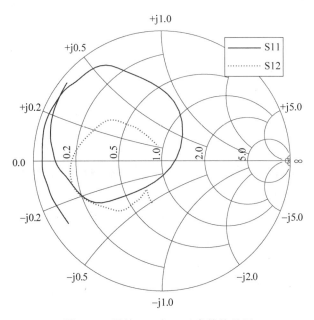

图 8-12　原始 S11 与 S22 参数效果图

```
>> legend show
```

② 使用 RF Toolbox plot 命令绘制放大器（SecondCkt）输出功率（Pout）作为输入功率（Pin）的函数，在 $X\text{-}Y$ 平面图上的分贝均为 1mW，即 1dBm。

```
>> figure
plot(SecondCkt,'Pout','dBm')    % 效果如图 8-13 所示
>> legend showM8_3
```

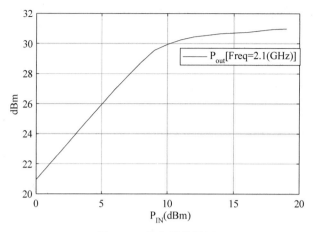

图 8-13   放大器效果图

3）构建并模拟网络

在本部分示例中，创建一个电路对象来表示级联放大器，并在频域中分析该对象。

（1）将三个电路对象级联起来，形成一个新的级联电路对象 Casccadedckt。

```
>> FirstCkt = rfckt.txline;
SecondCkt = rfckt.amplifier;
ThirdCkt = rfckt.txline;
CascadedCkt = rfckt.cascade('Ckts',{FirstCkt,SecondCkt,ThirdCkt});
```

（2）定义用于分析级联电路的频率范围，然后运行分析。

```
>> f = (1.0e9:1e7:2.9e9);
analyze(CascadedCkt,f);
```

4）分析仿真结果

在本例的这一部分中，可通过绘制表示级联放大器网络的电路对象的数据来分析仿真结果。

（1）使用 smith 命令在 Z Smith 图上绘制级联放大器网络的 S11 和 S22 参数。

```
>> figure
lineseries2 = smith([E12]CascadedCkt,'S11','S22','z');
lineseries2(1).LineStyle = '-';
lineseries2(1).LineWidth = 1;
lineseries2(2).LineStyle = ':';
lineseries2(2).LineWidth = 1;
```

运行程序，效果如图 8-14 所示。

（2）使用 plot 命令在 X-Y 平面上绘制表示网络增益的级联网络的 S21 参数，如图 8-15 所示。

```
>> legend show
>> figure
plot(CascadedCkt,'S21','dB')    %效果如图 8-15 所示
>> xlabel('频率(GHz)'); ylabel('幅度(dB)');
```

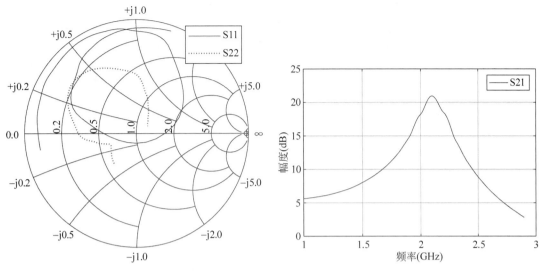

图 8-14　级联放大器网络的 S11 和 S22 参数效果图　　图 8-15　网络增益的级联网络的 S21 参数图

（3）使用 plot 命令创建 S21 参数和放大器网络噪声系数的预算图。

```
>> legend show
>> figure
plot(CascadedCkt,'budget', 'S21','NF')   % 效果如图 8-16 所示
>> xlabel('频率(GHz)'); zlabel('幅度(dB)');ylabel('阶段的级联');
```

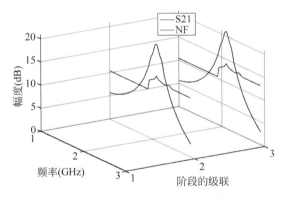

图 8-16　S21 参数和放大器网络噪声系数的预算图

8.1.2　射频损耗的 Simulink 模块

前面介绍了利用 MATLAB 实现射频的应用,本节将介绍几个关于射频的 Simulink 模块及相应的例子。

1．自由空间路径损耗

自由空间路径损耗模块模拟发送端与接收端之间路径引起的信号损耗。模块通过下面两种方式减弱输入信号的强度。

（1）如果 Mode 项设定为 Distance and Frequency,那么通过 Distance(km)和 Carrier frequency(MHz)参数设定。

（2）如果 Mode 项设定为 Decibels，那么通过 Loss(dB)参数设定。

模块的输入必须为复信号。自由空间路径损耗模块及其参数设置对话框如图 8-17 所示，主要包括以下几个参数项。

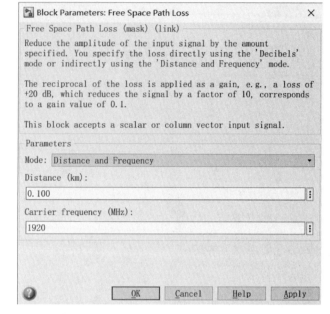

图 8-17　自由空间路径损耗模块及其参数设置对话框

- Mode：设定自由空间损耗模块的路径损耗。有 Decibels 和 Distance and Frequency 两种模式。
- Loss(dB)：设定自由空间损耗模块的路径损耗。只有在 Mode 设定为 Distance and Frequency 时本项有效。
- Decibels(km)：设定发送端与接收端之间距离。只有在 Mode 设定为 Distance and Frequency 时本项有效。
- Carrier frequency(MHz)：设定输入信号的载波频率。只有在 Mode 设定为 Distance and Frequency 时本项有效。

2. 相位噪声

相位噪声模块的输入信号是复数形式的基带信号。模块首先通过 AWGN 模块产生一个加性高斯白噪声信号，然后将这个加性高斯白噪声信号作为相位噪声叠加到输入的信号中。相位噪声模块及其参数设置对话框如图 8-18 所示，主要包括以下几个参数项。

- Phase noise level(dBc/Hz)：模块产生的相位噪声的强度。
- Frequency offset(Hz)：模块产生的频率偏移。
- Sample rate(Hz)：模块设定的采样率。
- Initial seed：模块的初始化种子，必须为非负整数。
- View Filter Response：打开幅值响应视图，如图 8-19 所示。
- Simulate using：设置仿真训练使用的方式。

【例 8-1】　演示在 Simulink 中相对噪声对 16-QAM 信号的影响。

图 8-18　相位噪声模块及其参数设置对话框

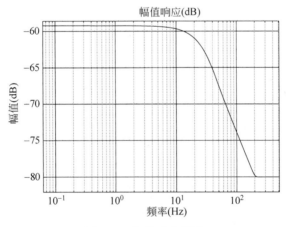

图 8-19　幅值响应视图

　　根据需要,向 16-QAM 信号添加相位噪声向量和频率偏移向量,并显示星座图,其实现的模型框图如图 8-20 所示。

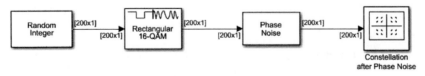

图 8-20　模型框图

　　该模型生成随机数据,对数据应用 16-QAM 调制,并向信号添加相位噪声。相位噪声块指定一个频谱掩模,在 100Hz 时相位噪声等级为 -40dBc/Hz,在 200Hz 时为 -70dBc/Hz。

运行仿真,得到仿真效果如图 8-21 所示。

图 8-21 的星座图显示了一个参考的 16-QAM 星座和被相位噪声破坏的信号样本。

3. 相位/频率偏移

相位/频率偏移模块用于产生输入信号的相位/频率偏移。模块中不会出现任何的延时。模块的输入可以是类型为 double 或 single 的实数或复数基带信号,输出的数据类型和输入相同。

模块通过 Phase offset 项设定输入信号的相位偏移。通过 Frequency offset 项设定输入信号的频率偏移,另外也可选定 Frequency offset from port 项,在模块提供的输入端口设定输入信号的

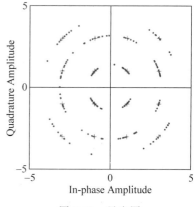

图 8-21 星座图

频率偏移。如果输入和频移信号均是基于帧的,那么帧长必须相同;如果频移信号是多通道的,那么必须有一个通道和输入信号相同,或者通道总数和输入信号相同;如果频移不是一个标量,那么它在通道中的总采样数必须和输入信号相对应。

相位/频率偏移模块及其参数设置对话框如图 8-22 所示,主要包括以下几个参数项。

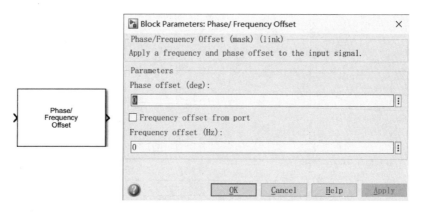

图 8-22 相位/频率偏移模块及其参数设置对话框

- Phase offset:相位/频率偏移模块中的相位偏移。
- Frequency offset from port:选定该项,模块将会显示频移设定输入端。
- Frequency offset:相位/频率偏移模块中的频率偏移。

如果相位/频率偏移模块中的 Frequency offset 和 Phase offset 项均为向量或矩阵,那么它们的维数必须相同。

4. 无记忆非线性模块

Memoryless Nonlinearity(无记忆非线性)模块对输入的基带复信号进行无记忆非线性处理,这种处理过程一般对无线通信系统中的接收机的射频损耗进行仿真。无记忆非线性模块及其参数设置对话框如图 8-23 所示,其主要包括以下几个参数。

- Method:表示模块的处理方式,主要包括 Cubic polynomial、Hyperbolic tangent、

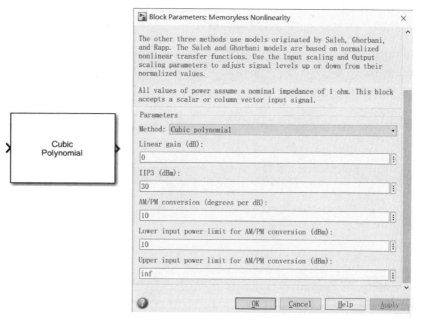

图 8-23 无记忆非线性模块及其参数设置对知框

Saleh model、Ghorbani model 和 Rapp model 这 5 种处理方式。

- Linear gain(dB)：设定模块的线性增益值。
- IIP3(dBm)：提供三阶截距点。
- AM/PM conversion(degrees per dB)：AM/PM 转换因子，单位为度/分贝，指定为数值标量。
- Lower input power limit for AM/PM conversion(dBm)：AM/PM 转换(dBm)的下输入功率限制。
- Upper input power limit for AM/PM conversion(dBm)：AM/PM 转换(dBm)的上输入功率限制。

【例 8-2】 下面实例实现在 16-QAM 信号中加入萨利赫无记忆非线性模型。

这个模型应用了萨利赫模型的无记忆非线性 16-QAM 调制信号。为了演示和可视化该模型中应用的无记忆损伤水平是夸大的，不代表现代无线电的典型水平。

信号中包含一个完整的星座点，它的集合是 16-QAM 调制，并将该调制传递到无记忆非线性块中。为了分析星座，该模型在每个无记忆非线性块之后又包含星座图块，其星座图块设置状态为：AM/AM 和 AM/PM 的失真设置、AM/AM 的失真、AM/PM 的失真。

下面代码为萨利赫模型绘制其默认配置的放大器转移曲线，注意输入/输出信号的非线性性质。放大后的星座点根据放大器模型的输入/输出特性进行位移。每个星座点的电压决定了每个给定星座点畸变的方向和幅度。

```
% 分析放大器 AM/AM 和 AM/PM 特性
Rref = 1;                    % 参考负载
RtRref = sqrt(Rref);
```

```
phase = 2 * pi * rand(1);           % 随机相位输入
uin = exp(1i * phase);              % 单位标准输入
PRefInput = .001;                   % Ref 值为 1mW
% 正常化到 1mW 的最大功率
memNonlin = comm.MemorylessNonlinearity( …
    'Method','Saleh model')
Pmax = 2; %
Pmin = 0;
Pstep = (Pmax − Pmin) / 50;
Pall = (Pmin:Pstep:Pmax).';
PrefdB = 10 * log10(PRefInput);
Vin = uin * RtRref * sqrt(Pall);
Vout = memNonlin(Vin);

close all
yyaxis left
grid
plot(abs(Vin),abs(Vout))
ylabel('输出电压 (AM/AM)')
xlabel('输入电压')
yyaxis right
plot(abs(Vin),abs((180/pi) * angle(Vout./Vin)))
ylim = [0 45];
ylabel('相移度数(AM/PM)')
```

运行程序,输出如下,效果如图 8-24 所示。

```
memNonlin =
  comm.MemorylessNonlinearity − 属性:
           Method: 'Saleh model'
    InputScaling: 0
  AMAMParameters: [2.1587 1.1517]
  AMPMParameters: [4.0033 9.1040]
   OutputScaling: 0
```

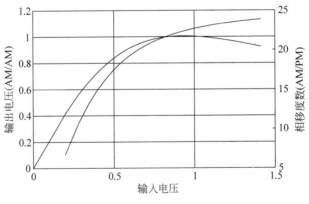

图 8-24　放大器转移曲线图

根据需要,建立的模型结构如图 8-25 所示。

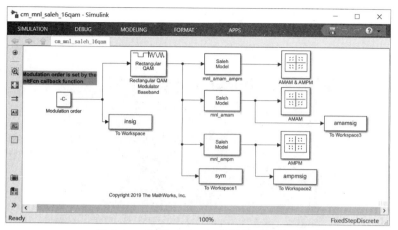

图 8-25　实现 16-QAM 信号模型结构图

运行仿真模型,得到星座图如图 8-26～图 8-28 所示。

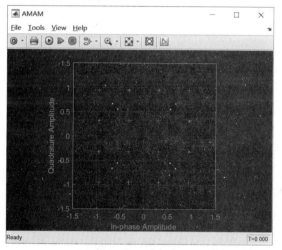

图 8-26　AMAM 图

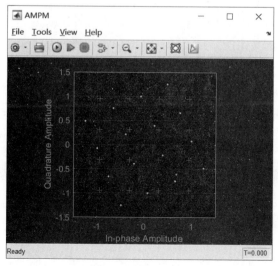

图 8-27　AMPM 图

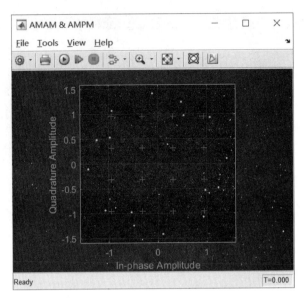

图 8-28　AMAM 和 AMPM 图

这组星座图显示了星座失真的放大器配置。

- AMAM 图显示了具有幅幅畸变但无幅相畸变的信号。在这张图中,注意星座点是远离或朝向原点呈放射状移动的。对于萨利赫模型和指定的操作特性,内角星座点偏离原点移动,外角星座点偏离原点移动。非角落星座点的移动量可以忽略不计。
- AMPM 图,显示了具有幅相畸变但没有幅幅畸变的信号。在这个图中注意星座点是逆时针旋转的。离原点较远的星座点比离原点较近的星座点偏移的多。
- AMAM 和 AMPM 图,显示了幅幅失真和幅相失真的信号。在这张图中,注意星座点的位置偏离或朝向原点,并逆时针旋转。

8.2　信道编码

在实际信道上传输数字信号时,由于信道传输特性不理想及加性噪声的影响,接收端所收到的数字信号会不可避免地发生错误。因此必须采用信道编码(差错控制编码)将误比特率进一步降低,以满足系统指标要求。所谓信道编码就是在要传输的信息序列中增加一些称之为监督码元的码元,使之在接收端能够发现传输过程是否有错并予纠正。

8.2.1　信道编码的相关概念

原始数字信息是分组传输的,以二进制编码为例,每 k 个二进制为一组,称为信息组,经信道编码后转换为每 n 个二进制位为一组的码字,码字中的二进制位称为码元。码字中监督码元数为 $n-k$。

一个码字中码元的个数称为码字的长度,简称为码长,通常用 n 表示,如码字 11011,其码长 $n=5$。

码字中 1 码元的个数称为码字的重量,简称码重,通常用 W 表示。例如码字 10001,它的码重 $W=2$。

一个码组中任意两个码字之间的对应位上码元取值不同的个数称为这两个码字的海

明(Hamming)距离,简称为码距,通常用 d 表示。如码字 10001 和 01101,有 3 个位置的码元不同,所以码距 $d=3$。

在一个码组中各码字之间的距离不一定都相等。称码组中最小的码距为最小码距,用 d_{min} 表示,它决定了一个码组的纠、检错能力,因此是极重要的参数。

信息码元数与码长之比定义为编码效率,通常用 η 来表示,其表达式为:

$$\eta = \frac{k}{n} = \frac{n-r}{n} = 1 - \frac{r}{n}$$

编码效率是衡量码组性能的又一个重要参数。编码效率越高,传信率越高,但此时纠、检错能力会降低,当 $\eta=1$ 时就没有纠、检错能力了。

最小码距 d_{min} 决定了码组的检纠错能力。它们之间的关系如下。

(1) 当码组仅用于检测错误时,如果要求检测 e 个错误,则最小码距为:

$$d_{min} \geqslant e+1$$

(2) 当码组仅用于纠正错误时,为纠正 t 个错误,要求最小码距为:

$$d_{min} \geqslant 2t+1$$

(3) 当码组既要检错,又要纠错时,为纠正 t 个错误,同时检测 e 个错误($e > t$),则要求最小码距为:

$$d_{min} \geqslant t+e+1$$

8.2.2 信道编码的分类

信道编码有许多分类方法,主要分类如下所述。

(1) 根据码的用途可分为检错码和纠错码。以检测错误为目的的码称为检错码。以纠正错误为目的的码称为纠错码。纠错码一定能检错,但检错码不一定能纠错。通常将检错码和纠错码都统称为纠错码。

(2) 根据信息码元和附加的监督码元之间的关系可分为线性码和非线性码。如果监督码元与信息码元之间的关系可用线性方程来表示,即监督码元是信息码元的线性组合,则称为线性码。反之,如果两者不存在线性关系,则称为非线性码。

(3) 根据对信息码元处理的方法来分可分为分组码和卷积码。分组码的监督码元仅与本组的信息码元有关;卷积码中的监督码元不仅与本组信息码元有关,而且还与前面若干组的信息码元有关,因此卷积码又称为连环码。线性分组码中,具有循环移位特性的码元为循环码,否则称为非循环码。

(4) 根据码字中信息码元在编码前后是否相同可分为系统码和非系统码。编码前后信息码元保持原样不变的称为系统码,反之称为非系统码。

(5) 根据纠(检)错误的类型可分为纠(检)随机错误码、纠(检)突发错误码和既能纠(检)随机错误同时又能纠(检)突发错误码。

(6) 根据码元取值的进制可分为二进制码和多进制码。

8.2.3 线性分组码

1. 线性分组码编码

既是线性码又是分组码的码称为线性分组码。监督码元仅与本组信息码元有关的码称为分组码,监督码元与信息码元之间的关系可以用线性方程表示的码称为线性码。因此,一个码字中的监督码元只与本码字中的信息码元有关,而且这种关系可以用线性方程来表示的就是线性分组码,通常表示为(n,k)。

下面以$(7,3)$分组码为例,讨论线性分组码的编码方法。$(7,3)$分组码码字长度为7,一个码字内信息码元数为3,用$m=[m_2 m_1 m_0]$表示,监督码元数为4,用$b=[b_3 b_2 b_1 b_0]$表示。编码器的工作是根据收到的信息码元,按编码规则计算监督码元,然后将信息码元和监督码元构成码字输出。假定编码规则为:

$$\begin{cases} b_3 = m_2 + m_0 \\ b_2 = m_2 + m_1 + m_0 \\ b_1 = m_2 + m_1 \\ b_0 = m_1 + m_0 \end{cases} \tag{8-1}$$

式中的$+$是模2加。当3位信息码元$m_2 m_1 m_0$给定后,根据式(8-1)即可计算出4位监督码元$b_3 b_2 b_1 b_0$,然后由这7位构成一个码字输出。

将式(8-1)改写成矩阵的形式为:

$$\begin{bmatrix} b_3 \\ b_2 \\ b_1 \\ b_0 \end{bmatrix} = \begin{bmatrix} 1 & 0 & 1 \\ 1 & 1 & 1 \\ 1 & 1 & 0 \\ 0 & 1 & 1 \end{bmatrix} \begin{bmatrix} m_2 \\ m_1 \\ m_0 \end{bmatrix} \xrightarrow{\text{或}} \boldsymbol{b}^{\mathrm{T}} = \boldsymbol{Q}^{\mathrm{T}} \boldsymbol{m}^{\mathrm{T}} \xrightarrow{\text{或}} \boldsymbol{b} = \boldsymbol{m}\boldsymbol{Q} \tag{8-2}$$

式中,上标 T 表示矩阵的转置(即矩阵的行转换为列,列转换为行),$\boldsymbol{Q}$ 或 $\boldsymbol{Q}^{\mathrm{T}}$ 为方程的系数矩阵:

$$\boldsymbol{Q}^{\mathrm{T}} = \begin{bmatrix} 1 & 0 & 1 \\ 1 & 1 & 1 \\ 1 & 1 & 0 \\ 0 & 1 & 1 \end{bmatrix}, \quad \boldsymbol{Q} = \begin{bmatrix} 1 & 1 & 1 & 0 \\ 0 & 1 & 1 & 1 \\ 1 & 1 & 0 & 1 \end{bmatrix}$$

可以把信息组置于监督码元的前面,也可以置于后面,这样结构的码均称作系统码;也可以把它们分散开交错排列,这样的码称为非系统码。系统码和非系统码在检、纠错能力上是一样的,一般采用前者,于是得到一个系统码码字,即:

$$\boldsymbol{C} = [m_2 m_1 m_0 \vdots b_3 b_2 b_1 b_0] = [\boldsymbol{m} \vdots \boldsymbol{b}] = [\boldsymbol{m} \vdots \boldsymbol{m}\boldsymbol{Q}] = \boldsymbol{m}[\boldsymbol{I}_3 \vdots \boldsymbol{Q}]$$

式中,$\boldsymbol{I}_3$ 为3阶单位矩阵。令:

$$\boldsymbol{G} = \begin{bmatrix} 1 & 0 & 0 & \vdots & 1 & 1 & 1 & 0 \\ 0 & 1 & 0 & \vdots & 0 & 1 & 1 & 1 \\ 0 & 0 & 1 & \vdots & 1 & 1 & 0 & 1 \end{bmatrix} \tag{8-3}$$

式(8-3)可表示为:

$$\boldsymbol{C} = \boldsymbol{m}[\boldsymbol{I}_3 \vdots \boldsymbol{Q}] = \boldsymbol{m}\boldsymbol{G} \tag{8-4}$$

式中 $\boldsymbol{G}$ 称为生成矩阵,当给定 $\boldsymbol{G}$,并对应一个输入的信息组 $\boldsymbol{m}$ 时,编码器就会输出一个码字。

线性分组码有一个重要的特点:封装性,即码组中任意两个码字对应位模2加后,得到的码字仍然是该码组中的一个码字。

2. 线性分组码校验

接收端是如何发现错误并加以纠正的呢?下面来讨这个问题。

令码字 $\boldsymbol{C}=[c_6 c_5 c_4 c_3 c_2 c_1 c_0]$，则：$c_6=m_2$，$c_5=m_1$，$c_4=m_0$，$c_3=b_3$，$c_2=b_2$，$c_1=b_1$，$c_0=b_0$，由式(8-1)可得监督方程：

$$\begin{cases} m_2+m_0+b_3=0 \\ m_2+m_1+b_2=0 \\ m_2+m_1+b_1=0 \\ m_1+m_0+b_0=0 \end{cases} \tag{8-5}$$

即

$$\begin{cases} c_6+c_4+c_3=0 \\ c_6+c_5+c_2=0 \\ c_6+c_5+c_1=0 \\ c_5+c_4+c_0=0 \end{cases} \tag{8-6}$$

写成矩阵形式有：

$$\begin{bmatrix} 1 & 0 & 1 & \vdots & 1 & 0 & 0 & 0 \\ 1 & 1 & 1 & \vdots & 0 & 1 & 0 & 0 \\ 1 & 1 & 0 & \vdots & 0 & 0 & 1 & 0 \\ 0 & 1 & 1 & \vdots & 0 & 0 & 0 & 1 \end{bmatrix} \begin{bmatrix} c_6 \\ c_5 \\ c_4 \\ c_3 \\ c_2 \\ c_1 \\ c_0 \end{bmatrix} = [\boldsymbol{Q}^{\mathrm{T}} \vdots \boldsymbol{I}_4]\boldsymbol{C}^{\mathrm{T}} = \boldsymbol{O}^{\mathrm{T}} \tag{8-7}$$

式中，$\boldsymbol{I}_4$ 为 4 阶单位矩阵，$\boldsymbol{O}$ 为全 0 行矩阵。令：

$$\boldsymbol{H}=[\boldsymbol{Q}^{\mathrm{T}} \vdots \boldsymbol{I}_4]= \begin{bmatrix} 1 & 0 & 1 & \vdots & 1 & 0 & 0 & 0 \\ 1 & 1 & 1 & \vdots & 0 & 1 & 0 & 0 \\ 1 & 1 & 0 & \vdots & 0 & 0 & 1 & 0 \\ 0 & 1 & 1 & \vdots & 0 & 0 & 0 & 1 \end{bmatrix} \tag{8-8}$$

则式(8-7)可表示成：

$$\boldsymbol{H}\boldsymbol{C}^{\mathrm{T}}=\boldsymbol{O}^{\mathrm{T}} \xrightarrow{\text{或}} \boldsymbol{C}\boldsymbol{H}^{\mathrm{T}}=\boldsymbol{O} \tag{8-9}$$

显然，所有的许用码字 $\boldsymbol{C}$ 都应当满足式(8-9)的监督关系。

设 $\boldsymbol{R}$ 为接收端接收到的码字，如果 $\boldsymbol{R}=\boldsymbol{C}$，则必有：

$$\boldsymbol{R}\boldsymbol{H}^{\mathrm{T}}=\boldsymbol{C}\boldsymbol{H}^{\mathrm{T}}=\boldsymbol{O} \tag{8-10}$$

如果式(8-10)不满足，则可判断 $\boldsymbol{R}\neq\boldsymbol{C}$，说明传输过程中码字发生了错误。可以利用这一关系来发现接收的码字是否为许用码字。为此，定义 $\boldsymbol{R}$ 的伴随式 $\boldsymbol{S}$ 为：

$$\boldsymbol{S}=\boldsymbol{R}\boldsymbol{H}^{\mathrm{T}} \xrightarrow{\text{或}} \boldsymbol{S}^{\mathrm{T}}=\boldsymbol{H}\boldsymbol{R}^{\mathrm{T}} \tag{8-11}$$

设 $\boldsymbol{R}=\boldsymbol{C}+\boldsymbol{E}$，其中 $\boldsymbol{E}$ 为信道的错误图样，则：

$$\boldsymbol{S}=\boldsymbol{R}\boldsymbol{H}^{\mathrm{T}}=(\boldsymbol{C}+\boldsymbol{E})\boldsymbol{H}^{\mathrm{T}}=\boldsymbol{C}\boldsymbol{H}^{\mathrm{T}}+\boldsymbol{E}\boldsymbol{H}^{\mathrm{T}}=\boldsymbol{O}+\boldsymbol{E}\boldsymbol{H}^{\mathrm{T}} \tag{8-12}$$

因此：

$$\boldsymbol{S}=\boldsymbol{E}\boldsymbol{H}^{\mathrm{T}} \xrightarrow{\text{或}} \boldsymbol{S}^{\mathrm{T}}=\boldsymbol{H}\boldsymbol{E}^{\mathrm{T}} \tag{8-13}$$

由式(8-12)可知，伴随式 $\boldsymbol{S}$ 和所发送的码字无关，只取决于信道的错误图样 $\boldsymbol{E}$，这就意

味着 $\boldsymbol{S}$ 含有信道的错误信息。因此,接收到码字 $\boldsymbol{R}$ 后,首先利用式(8-11)来计算伴随式 $\boldsymbol{S}$,以便对信道的错误做出评估。假设接收的码字为 $\boldsymbol{R}=[r_6r_5r_4r_3r_2r_1r_0]$,则式(8-11)可展开成:

$$
\begin{bmatrix} s_1 \\ s_2 \\ s_3 \\ s_4 \end{bmatrix} = \begin{bmatrix} 1 & 0 & 1 & \vdots & 1 & 0 & 0 & 0 \\ 1 & 1 & 1 & \vdots & 0 & 1 & 0 & 0 \\ 1 & 1 & 0 & \vdots & 0 & 0 & 1 & 0 \\ 0 & 1 & 1 & \vdots & 0 & 0 & 0 & 1 \end{bmatrix} \begin{bmatrix} r_6 \\ r_5 \\ r_4 \\ r_3 \\ r_2 \\ r_1 \\ r_0 \end{bmatrix} \tag{8-14}
$$

例如,接收到的码字为 $\boldsymbol{R}=[0111010]$,由式(8-14)可得 $\boldsymbol{S}=(0000)$,这表明接收到的码字是一个许用码字;再如,接收到的码字为 $\boldsymbol{R}=[0011010]$,计算可得 $\boldsymbol{S}=(0111)$,这表明接收到的码字不是一个许用码字,说明传输过程中出现了错误。

3. 线性分组码译码

上面已分析过如何根据伴随式检测错误,下面来讨论如果有错,那么错在哪里,能否纠正,如何纠正的问题。其实这 3 个问题中,只要第一个问题解决了,那么后面两个问题也就解决了。如果知道了错在哪里(即哪一位或哪几位出错了),因为是二进制传输,那就通过把这一位或这几位求反就能够纠正了。所以问题的关键是错误定位,即能否从伴随式 $\boldsymbol{S}$ 获得错误图样 $\boldsymbol{E}=[e_6e_5e_4e_3e_2e_1e_0]$,如果能获得 $\boldsymbol{E}$,那么根据 $\boldsymbol{R}+\boldsymbol{E}=\boldsymbol{C}$ 就可恢复许用码组 $\boldsymbol{C}$。

上一小节假定接收到的码字为 $\boldsymbol{R}=[0011010]$,计算可得 $\boldsymbol{S}=(0111)$,表明接收到的码字是错的。

根据式(8-13)可得 $\boldsymbol{S}^{\mathrm{T}}=\boldsymbol{H}\boldsymbol{E}^{\mathrm{T}}$,即:

$$
\begin{bmatrix} 0 \\ 1 \\ 1 \\ 1 \end{bmatrix} = \begin{bmatrix} 1 & 0 & 1 & \vdots & 1 & 0 & 0 & 0 \\ 1 & 1 & 1 & \vdots & 0 & 1 & 0 & 0 \\ 1 & 1 & 0 & \vdots & 0 & 0 & 1 & 0 \\ 0 & 1 & 1 & \vdots & 0 & 0 & 0 & 1 \end{bmatrix} \begin{bmatrix} e_6 \\ e_5 \\ e_4 \\ e_3 \\ e_2 \\ e_1 \\ e_0 \end{bmatrix} \tag{8-15}
$$

写成方程组的形式有:

$$
\begin{cases} e_6 + e_4 + e_3 = 0 \\ e_6 + e_5 + e_4 + e_2 = 0 \\ e_6 + e_5 + e_1 = 0 \\ e_5 + e_4 + e_0 = 0 \end{cases} \tag{8-16}
$$

希望通过对这个方程组的求解,确定 e_6、e_5、e_4、e_3、e_2、e_1、e_0 这 7 个值,但这是一个未知数为 7、方程数为 4 的方程组,因此它的解不是唯一的。例如求解式(8-16)的方程组,就会有多个解,错 1 位的解是 $[0100000]$,错 2 位的解没有,错 3 位的解有 $[0011010]$ 等,甚至还有错更多的解。前面已经分析过,码元错误数多的概率要比码元错误数少的概率小得多,所以可以选择错误元数最少的错误图样进行纠正,因此可以确定该信道的错误图样就是 $[0100000]$。

一般地,如果接收码字只有 1 位错误,S^T 等于 H 矩阵中某一列,假如为第 j 列,则对应 E 的第 j 个码元 $e_j = 1$,其余码元为 0。$(7,4)$ 码的码字长度为 7,因此产生一个错误的错误图样共有 7 种,它们和 S 有唯一的对应关系。

4. BCH 编码/译码

BCH 码解决了生成多项式和纠错能力的关系问题,可以方便地纠正多个随机错误,因此是一种特别重要的循环码。

1) BCH 编码模块

BCH 编码模块的输入必须是有 K 的整数倍个元素的基于帧的列向量,每 K 个输入元素代表一个信号字。模块中完成 (N,K) 的 BCH 编码,其中 N 具有 $(2^M - 1)$ 的形式,$3 \leqslant M \leqslant 16$。如果 N 小于 $(2^M - 1)$,那么模块认为码长减小了 $2^M - 1 - N$;如果 N 大于 $(2^M - 1)$,那么必须在模块参数项 Primitive polynomial 中设定适当的 M 值。

BCH 编码模块及其参数设置对话框如图 8-29 所示,模块中包含以下几个参数项。

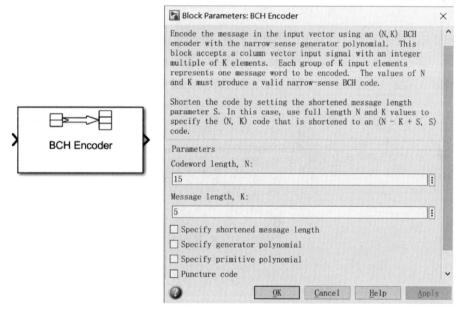

图 8-29　BCH 编码模块及其参数设置对话框

- Codeword length,N：设定码字长度,同时也是输出向量的长度。
- Message length,K：设定信息长度,同时也是输入向量的长度。
- Specify primitive polynomial：选定后显示 Primitive polynomial 项。
- Primitive polynomial：代表初始多项式的二进制系数的行向量。默认值为 de2bi (primpoly(4, 'nodisplay'), 'left-msb'),符合 $(15,5)$ 码。本项只有当 Specify primitive polynomial 项选定后才显示。
- Generator polynomial：代表初始多项式的二进制系数的行向量。默认值为

bchgenpoly(15,5)。长度为 $N-K+1$。只有选定 Specify primitive polynomial 后才有效。

- Puncture code：选定后显示 Puncture vector 项。
- Puncture vector：长度为 $N-K$ 的列向量。1 表示未打孔位，0 表示打孔位。默认值为[ones(8,1);zeros(2,1)]。

2）BCH 译码模块

BCH 译码模块用于对输入的经过 BCH 编码的信息进行译码。BCH 译码模块的输入必须是有 N（the number of punctures）的整数倍个元素的基于帧的列向量。每 N 个输入元素代表一个译码信号字。模块中完成 (N,K) 的 BCH 译码。其中 N 具有 (2^M-1) 的形式，$3\leqslant M\leqslant 16$。如果 N 小于 (2^M-1)，那么模块认为码长减小了 2^M-1-N；如果 N 大于 (2^M-1)，那么必须在模块参数项 Primitive polynomial 中设定适当的 M 值。模块中 K 的有效值与 N 对应，最大为 511。

BCH 编码模块及其参数设置对话框如图 8-30 所示，其主要包含以下几个参数。

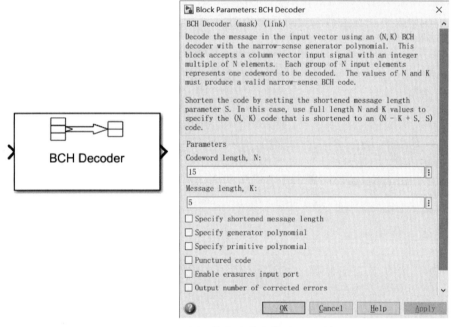

图 8-30　BCH 译码模块及其参数设置对话框

- Codeword length，N：设定码字长度，同时也是输入向量的长度。
- Message length，K：设定信息长度，同时也是第一个输出向量的长度。
- Specify generator polynomial：选定后显示 Generator polynomial 项。
- Generator polynomial：代表初始多项式的二进制系数的行向量。默认值为 bchgenpoly(15,5)。长度为 $N-K+1$。本项只有当 Specify generator polynomial 项选定后才显示。
- Specify primitive polynomial：选定后显示 Primitive polynomial 项。
- Primitive polynomial：代表初始多项式的二进制系数的行向量。默认值为 de2bi

(primpoly(4, ' nodisplay '), 'left-msb '),符合（15,5）码。只有选定 Specify primitive polynomial 后才有效。

- Puncture code：选定后显示 Puncture vector 项。
- Puncture vector：长度为 $N-K$ 的列向量。1 表示未打孔位,0 表示打孔位。默认值为 $[\text{ones}(8,1);\text{zeros}(2,1)]$。
- Enable erasures input port：选定后打开 Era 和 Err 两个端口,通过 Era 端口,可以输入与输入码字长度相同的基于帧的列向量。Err 端口用于输出修正的错误数。
- Output number of corrected errors：选定后模块会另外提供一个输出端口,用于输出模块探测到的输入码字的错误数。

5. 二进制线性编码/译码

1) 二进制线性编码模块

二进制线性编码模块使用生成矩阵进行二进制线性编码,如果 K 为信息长度,那么 Generator matrix 应该有 K 行,如果 N 为码字长度,那么 Generator matrix 应该有 N 列。

二进制线性编码模块的输入必须有 K 个元素,如果输入是基于帧的,那么它必须是一个列向量,输出必须是长度为 N 的向量。

二进制线性编码模块及其参数设置对话框如图 8-31 所示,主要包含一个参数。

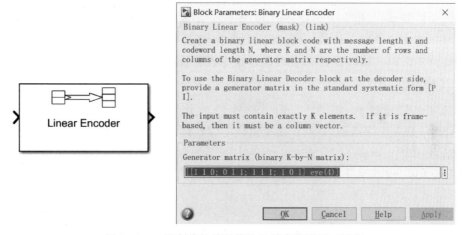

图 8-31 二进制线性编码模块及其参数设置对话框

Generator matrix：设定生成矩阵,它是 $K \times N$ 阶矩阵,其中 K 为信息长度,N 为码字长度。

2) 二进制线性译码模块

二进制线性译码模块完成对二进制码字向量的线性译码。参数 Generator matrix 为模块的生成矩阵,它应该与二进制线性编码模块中的 Generator matrix 参数相同。如果 K 为信息长度,那么 Generator matrix 应该有 K 行,如果 N 为码字长度,那么 Generator matrix 应该有 N 列。

模块的输入必须有 N 个元素,如果输入是基于帧的,那么它必须是一个列向量,输出必须是长度为 K 的向量。

二进制线性译码模块及其参数设置对话框如图 8-32 所示,其主要包括以下两个参数。

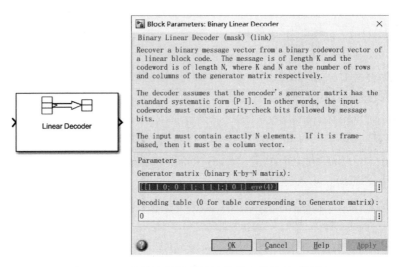

图 8-32 二进制线性译码模块及其参数设置对话框

- Generator matrix：设定生成矩阵，它是 $K \times N$ 阶矩阵，其中 K 为信息长度，N 为码字长度。
- Decoding table：在二进制线性译码模块中，利用本项对码字进行纠错。值为 $2^{N-K} \times N$ 的二进制矩阵，用来表示验译码表，为每个伴随式对应的纠错向量。矩阵的第 r 行是伴随式等于 $(r-1)$ 的二进制码字纠错向量。伴随式为接收码字与一致校验矩阵转置的乘积。可以设为 0，此时默认这个表的值对应 Generator matrix 参数。

8.2.4 汉明码

1. 汉明码的纠错

汉明码是第 1 个纠错码，是纠正 1 个错误的线性码。其主要参数如下。

（1）监督位长 $r(r \geqslant 3)$。

（2）码字长 $N = 2^r - 1$。

（3）信息位长 $K = N - r = 2^r - 1 - r$。

（4）码距 $d_{\min} = 3$。

例如，$r = 3$ 时，$N = 2^3 - 1 = 7$，$K = N - r = 7 - 3 = 4$ 的 $(7,4)$ 汉明码监督矩阵为：

$$\boldsymbol{H} = [\boldsymbol{Q}^{\mathrm{T}} \vdots \boldsymbol{I}_3]$$

式中：

$$\boldsymbol{Q}^{\mathrm{T}} = \begin{bmatrix} 1 & 0 & 1 & 1 \\ 1 & 1 & 0 & 1 \\ 0 & 1 & 1 & 1 \end{bmatrix}, \quad \boldsymbol{Q} = \begin{bmatrix} 1 & 1 & 0 \\ 0 & 1 & 1 \\ 1 & 0 & 1 \\ 1 & 1 & 1 \end{bmatrix}$$

生成矩阵为：

$$\boldsymbol{G} = [\boldsymbol{I}_4 \vdots \boldsymbol{Q}] - \begin{bmatrix} 1 & 0 & 0 & 0 & \vdots & 1 & 1 & 0 \\ 0 & 1 & 0 & 0 & \vdots & 0 & 1 & 1 \\ 0 & 0 & 1 & 0 & \vdots & 1 & 0 & 1 \\ 0 & 0 & 0 & 1 & \vdots & 1 & 1 & 1 \end{bmatrix}$$

由于信息位长 $K=4$，共有 $2^K=2^4=16$ 个信息组，因此也有 16 个许用码字。

在 (N,K) 汉明码中，有 r 位监督码，就会有 r 个监督方程，那么伴随式 S 中就有 r 比特，除全 0 这种状态外，另外有 2^r-1 种不同的组合，而汉明码的码字长 $N=2^r-1$，它错 1 位的情况也会有 2^r-1 种，用 S 中 r 比特的 2^r-1 种不同的组合正好可以表示 2^r-1 种错 1 位的情况，也就充分发挥了 r 个监督码元的作用，这使得汉明码有较高的编码效率。编码效率表示为：

$$\eta=\frac{K}{N}=\frac{2^r-1-r}{2^r-1}$$

当 r 比较大时，$\eta\to1$，因此汉明码是一种高效率的编码。

2. 汉明码的编码/译码模块

1）汉明码编码模块

在选定编码方案时，可以指定本原多项式或使用默认设置。使用默认设置时，输入 N 和 K 作为输入参数，模块将使用 gfprimdf(M) 作为 $GF(2^M)$ 的本原多项式。如果使用指定本原多项式的方式，那么第一项输入 N 作为参数；第二项输入一个二进制向量作为参数指定本原多项式。这个向量以升幂的顺序列出本原多项式的系数。另外可以通过通信工具箱中的 gfprimdf 函数来求本原多项式。

汉明码编码模块及其参数设置对话框如图 8-33 所示，其主要包括参数如下。

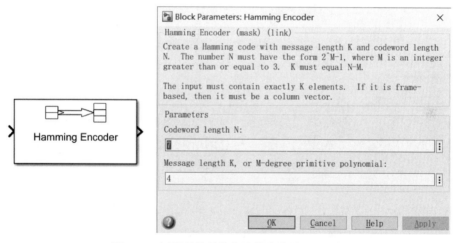

图 8-33　汉明码编码模块及其参数设置对话框

- Codeword length N：设定码字长度，同时也是输出向量的长度。
- Message length K，or M-degree primitive polynomial：设定信息长度，也是输入向量的长度；或者表示本原多项式的系数向量。

2）汉明码译码模块

汉明码译码模块用于从接收的汉明码中恢复出原始信息。为了能够正确译码，模块所有的参数必须与相应的汉明码编码模块的参数相匹配。

在选定编码方案时，可以指定本原多项式或使用默认设置。使用默认设置时，输入 N 和 K 作为输入参数，模块将使用 gfprimdf(M) 作为 $GF(2^M)$ 的本原多项式。如果使用指定本原多项式的方式，那么第一项输入 N 作为参数，第二项输入一个二进制向量作为参数指定本原多项式。这个向量以升幂的顺序列出本原多项式的系数。另外可以通过通信工具箱中的 gfprimdf 函数来求本原多项式。

汉明码译码模块及其参数设置对话框如图 8-34 所示，其主要包括参数如下。

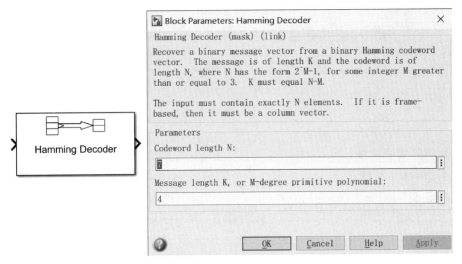

图 8-34　汉明码译码模块及其参数设置对话框

- Codeword length N：设定码字长度，同时也是输出向量的长度。
- Message length K，or M-degree primitive polynomial：设定信息长度，也是输入向量的长度；或者表示本原多项式的系数向量。

8.2.5　循环码

循环码是线性分组码重要的一个子类，现在的重要线性分组码都是循环码或与循环码密切相关。与其他大多数码相比，循环码的编码及译码易于用简单的具有反馈连接的移位寄存器来实现，这是它的优势所在。另外，对它的研究是建立在比较严密的数学方法基础之上的，因此比较容易获得有效的译码方案。循环码在实际中应用很广。

1. 循环码的基本概述

一个线性 (N,K) 的分组码，如果它的任一码字经过循环移位（左移或右移）后，仍然是该码的一个码字，则称该码字为循环码。

在代数编码理论中，常用多项式：

$$C(x)=c_{n-1}x^{n-1}+c_{n-2}x^{n-2}+\cdots+c_1x+c_0 \tag{8-17}$$

来描述一个码字。$(7,3)$ 分组码的任一码组可以表示为：

$$C(x)=c_6x^6+c_5x^5+c_4x^4+c_3x^3+c_2x^2+c_1x^1+c_0$$

这种多项式中，x 仅是码元位置的标记，因此并不关心 x 的取值，这种多项式称为码字多项式。例如，码字 (0100111) 可以表示为：

$$C(x)=0x^6+1x^5+0x^4+0x^3+1x^2+1x^1+1=x^5+x^2+x+1$$

左移一位后 C 为 (1001110)，其码字多项式 $C^1(x)$ 为：

$$C^1(x)=1x^6+0x^5+0x^4+1x^3+1x^2+1x^1+0=x^6+x^3+x^2+x$$

需要注意的是，码字多项式和一般实数域或复数域的多项式有所不同，码字多项式的运算是基于模 2 运算的。

(1) 码字多项式相加,是同幂次的系数模 2 加,不难理解,两个相同的多项式相加,结果系数全为 0。例如:

$$(x^6+x^5+x^4+x^2)+(x^6+x^3+x^2+1)=x^6+x^5+x^2+1$$

(2) 码字多项式相乘,对相乘结果多项式作模 2 加运算。例如:

$$(x^3+x^2+1)\times(x+1)=(x^4+x^3+x)+(x^3+x^2+1)=x^4+x^2+x+1$$

(3) 码字多项式相除,除法过程中多项式相减按模 2 加方法进行。当被除式 $N(x)$ 的幂次大于除式 $D(x)$ 的幂次时,就可以表示为一个商式 $q(x)$ 和一个分式之和,即:

$$\frac{N(x)}{D(x)}=q(x)+\frac{r(x)}{D(x)} \tag{8-18}$$

其中余式 $r(x)$ 的幂次低于 $D(x)$ 的幂次。把 $r(x)$ 称作对 $N(x)$ 取模 $D(x)$ 的运算结果,并表示为:

$$r(x)=N(x)\bmod\{D(x)\} \tag{8-19}$$

有了这个运算规则,就可以很方便地表示一个移位码字多项式。码字为 N 的码字多项式 $C(x)$ 和经过 i 次左移位后的码字多项式 $C^{(i)}(x)$ 的关系为:

$$C^{(i)}(x)=x^iC(x)\bmod\{x^N+1\} \tag{8-20}$$

例如,(7,3) 循环码的码字 (1001110),其多项式为 $C(x)=x^6+x^3+x^2+x$,移位 3 次后的多项式 $C^{(3)}(x)$ 可求得如下:

$$\frac{x^3(x^6+x^3+x^2+x)}{x^7+1}=x^2+\frac{x^6+x^5+x^4+x^2}{x^7+1}$$

即 $C^{(3)}(x)=x^3C(x)\bmod\{x^7+1\}=r(x)=x^6+x^5+x^4+x^2$,它对应的码字为:

$$C^{(3)}=1110100$$

2. 循环码生成多项式

(7,3) 循环码的非 0 码字多项式是由一个多项式 $g(x)=x^4+x^3+x^2+1$ 分别乘以 $x^i(i=1,2,\cdots,6)$ 得到的。一般地,循环码是由一个常数项不为 0 的 $r=N-K$ 次多项式 $g(x)$ 确定的,这个多项式就称为该码的生成多项式。其形式为:

$$g(x)=x^r+g_{r-1}x^{r-1}+\cdots+g_1x+1 \tag{8-21}$$

码的生成多项式一旦确定,则码也就确定了。因此,循环码的关键是寻求一个合适的生成多项式。编码理论已经证明,(N,K) 循环码的生成多项式是多项式 x^N+1 的一个 $N-K$ 次因式。例如:

$$x^7+1=(x+1)(x^3+x^2+1)(x^3+x+1) \tag{8-22}$$

在式中可以找到两个 $(N-K)=(7-3)=4$ 次因式:

$$g_1(x)=(x+1)(x^3+x^2+1)=x^4+x^2+x+1$$

和

$$g_2(x)=(x+1)(x^3+x+1)=x^4+x^3+x^2+x+1$$

它们都可以作为 (7,3) 循环码的生成多项式,而:

$$g_3(x)=(x^3+x+1)$$

和

$$g_4(x)=x^3+x^2+1$$

可以作为(7,4)循环码的生成多项式。

一般来说,要对多项式作因式分解不是容易的事情,特别当 N 比较大时,需用计算机搜索。

3. 循环码编码

下面以(7,4)循环码为例,讲解采用循环码监督码元产生的方法。(7,4)循环码码字为:

$$C = [c_6 c_5 c_4 c_3 c_2 c_1 c_0] = [m_3 m_2 m_1 m_0 \vdots b_2 b_1 b_0]$$

其码字多项式为:

$$C(x) = m_3 x^6 + m_2 x^5 + m_1 x^4 + m_0 x^3 + b_2 x^2 + b_1 x + b_0$$
$$= x^3 (m_3 x^3 + m_2 x^2 + m_1 x + m_0) + (b_2 x^2 + b_1 x + b_0)$$
$$= x^3 m(x) + b(x)$$

其中 $m(x)$ 为信息多项式,$b(x)$ 为监督组多项式。两边同时减 $b(x)$,则有:

$$x^3 m(x) = C(x) - b(x) \tag{8-23}$$

可以证明,码字多项式可以被生成多项式除尽,即 $g(x)$ 为 $C(x)$ 的一个因式:

$$C(x) = g(x) q(x)$$

用 $g(x)$ 除式(8-23)两边得:

$$\frac{x^3 m(x)}{g(x)} = \frac{C(x) - b(x)}{g(x)} = q(x) - \frac{b(x)}{g(x)}$$

和式(8-18)比较可知,$b(x) = -r(x)$,即监督组多项式是 $x^3 m(x)$ 除以 $g(x)$ 所得的余式。利用上述多项式的除法,便可求得 $b(x)$。

循环码的编码方案有下面两种方式。

(1) 为了生成一个(N,K)循环码,将 N 和 K 作为第一个和第二个输出参数。模块会计算一个合适的生成多项式 cyclpoly(N,K,'min')。

(2) 为了编一个码长为 N,并且具有特定(N,K)阶二进制生成多项式的循环码,输入 N 作为第一个参数,输入一个二进制向量作为第二个参数。这个向量表示生成的多项式,它是以升幂的顺序排列的参数。另外可以通过通信工具箱中的 cyclpoly 函数产生循环码的生成多项式。

二进制循环码编码模块及其参数设置对话框如图 8-35 所示,其主要包括参数如下。

- Codeword length N:设定码字长度,同时也是输出向量的长度。
- Message length K, or generator polynomial:设定信息长度,也是输入向量的长度;或者表示多项式的系数向量。

4. 循环码译码

设发送的码字为 C,对应的多项式为 $C(x)$,信道错误图样为 $E(x)$,则接收到的码字多项式为:

$$R(x) = C(x) + E(x)$$

其中,许用码字多项式 $C(x)$ 可以被生成多项式除尽,因此,用 $g(x)$ 除 $R(x)$ 所得的余式等于用 $g(x)$ 除 $E(x)$ 所得的余式 $S(x)$,即:

$$S(x) = E(x) \bmod \{g(x)\}$$

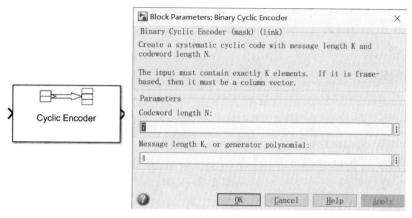

图 8-35　二进制循环编码模块及其参数设置对话框

$S(x)$ 称作伴随式。如果 $S(x)=0$，说明 $E(x)=0$，$R(x)=C(x)$，没有错误。如果 $S(x)\neq0$，说明传输中出现了错误。

设 $(7,4)$ 码的生成多项式为 $g(x)=x^3+x+1$，假如 $E=(010000)$，对应的多项式为 $E(x)=x^5$，两者相除得：

$$\frac{E(x)}{g(x)}=\frac{x^5}{x^3+x+1}=x^2+1+\frac{x^2+x+1}{x^3+x+1}$$

则 $S(x)=x^2+x+1$，即 $S=(111)$。

循环码的译码方案有下面两种方式。

(1) 为了译码一个 (N,K) 循环码，将 N 和 K 作为第一个和第二个输出参数。模块会计算一个合适的生成多项式 cyclpoly$(N,K,$ 'min')。

(2) 为了译码一个码长为 N，并且具有特定 (N,K) 阶二进制生成多项式的循环码，输入 N 作为第一个参数，输入一个二进制向量作为第二个参数。这个向量表示生成的多项式，它是以升幂的顺序排列的参数。另外可以通过通信工具箱中的 cyclpoly 函数产生循环码的生成多项式。

二进制循环码译码模块及其参数设置对话框如图 8-36 所示，其主要包括参数如下。

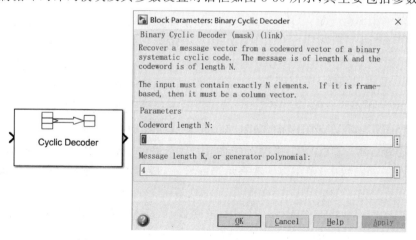

图 8-36　二进制循环译码模块及其参数设置对话框

- Codeword length N：设定码字长度，同时也是输出向量的长度。
- Message length K，or generator polynomial：设定信息长度，也是输入向量的长度；或者表示多项式的系数向量。

8.2.6 卷积码

卷积码与前面介绍的线性分组码不同。在(N,K)线性分组码中，每个码字的N个码元只与本码字中的K个信息码元有关，或者说，各码字中的监督码元只对本码字中的信息码元起监督作用。卷积码则不同，每个(N,K)码字（常称子码）内的N个码元不仅与该码字内的信息码元有关，而且还与前面m个码字内的信息码元有关。或者说，各子码内的监督码元不仅对本子码起监督作用，而且对前面m个子码内的信息码元也起监督作用。所以，卷积码常用(N,K,m)表示。通常称m为编码存储，它反映了输入信息码元在编码器中需要存储的时间长短；称$n=m+1$为编码约束度，它是相互约束的码字个数；称Nn为编码约束长度，它是相互约束的码元个数。卷积码也有系统码和非系统码之分，如果子码是系统码，则称此卷积码为系统卷积码，反之，则称为非系统卷积码。

1. 卷积码编码器的多项式描述

卷积码编码器的多项式描述了卷积码编码器中移位寄存器与模二加法器的连接关系。图 8-37 中描述了一个单个输入、两个输出和两个移位寄存器的前反馈卷积码编码器。

卷积码编码器的多项式描述包含两个或三个部分（取决于是前反馈编码器还是反馈编码器）。三个部分分别为约束长度、生成多项式、反馈连接多项式。下面对这三个部分做简单介绍。

1）约束长度

编码器的约束长度形成一个向量，这个向量的长度为编码器的输入个数，向量的元素表示存储在每个移位寄存器中的比特数，包括当前输入比特。图 8-37 中的约束长度为 3，是一个标量，因为编码器只有一个输入。它的值等于 1 加上此输入的移位寄存器的个数。

2）生成多项式

如果编码器有k个输入，n个输出，那么这个码的生成矩阵为一个$k\times n$的矩阵。在第i行第j列的元素，表示第i个输入如何影响第j个输出。对一个系统反馈编码器的系统位，它生成矩阵的项与反馈连接向量的相应元素匹配。

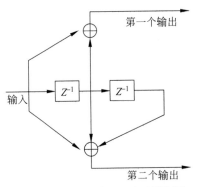

图 8-37　前反馈卷积码编码器框图

在其他情况下，可以按照下面的方法来决定生成矩阵的(i,j)项。

（1）二进制表示。如果一个移位寄存器接到加法器上，则在相应位用 1 表示，没有连接用 0 表示。在二进制数中，最左边的数表示当前输入，最右边的数表示移位寄存器中保存最久的输入。

（2）八进制表示。将二进制数转换成八进制数，从最右边的数开始，最右边的位为最低位，如果二进制数不是 3 的倍数，那么按照需要在左边补零。

3）反馈连接多项式

如果描述一个带反馈的编码器,用户需要一个反馈连接向量。这个向量的长度为编码器的输入个数。向量的元素用八进制数的形式表示每个输入的反馈连接。

如果编码器具有反馈结构,而且是系统的,那么生成多项式和反馈连接多项式相应的系统参数一定是相同的。

2. 卷积码的网格描述

卷积码的网格描述表示出编码器每种可能的输入如何影响输出和编码器的状态改变。

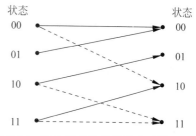

卷积码编码器的网格图如图 8-38 所示。这个编码器有四个状态,一位的输入,两位的输出,是一个编码效率为 1/2 的编码器。在图中每条实线表示当前输入为 0 时,编码器如何改变状态;每条虚线表示当前输入为 1 时,编码器如何改变状态。每条线上的八进制数表示当前编码器的输出。

图 8-38 四个状态的卷积码编码器网格图

注意:任何卷积码编码器的多项式描述等同于一个网格描述,但是一些网格描述并没有相应的多项式描述。

在 MATLAB 中表示网格,使用的是一种叫作网格结构的数据,这种网格结构必须包含 5 个域,如表 8-1 所示。

表 8-1 编码效率 k/n 的网格结构的域

网格结构的域	维 数	含 义
NumInputSymbols	标量	输入符号数为 2^k
NumOutputSymbols	标量	输入符号数为 2^k
NumStates	标量	状态数
NextState	NumStates $\times 2^k$ 的矩阵	当前状态,当前输入下,所有可能的下一个状态
Outputs	NumStates $\times 2^k$ 的矩阵	当前状态,当前输入下,所有可能的下一个输出(十进制)

在矩阵 NextStates 中,每一项是一个 $0 \sim$（NumStates-1）的整数,它的第 i 行第 j 列表示开始状态为 $i-1$ 时的下一个状态。在将输入位转换为十进制形式时,将第一个输入位作为最高位。

在输出矩阵中,第 i 行第 j 列的元素表示开始状态为 $i-1$ 且输入位十进制形式为 $j-1$ 时的编码器输出。在将输入位转换为十进制形式时,与 NextStates 矩阵的情况相同。

当已经知道要放入每个域的信息时,用户可以用下列方式建立一个网格结构。

（1）分别定义 5 个域,使用 structurename. fieldname 的形式。

（2）把所有的域名字和值收集到一个单独的结构命令中。

（3）先用多项式描述方式来描述编码器,然后使用 poly2trellis 函数将其转换成一个有效的网格结构。

通信模块库中提供了两种卷积码的译码器:后验概率解码器和 Viterbi 解码器。下面对它们做简单的介绍。

1）后验概率解码器

后验概率解码器模块用于完成卷积码后验概率译码。该模块包含两个输入端：输入端 $L(u)$ 表示与解码对应的编码器的输入信息比特的对数概率；输入端 $L(c)$ 表示码字比率的对数概率。同时该模块有两个输出端：$L(u)$ 和 $L(c)$，分别表示对输入端 $L(u)$ 和 $L(c)$ 的纠正。

如果卷积码使用有 2^n 个可能值的符号，那么模块的 $L(c)$ 向量长度为 $Q \times n$。同样的，如果被译码的数据有 2^k 个可能的符号，那么模块的 $L(u)$ 向量长度为 $Q \times k$。其中 Q 为每个时间步模块处理的帧数。当输入是基于采样的信号时，$Q = 1$。

如果只需要输入端 $L(c)$ 和输出端 $L(u)$，那么可以将输入端 $L(u)$ 接 Ground 模块，将输出端 $L(c)$ 接 Terminator 模块。

后验概率解码器模块及其参数设置对话框如图 8-39 所示，其主要包括参数如下。

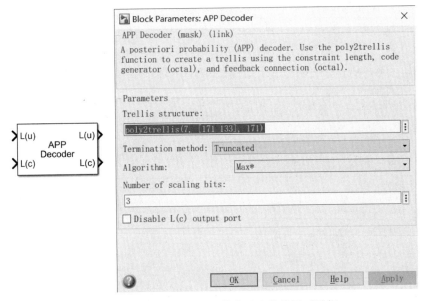

图 8-39　后验概率解码器模块及参数设置对话框

- Trellis structrue：卷积码的网格描述。要与编码器的该项参数一致。
- Termination method：一个复选框，可选 Truncated 和 Terminated。表示卷积码编码器在帧开始和结束时如何表示处理网格。
- Algorithm：一个复选框，可选 True APP、Max＊ 或 Max。用户可以通过本参数来控制部分译码算法。选项 True APP 实现后验概率。为了提高速度，选项 Max＊ 和 Max 可以表示为 $\log \sum_i e^{a_i}$。Max 选项使用 $\max\{a_i\}$ 作为近似值，而 Max＊ 选项使用 $\max\{a_i\}$ 外加一个修正项 $\ln(1 + \exp(-|a_{i-1} - a_i|))$。
- Number of scaling bits：为一个 0～8 的整数，表示译码器为了避免精度损失使用多少比特衡量数据。只有当 Algorithm 选择 Max＊ 时本项才有效。

2）Viterbi 解码器

Viterbi 解码器模块及其参数设置对话框如图 8-40 所示。

如图 8-40 所示，Viterbi 解码器参数设定框中包含 Main 和 Data Types 两个选项卡，默认为 Main 选项卡。下面分别对这两个选项卡中的参数进行简单介绍。

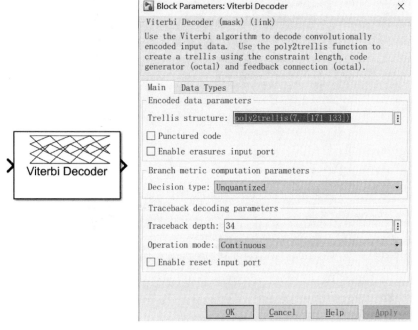

图 8-40 Viterbi 解码器模块及其参数设置对话框

（1）Main 选项卡参数说明。

- Trellis structure：卷积码的网格描述。该项要与编码器中对应项的参数一致。
- Punctured code：选定后显示 Punctured vector 项。
- Puncture vector：发射器或编码器中的常打孔模式向量。格式为 0s 和 1s，其中 0s 代表打孔位。
- Enabel erasures input port：选定该项后，增加一个标有 Rst 的输入端口。通过此端口，可以输入具有 0s 和 1s 格式的删除向量。1s 代表删除位。对于输入数据流中的这些删除位，译码器将不会更新它的分支量度。
- Decision type：为一复选框，包含 Unquantized、Hard Decision 和 Soft Decision 三项。
- Number of soft decision bits：软判决中用来表示输入的比特数。只有当 Decision type 项设定为 Soft Decision 时本项有效。
- Error if quantized input values are out of range：量化的输入值超出范围后的出错项。只有当 Decision type 项设定为 Soft Decision 或 Hard Decision 时本项有效。
- Traceback depth：设置用来构建每个回溯路径的网格分支数。
- Operation mode：表示在连续输入帧之间的转换方式。有 Continuous、Terminated 和 Truncated 三种模式。对于基于采样输入，必须采用 Continuous 模式。
- Enabel reset input port：选中本项后，译码器模块会出现标有 Rst 的输入端口，当这个端口的输入为非零值时，模块对其状态进行复位，将其中间记忆恢复到初始状态。

（2）Data Types 选项卡参数说明。

选定 Data Types 选项卡后，参数设置对话框如图 8-41 所示。

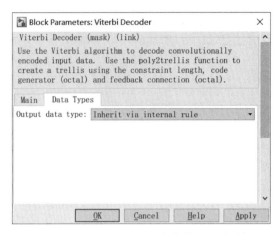

图 8-41　Data Types 选项卡参数设置对话框

本选项卡中只包含 Output data type 参数项，用来设定输出信号的数据类型。可以是 double、single、boolean、int8、uint8、int16、uint16、int32、uint32 或设置为 Inherit via internal rule 或 Smallest unsigned integer。

以下两个示例模型展示了用于硬判决和软判决卷积码译码的定点维特比译码器模块的应用。

【例 8-3】　定点维特比译码实例。

根据需要，建立的硬判决卷积码译码的定点维特比译码器模型如图 8-42 所示（Fixed-point Hard-Decision Viterbi Decoding. slx），运行模型，可观察到其仿真效果，也如图 8-42 所示。

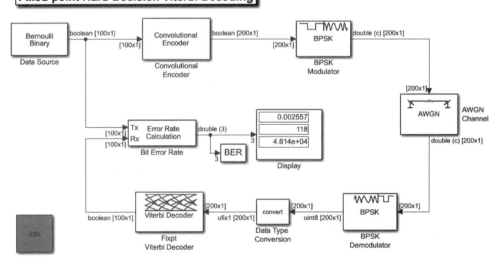

图 8-42　硬判决卷积码译码器模型图

根据需要,建立的软判决卷积码译码的定点维特比译码器模型如图 8-43 所示(Fixed-point Soft-Decision Viterbi Decoding. slx),运行模型,可观察到其仿真效果,也如图 8-43 所示。

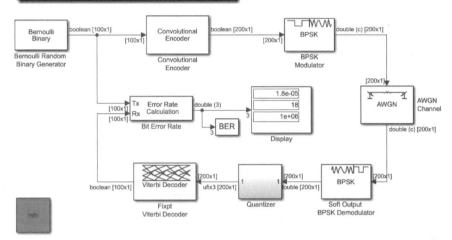

图 8-43　软判决卷积码译码器模型图

8.2.7　CRC 循环冗余码校验

循环冗余码是一种使用相当频繁的校验码。与分组码和卷积码不同,循环冗余码不具有纠错能力。当接收端检测到传输错误时,它不是去纠正这个错误,而是要求发送端重新发送这个信号序列。在循环冗余码的编码过程中,发送端对每一个特定长度的信息序列计算得到一个循环冗余码,并把这个冗余码附加到原始的信息序列的结尾一起发送出去。接收端接收到带有循环冗余码的信号后,从中分离出信息位序列和循环冗余码,然后根据接收到的信息位序列重新计算循环冗余码。如果这个重新计算得到的循环冗余码与分离出来的循环冗余码不同,则接收信号序列存在着传输错误。此时接收端会要求发送端重新发送这个信号序列,通过这个过程实现对信号的纠错。

在 MATLAB 中,CRC 产生器有两种,即常规 CRC 产生器和 CRC-N 产生器,这两个 CRC 产生器比较接近,它们之间的区别在于,后者提供了 6 个常用的 CRC 生成多项式,使用起来比较方便。

1. 常规 CRC 产生器

常规 CRC 产生器根据输入的一帧数据计算得到这帧数据的循环冗余码 CRC,并且把这个循环冗余码附加到帧数据的后面,形成输出数据流。其输入/输出格式必须是二进制列向量。

常规 CRC 产生器模块对输入的帧数据进行如下操作。

(1) 将输入帧分割成相同大小的子帧。

(2) 在每一个子帧前面加上初始状态向量。

(3) 对每一个子帧进行 CRC 运算并将检验位添加到子帧尾部。

(4) 最后输出 CRC 编码后的数据帧。

常规 CRC 产生器模块的执行过程如图 8-44 表示。

图 8-44 中的输入帧长度为 10,生成多项式的阶数为 3,初始状态为 0,每一个子帧被分

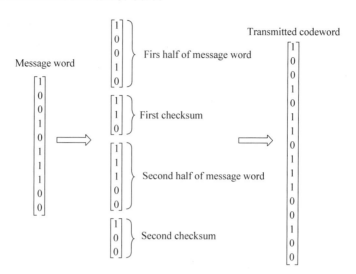

图 8-44　常规 CRC 产生器模块的执行过程

成两个子帧。模块首先将输入帧数分割成长度为 5 的子帧,在每个子帧后面添加 3 位 CRC 检验位,然后将两个子帧进行串接,连接输出,输出帧长为 $5+3+5+3=16$。

　　常规 CRC 产生器模块及其参数设置对话框如图 8-45 所示。

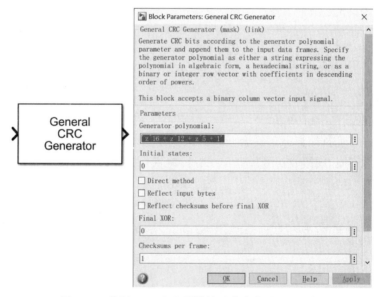

图 8-45　常规 CRC 产生器模块及其参数设置对话框

常规 CRC 产生器模块中包含若干参数项,下面分别做简单介绍。

- Generator polynomial:指定 CRC 运算的生成多项式,是按照递减顺序排列的向量。如果是二进制的,那么每个数值代表生成多项式中幂的系数,比如[1 1 0 1]生成多项式为 x^3+x^2+1。如果为整数,代表非 0 次幂,如生成多项式 x^3+x^2+1 也可以表示为[3 2 0]。
- Initial states:用于确定常规 CRC 产生器中移位寄存器的初始状态。当本参数是一个向量时,它的长度等于常规 CRC 产生器的生成多项式的最高次数;当本参数是一个标量时,MATLAB 自动把这个标量扩展成一个向量,向量的长度等于常规 CRC 产生器的生成多项式的最高次数,并且向量中的每个元素都等于这个标量。

- Checksums per frame:指定每帧数据产生的检验和的个数。如果每帧的检验和的个数等于 k,那么每帧输入数据的长度应该是 k 的整数倍。

【例 8-4】 探索 CRC 模型。

在模型中,为了配合 CRC 计算,将通用 CRC 生成器块的掩码设置为 z^8+z^2+z+1,初始状态设为 1,最终 XOR 参数设为 1,并选择直接方法。

根据需要,建立的仿真模型如图 8-46 所示。

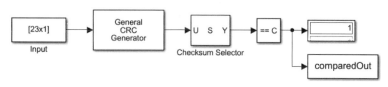

图 8-46　CRC 计算模型图

在这个示例中,输入比特流 $\{m0\cdots m22\}$ 是 $\{1\,0\,0\,1\,1\,0\,0\,0\,0\,0\,0\,0\,0\,0\,0\,0\,0\,0\,0\,0\,0\,1\,1\}$,预期的 CRC 校验 $\{c7\cdots c0\}$ 的值为 $\{0\,0\,0\,1\,1\,1\,0\,0\}$。生成的 CRC 校验和位与期望的位相比较,在 8 位的 CRC 校验和中,每个相等的位都输出 1,运行模型,得到仿真效果如图 8-46 所示,在 MATLAB 命令行窗口中验证输出结果如下:

```
>> comparedOut
comparedOut =
  8×1 logical 数组
  1
  1
  1
  1
  1
  1
  1
  1
```

2. CRC 冗余码校验

产生器模块生成冗余码后,还要对其进行校验。对应于这种生成器 MATLAB 还提供对应的检测器:常规 CRC 检测器。CRC 检测器首先从接收到的二进制序列中分离出信息序列和 CRC;然后根据接收端的信息序列重新计算 CRC。如果重新计算的结果与接收到的 CRC 相等,则认为接收序列是正确的;否则,接收序列存在着传输错误。

常规 CRC 检测器用于去除输入帧的 CRC 与检验位并输出。常规 CRC 检测器模块有两个输出端口:第一个输出端口的输出信号是除去了 CRC 的信息序列;第二个输出端口的输出信号是一个向量。如果根据信息位重新计算得到的 CRC 与接收到的 CRC 相等,则输出信号等于 0;否则,输出信号等于 1。

常规 CRC 检测器模块的执行过程如图 8-47 所示。

常规 CRC 检测器模块及其参数设置对话框如图 8-48 所示,主要包含参数如下。

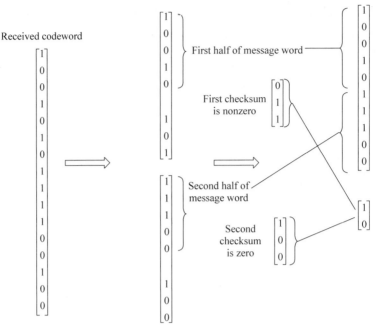

图 8-47　常规 CRC 检测器模块的执行过程

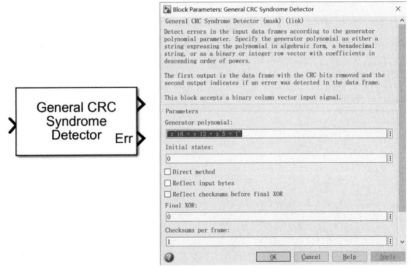

图 8-48　通用 CRC 检测器模块及其参数设置对话框

- Generator polynomial：与常规 CRC 检测器对应的 CRC 编码器的生成多项式。可以是二进制向量或整型向量的形式。
- Initial states：用于确定常规 CRC 检测器对应的 CRC 编码器中移位寄存器的初始状态。当本参数是一个向量时，它的长度等于常规 CRC 产生器的生成多项式的最高次数；当本参数是一个标量时，MATLAB 自动把这个标量扩展成一个向量，向量的长度等于常规 CRC 产生器的生成多项式的最高次数，并且向量中的每个元素都等于这个标量。
- Checksums per frame：指定每帧数据产生的校验和的个数。

【例 8-5】 在有噪声的 BPSK 信号中使用 CRC 码检测帧错误。

CRC 产生器和检测器使用标准 CRC-4 多项式 $z^4 + z^3 + z^2 + z = 1$。CRC 的长度是 4 位,这是根据多项式的次数决定的。每帧校验和的数目是 1,所以整个传输帧有一个 CRC 附加在末尾。

根据需要建立模型:在一个二进制信号帧的末尾附加一个 CRC 码。信号通过 AWGN 通道,实现 BSPK 调制。然后 CRC 检测器去除 CRC 并计算 CRC 错误,进行信号解调。模型效果如图 8-49 所示。

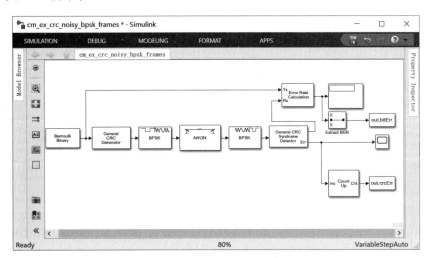

图 8-49 CRC 码检测帧错误仿真模型

运行仿真,生成 12 位的二进制数据帧并附加 CRC 位。根据多项式的次数,每帧追加 4 位。模型是应用 BPSK 调制并通过 AWGN 通道传递信号的。解调时使用 CRC 检测器来确定帧是否错误,得到仿真效果如图 8-50 所示。

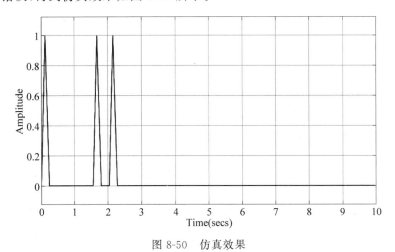

图 8-50 仿真效果

将 CRC 检测结果与误码率计算结果进行比较。

```
Number of bit errors detected:  6
Number of crc errors detected:  7
```

在通信系统中,同步具有非常重要的作用。所谓同步就是收发双方在时间上步调一致,在频率和相位上也一致。同步是信息传递的前提,通信系统能否有效可靠的工作,在很大程度上依赖于有无良好的同步系统。

而系统的锁相环与扩频同属于同步。

9.1 锁相环构建

锁相环(PLL)是一种周期信号的相位反馈跟踪系统。锁相环由鉴相器、环路滤波器以及压控振荡器组成,如图 9-1 所示。鉴相器通常由乘法器来实现,鉴相器输出的相位误差信号经过环路滤波器滤波后,作为压控振荡器的控制信号,而压控振荡器的输出又反馈到鉴相器,在鉴相器中与输入信号进行相位比较。PLL 是一个相位负反馈系统,当 PLL 锁定后,压控振荡器的输出信号相位将跟踪输入信号的相位变化,这时压控振荡器输出信号的频率与输入信号频率相等,而相位保持一个微小误差。

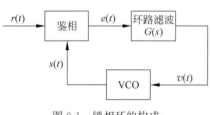

图 9-1 锁相环的构成

设输入信号为一个余弦信号 $r(t)=\cos(2\pi ft+\phi(t))$,VCO 的输出信号为 $s(t)=\sin(2\pi ft+\hat{\phi}(t))$,其中,$\hat{\phi}(t)$ 是输入信号相位 $\phi(t)$ 的估计值。如果鉴相器采用乘法器实现,则鉴相器输出相应误差信号 $e(t)$ 为:

$$e(t)=r(t)s(t)=\cos(2\pi ft+\phi)\sin(2\pi ft+\hat{\phi})$$
$$=\frac{1}{2}\sin(\hat{\phi}-\phi)+\frac{1}{2}\sin(4\pi ft+\hat{\phi}+\phi)$$

环路滤波器将滤除 2 倍频分量 $\frac{1}{2}\sin(4\pi ft+\hat{\phi}+\phi)$。当相位误差 $(\hat{\phi}-\phi)$ 很小时,即 $\frac{1}{2}\sin(\hat{\phi}-\phi)\approx\frac{1}{2}(\hat{\phi}-\phi)$,这时可得到锁相环的线性模型。

简单的环路滤波器是一个一阶低通滤波器,其传递函数为:

$$G(s)=\frac{1+\tau_2 s}{1+\tau_1 s}$$

其中,控制环路带宽的参数 $\tau_1 \gg \tau_2$。环路滤波器的输出信号 $v(t)$ 作为 VCO 的控制信号,VCO 输出的瞬时频率偏移 $\dfrac{\mathrm{d}}{\mathrm{d}t}\hat{\phi}(t)$ 正比于控制信号 $v(t)$,即:

$$\frac{\mathrm{d}}{\mathrm{d}t}\hat{\phi}(t) = Kv(t)$$

或写为积分形式为:

$$\hat{\phi}(t) = K\int_{-\infty}^{t} v(t)\mathrm{d}t$$

其中,K 为比例系数,称为环路增益,单位为 $(\mathrm{rad/s})/\mathrm{V}$,当环路其他部分增益为 1 时,$K$ 也即 VCO 的控制灵敏度(Simulink 中 VCO 的控制灵敏度定义为 $k_c = K/(2\pi)$,单位为 $\mathrm{Hz/V}$)。忽略鉴相器倍频项,并以相位信号 $\phi(t)$ 作为输入变量,可得出锁相环的等效闭环模型以及进一步近似后的线性化模型。

对于线性化的锁相环模型,可用线性系统理论进行分析,将 $\phi(t)$ 视为系统输入信号,VCO 的相位信号 $\hat{\phi}(t)$ 视为系统输出,则直接根据梅森规则写出系统的传递函数为:

$$H(s) = \frac{\hat{\Phi}(s)}{\Phi(s)} = \frac{G(s)K/s}{1 + G(s)K/s}$$

如果环路滤波器是直通的,即 $G(s) = 1$,则 $G(s) = \dfrac{K/s}{1 + K/s}$ 是一阶的,这样的锁相环称为一阶锁相环路。若环路滤波器传递函数为一阶低通滤波器传递函数,则此时构成二阶锁相环路,其传递函数为:

$$H(s) = \frac{1 + \tau_2 s}{1 + (\tau_2 + 1/K)s + (\tau_1/K)s^2} = \frac{(2\xi\omega_n - \omega_n^2/K)s + \omega_n^2}{s^2 + 2s\omega_n s + \omega_n^2}$$

其中,$\xi = (\tau_2 + 1/K)\omega_n^2/2$ 称为环路阻尼因子,$\xi > 1$ 时为过阻尼系统,$\xi = 1$ 时为临界阻尼系统,$\xi < 1$ 时为欠阻尼系数;$\omega_n = \sqrt{K/\tau_1}$ 称为环路固有解频率。

工程上,一般将锁相环设计为临界阻尼或过阻尼系统。当系统处于临界阻尼时,锁相环的 3dB 带宽约为环路固有频率的 2.5 倍。设计时可根据锁相环的带宽指标估算出环路滤波器参数 τ_1 和 τ_2。

【例 9-1】 设计并仿真实现一个用于调频鉴频的二阶锁相环。输入调频信号参数为:载波 $f_c = 4\mathrm{MHz}$,最大频偏 $\Delta f = 80\mathrm{kHz}$,被调基带信号频率范围为 $50\mathrm{Hz} \sim 15\mathrm{kHz}$,输入 PLL 的调频信号振幅和 VCO 输出信号振幅均为 1V。

首先,根据锁定频率范围来设计 VCO 控制灵敏度。在乘法鉴相器的两个输入正弦信号幅度均为 1 的条件下,鉴相器输出信号的最大值为 0.5,设环路滤波器在通带内增益为 1,则 VCO 控制信号的取值范围为 $[-0.5, 0.5]$。要求 VCO 的最大频偏大于 $\Delta f = 80\mathrm{kHz}$,这样才能保证对输入调频信号的锁定范围。因此,VCO 控制灵敏度估算为:

$$k_c = \frac{\Delta f}{|v(t)|_{\max}} = 160 \times 10^3 \, \mathrm{Hz/V}$$

将环路设计为临界阻尼状态,取 $\xi = 1$,则由 $\omega_n = \sqrt{K/\tau_1}$ 和 $\xi = (\tau_2 + 1/K)\omega_n^2/2$ 可计算出环路滤波器 $G(s)$ 的参数,其中环路增益 $K = 2\pi(0.5 \times k_c)$。得:

$$\tau_1 = K/\omega_n^2$$

$$\tau_2 = 2\xi/\omega_n - 1/K$$

其实现的 MATLAB 代码如下：

```
>> clear all;
kc = 160e3;                              % Hz/V VCO 控制灵敏度
omega_n = 2 * pi * 16e3/2.5;             % PLL 自然解频率
K = 2 * pi * (0.5 * kc);                 % 估算环路增益
zeta = 1;                                % 临界阻尼
tau1 = K/((omega_n).^2);
tau2 = 2 * zeta/omega_n - 1/K;
freq = 0:10:100e3;                       % 计算频率范围为 0~100kHz
s = j * 2 * pi * freq;
Gs = (1 + tau2 * s)./(1 + tau1 * s);     % 环路滤波器传递函数
figure(1);semilogx(freq,(abs(Gs)));      % 作出环路滤波器的频率响应
xlabel('频率/Hz'); ylabel('|G(s)|');
grid on;
b = [tau2,1];                            % 环路滤波器分子系数向量
a = [tau1,1];                            % 环路滤波器分母系数向量
Hs = (Gs * K./s)./(1 + Gs * K./s);       % 作出闭环频率响应
figure(2);semilogx(freq,20 * log10(abs(Hs)));
xlabel('频率/Hz');ylabel('20logH(s)/dB');
grid on;
```

运行程序,将计算出环路滤波器 $G(s)$ 的分子分母系数向量,并给出环路滤波器 $G(s)$ 幅频响应以及 PLL 线性相位模型的闭环频率响应曲线,效果如图 9-2 和图 9-3 所示。

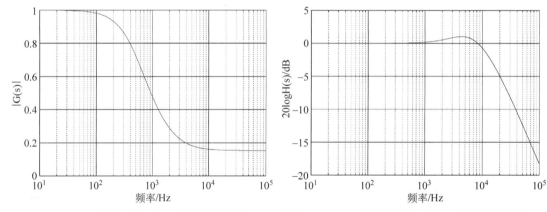

图 9-2　环路滤波器幅频响应曲线效果图　　　图 9-3　PLL 线性相位模型闭环响应曲线效果图

9.2　锁相环 Simulink 模块

9.2.1　基本锁相环模块

锁相环在同步中应用广泛,利用锁相环的跟踪能力,可以获得具有极小相位差的同步信号;利用锁相环的记忆功能,可以获得足够长的同步保持信号;利用锁相环的窄带滤波特性,可以滤除数据调制带来的白噪声并减小加性噪声的影响。Simulink 中提供了多个锁相环模块,包括 Phase-Locked Loop、Linearized Baseband PLL、Charge Pump PLL、Baseband PLL 等。

Phase-Locked Loop 模块执行锁相环来恢复输入信号的相位。该模块能够自动地修正本地信号的相位来匹配输入信号的相位,最适用于窄带输入信号。

Linearized Baseband PLL 为锁相环线性化等效低通模块。该模块设置参数和输出信号同 Basedband PLL 模块。

Baseband PLL 为锁相环的等效低通模块。其设置参数包括环路滤波器系数和压控灵敏度。该模块的输出信号为鉴相器输出、环路滤波器输出以及 VCO 输出。

Charge Pump PLL 为使用数字鉴相器的充电泵式锁相环模块。设置参数和输出信号同 Phase-Locked Loop 模块。

此处只对 Phase-Locked Loop 模块作介绍。

Phase-Locked Loop 模块包括三个部分:一个用于相位检测的乘法器、一个滤波器和一个压控振荡器。Phase-Locked Loop 模块及参数设置对话框如图 9-4 所示。

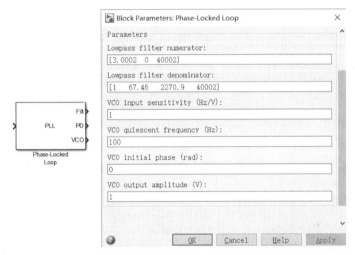

图 9-4　Phase-Locked Loop 模块及参数设置对话框

Phase-Locked Loop 模块参数设置对话框包含以下几个参数。

- Lowpass filter numerator:低通滤波器转移函数的分子项,该项为一向量,该向量表示按照 S 的降序排列的多项式的系数。
- Lowpass filter denominator:低通滤波器转移函数的分母项,该项为一向量,该向量表示按照 S 的降序排列的多项式的系数。
- VCO input sensitivity(Hz/V):该项用于衡量 VCO 的输入,进而衡量 VCO quiescent frequency 值的变化,单位为 Hz/V。
- VCO quiescent frequency(Hz):电压为 0 时 VCO 信号的频率,该项应该与输入信号的载波频率相同。
- VCO initial phase(rad):该项表示 VCO 信号的初始相位。
- VCO output amplitude:该项表示 VCO 信号的输出振幅。

9.2.2　压控振荡器模块

压控振荡器 VCO 是指输入信号的频率随着输入信号幅度的变化而发生相应变化的设备,其工作原理可表示为:

$$y(t) = A_c \cos\left(2\pi f_c t + 2\pi K_c \int_0^t u(\tau)\mathrm{d}\tau + \varphi\right)$$

其中，$u(\tau)$为输入信号，$y(t)$为输出信号，A_c为信号幅度，f_c为振荡频率，K_c为输入信号灵敏度，φ为初始相位。输入信号的频率取决于输入信号电压的变化，因此称为"压控振荡器"。

Simulink中提供了两种压控振荡器，分别为离散时间压控振荡器和连续时间压控振荡器。两者的差别在于前者对输入信号$u(\tau)$采用离散方式进行积分，而后者采用连续积分。

（1）离散时间压控振荡器模块。

离散时间压控振荡器（Discrete-Time VCD）模块及参数设置对话框如图 9-5 所示。

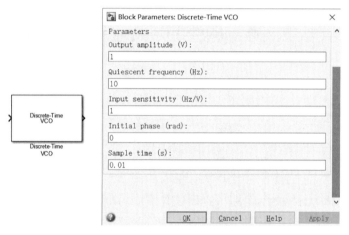

图 9-5　Discrete-Time VCO 模块及参数设置对话框

Discrete-Time VCO 模块参数设置对话框包含以下几个参数。

- Output amplitude：输出信号幅度项。
- Quiescent frequency(Hz)：当输入信号为 0 时，离散时间压控振荡器的输出频率。
- Input sensitivity：输入信号灵敏度。该项衡量输入电压，进而衡量 Quiescent frequency 值的变化。
- Initial phase(rad)：离散时间压控振荡器的初始相位。
- Sample time：采样时间项，表示离散积分的采样间隔。

（2）连续时间压控振荡器模块。

连续时间压控振荡器（Continuous-Time VCO）模块及参数设置对话框如图 9-6 所示。

Continuous-Time VCO 模块参数设置对话框包含以下几个参数。

- Output amplitude：输出信号幅度项。
- Quiescent frequency：当输入信号为 0 时，连续时间压控振荡器的输出频率。
- Input sensitivity：输入信号灵敏度，该项衡量输入电压，进而衡量 Quiescent frequency 值的变化。
- Initial phae(rad)：连续时间压控振荡器的初始相位。

【例 9-2】　设参考频率源的频率为 1kHz，要求设计并仿真一个频率合成器，其输出频率为 4kHz。

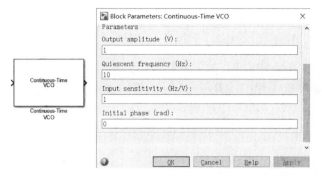

图 9-6 Continuous-Time VCO 模块及参数设置对话框

（1）建立仿真框图。

根据要求,锁相环内可变分频比 $N=4$,VCO 中心频率设置为 4kHz 左右。据此建立如图 9-7 所示的 Simulink 仿真模型框图。

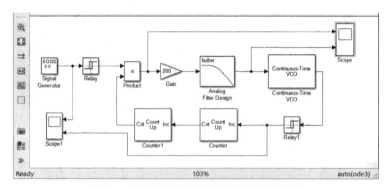

图 9-7 锁相 4 倍频简单频率合成器模型

（2）参数设置。

图 9-7 中,1kHz 的正弦波信号通过 Relay 模块转换为双极性矩形脉冲。Relay 模块的门限设置为 0,通断时输出分别为 ± 1。锁相环路滤波器为一阶的,截止频率在 $0.5\sim 1000$Hz 内可调。环路增益采用 Gain 模块设置,其设置为 200。VCO 的中心频率设置为 4.02kHz,与 4kHz 之间有一定误差是为了观察锁定过程,VCO 的压控灵敏度为 1Hz /V。Relay1 模块将 VCO 输出的正弦波转换为单极脉冲以便计数器进行计数。两个计数器完成 4 分频功能,且分频输出占空比为 0.5 的矩形脉冲,以满足鉴相器要求。

环路低通滤波器 Analog Filter Design 的截止频率设置得越高,锁相环进入锁定的时间就越短,但是输出控制电压上高频成分较多,会导致 VCO 输出信号的频率稳定度下降;反之,如果设置较低的截止频率,则锁相环进入锁定所需的时间较长,而输出控制电压上高频成分相对较小,这时 VCO 输出信号的频率稳定度将提高。

（3）运行仿真。

系统仿真步长设计为 10^{-5}s。运行仿真将从示波器 Scope1 上观察到 PLL 输入信号和 VCO 输出的 4 倍频率信号,效果如图 9-8 所示。在 Scope1 还可观察到鉴相器输出信号以及环路滤波器输出的 VCO 控制信号,效果如图 9-9 所示,其分别显示了环路滤波器截止频率为 1Hz 和 20Hz 时的波形。

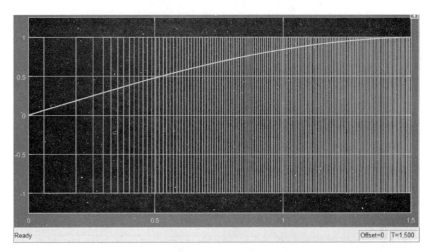

图 9-8　PLL 输入与输出信号波形

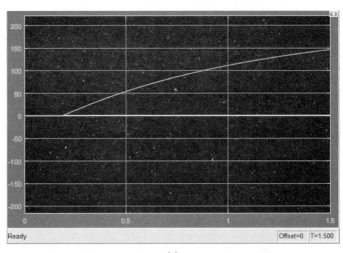

(a)

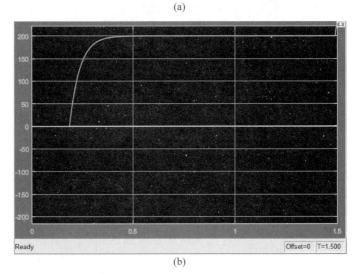

(b)

图 9-9　VCO 控制信号输出效果

9.3　扩频通信系统的仿真

数字扩频通信技术具有抗干扰能力强、信号发送功率低以及多个用户可在同一信道内传输信号等优点,已广泛地应用在移动通信和室内无线通信等各种商用系统中。图 9-10 所示为一个数字扩频通信系统的基本方框图。其中,信道编码器、信道解码器、调制器和解调器是传统数字通信系统的基本构成单元。在扩频通信系统中,除了这些单元外,还应用了两个相同的伪随机序列发生器,分别作用在发送端的调制器与接收端的解调器上。这两个序列发生器产生伪随机噪声(PN)二值序列,在调制端将传送信号在频域进行扩展,在解调端解扩该扩频发送信号。

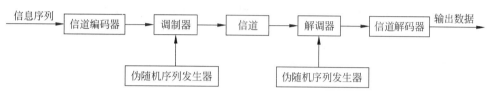

图 9-10　数字扩频通信系统基本方框图

为了正确地进行信号的扩频解扩处理,必须使接收机的本地 PN 序列与接收信号中所包含的 PN 序列建立时间同步。扩频通信系统按其工作方式的不同可分为下列几种:直接序列扩展频谱系统、跳频扩频系统、跳时扩频系统、混合式。

9.3.1　伪随机码产生

在扩频系统中,信号频谱的扩展是通过扩频码实现的。扩频系统的性能与扩频码的性能有很大关系,对扩频码通常提出下列要求。

- 易于产生。
- 具有随机性。
- 扩频码应该具有尽可能长的周期,使干扰者难以从扩频码的一小段中重建整个码序列。
- 扩频码应该具有双键自相关函数和良好的互相关特性,以利于接收时的捕获和跟踪,以及多用户检测。

扩频码中应用最广的是 m 序列,又称最大长度序列,其他还有 Gold 序列、L 序列和霍尔序列等。

1. m 序列

一个 r 级二进制移位寄存器最多可以取 2^r 个不同的状态。对于线性反馈(模 2 加运算),其中全零状态将导致反馈始终为零,成为一个全零状态列循环。若剩余的 $2^r - 1$ 个状态构成一个循环,即该循环以 $N = 2^r - 1$ 为周期,则称该循环输出序列为最大周期线性移位寄存器序列(简称 m 序列)。

不是任意的特征多项式对应的反馈连线都能够生成 m 序列。能够产生 m 序列的充要条件是其特征多项式必须为本原多项式(Primitive Polynomial),即 r 次特征多项式 $F(x)$ 同时满足以下 3 个条件。

- $F(x)$ 是不可约的(irreducible),即不能再进行因式分解。

- $F(x)$可整除$1+x^N$,其余$N=2^r-1$。
- $F(x)$除不尽$1+x^q$,其中$q<N$。

寻找本原多项式的计算较复杂,在 MATLAB 通信工具箱中提供了计算和判别本原多项式的函数,可计算的多项式次数 r 为 2~16。

primpoly 函数可根据次数为 r 的多项式求取原多项式,其调用格式如下所述。

pr=primpoly(r):得出所有 r 次本原多项式。

pr=primpoly(r,'min'):得出反馈抽头数量少(多项式非零系数最少)的 r 次本原多项式。

pr=primpoly(r…,'max'):得出反馈抽头数量最大的 r 次本原多项式。

pr=primpoly(r…,'all'):得出反馈所有抽头的 r 次本原多项式。

例如:

```
pr2 = primpoly(5,'min')          %得出五阶 4 次本原多项式
Primitive polynomial(s) =
D^5 + D^2 + 1
pr2 =
    37
>> pr2 = primpoly(5,'max')       %得出五阶 4 次本原多项式
Primitive polynomial(s) =
D^5 + D^4 + D^3 + D^2 + 1
pr2 =
    61
>> pr2 = primpoly(5,'all')       %得出五阶 4 次本原多项式
Primitive polynomial(s) =
D^5 + D^2 + 1
D^5 + D^3 + 1
D^5 + D^3 + D^2 + D^1 + 1
D^5 + D^4 + D^2 + D^1 + 1
D^5 + D^4 + D^3 + D^1 + 1
D^5 + D^4 + D^3 + D^2 + 1
pr2 =
    37
    41
    47
    55
    59
    61
```

以上得出的多项式结果 pr2 的值都是用十进制表示的。如果需要用八进制或二进制表示,可用函数 dec2base 实现。其调用格式如下所述。

str=dec2base(d, base):base 参数为指定进制数,d 为指定的参数。

例如:

```
>> str = dec2base(20,2)          %20 的二进制形式
str =
10100
>> str = dec2base(20,8)          % %20 的八进制形式
str =
24
```

如果给定多项式是用整数表示的,判别对应的是否为本原多项式,可通过 isprimitive 函数。其调用格式如下所述。

isprimitive(a):a 为指定的多项式十进制系数表示。如果返回 1,表明判断的多项式 a 为本原多项式,如果返回 0,则表明判断的多项式 a 非本原多项式。

例如:

```
>> a = primpoly(3,'all');        % 本原多项式
Primitive polynomial(s) =
D^3 + D^1 + 1
D^3 + D^2 + 1
>> isp1 = isprimitive(a)         % 判断
isp1 =                           % 返回结果
    1
    1
>> isp1 = isprimitive(12)        % 12 为数值
isp1 =                           % 返回结果
    0
```

2. 伪随机数序列相关函数

周期为 N,取值 $\{\pm 1\}$ 的两电平序列 $\{a \mid a_1, a_2, \cdots, a_N, a_{N+1}, \cdots\}$ 和 $\{b \mid b_1, b_2, \cdots, b_N, b_{N+1}, \cdots\}$ 的互相关函数定义为:

$$R_{ab}(j) = \sum_{i=1}^{N} a_i b_{i+j}$$

以序列周期进行归一化后得到的互相关函数定义为:

$$\rho_{ab}(j) = \frac{1}{N} \sum_{i=1}^{N} a_i b_{i+j}$$

如果 $\{a\}$,$\{b\}$ 为同一序列,则记 $R_{ab}(j)$ 为 $R_a(j)$,$\rho_{ab}(j)$ 为 $\rho_a(j)$,称为自相关函数和自相关系数。计算序列的相关函数时,应注意其周期性质,即对于周期为 N 的序列,有 $a_{N+b} = a_k$。

【例 9-3】 计算特征多项式为:

$$F(x) = x^9 + x^6 + x^4 + x^3 + 1$$

的 m 序列的自相关函数。

对于周期为 N 的序列,其自相关系数是偶函数,即 $\rho(-j) = \rho(j)$,而且也是以 N 为周期的周期函数。周期为 N 的 m 序列自相关系数理论值为:

$$\rho(j) = \begin{cases} 1, & j = kN, \\ -\dfrac{1}{N}, & j \neq kN, \end{cases} \quad k = 0, 1, 2 \cdots$$

其中,k 为整数,本例中 m 序列的周期为 $N = 2^9 - 1 = 511$。先计算出一个周期的 m 序列,再根据自相关系数的定义进行计算,计算中应注意将二制输出的 m 序列转换为取值 $\{\pm 1\}$ 的双极性序列,再求相关函数。其实现的 MATLAB 代码如下:

```
>> clear all;
reg = ones(1,9);                 % 寄存器初始状态:全 1,寄存器级数为 9
coeff = [1 0 0 1 0 1 1 0 0 1];   % 抽头系数 cr,…,c1,c0,取决于特征多项式
N = 2^length(reg) - 1;           % 周期
```

```
for k = 1:N                                          % 计算一个周期的 m 序列输出
    a1 = mod(sum(reg. * coeff(1:length(coeff) - 1)),2);  % 反馈系数
    reg = [reg(2:length(reg)),a1];                   % 寄存器位移
    out(k) = reg(1);                                 % 寄存器最低位输出
end
out = 2 * out - 1;                                   % 转换为双极性序列
for j = 0:N - 1
    rho(j + 1) = sum(out. * [out(1 + j:N),out(1:j)])/N;
end
j = - N + 1:N - 1;
rho = [fliplr(rho(2:N)),rho];
plot(j,rho);
axis([ - 10 10 - 0.1 1.2]);
```

运行程序,效果如图 9-11 所示。

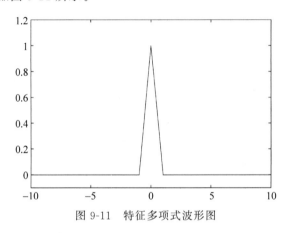

图 9-11　特征多项式波形图

【**例 9-4**】　计算 $r = 6$ 时本原多项式 97 和 115(八进制表示)对应的两个 m 序列的互相关函数序列。

八进制 97 和 115 转换为二进制分别为 1100001 和 1110011,对应 m 序列的特征多项式以向量形式表示为 $[1,1,0,0,0,0,1]$ 和 $[1,1,1,0,0,1,1]$。

其实现的 MATLAB 代码如下:

```
>> clear all;
reg = ones(1,6);                                     % 寄存器初始状态:全1,寄存器级数为9
coeff = [1,1,0,0,0,0,1];                             % 抽头系数 cr,…,c1,c0,取决于特征多项式
N = 2^length(reg) - 1;                               % 周期
for k = 1:N                                          % 计算一个周期的 m 序列输出
    a1 = mod(sum(reg. * coeff(1:length(coeff) - 1)),2);  % 反馈系数
    reg = [reg(2:length(reg)),a1];                   % 寄存器位移
    out1(k) = 2 * reg(1) - 1;                        % 寄存器最低位输出,转换为双极性序列
end
reg = ones(1,6);
coeff = [1,1,1,0,0,1,1];                             % 抽头系数
for k = 1:N                                          % 计算一个周期的 m 序列输出
    a1 = mod(sum(reg. * coeff(1:length(coeff) - 1)),2);  % 反馈系数
    reg = [reg(2:length(reg)),a1];                   % 寄存器位移
```

```
        out2(k) = 2 * reg(1) - 1;                      % 寄存器最低位输出,转换为双极性序列
    end
    % 得出两个双极性电平的 m 序列
    for j = 0:N - 1
        R(j + 1) = sum(out1. * [out2(1 + j:N),out2(1:j)]);     % 相关指数计算
    end
    j = - N + 1:N - 1;                                  % 相关系数自变量
    R = [fliplr(R(2:N)),R];                             % 利用相关系数的偶函数特性计算 j 为负值的情况
    plot(j,R);
    axis([- N N - 20 20]);
    xlabel('j'); ylabel('R(j)')
    max(abs(R))                                         % 计算相关函数绝对值的最大值
```

运行程序,输出如下,效果如图 9-12 所示。

```
ans =
    17
```

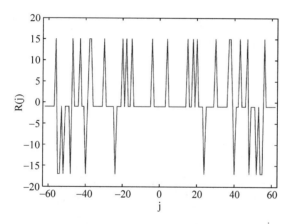

图 9-12   两个 m 序列的互相关函数计算波形图

相同周期的不同 m 序列间的互相关函数绝对值的最大值 $|R_{ab}|_{\max}$ 是不同的,互相关值越小越好。如果一对同周期的 m 序列的互相关值满足如下不等式,则称这对 m 序列构成一优选对:

$$|R_{ab}(j)|_{\max} \leqslant \begin{cases} 2^{\frac{r+1}{2}} + 1, & r \text{ 为奇数} \\ 2^{\frac{r+2}{2}} + 1, & r \text{ 为偶数,但不能被 4 整除} \end{cases}$$

3. Gold 序列

虽然 m 序列具有良好的伪随机性和相关特性,且使用简单,但是 m 序列的个数相对较少,很难满足作为系数地址码的要求。Gold 序列继承了 m 序列的许多优点,而可用码的个数又远大于 m 序列,是一种良好的码型。

Gold 序列是 R. Gold 提出的用优选对的复合码。m 序列优选对是指在 m 序列集中,其互相关函数最大值的绝对值小于某个值的两条 m 序列。而 Gold 是由两个长度相同、速率相同但码字不同的 m 序列优选对模 2 加后得到的,具有良好的自相关性及互相关特

性。因为一对序列优选对可产生 2^r+1 对 Gold 序列,所以 Gold 序列的条数远远大于 m 序列。

Gold 序列具有三值互相关函数,其值为:

$$-\frac{1}{p}t(r),\quad -\frac{1}{p},\quad \frac{1}{p}\big[t(r)-2\big]$$

其中,

$$p=2^r-1$$

$$t(r)=\begin{cases}1+2^{\frac{r+1}{2}}, & r\text{ 为奇数}\\ 2^{\frac{r+2}{2}}+1, & r\text{ 为偶数,但不能被 4 整除}\end{cases}$$

当 r 为奇数时,Gold 序列中约有 50% 的码序列归一化相关函数值为 $-\frac{1}{p}$。当 r 为偶数但又不是 4 的倍数时,约有 75% 的码序列归一化互相关函数值为 $-\frac{1}{p}$。

Gold 序列的自相关函数也是三值函数,但是出现的频率不同。另外,同族 Gold 序列的互相关函数为三值,而不同族间的互相关函数是多值函数。

产生 Gold 序列可有两种方法:一种是将对应于优选对的两个移位寄存器串联成 $2r$ 级的线性移位寄存器;另一种是将两个移位寄存器并联后模 2 相加。

在优选对产生的 Gold 序列末尾添加一个 0,使序列长度为偶数,即生成正交 Gold 序列(偶数)。

9.3.2 直接序列扩频系统

假设采用 BPSK 方式发送二进制信息序列的扩频通信。设信息速率为 $R\,\mathrm{bps}$,码元间隔为 $T_b=1/R_s$,传输信道的有效带宽为 $B_c(B_c\gg R)$,在调制器中,将信息序列的带宽扩展为 $W=B_c$,载波相位以每秒 W 次的速率按伪随机序列发生器序列改变载波相位,这就是直接序列扩频。具体实现如下。

信息序列的基带信号表示为:

$$v(t)=\sum_{n=-\infty}^{\infty}a_n g_{\mathrm{T}}(t-nT_b)$$

其中,$a_n=\pm1,-\infty<n<\infty$,$g_{\mathrm{T}}(t)$ 是宽度为 T_b 的矩形脉冲。该信号与 PN 序列发生器输出的信号相乘,得:

$$c(t)=\sum_{n=-\infty}^{\infty}c_n p(t-nT_c)$$

其中,$\{c_n\}$ 表示取值为 ±1 的二进制 PN 序列。$p(t)$ 是宽度为 T_c 的矩形脉冲。

直扩信号的解调方框图如图 9-13 所示。接收信号先与接收端的 PN 序列发生器产生的与之同步的 PN 序列相乘,此过程称为解扩,相乘的结果可表示为:

$$A_c v(t)c^2(t)\cos2\pi f_c t=A_c v(t)\cos2\pi f_c t$$

由于 $c^2(t)=1$,因此解扩处理后的信号 $A_c v(t)\cos2\pi f_c t$ 的带宽约为 R,与发送前信息序列的带宽相同。由于传统的解调器与解扩信号有相同的带宽,这样落在接收信息序列信号带宽的噪声成为加性噪声干扰解调输出。因此,解扩后的解调处理可采用传统的互相关

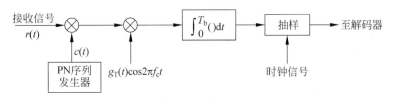

图 9-13　二进制信息序列扩频通信的解调

器或匹配滤波器。

【例 9-5】　利用 MATLAB 仿真演示直扩信号抑制余弦干扰的效果。

1）建立仿真框图

根据直扩原理，采用如图 9-14 所示的系统进行仿真。

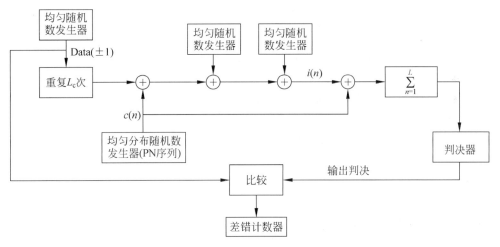

图 9-14　直扩信号抑制余弦干扰系统

首先由均匀随机数发生器产生一系列二进制信息数据（±1），每个信息比特重复 L_c 次，L_c 对应每个信息比特所包含的伪码片数，包含每一比特 L_c 次重复的序列与另一个均匀分布随机数发生器产生的 PN 序列 $c(n)$ 相乘。然后在该序列上叠加方差 $\delta^2 = N_0/2$ 的高斯白噪声和形式为 $i(n) = A\cos\omega_0 n$ 的余弦干扰，其中 $0 < \omega_0 < \pi$，且余弦干扰信号的振幅满足条件 $A < L_c$。在解调器中进行与 PN 序列的互相关运算，并且将组成各信息比特的 L_c 个样本进行求和（积分运算）。加法器的输出送到判决器，将信号与门限值 0 进行比较，确定传送的数据为 +1 还是 −1，差错计数器用来记录判决器的错判数目。

2）MATLAB 实现

其实现的 MATLAB 程序代码如下：

```
>> clear all;
Lc = 20;                         % 每比特码片数目
A1 = 3;                          % 第一个余弦干扰信号的幅度
A2 = 7;                          % 第二个余弦干扰信号的幅度
A3 = 12;                         % 第三个余弦干扰信号的幅度
A4 = 0;                          % 第四种情况,无干扰
w0 = 1;                          % 以弧度表达的余弦干扰信号频率
SNRindB = 1:2:30;
```

```
for i = 1:length(SNRindB)                    % 计算误码率
    s_er_prb1(i) = M9_5_fun(SNRindB(i),Lc,A1,w0);
    s_er_prb2(i) = M9_5_fun(SNRindB(i),Lc,A2,w0);
    s_er_prb3(i) = M9_5_fun (SNRindB(i),Lc,A3,w0);
end
SNRindB4 = 0:1:8;
for i = 1:length(SNRindB4)                   % 计算无干扰情况下的误码率
    s_er_prb4(i) = fun(SNRindB4(i),Lc,A4,w0);
end
semilogy(SNRindB,s_er_prb1,'p-',SNRindB,s_er_prb2,'o-');
hold on;
semilogy(SNRindB,s_er_prb3,'v-',SNRindB4,s_er_prb4,'+-');
```

运行程序,效果如图 9-15 所示。

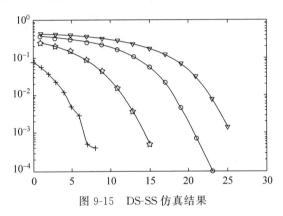

图 9-15   DS-SS 仿真结果

在运行程序过程中调用了自定义编写的 M9_5_fun. m 文件,其源代码如下:

```
function [p] = M9_5_fun(snr_in_dB,Lc,A,w0)
% 运算得出的误码率
snr = 10^(snr_in_dB/10);
sgma = 1;                            % 噪声的标准方差设置为固定值
Eb = 2 * sgma^2 * snr;               % 达到设定信噪比所需要的信号幅度
E_c = Eb/Lc;                         % 每码片的能量
N = 10000;                           % 传送的比特数目
num_of_err = 0
for i = 1:N
    temp = rand;
    if(temp < 0.5),
        data = -1;
    else
        data = 1;
    end
    for j = 1:Lc                     % 将其重复 Lc 次
        repeated_data(j) = data;
    end
    for j = 1:Lc                     % 产生比特传输使用的 PN 序列
        temp = rand;
        if(temp < 0.5)
            pn_seq(j) = -1;
        else
```

```
                pn_seq(j) = 1;
            end
        end
        trans_sig = sqrt(E_c) * repeated_data. * pn_seq;    % 发送信号
        noise = sgma * randn(1,Lc);                          % 方差为 sgma^2 的高斯白噪声
        n = (i－1) * Lc + 1:i * Lc;                          % 干扰
        interference = A * cos(w0 * n);
        rec_sig = trans_sig + noise + interference;          % 接收信号
        temp = rec_sig. * pn_seq;
        decision_variable = sum(temp);
        if(decision_variable < 0)                            % 进行判决
            decision = － 1;
        else
            decision = 1;
        end
        if(decision～ = data)                                % 如果存在传输中的错误,计数器累加操作
            num_of_err = num_of_err + 1;
        end;
    end;
    p = num_of_err/N;
```

9.3.3 跳频扩频系统

跳频扩频系统将传输带宽 W 分为很多互不重叠的频率点,按照信号时间间隔在一个或多个频率点上发送信号,根据伪随机发生器的输出,传输的信号选择相应的频率点。即载波的频率在"跳变","跳变"的规则由伪随机序列决定。跳频系统发射和接收部分方框图如图 9-16 所示。跳频系统的数字调制方式可选择 B-FSK 或 M-FSK。如果采用 B-FSK 调制方式,调制器在某一时刻选择 f_0 和 f_1 这一对频率中的一个表示"0"和"1"进行传输。合成出的 B-FSK 信号发生器输出的载波频率为 f_c。然后再将这个频率变化的载波调制信号送入信道。从 PN 序列发生器中得到 m 位就可以通过频率合成器产生 $2^m － 1$ 个不同频率的载波。

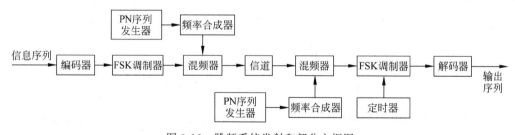

图 9-16 跳频系统发射和部分方框图

接收机有一个与发射部分相同的 PN 序列发生器,用于控制频率合成器输出的跳变载波与接收信号的载波同步。在混频器中将信号进行下变频完成跳频的解跳处理。中频信号通过 FSK 解调器解调输出信息序列。在无线信道情况下,要保持跳频频率合成器的频率同步和信道中产生的信号在跳变时的线性相位是很困难的。因此,跳频系统中通常选用非相干解调的 FSK 调制。

对于跳频通信系统的有效干扰之一就是部分边带干扰,设干扰占据信道带宽的比值为 a,干扰机制可以选取一个 a 值以实现最佳干扰,即误码率最大化。对于 BFSK/FH 通信系

统,最佳的干扰方案为:

$$\alpha^* = \begin{cases} 2/\rho_b, & \rho_b \geqslant 2 \\ 1, & \rho_b < 2 \end{cases}$$

相应的误码率为:

$$P = \begin{cases} e^{-1}/\rho_b, & \rho_b \geqslant 2 \\ 0.5e^{-1}/\rho_b, & \rho_b < 2 \end{cases}$$

式中,$\rho_b = E_b/J_0$,E_b 为每比特能量,J_0 为干扰的功率谱密度。

【例 9-6】 采用非相干解调,平方律判决器(即包络判决器),判断利用 MATLAB 仿真 BFSK/FH 系统在最严重的部分边带干扰下的性能。

1) 建立仿真框图

根据跳频通信系统原理及部分边带干扰机制,B-FSK/FH 系统在最严重的部分边带干扰下的性能仿真方框图如图 9-17 所示。

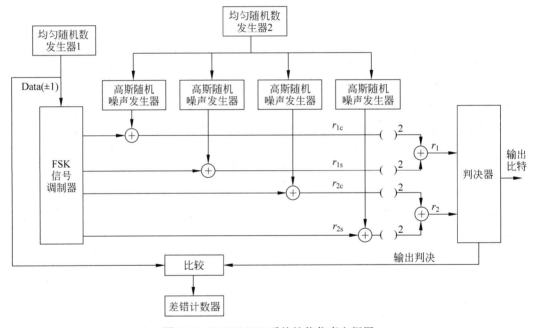

图 9-17　B-FSK/FH 系统性能仿真方框图

首先由一个均匀随机数发生器产生二元(0、1)信息序列作为 FSK 调制的输入。FSK 调制器的输出以概率 $\alpha(0 < \alpha < 1)$ 被加性高斯噪声干扰,第二个均匀随机数发生器用来确定何时有噪声干扰信号,何时无干扰信号。

当噪声出现时,检测器的输出为(假设发送 0):

$$r_1 = (\sqrt{E_b}\cos\varphi + n_{1c})^2 + (\sqrt{E_b}\sin\varphi + n_{1s})^2$$
$$r_2 = n_{2c}^2 + n_{2s}^2$$

式中,φ 表示信道相移,E_b 为每比特能量,n_{1c}、n_{1s}、n_{2c}、n_{2c} 表示加性噪声分量。当噪声出现时,有:

$$r_1 = E_b, \quad r_2 = 0$$

因此,在检测器中无差错产生,每一个噪声分量的方差为 $\delta^2 = J_0/2\alpha$。为了处理方便,可以设 $\phi = 0$ 并且将 J_0 归一化为 $J_0 = 1$,从而 $\rho_b = E_b/J_0 = E_b$。

2) MATLAB 实现

其实现的 MATLAB 程序代码如下:

```
>> clear all;
rho_b1 = 0:5:35;                              % rho in dB 代表仿真的误码率
rho_b2 = 0:0.1:35;                            % rho in dB 代表理论计算得出的误码率
for i = 1:length(rho_b1)
    s_err_prb(i) = M9_6_fun(rho_b1(i));       % 仿真误码率
end;
for i = 1:length(rho_b2)
    temp = 10^(rho_b2(i)/10);
    if(temp > 2)
        t_err_rate(i) = 1/(exp(1) * temp);    % 如果 rho > 2 的理论误码率
    else
        t_err_rate(i) = (1/2) * exp(-temp/2); % 如果 rho < 2 的理论误码率
    end
end
semilogy(rho_b1, s_err_prb, 'rp', rho_b2, t_err_rate, '-');
```

运行程序,效果如图 9-18 所示。

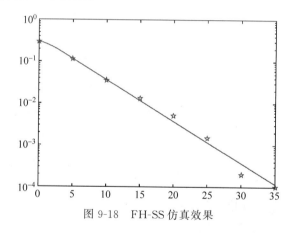

图 9-18　FH-SS 仿真效果

在运行程序过程中调用了用户自定义编写的 M9_6_fun.m 文件,其源代码如下:

```
function [p] = M9_6_fun(rho_in_dB)
% 子程序得出运算误码率,用 dB 值表示的信噪比为子程序的输入变量
rho = 10^(rho_in_dB/10);
Eb = rho;                          % 每比特能量
if(rho > 2)                        % 如果 rho > 2 优化 alpha
    alpha = 2/rho;
else                               % 如果 rho < 2 优化 alpha 结束
    alpha = 1;
end
sgma = sqrt(1/(2 * alpha));        % 噪声标准方差
N = 10000;                         % 传输的比特数
for i = 1:N                        % 产生数据序列
    temp = rand;
```

```
        if(temp < 0.5)
            data(i) = 1;
        else
            data(i) = 0;
        end
    end
    for i = 1:N                          % 查找接收信号
        if(data(i) == 0)                 % 传输信号
            r1c(i) = sqrt(Eb); r1s(i) = 0;
            r2c(i) = 0; r2s(i) = 0;
        else
            r1c(i) = 0; r1s(i) = 0;
            r2c(i) = sqrt(Eb); r2s(i) = 0;
        end
        if(rand < alpha)                 % 以概率 alpha 加入噪声并确定接收信号
            r1c(i) = r1c(i) + gnagauss(sgma);
            r1s(i) = r1s(i) + gnagauss(sgma);
            r2c(i) = r2c(i) + gnagauss(sgma);
            r2s(i) = r2s(i) + gnagauss(sgma);
        end
    end
    num_of_err = 0;                      % 进行判决并计算错误数目
    for i = 1:N
        r1 = r1c(i)^2 + r1s(i)^2;        % 第一判决变量
        r2 = r2c(i)^2 + r2s(i)^2;        % 第二判决变量
        if(r1 > r2)
            decis = 0;
        else
            decis = 1;
        end
        if(decis ~ = data(i))            % 如果存在错误,计数器计数
            num_of_err = num_of_err + 1;
        end
    end
    p = num_of_err/N;                    % 计算误码率
```

9.4 蒙特卡罗仿真的精度分析

9.4.1 蒙特卡罗仿真次数和精度的关系

蒙特卡罗仿真方法本质上是在计算机上进行的随机试验和结果统计分析的过程。试验次数越多,得到的数据样本就越多,那么根据这些样本所得出的统计结果精度和可信程度就越高。

设系统中某事件 A 在一次随机试验中可能发生,也可能不发生,并将其发生概率 $P(A)$ 作为需要通过仿真来估计的参数,可以通过多次独立随机试验,统计这些试验中事件 A 的发生频率,当试验次数足够多时,就可以用频率来近似估计事件发生的概率。

对数据的准确度衡量可以用绝对精度和相对精度两种指标。设数据的准确值(真值)为 x_0,通过仿真得出的估计值为 $\hat{x}$,估计值 $\hat{x}$ 一般是一个服从某种分布的随机变量。如果有 $1-\alpha$ 的概率确认估计值 $\hat{x}$ 在某一区间 $[x_0-\Delta, x_0+\Delta]$,那么就将概率 $1-\alpha$ 称为置信概率或置信度,即对结果的可信程度。而将区间 $[x_0-\Delta, x_0+\Delta]$ 称为置信区间,将

置信区间长度的一半,即 Δ 称为绝对精度,而将绝对精度与真值之比 Δ/x。称为相对精度。

在进行仿真时,往往需要根据对仿真结果的精度和置信度要求来确定仿真次数因为不合理的仿真次数会导致结果精度过低或过高的计算资源消耗。使用蒙特卡罗法进行仿真的一个重要问题是:给定对仿真结果的置信度以及绝对精度或相对精度指标要求,如何确定所需要的仿真次数。

1. 由置信度和绝对精度确定仿真次数

每次蒙特卡罗试验可以看成一次独立的伯努利试验。例如,通信中传输一个数据符号,传输可能是正确的,也可能是错误的;每次电话拨号,可能被接通,也可能占线;通过随机试验法求圆周率或圆面积,每次投下的点可能在圆内,也可能在圆外。设一次独立的伯努利试验中事件 A 的概率为 p,那么 n 次独立的伯努利试验的事件发生次数 k 服从二项分布,其可能取值为 $0,1,\cdots,n$,n 次独立试验中事件 A 出现的次数恰为 k 次的概率是:

$$P_k(n,p) = \binom{n}{k} p^k (1-p)^{n-k} = \frac{n!}{k!(n-k)!} p^k (1-p)^{n-k}$$

如果以频率 k/n 作为概率 p 的估计,设允许绝对误差为 δ,则要求:

$$\left| \frac{k}{n} - p \right| < \delta$$

或:

$$np - n\delta < k < np + n\delta$$

其概率可计算为:

$$p_\delta = P(np - n\delta < k < np + n\delta p) = \sum_{k=\lceil np-n\delta \rceil}^{\lfloor np+n\delta \rfloor} P_k(n,p)$$

因此,给定置信度 p_δ 以及绝对精度 δ,可根据上式计算出所需要进行仿真的最少次数 n。

然而,这样计算比较复杂,尤其是当需要试验的次数 n 较大时,算式中的组合数计算就难以进行。这种情况下,可通过近似方法进行计算。

根据大数定理,当试验次数 $n \to \infty$,试验中事件发生次数 k 服从均值为 np、方差为 $np(1-p)$ 的正态分布,即:

$$P\left(\left| \frac{k}{n} - p \right| < \delta \right) \approx \frac{1}{\sqrt{2\pi}} \int_a^b \exp\left(-\frac{x^2}{2} \right) dx = \Phi(b) - \Phi(a) = 2\Phi(b)$$

其中:

$$a = \frac{-n\delta}{\sqrt{np(1-p)}}, \quad b = \frac{n\delta}{\sqrt{np(1-p)}}$$

$\Phi(x) = \frac{1}{\sqrt{2\pi}} \int_0^x \exp\left(-\frac{t^2}{2} \right) dt = \frac{1}{2} \mathrm{erf}(x/\sqrt{2})$ 是拉普拉斯函数。这样,给定置信度 $1-\alpha$ 和绝对精度 δ,以及事件的概率值 p,就可求解方程:

$$\mathrm{erf}\left(\frac{n\delta}{\sqrt{2np(1-p)}} \right) = 1 - \alpha \tag{9-1}$$

得出最少仿真次数 n。如果事件的概率值 p 未知,可用估计频率代替。

【例 9-7】 已知某通信系统的设计传输错误概率为 10^{-3},为了至少有 95% 的把握使仿真计算的传输错误率与错误概率真值之间的落差在 2×10^{-4} 之内,问至少需要进行多少次仿真(即传输多少个独立符号)?

求解式(9-1)得最少仿真次数为:

$$n = \frac{2p(1-p)}{\delta^2}(\text{erfinv}(1-a))^2$$

其中,erfinv 是误差函数 erf 的反函数。代入题设参数,得出最少仿真次数为 95940,发现错误数约为 95 个,此时的置信区间为 $10^{-3} \pm 2 \times 10^{-4}$。

实现的 MATLAB 代码如下:

```
>> clear all;
del = 2e - 4;                    % 绝对误差
p = 1e - 3;                      % 设计误码率
alp = 0.05;                      % 显著性水平
n = floor(2 * p * (1 - p)/del^2 * (erfinv(1 - alp))^2)
errnum = floor(n * p)
```

运行程序,输出如下:

```
n =
      95940                      % 需要仿真的次数
errnum =
      95                         % 出现误码率
```

除了利用正态分布来进行近似分析之外,还可以采用更精确的方法:泊松定理指出,在随机试验中事件的发生概率很小,而在试验次数很多的情况下,试验中事件的发生次数 k 近似服从参数 $\lambda = np$ 的泊松分布,即:

$$P_k(n, p) \approx \frac{(np)^k}{k!}\exp(-np)$$

因此:

$$P\left(\left|\frac{k}{n} - p\right| < \delta\right) \approx \sum_{k=\lceil np-n\delta\rceil}^{\lfloor np+n\delta\rfloor} \frac{(np)^k}{k!}\exp(-np) = F(np + n\delta) - F(np - n\delta)$$

其中,$F(x)$ 是参数为 λ 的泊松概率分布函数,定义为:

$$F(x) = P(k < x) = \sum_{i=0}^{\lfloor x \rfloor} \frac{\lambda^i}{i!}\exp(-\lambda)$$

【例 9-8】 在例 9-7 的仿真系统中,设计传输错误率为 10^{-3},置信区间为 $10^{-3} \pm 2 \times 10^{-4}$,总独立传输符号数为 95940 次,请问对仿真结果的置信度可达到多少(分别用泊松分布和正态分布对之进行近似)?

其实现的 MATLAB 代码如下:

```
>> clear all;
del = 2e - 4;                    % 绝对误差
p = 1e - 3;                      % 设计误码率
n = 95940;                       % 仿真次数
p_del_p = poisscdf(n * p + n * del, n * p) - poisscdf(n * p - n * del, n * p)
```

```
p_del_n = normcdf(n * p + n * del, n * p, sqrt(n * p * (1 - p))) - normcdf(n * p - n * del, n * p, sqrt(n
* p * (1 - p)))
```

运行程序,输出如下:

```
p_del_p =
    0.9538
p_del_n =
    0.9500
```

显然,以泊松分布进行计算得出的置信度较高,但用正态分布进行计算得出的结果精度也能满足要求。

2. 由置信度和相对精度确定仿真次数

问题同前面,但这里是给定仿真的相对精度要求 $r = \delta/p$,即 $\delta = pr$,将之代入式(9-1)得到相对精度下的最小仿真次数为:

$$n = \frac{2(1-p)}{pr^2}(\text{erfinv}(1-a))^2$$

如果给定仿真次数和置信度,则仿真结果的相对精度也可计算出来,为:

$$r = \sqrt{\frac{2(1-p)}{pn}}\,\text{erfinv}(1-a)$$

注意,当概率 p 很小(例如对通信传输误码率的仿真情况)时,上式近似为:

$$r \approx \sqrt{\frac{2}{pn}}\,\text{erfinv}(1-a) \tag{9-2}$$

其中,pn 的物理意义是 n 次试验中事件出现的平均次数(例如,传输 n 个独立符号后观察到的平均误码出现次数)。在统计误码率时,出现的误码数越多,则统计结果的相对精度就越高。对应于相对精度的置信区间为 $[p(1-r), p(1+r)]$。

【例 9-9】 试根据式(9-2)画出置信度为 89%、95% 和 99% 条件下试验中事件发生次数 pn 与相对精度 r 之间的关系曲线。

其实现的 MATLAB 代码如下:

```
>> clear all;
alp = [0.11 0.05 0.01];
pn = [1 10 100 1000 10000 100000]';
for i = 1:3,
    r(:,i) = sqrt(2./pn) .* erfinv(1 - alp(i));
end
loglog(pn, r, '-+');
legend('置信度为 89 %', '置信度为 95 %', '置信度为 99 %');
xlabel('多试验中事件发生的次数 pn');
ylabel('相对精度 r');
```

运行程序,效果如图 9-19 所示。图中上方斜线置信度为 99%,中间斜线置信度为 95%,下方斜线置信度为 89%。由图可知,如果要求试验结果的相对精度提高,那么就要使试验中观察到事件的发生次数呈平方数量级增加。在事件发生概率较小的情况下(如对传输错误率的仿真中),将导致总试验次数过分增多,这种情况下蒙特卡罗法的效果将严重下降。

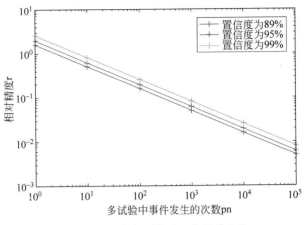

图 9-19　pn 与相对精度 r 之间的曲线

9.4.2　蒙特卡罗仿真次数的序贯算法

设一次伯努利试验中事件 A 发生的概率为 p，随机变量 X 的取值依试验中事件 A 发生与否而取 1 或 0。那么，其均值和方差为：

$$\begin{cases} E(X) = p \\ \mathrm{Var}(X) = p(1-p) \end{cases}$$

如果将 n 次独立的伯努利试验视为一次蒙特卡罗试验，并将其中事件 A 的发生频率作为试验结果，则试验结果是一个随机变量 $Y = \sum_{i=1}^{n} X_i / n$，其均值和方差为：

$$\begin{cases} E(Y) = p \\ \mathrm{Var}(Y) = \dfrac{\mathrm{Var}(X)}{n} = \dfrac{p(1-p)}{n} \end{cases} \tag{9-3}$$

通常，一次蒙特卡罗试验所得出的试验结果样本 Y 的方差可以计算出来或由试验样本估计出来。那么，如何在给定仿真精度要求和置信度要求的情况下确定仿真所需的最小次数呢？当一次蒙特卡罗试验中含有的独立伯努利试验次数 n 足够大时，根据大数定理，其输出的试验结果样本 Y 可认为服从正态分布。

设 N 次蒙特卡罗试验所得出的试验结果样本是 $\{y_1, y_2, \cdots, y_N\}$，则根据这 N 个样本对随机变量 Y 的均值估计问题是一个关于正态分布的期望区间估计问题，给定置信度 $1-\alpha$ 的置信区间为：

$$\bar{y} \pm \frac{s}{\sqrt{N-1}} t_{\frac{\alpha}{2}} \tag{9-4}$$

其中，$\bar{y} = \dfrac{1}{N} \sum_{i=1}^{N} y_i$ 是样本平均，$s = \sqrt{\dfrac{1}{n} \sum_{i=1}^{n} (y_i - \bar{y})^2}$ 是样本标准差，$t_{\frac{\alpha}{2}}$ 为自由度是 $N-1$ 的 t 分布上的 $\alpha/2$ 分位点。由绝对精度和相对精度的定义，样本平均的绝对精度是仿真次数和置信度的函数，为：

$$\delta(N, \alpha) = \frac{s}{\sqrt{N-1}} t_{\frac{\alpha}{2}}$$

相对精度就是：

$$r(N,\alpha)=\frac{\delta(N,\alpha)}{|\bar{y}|}$$

为了得到要求的仿真精度,需要在仿真之前确定所需的最少仿真次数 N。然而,绝对精度和相对精度的计算需要知道样本 Y 的样本平均和样本标准差,一般情况下这在仿真进行之前是无法确定的,因此最少的仿真次数并不能在仿真之前确定。所以,一种实现的办法是:首先设定一个基本的仿真运行次数 N;执行完后检验所得样本分布并计算仿真结果的精度,看是否达到要求;如果不满足要求,则继续执行下一次仿真并再次检验和计算仿真结果的精度,直到精度达到要求时停止仿真。这就是蒙特卡罗仿真次数的序贯算法,具体过程如下。

第一步：确定基本运行次数 N_0、最大运行次数 $N_{\max}$、要求的绝对精度 δ、相对精度 r 以及置信度 $1-\alpha$。

第二步：置仿真次数计数器 $n:=N_0$。执行蒙特卡罗仿真 N_0 次,得到试验样本 $\{y_1,y_2,\cdots,y_{N_0}\}$。

第三步：判断所得试验样本是否接近正态分布(可用前述的概率分布检验方法)。如果样本不是正态的,转第四步；如果判断样本是接近正态分布的,那么计算：

$$A_n=\sum_{i=1}^{n}y_i,\quad B_n=\sum_{i=1}^{n}y_i^2$$

然后跳转至第五步。

第四步：再执行仿真一次,得到一个新的试验样本 y_{n+1},并使仿真次数计数器加 $1,n:=n+1$,判断若 $n>N_{\max}$,则认为算法失效并终止仿真,否则转第三步。

第五步：计算当前的样本均值、样本方差、绝对精度、相对精度,并与给定的精度要求进行比较。

$$\bar{y}(n)=\frac{A_n}{n}$$

$$s(n)=\sqrt{\frac{B_n-n[\bar{y}(n)]^2}{n}}$$

$$\delta(n,\alpha)=\frac{s}{\sqrt{n-1}}t_{\frac{\alpha}{2}}$$

$$r(n,\alpha)=\frac{\delta(n,\alpha)}{|\bar{y}(n)|}$$

如果精度满足要求,即 $0<\delta(n,\alpha)\leqslant\delta$ 且 $0<r(n,\alpha)\leqslant r$,或当前仿真次数 $n>N_{\max}$,则终止仿真,并输出计算结果的置信区间 $\bar{y}(n)\pm\delta(n,\alpha)$。否则,执行下一步。

第六步：执行仿真一次,得到一个新的试验样本 y_{n+1},然后计算：

$$A_{n+1}=A_n+y_{n+1},\quad B_{n+1}=B_n+y_{n+1}^2$$

并增加仿真计数器的值 $n:=n+1$,然后转至第五步。

9.5　仿真结果数据处理

实际中,往往需要对试验或实际系统测试得出的数据样本进行进一步研究和分析,以便从这些样本数据中找出某些规律,得出这些规律的经验公式,或通过样本数据对系统的某些理论参数进行估计等。

在仿真或实际系统试验中，往往先改变系统的条件参数（例如激励信号、改变信噪比等），然后测试得出一系列结果（例如解调波形失真度、信噪比改善、传输错误率降低等），从而研究系统条件参数与结果之间的关系。这样就可以将测试结果看成条件参数的函数。由于不可能对所有的条件参数都进行试验，因此所得到的测试样本数据结果也就是以输入条件参数为自然变量的函数上的一些离散样值点。为了在这些样本数据的基础上估计出不在样本点位置上的其他条件参数处的函数值，就需要进行数据的插值处理，以得出通过这些样本点的一条连续的函数曲线。

拟合和插值都是根据离散的样本点数据得出连续函数曲线的过程。它们的不同之处在于：插值得出的曲线是经过样本点的，而拟合得到的曲线并不保证每个样本点都在曲线上，而是以保证曲线与样本点之间的整体拟合误差最小为优化目标的。

9.5.1 插值

设函数 $y = f(x)$ 未知，但已知该函数在若干离散点 $x_1, x_2, \cdots, x_n$ 处的取值 $y_1, y_2, \cdots, y_n$，则由这些样本点 $(x_i, y_i), i = 1, 2, \cdots, n$ 获得该函数在其他点上的取值的方法称为插值方法。如果插值点在给定离散点取值范围内，称为内插，否则称为外插。

插值算法有多种，例如线性插值（linear）、邻近点插值（nearest）、样条插值（spline）、立方插值（pchip）、FFT 滤波插值等。线性插值方式以相邻样本之间的连线作为近似曲线，邻近点插值则直接用最邻近的样值作为插值结果，样条插值以样条曲线作为近似，立方插值以曲线作为近似，FFT 滤波插值通过对样本值进行 FFT 变换和反变换来得出均匀间隔的离散点样值。一般来说，对于函数是光滑的连续曲线的情况，以样条插值得到的结果比较理想，对于通信信号滤波也可以通过 FFT 滤波插值来获得指定采样率的等间隔采样结果。

在 MATLAB 中提供了 interp1 函数实现一维插值，该函数的调用格式如下所述。

vq＝interp1(x,v,xq)：使用线性插值返回一维函数在特定查询点的插入值。向量 x 包含样本点，v 包含对应值 v(x)。向量 xq 包含查询点的坐标。

如果有多个在同一点坐标采样的数据集，则可以将 v 以数组的形式进行传递。数组 v 的每一列都包含一组不同的一维样本值。

vq＝interp1(x,v,xq,method)：指定备选插值方法：'linear'、'nearest'、'next'、'previous'、'pchip'、'cubic'、'v5cubic'、'makima' 或 'spline'。默认方法为'linear'。

vq＝interp1(x,v,xq,method,extrapolation)：用于指定外插策略，来计算落在 x 域范围外的点。如果希望使用 method 算法进行外插，可将 extrapolation 设置为 'extrap'。也可以指定一个标量值，这种情况下，interp1 将为所有落在 x 域范围外的点返回该标量值。

vq＝interp1(v,xq)：返回插入的值，并假定一个样本点坐标默认集。默认点是 1～n 的数字序列，其中 n 取决于 v 的形状：

- 当 v 是向量时，默认点是 1:length(v)。
- 当 v 是数组时，默认点是 1:size(v,1)。

如果不在意点之间的绝对距离，则可使用此语法。

vq ＝ interp1(v,xq,method)：指定备选插值方法中的任意一种，并使用默认样本点。

vq ＝ interp1(v,xq,method,extrapolation)：指定外插策略，并使用默认样本点。

pp ＝ interp1(x,v,method,'pp')：使用 method 算法返回分段多项式形式的 v(x)。

【例 9-10】 已知数据样本来自函数 $f(x) = \dfrac{1}{1+16x^2}$，$x \in [-1,1]$其中一些点：

$$x \in \{-1, -0.5, -0.1, 0, 0.4, 0.8\}$$

上的值。试用各种插值法得出 $x \in [-1,1]$间隔为 0.06 的点上的函数取值，并绘制曲线。

其实现的 MATLAB 代码如下：

```
>> clear all;
x = -1:0.01:1;
y = 1./(1 + 16 * x.^2);
plot(x,y,'k');                          %原始函数曲线
hold on;
xs = [-1 -0.5 -0.1 0 0.4 0.8];          %样本点
ys = 1./(1 + 16 * xs.^2);
plot(xs,ys,'ro');
xi = -1:0.07:1;                         %插值位置
yi = interp1(xs,ys,xi,'linear','extrap'); %线性插值,并外插
plot(xi,yi,'-.');
yi = interp1(xs,ys,xi,'nearest');       %邻近点插值
plot(xi,yi,'.');
yi = interp1(xs,ys,xi,'pchip');         %立方插值
plot(xi,yi,'+');
yi = interp1(xs,ys,xi,'spine');         %样条插值
plot(xi,yi,'s');
legend('原始函数 y = f(x)','样本点','线性插值','邻近点插值','立方插值','样条插值');
grid on;
```

运行程序，效果如图 9-20 所示。

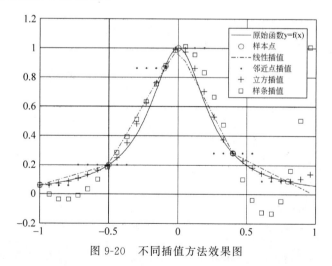

图 9-20　不同插值方法效果图

由图 9-20 可看出，实例中立方插值的结果最好。样条插值在外插部分误差较大，这说明插值结果不能盲目相信，需要根据物理概念和进一步的试验来检验，特别是对于外插所得到的数据，更要小心处理。

注意：不建议使用该语法，请改用 griddedInterpolant 函数。

在 MATLAB 中，使用 griddedInterpolant 函数对一维、二维、三维或 N 维网格数据集进行插值。griddedInterpolant 函数返回给定数据集的插值 F。可以计算一组查询点（例如二维（xq,yq））处的 F 值，以得出插入的值 vq ＝ F(xq,yq)。griddedInterpolant 函数的调用格式如下所述。

F＝griddedInterpolant：创建一个空的网格数据插值对象。

F＝griddedInterpolant(x,v)：根据样本点向量 x 和对应的值 v 创建一维插值。

F＝griddedInterpolant(X1,X2,…,Xn,V)：使用作为一组 n 维数组 X1,X2,…,Xn 传递的样本点的完整网格创建二维、三维或 N 维插值。V 数组包含与 X1,X2,…,Xn 中的点位置关联的样本值。每个数组 X1,X2,…,Xn 的大小都必须与 V 相同。

F ＝ griddedInterpolant（V）：使用默认网格创建插值。使用此语法时，griddedInterpolant 将网格定义为第 i 维上间距为 1 且范围为[1，size(V,i)]的点集。如果希望节省内存且不在意点之间的绝对距离，则可使用此语法。

F＝griddedInterpolant(gridVecs,V)：指定一个元胞数组 gridVecs，它包含 n 个网格向量，描述一个 n 维样本点网格。在使用特定网格且希望节省内存时可使用此语法。

F＝griddedInterpolant(___,Method)：指定备选插值方法：'linear'、'nearest'、'next'、'previous'、'pchip'、'cubic'、'makima'或'spline'。可以在上述任意语法中指定 Method 作为最后一个输入参数。

F＝griddedInterpolant(___,Method,ExtrapolationMethod)：指定内插和外插方法。当查询点位于样本点域之外时，griddedInterpolant 使用 ExtrapolationMethod 估计值。

【例 9-11】 使用'pchip'和 'nearest' 外插方法比较查询 F 的域外插值的结果。

```
>> %创建插值,并指定 'pchip' 作为内插方法,'nearest' 作为外插方法.
x = [1 2 3 4 5];
v = [12 16 31 10 6];
F = griddedInterpolant(x,v,'pchip','nearest')
F =
griddedInterpolant - 属性:
                GridVectors: {[1 2 3 4 5]}
                     Values: [12 16 31 10 6]
                     Method: 'pchip'
       ExtrapolationMethod: 'nearest'
>> %查询插值,并包括 F 的域外部的点
xq = 0:0.1:6;
vq = F(xq);
figure
plot(x,v,'o',xq,vq,'-b');                %效果如图 9-21 所示
legend ('v','vq')
>> %再次查询相同点的插值,这次使用 pchip 内插方法
F.ExtrapolationMethod = 'pchip';
figure
vq = F(xq);
plot(x,v,'o',xq,vq,'-b');                %效果如图 9-22 所示
legend ('v','vq')
```

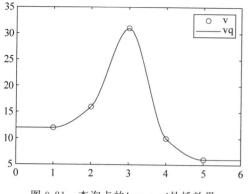

图 9-21 查询点的 'nearest' 外插效果

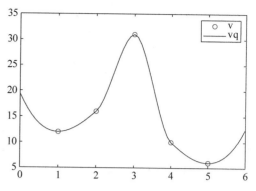

图 9-22 查询点的 'pchip' 内插效果

此外,MATLAB 还提供 scatteredInterpolant 对散点数据的二维或三维数据集执行插值。scatteredInterpolant 返回给定数据集的插值 F。可以计算一组查询点(例如二维(xq, yq))处的 F 值,以得出插入的值 vq = F(xq,yq)。函数的语法格式如下所述。

F = scatteredInterpolant:创建一个空的散点数据插值对象。

F = scatteredInterpolant(x,y,v):创建一个拟合 v = F(x,y)形式的曲面的插值。向量 x 和 y 指定样本点的(x,y)坐标。v 是一个包含与点(x,y)关联的样本值的向量。

F = scatteredInterpolant(x,y,z,v):创建一个 v = F(x,y,z)形式的三维插值。

F = scatteredInterpolant(P,v):以数组形式指定样本点坐标。P 的行包含 v 中值的 (x, y)或(x, y, z)坐标。

F = scatteredInterpolant(___,Method):指定插值方法:'nearest'、'linear'或'natural'。在前三个语法中的任意一个中指定 Method 作为最后一个输入参数。

F = scatteredInterpolant(___,Method,ExtrapolationMethod):指定内插和外插方法。在前三个语法的任意一个中同时传递 Method 和 ExtrapolationMethod 作为最后两个输入参数。

- Method 可以是'nearest'、'linear'或'natural'。
- ExtrapolationMethod 可以是'nearest'、'linear'或'none'。

【例 9-12】 定义一些样本点,并计算这些位置的三角函数的值。这些点是用于插值的样本值。

```
>> t = linspace(3/4 * pi,2 * pi,50)';
x = [3 * cos(t); 2 * cos(t); 0.7 * cos(t)];
y = [3 * sin(t); 2 * sin(t); 0.7 * sin(t)];
v = repelem([-0.5; 1.5; 2],length(t));
% 创建插值
F = scatteredInterpolant(x,y,v);
% 计算位于查询位置 (xq, yq) 处的插值
tq = linspace(3/4 * pi + 0.2,2 * pi - 0.2,40)';
xq = [2.8 * cos(tq); 1.7 * cos(tq); cos(tq)];
yq = [2.8 * sin(tq); 1.7 * sin(tq); sin(tq)];
vq = F(xq,yq);
% 绘制结果
plot3(x,y,v,'.',xq,yq,vq,'.'), grid on
```

```
title('线性插值')
xlabel('x'), ylabel('y'), zlabel('值')
legend('样本数据','插入查询数据','Location','Best')
```

运行程序,效果如图 9-23 所示。

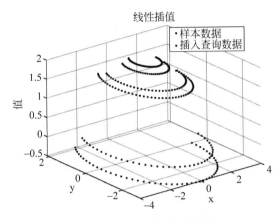

图 9-23　散点数据的插值效果

9.5.2　拟合

插值函数必须通过所有样本点,然而在某些情况下,样本点的取得本身就包含实验中的测量误差,这一要求无疑保留了这些测量误差的影响,满足这一要求虽然使样本点处"误差"为零,但会使非样本点处的误差变得过大,很不合理。为此,提出了另一种函数逼近方法——数据拟合。数据拟合不要求构造的近似函数全部通过样本点,而是"很好逼近"它们。这种逼近的特点有:需要适当的精度控制;由于一些人为与非人为因素实验数据中存在着小的误差;对于一些问题,存在某些特殊信息能够帮助我们从实验数据中建立数学模型。

1. 多项式拟合

在科学实验与工程实践中,经常进行测量数据 $\{(x_i,y_i),i=0,1,\cdots,m\}$ 的曲线拟合,其中 $y_i=f(x_i),i=0,1,\cdots,m$。要求一个函数 $y=S^*(x)$ 与所给数据 $\{(x_i,y_i),i=0,1,\cdots,m\}$ 拟合,若记误差 $\delta_i=S^*(x_i)-y_i,i=0,1,\cdots,m,\boldsymbol{\delta}=(\delta_0,\delta_1,\cdots,\delta_m)^{\mathrm{T}}$,设 $\varphi_0,\varphi_1,\cdots,\varphi_n$ 是 $C[a,b]$ 上的线性无关函数簇,在 $\varphi=\mathrm{span}\{\varphi_0(x),\varphi_1(x),\cdots,\varphi_n(x)\}$ 中找一函数 $S^*(x)$,使误差平方和:

$$\|\delta\|^2=\sum_{i=0}^m \delta_i^2=\sum_{i=0}^m [S^*(x_i)-y_i]^2$$

其中,

$$S(x)=a_0\varphi_0(x)+a_1\varphi_1(x)+\cdots+a_n\varphi_n(x)(n<m)$$

在 MATLAB 中提供了 polyfit 函数用于实现曲线拟合。其调用格式如下。

p=polyfit(x,y,n):返回次数为 n 的多项式 p(x)的系数,该阶数是 y 中数据的最佳拟合(在最小二乘方式中)。p 中的系数按降幂排列,p 的长度为 n+1。

[p,S]=polyfit(x,y,n):还返回一个结构体 S,后者可用作 polyval 的输入来获取误差估计值。

[p,S,mu]＝polyfit(x,y,n)：还返回 mu,后者是一个二元素向量,包含中心化值和缩放值。mu(1)是 mean(x),mu(2)是 std(x)。使用这些值时,polyfit 将 x 的中心置于零值处并缩放为具有单位标准差:

$$\hat{x} = \frac{x - x}{\sigma_x}$$

这种中心化和缩放变换可同时改善多项式和拟合算法的数值属性。

【例 9-13】 将一个线性模型拟合到一组数据点并绘制结果,其中包含预测区间为 95% 的估计值。

```
% 创建几个由样本数据点(x,y)组成的向量.使用 polyfit 对数据进行一次多项式拟合.指定两个输
% 出以返回线性拟合的系数以及误差估计结构体
>> clear all;
x = 1:100;
y = -0.3*x + 2*randn(1,100);
[p,S] = polyfit(x,y,1);
% 计算以 p 为系数的一次多项式在 x 中各点处的拟合值.将误差估计结构体指定为第三个输入,以便
% polyval 计算标准误差的估计值.标准误差估计值在 delta 中返回
[y_fit,delta] = polyval(p,x,S);
% 绘制原始数据、线性拟合和 95% 预测区间 y±2△
plot(x,y,'bo')
hold on
plot(x,y_fit,'r-')
plot(x,y_fit+2*delta,'m-.',x,y_fit-2*delta,'m--')
title('对 95% 预测区间的数据进行线性拟合')
legend('数据','线性拟合','95% 预测区间')
```

运行程序,效果如图 9-24 所示。

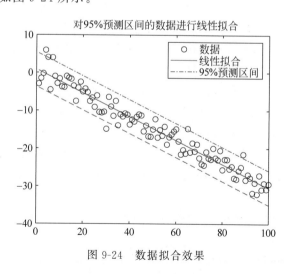

图 9-24 数据拟合效果

2. 最小二乘拟合

设由测量得到函数 $y = f(x)$ 的一组数据为 $x_1, x_2, \cdots, x_n$ 与 $y_1, y_2, \cdots, y_n$。

求一个次数低于 $n-1$ 的多项式为:

$$y = \varphi(x) = a_0 + a_1 x + a_2 x^2 + \cdots + a_m x^m, \quad m < n-1$$

其中，$a_1,a_2,\cdots,a_m$ 待定，使其"最好"地拟合这组数据，"最好"的标准是：使得 $\varphi(x)$ 在 x_i 的偏差：

$$\delta_i = \varphi(x_i) - y_i, \quad i = 1,2,\cdots,n$$

的平方和：

$$Q = \sum_{i=1}^{n} \delta_i^2 = \sum_{i=1}^{n} [\varphi(x_i) - y_i]^2$$

达到最小。

由于拟合曲线 $y = \varphi(x)$ 不一定过点 (x_i, y_i)，因此，把点 (x_i, y_i) 代入 $y = \varphi(x)$，便得到以 $a_1,a_2,\cdots,a_m$ 为未知量的矛盾方程组，其矩形形式为：

$$Ax = b$$

其中：

$$A = \begin{bmatrix} 1 & x_1 & x_1^2 & \cdots & x_1^m \\ 1 & x_2 & x_2^2 & \cdots & x_2^m \\ \vdots & \vdots & \vdots & \ddots & \vdots \\ 1 & x_n & x_n^2 & \vdots & x_n^m \end{bmatrix}, \quad x = \begin{bmatrix} a_0 \\ a_1 \\ \vdots \\ a_m \end{bmatrix}, \quad b = \begin{bmatrix} y_1 \\ y_2 \\ \vdots \\ y_n \end{bmatrix}$$

那么以上方程的最小二乘解，也就是正则方程组：

$$A^{\mathrm{T}}AX = A^{\mathrm{T}}b$$

的解。

把此方程组的唯一解代入拟合多项式 $y = \varphi(x)$，即得所求，以上便称为拟合曲线的最小二乘。在 MATLAB 中提供了 lsqcurvefit 函数用于实现线性曲线最小二乘拟合。其调用格式如下。

x=lsqcurvefit(fun,x0,xdata,ydata)：fun 为拟合函数；(xdata,ydata) 为一组观测数据，满足 ydata=fun(xdata,x)；以 x0 为初始点求解该数据拟合问题。

x=lsqcurvefit(fun,x0,xdata,ydata,lb,ub)：以 x0 为初始点求解该数据拟合问题，lb、ub 为向量，分别是变量 x 的下界与上界。

x=lsqcurvefit(fun,x0,xdata,ydata,lb,ub,options)：options 为指定优化参数。

[x,resnorm]=lsqcurvefit(…)：在以上命令功能的基础上，输出变量 resnorm= $\| r(x) \|_2^2$ 。

[x,resnorm,residual]=lsqcurvefit(…)：输出变量 residual=r(x)。

[x,resnorm,residual,exitflag]=lsqcurvefit(…)：exitflag 为终止迭代的条件信息。

[x,resnorm,residual,exitflag,output]=lsqcurvefit(…)：output 为输出关于变量的信息。

[x,resnorm,residual,exitflag,output,lambda]=lsqcurvefit(…)：lambda 为输出的 Lagrange 乘子。

[x,resnorm,residual,exitflag,output,lambda,jacobian]=lsqcurvefit(…)：jacobian 为输出在解 x 处的 Jacobian 矩阵。

【例 9-14】 已知数据样本来自函数 $f(x) = \dfrac{1}{1+16x^2}$，$x \in [-1,1]$ 中一些点：

$$x \in \{-1:0.35:1\}$$

上的值。试用最小二乘法拟合得出 $x \in [-1,1]$ 上的经验公式，并绘制出拟合曲线和原始函

数曲线对比。假设已知的函数原型为:

$$\hat{y} = f_1(a, x) = a_1 x^5 + a_2 x^4 + a_3 x^3 + a_4 x^2 + a_5 x + a_6$$

或:

$$\hat{y} = f_2(a, x) = \frac{a_1}{a_2 + a_3 x^2}$$

根据需要建立的函数原型 M 文件如下:

```
function yh = fun1(a,x)
yh = a(1) * x.^5 + a(2) * x.^4 + a(3) * x.^3 + a(4) * x.^2 + a(5) * x + a(6);
```

其实现的 MATLAB 代码如下,程序运行效果如图 9-25 所示。

```
>> clear all;
x = - 1:0.01:1;
y = 1./(1 + 16 * x.^2);
plot(x,y,'k');                    % 原始函数曲线
hold on;
xs = - 1:0.35:1;                  % 样本点
ys = 1./(1 + 16 * xs.^2);
plot(xs,ys,'o');
py = polyfit(xs,ys,5);
yt = polyval(py,x);               % 多项式拟合曲线
plot(x,yt,'- .');
[aq,Jm] = lsqcurvefit(@fun1,[1,1,1,1,1,1],xs,ys);    % 最小二乘法拟合
yt = fun1(aq,x);
plot(x,yt,'.');
legend('原始函数 y = f(x)','样本点','多项式拟合曲线','最小二乘拟合');
```

运行程序,效果如图 9-25 所示。

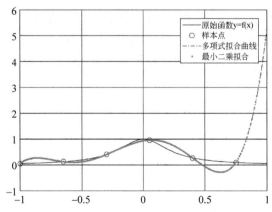

图 9-25 用五阶多项式作为拟合原型函数的拟合效果

以另一个函数作为函数原型拟合。根据需要建立的函数原型 M 文件如下:

```
function yh = fun2(a,x)
yh = a(1)./(a(2) + a(3). * x.^2);
```

实现的 MATLAB 代码如下,程序运行效果如图 9-26 所示。

```
>> clear all;
x = −1:0.01:1;
y = 1./(1 + 16 * x.^2);
plot(x, y, 'k');                                          % 原始函数曲线
hold on;
xs = −1:0.35:1;                                           % 样本点
ys = 1./(1 + 16 * xs.^2);
plot(xs, ys, 'o');
[aq, Jm] = lsqcurvefit(@fun2, [1.1 0.9 8], xs, ys);      % 最小二乘法拟合
yt = fun2(aq, x);
plot(x, yt, '.');
legend('原始函数 y = f(x)', '样本点', '最小二乘拟合');
grid on;
```

运行程序,效果如图 9-26 所示。

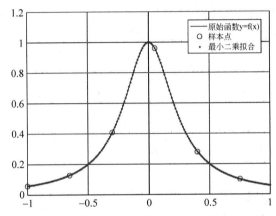

图 9-26　以样本产生函数作为原型的拟合效果图

　　由图 9-25 及图 9-26 可知,采用多项式作为拟合原型函数时,拟合结果类似于多项式拟合的结果,而一旦采用与样本产生函数相同的原型函数,则可以得出极为准确的拟合结果。不过,对于多元函数,拟合所得出的函数系数值随初始系数估计值不同而可能不同,拟合结果不是唯一的。

前面已从 MATLAB 及 Simulink 两方面介绍了通信系统,本节总体介绍通信系统在 MATLAB 中的应用。

10.1 设计通信系统

10.1.1 设计通信系统的发射机

1. 利用直接序列扩频技术设计发射机

直接序列扩频通信系统的发射机如图 10-1 所示。

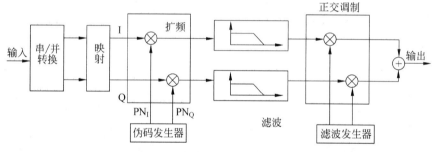

图 10-1 直接序列扩频通信系统发射机框图

1)串/并转换

本书采用正交调制方式,所以要进行串/并转换分成 I、Q 两路,同时为了消除相位模糊,可以加入差分编码。

2)映射

差分编码后出来的 I 路和 Q 路数据是由 0 和 1 组成的,需要把 I 路和 Q 路数据联合映射到星座图上的点。

3)扩频

将 I、Q 两路数据分别与伪码发生器的伪码相乘,得到新的数据速率为伪码速率的二进制基带数据,起到扩展频谱的作用。

4)滤波

数字信号在传输时需要一定的带宽。为了经济地利用频带资源,希望信号占用的频带尽可能窄,并且频谱间不应引起码间干扰(ISI),这就需要对数字信号进行频谱成形滤波。

5）正交调制

I 路和 Q 路信号分别与两个正交的载波信号相乘,将频谱搬移到便于传输的中频段,再将两者相加。

2. 利用 IS-95 前向链路技术设计发射机

在 IS-95CDMA 系统中,信号在信道中是以帧的形式来传送的,帧结构随着信道种类的不同和数据率的不同而变化。

图 10-2 所示是前向业务信道的帧结构图,其中,F 表示循环冗余检验帧质量指标器,T 表示编码器拖尾比特。传输速率为 9600bps,在 20ms 的帧持续时间内可以发送 192bit(由 172bit 信息位、12bit 帧质量指标位和 8bit 编码拖尾位组成)。帧质量指标位就是奇偶检验位,应用于循环冗余编码的系统检错方案中。

图 10-2　前向业务信道 9600bps 的帧结构

根据 IS-95 前向业务信道结构框图,发射机部分所采用的系统设计框图如图 10-3 所示。

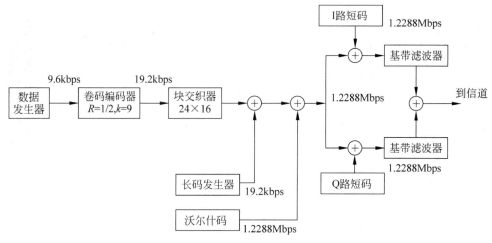

图 10-3　发射机系统框图

1）卷积编码

卷积码是将发送的信息序列通过一个线性的、有限状态的移位寄存器产生的。通常,该移位寄存器由 k 级(每级 k bit)和 n 个线性的代数函数构成。二进制数据移位输入到编码器,沿着移位寄存器每次移动 k bit。每一个 k bit 的输入序列对应一个 n bit 的输出序列。因此,其编码效率定义为 $R_c=k/n$,参数 k 称为卷积码的约束长度。

从 IS-95 前向链路业务信道图中可以看出,前向链路使用的卷积编码率为 1/2,约束长度 $k=9$。IS-95 规定了产生这种码的编码器。这种码的生成函数为:

$$g_0=(111101011)=(753)_0$$
$$g_1=(101110001)=(561)_0$$

对输入到编码器的每一数据比特,生成两个码符号。这些码符号应这样输出:由生成函数 g_0 编码的码符号 c_0 先输出,由生成函数 g_1 编码的码符号 c_1 后输出。初始化时,卷积编码器应该是全零状态。初始化后的第一个码符号应该由生成函数 g_0 编码。

2) 块交织

交织常与编码或重复相结合,是一种防止突发错误的时间分集形成。符号在进入突发信道之前被改变顺序或进行交织。如果传送时发生突发错误,则恢复原序就可以在时间上分散信号。如果交织器设计良好,那么错误将会随机交织,用编码的技术就更容易纠正。

最常用的交织技术有块交织与卷积交织两类。最常见的类型是块交织,这种方式常在数据分块分帧的情况下使用,如 IS-95 系统。卷积交织是对连续数据流来说比较实用的类型。块交织很容易实现,而卷积交织有很好的性能。

一个 (I,J) 的块交织器可以看成是一个 I 行 J 列的存储矩阵。数据按列写入,按行读出。符号从矩阵的左上角开始写入,从右下角开始读出。连续的数据处理要求有两个矩阵:一个用于数据写入,另一个用于数据读出。解交织过程也要求有两个矩阵,用于反转交织过程。

3) 数据加扰

无线通信的一个主要问题是任何传输都可被窃听者轻易地获得。为了加强 IS-95 传输的保密性,加扰过程中需将一串密码加到外发数据上。编码过程由称为长码的密钥来完成。只有知道正确的随机数初始值,接收机才能重建长码并解密消息。长 PN 码序列的速率为 1.2288Mbps,通过对每组 64 个 PN 码片进行一次采样,速率降低为 19.2kbps。长 PN 码是用 42 阶移位寄存器来产生的,周期是 $2^{42}-1 \approx 4.4 \times 10^{12}$ 码片(在 1.2288Mbps 的速率下将持续 41 天),其线性递归所依据的特征多项式为:

$$p(x) = x^{42} + x^{35} + x^{33} + x^{31} + x^{27} + x^{26} + x^{25} + x^{22} + x^{21} + x^{19} +$$
$$x^{18} + x^{17} + x^{16} + x^{10} + x^7 + x^6 + x^5 + x^3 + x^2 + x + 1$$

4) 正交复用

在前向链路中,每个信道通过其专用的正交沃尔什序列来区别于其他信道。前向链路的信道由导频信道、同频信道、寻呼信道和业务信道组成。每条信道由信道特定的沃尔什序列调制,沃尔什序列记为 H_i,其中 $i = 0, 1, \cdots, 63$。IS-95 标准将 H_0 分配给导频信道,将 H_{32} 分配给同频信道,$H_1 \sim H_7$ 分配给寻呼信道,其余的 H_i 分配给业务信道。

沃尔什序列是维数为 2 的幂的哈达玛矩阵中的某一行,当在一个周期长度上进行相关时它们是正交的。$2N$ 阶哈达玛矩阵可以由递推公式产生:

$$H_1 = [1]$$

$$H_2 = \begin{bmatrix} 1 & 1 \\ 1 & -1 \end{bmatrix}$$

$$H_{2N} = \begin{bmatrix} H_N & H_N \\ H_N & \overline{H_N} \end{bmatrix}$$

这里规定 $\overline{H_N}$ 为 H_N 取负(为其补值)。

在前向业务信道中,19.2kbps 的数据流中的每一输入比特与指定的 64 阶沃尔什序列逐个进行模 2 加,映射为 64 位输出。因而,这个过程的输出速率为 1.2288Mbps。

5) 正交扩频

IS-95 中使用了两个修正后的短 PN 序列,用于对 QPSK 的同相与正交支路进行扩频。

两个短 PN 码是由 15 阶移位寄存器产生的 m 序列,并且每个周期在 PN 序列的特定位置插入一个额外的"0"。因此修正后的短 PN 码周期为 $2^{15} = 32768$ 个码片。该序列称为引导 PN 序列,作用是识别不同的基站。不同的基站使用相同的引导 PN 序列,但是各自采用不同的相位偏置。

IS-95 中采用在长为 $n-1$ 的行程后面插入一个 0 的方法,这样做有两个目的:一是使不同的基站使用的 PN 序列有一部分保持正交;二是使 15 级 PN 序列发生器的周期变为 $2^{15} = 32768$ 个码片,这样当 PN 序列的时钟频率为 1.2288Mbps 时,每 2s 的间隔内序列发生器可以循环 75 次。

同相支路(I 路)所使用的短 PN 码的特征多项式为:

$$p_1(x) = x^{15} + x^{13} + x^9 + + x^8 + x^7 + x^5 + 1$$

正交支路(Q 路)所使用的短 PN 码的特征多项式为:

$$p_Q(x) = x^{15} + x^{11} + x^{11} + + x^{10} + x^6 + x^5 + x^4 + x^3 + 1$$

6) 基带滤波

在现代数字通信系统中,数字化的数据信号必须通过某种适当波形的连续脉冲成形进行发射,以完成其在信道内的传播。满足频谱在限定的频带内同时减少或消除 ISI(符号间干扰)是基带波形设计的核心问题。

IS-95 系统中使用的基带成形滤波器满足图 10-4 限制的频率响应 $S(f)$,即通带($0 \leqslant f \leqslant f_p = 590\text{kHz}$)波纹不大于 1.5dB,阻带($f > f_s = 740\text{kHz}$)衰减不大于 40dB。除了这些频域的限制,IS-95 还规定滤波器的冲激响应与响应为 $h(k)$ 的 48 抽头的 FIR 滤波器相近。

7) 信道设计

与其他通信信道相比,移动信道是最为复杂的一种。复杂、恶劣的传播条件是移动信道的特征,这是由在运动中进行无线通信这一方式本身决定的。

数字通信信道中用于分析的最简单的模型是加性高斯白噪声信道(Additive White Gaussian Noise,AWGN)。在加性高斯白噪声信道模型中,假定除了高斯白噪声的加入外,不存在失真和其他影响。高斯白噪声是由接收机中的随机电子运动产生的热噪声。在如图 10-5 所示的模型中,发送信号 $s(t)$ 被加性高斯白噪声过程 $n(t)$ 恶化,接收信号 $r(t)$ 表示为:

$$r(t) = s(t) + n(t)$$

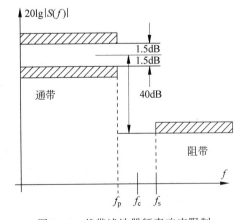

图 10-4 基带滤波器频率响应限制

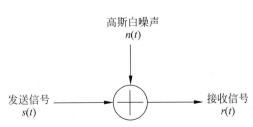

图 10-5 加性高斯白噪声信道

可以将使用如下所述的方法产生的高斯分布的随机变量作为噪声源。高斯分布的概率密度函数由下式给出：

$$f(C) = \frac{1}{\sqrt{2\pi}\sigma} \mathrm{e}^{-C^2/(2\sigma^2)}, \quad -\infty < C < \infty$$

式中，σ^2 是 C 的方差。概率分布函数 $F(C)$ 是在区间 $(-\infty, C)$ 内 $f(C)$ 下所包围的面积，即：

$$F(C) = \int_{-\infty}^{C} f(x)\mathrm{d}x$$

由概率论知道，具有概率分布函数为：

$$F(R) = \begin{cases} 0, & R < 0 \\ 1 - \mathrm{e}^{R^2/(2\sigma^2)}, & R \geqslant 0 \end{cases}$$

的瑞利分布的随机变量 R 与一对高斯随机变量 C 和 D 是通过如下变换：

$$C = R\cos\theta$$
$$D = R\sin\theta$$

关联的。这里 θ 是在 $(0, 2\pi)$ 内均匀分布的变量，参数 σ^2 是 C 和 D 的方差。可求出逆函数，令：

$$F(R) = 1 - \mathrm{e}^{R^2/(2\sigma^2)} = A$$

则

$$R = \sqrt{2\sigma^2 \ln\left(\frac{1}{1-A}\right)}$$

式中，A 是在 $(0, 1)$ 内均匀分布的随机变量。现在，如果产生了第 2 个均匀分布的随机变量 B，而定义：

$$\theta = 2\pi B$$

即可求出两个统计独立的高斯分布随机变量 C 和 D。

3. 利用 OFDM 技术设计发射机

OFDM 通信系统设计的发射机的框图如图 10-6 所示。

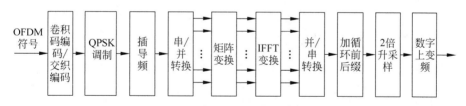

图 10-6　OFDM 通信系统发射机框图

1) 信道编码

信道编码采用卷积编码和交织编码进行信道级联编码。卷积编码率为 1/2，仿真时设置 $k=1$，$G=[1011011; 1111001]$，将输入的 90 个 0、1 二进制数经过卷积编码后可得到 192 个 0、1 二进制数。交织编码采用 24 行 8 列的矩阵，按行写入，按列读出，交织编码可以有效地抗突发干扰。

2) QPSK 调制

在数字信号的调制方式中，使用了 QPSK（四相移键控），这种调制方式具有较高的频谱利用率以及较强的抗干扰性,在电路上实现也较为简单,而且具有较好的 PAPR 抑制性能。

3)插导频

导频数据是在进行矩阵变换之前插入有效数据的,在系统设计中每 8 个有效数据插入一个导频,但是数据中间位置不插入导频。96 个复数据插入 10 个导频之后,一帧数据长度为 106。

4)矩阵变换

矩阵变换模块是为了降低系统的 PAPR,这里的矩阵大小为 106×128,滚降系数 $\alpha = 0.22$。通过这种方法可以显著地改善 OFDM 通信系统的 PAPR 分布,大大降低了峰值信号出现的概率以及对功率放大器的要求,节约成本。在接收端恢复原始信号只需要在 FFT 运算之后乘上一个发端矩阵的逆矩阵即可。

5)IFFT 变换

经过矩阵乘模块后,一帧数据长度为 128,由于子载波个数为 256,所以需要在数据后面补 128 个零。补零之后,考虑到频谱利用率的问题,需要对数据进行搬移(索引为 $1 \sim 64$ 的数据搬移到数据最后)。

6)加循环前后缀与升采样

数字上变频完成的功能是将基带信号进行线性频谱搬移,实质上就是将基带成形信号(I、Q 两个支路)乘以一个载波信号(同样分为 I、Q 两个支路),再把两个支路相加即可。但为了抑制已调信号的带外辐射,在同相和正交支路上再分别增加一个具有线性相位特性的低通滤波成形滤波器 FIR。另外,为了使产生的基带信号与后面的采样速率相匹配,在进行正交调制前还必须通过 CIC 内插滤波器将基带信号进行 20 倍升采样处理,整个实现过程如图 10-7 所示。数字上变频模块中包含了基带成形滤波器、梳状内插滤波器和数控振荡器。

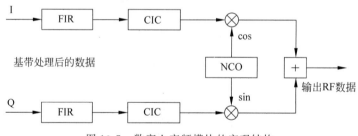

图 10-7　数字上变频模块的实现结构

(1) FIR 滤波器。

由于在基带信号送往数字上变频器之前,经过 20 倍升采样,所以频谱产生了两次的镜像,需要用一个基带滤波器除带外的杂散频率。此数字上变频模块中的基带成形滤波器采用 FIR 低通滤波器来实现。

综合考虑系统的需要和资源的占用,为了达到性能指标(抽样截止频率为 128kHz,通带截止频率为 20kHz,阻带截止频率为 40kHz,带内纹波动小于 1dB,带外衰减为 100dB),经 MATLAB/Simulink 工具箱设置出 FIR 滤波器的阶数为 19 阶。

(2) CIC 内插滤波器。

由于射频的采样频率需要与射频端进行速率匹配,在上变频之前还需要对数据进行 20

倍升采样。在这个阶段升采样使用的是 CIC 内插滤波器,它是由 E. B. Hogenauer 首先提出来的一种级联积分梳状滤波器,也称为 Hogenauer 滤波器,主要用于高采样率转换的滤波器设计中。

整个 CIC 内插滤波器的传递函数是所有梳状滤波器和积分滤波器共同作用的结果。N 级 CIC 内插滤波器的传递函数为:

$$H(z) = H_1^N(z)H_C^N(z) = \frac{(1 - z^{-RM})^N}{(1 - z^{-1})^N} = \left(\sum_{k=0}^{RM-1} z^{-k}\right)^N$$

下面设计的 CIC 内插滤波器的参数取为 $R = 20, M = 1, N = 2$。

(3) 直接数字频率合成器。

数控振荡器采用的是直接数字频率合成器(Direct Digital Sythesis,DDS)来完成。DDS 具有超高速的频率转换时间、极高的频率分辨率和较低的相位噪声,在频率改变与调频时,DDS 能够保持相位的连续,因此很容易实现频率、相位和幅度调制。

DDS 的原理框图如图 10-8 所示。图中相位累加器可在每一个时钟周期来临时将频率控制字所决定的相位增量 M 累加一次,如果计数大于累加器位宽则自动溢出,而只保留后面的 N 位数字于累加器中。正弦查询表 ROM 用于实现从相位累加器输出的相位值到正弦幅度值的转换,然后送到 D/A 中将正弦幅度值的数字量转变为模拟量,最后通过低通滤波器输出一个很纯净的载波信号。

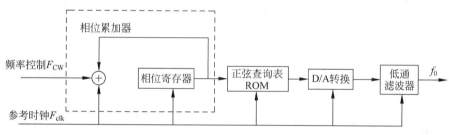

图 10-8　DDS 原理框图

10.1.2　设计通信系统的接收机

1. 利用直接序列扩频技术设计发射机

直接序列扩频通信系统的接收机如图 10-9 所示。

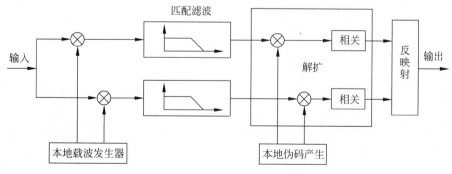

图 10-9　直接序列扩频通信系统接收机框图

1）相干解调

数字信号经过两路正交的载波进行下变频之后重新得到基带信号。

2）Nyquist 滤波

该滤波器的作用有两点：经过 A/D 转换和下变频的信号含有许多寄生频谱,因而必须用一个低通滤波器予以消除;对接收到的信号进行匹配滤波。

3）解扩

将接收机的信号与本地伪码进行相关运算,以恢复出原始传输数据。

4）反映射

将解扩后的数据通过符号判决重新对应为星座图上的点,再对应为 0 和 1 表示的二进制数据。

2．利用 IS-95 前向链路技术设计接收机

接收部分从信道接收信号,经基带滤波、短码解扩、沃尔什解调、解扰、去交织和维特比译码,输出解调后的信号。各通信模块和发射机的相关模块设计类似。

3．利用 OFDM 技术设计接收机

OFDM 系统设计的接收机的框图如图 10-10 所示。

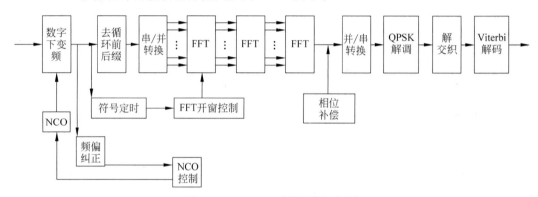

图 10-10　OFDM 系统接收机框图

接收机很多通信处理的模块都与发射机的相关模块功能相似,这里不再一一介绍,接收机主要增加了同频模块。

10.1.3　通信系统的 MATLAB 实现

下面列出 IS-95 前向链路系统的 MATLAB 仿真程序：

```
>> % 数据速率 = 9600kbps
clear all
global Zi Zq Zs show R Gi Gq
show = 0; SD = 0;                                    % 选择软/硬判决接收
% 主要的仿真参数设置
BitRate = 9600; ChipRate = 1228800;
N = 184;  MFType = 1;                                % 匹配滤波器类型升余弦
R = 5;
% Viterbi 生成多项式
G_Vit = [1 1 1 1 0 1 0 1 1 ; 1 0 1 1 1 0 0 0 1];
K = size(G_Vit, 2);L = size(G_Vit, 1);
% Walsh 矩阵代码
```

```
WLen = 64;
Walsh = reshape([1;0] * ones(1, WLen/2), WLen , 1);
% Walsh = zeros(WLen ,1);
% 扩频调制 PN 码的生成多项式
Gi_ind = [15, 13, 9, 8, 7, 5, 0]';
Gq_ind = [15, 12, 11, 10, 6, 5, 4, 3, 0]';
Gi = zeros(16, 1);
Gi(16 - Gi_ind) = ones(size(Gi_ind));
Zi = [zeros(length(Gi) - 1, 1); 1];
% I 路信道 PN 码生成器的初始状态
Gq = zeros(16, 1);
Gq(16 - Gq_ind) = ones(size(Gq_ind));
Zq = [zeros(length(Gq) - 1, 1); 1];
% Q 路信道 PN 码生成器的初始状态
% 扰码生成多项式
Gs_ind = [42, 35, 33, 31, 27, 26, 25, 22, 21, 19, 18, 17, 16, 10, 7, 6, 5, 3, 2, 1, 0]';
Gs = zeros(43, 1);
Gs(43 - Gs_ind) = ones(size(Gs_ind));
Zs = [zeros(length(Gs) - 1, 1); 1];
% 长序列生成器的初始状态
% AWGN 信道
EbEc = 10 * log10(ChipRate/BitRate);
EbEcVit = 10 * log10(L);
EbNo = [-2 : 0.5 : 6.5];                                  % 仿真信噪比范围(dB)
% 实现主程序
ErrorsB = []; ErrorsC = []; NN = [];
if (SD == 1)
    fprintf('\n SOFT Decision Viterbi Decoder\n\n');
else
    fprintf('\n HARD Decision Viterbi Decoder\n\n');
end
for i = 1:length(EbNo)
    fprintf('\nProcessing %1.1f (dB)', EbNo(i));
    iter = 0;ErrB = 0; ErrC = 0;
    while (ErrB < 300) & (iter < 150)
        drawnow;
        % 发射机实现
        TxData = (randn(N, 1) > 0);
        % 速率为 19.2kbps
        [TxChips, Scrambler] = PacketBuilder(TxData, G_Vit, Gs);
        % 速率为 1.2288Mbps
        [x PN MF] = Modulator(TxChips, MFType, Walsh);
        % 实现信道代码
        noise = 1/sqrt(2) * sqrt(R/2) * ( randn(size(x)) + j * randn(size(x))) * …
10^( -(EbNo(i) - EbEc)/20);
        r = x + noise;
        % 实现接收机代码
        RxSD = Demodulator(r, PN, MF, Walsh);              % 软判决,速率为 19.2 kbps
        RxHD = (RxSD > 0);                                 % 定义接收码片的硬判决
        if (SD)
            [RxData Metric] = ReceiverSD(RxSD, G_Vit, Scrambler);% 软判决
        else
            [RxData Metric] = ReceiverHD(RxHD, G_Vit, Scrambler);% 硬判决
        end
```

```
        if(show)
            subplot(311); plot(RxSD, '-o'); title('Soft Decisions');
            subplot(312); plot(xor(TxChips, RxHD), '-o'); title('Chip Errors');
            subplot(313); plot(xor(TxData, RxData), '-o');
            title(['Data Bit Errors. Metric = ', num2str(Metric)]);
        end
        if(mod(iter, 50) == 0)
            fprintf('.');
            save TempResults ErrB ErrC N iter
        end
        ErrB = ErrB + sum(xor(RxData, TxData));
        ErrC = ErrC + sum(xor(RxHD, TxChips));
        iter = iter + 1;
    end
    ErrorsB = [ErrorsB; ErrB];
    ErrorsC = [ErrorsC; ErrC];
    NN = [NN; N * iter];
    save SimData *
end
% 实现误码率计算
PerrB = ErrorsB. /NN; PerrC = ErrorsC. /NN;
Pbpsk = 1/2 * erfc(sqrt(10.^(EbNo/10)));
PcVit = 1/2 * erfc(sqrt(10.^((EbNo - EbEcVit)/10)));
Pc =    1/2 * erfc(sqrt(10.^((EbNo - EbEc)/10)));
% 实现性能仿真显示代码
figure;
semilogy(EbNo(1:length(PerrB)), PerrB, 'b-*'); hold on;
xlabel('信噪比/dB');
ylabel('误码率');
grid on;
```

运行程序,得到前向链路系统仿真效果图,如图 10-11 所示。

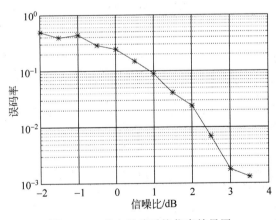

图 10-11　前向链路系统仿真效果图

在运行程序过程中,调用了以下用户自定义编写的函数,它们的源代码分别如下:

```
function [ChipsOut, Scrambler] = PacketBuilder(DataBits, G, Gs);
% 此函数用于产生 IS-95 前向链路系统的发送数据包
% DataBits 为发送数据(二进制形式)
```

```
% G 为 Viterbi 编码生成多项式
% Gs 为长序列生成多项式(扰码生成多项式)
% ChipsOut 为输入到调制器的码序列(二进制形式)
% Scrambler 为扰码
global Zs
K = size(G, 2); L = size(G, 1);
N = 64 * L * (length(DataBits) + K - 1);       % 码片数 (9.6 kbps -> 1.288 Mbps)
chips = VitEnc(G, [DataBits; zeros(K - 1,1)]);  % Viterbi 编码
                                                % 实现交织编码
INTERL = reshape(chips, 24, 16);                % IN:列, OUT:行
chips = reshape(INTERL', length(chips), 1);     % 速率 = 19.2kbps
% 产生扰码
[LongSeq Zs] = PNGen(Gs, Zs, N);
Scrambler = LongSeq(1:64:end);
ChipsOut = xor(chips, Scrambler);


function y = VitEnc(G, x);
% 此函数根据生成多项式进行 Viterbi 编码
% G 为生成多项式的矩阵
% x 为输入数据(二进制形式)
% y 为 Viterbi 编码输出序列
K = size(G, 1); L = length(x);
yy = conv2(G, x'); yy = yy(:, 1:L);
y = reshape(yy, K * L, 1); y = mod(y, 2);


function [y, Z] = PNGen(G, Zin, N);
% 此函数是根据生成多项式和输入状态产生长度为 N 的伪随机序列
% G 为生成多项式
% Zin 为移位寄存器初始化
% N 为 PN 序列长度
% y 为生成的 PN 码序列
% Z 为移位寄存器的输出状态
L = length(G); Z = Zin;                          % 移位寄存器的初始化
y = zeros(N, 1);
for i = 1:N
    y(i) = Z(L);
    Z = xor(G * Z(L), Z);
    Z = [Z(L); Z(1:L - 1)];
end


function [TxOut, PN, MF] = Modulator(chips, MFType, Walsh);
% 此函数用于实现 IS - 95 前向链路系统的数据调制
% chips 为发送的初始数据
% MFType 为成形滤波器的类型选择
% Walsh 为 Walsh 码
% TxOut 为调制输出信号序列
% PN 为用于扩频调制的 PN 码序列
% MF 为匹配滤波器参数
global Zi Zq show R Gi Gq
N = length(chips) * length(Walsh);
% 输入速率 = 19.2 kbps, 输出速率 = 1.2288 Mbps
tmp = sign(Walsh - 1/2) * sign(chips' - 1/2);
chips = reshape(tmp, prod(size(tmp)), 1);
[PNi Zi] = PNGen(Gi, Zi, N);
```

```
[PNq Zq] = PNGen(Gq, Zq, N);
PN = sign(PNi - 1/2) + j * sign(PNq - 1/2);
chips_out = chips. * PN;
chips = [chips_out, zeros(N, R - 1)];
chips = reshape(chips.', N * R, 1);
% 成形滤波器
switch (MFType)
case 1
   % 升余弦滤波器
   L = 25;  L_2 = floor(L/2);
   n = [-L_2:L_2];  B = 0.7;
   MF = sinc(n/R). * (cos(pi * B * n/R). /(1 - (2 * B * n/R).^2));
   MF = MF/sqrt(sum(MF.^2));
case 2
   % 矩形滤波器
   L = R;  L_2 = floor(L/2);
   MF = ones(L, 1);
   MF = MF/sqrt(sum(MF.^2));
case 3
   % 汉明滤波器
   L = R;  L_2 = floor(L/2);
   MF = hamming(L);
   MF = MF/sqrt(sum(MF.^2));
end
MF = MF(:);
TxOut = sqrt(R) * conv(MF, chips)/sqrt(2);
TxOut = TxOut(L_2 + 1: end - L_2);
if (show)
   figure;
   subplot(211); plot(MF, '-o'); title('Matched Filter'); grid on;
   subplot(212); psd(TxOut, 1024, 1e3, 113); title('Spectrum');
end

function [SD] = Demodulator(RxIn, PN, MF, Walsh);
% 此函数是实现基于 RAKE 接收机的 IS - 95 前向信链路系统的数据包的解调
% RxIn 为输入信号
% PN 为 PN 码序列(用于解扩)
% MF 为匹配滤波器参数
% Walsh 为用于解调的 Walsh 码
% SD 为 RAKE 接收机的软判决输出
global R
N = length(RxIn)/R; L = length(MF);
L_2 = floor(L/2); rr = conv(flipud(conj(MF)), RxIn);
rr = rr(L_2 + 1: end - L_2);
Rx = sign(real(rr(1:R:end))) + j * sign(imag(rr(1:R:end)));
Rx = reshape(Rx, 64, N/64);
Walsh = ones(N/64, 1) * sign(Walsh' - 1/2);
PN = reshape(PN, 64, N/64)'; PN = PN. * Walsh;
% 输入速率 = 1.2288 Mbps, 输出速率 = 19.2 kbps
SD = PN * Rx;
SD = real(diag(SD));

function [DataOut, Metric] = ReceiverSD(SDchips, G, Scrambler);
% 此函数用于实现基于 Viterbi 译码的发送数据的恢复
```

```
% SDchips 为软判决 RAKE 接收机输入符号
% G 为 Viterbi 编码生成多项式矩阵
% Scrambler 为扰码序列
% DataOut 为接收数据(二进制形式)
% Metric 为 Viterbi 译码最佳度量
if (nargin == 1)
  G = [1 1 1 1 0 1 0 1 1; 1 0 1 1 1 0 0 0 1];
end
%速率 = 19.2 kbps
SDchips = SDchips. * sign(1/2 - Scrambler);
INTERL = reshape(SDchips, 16, 24);
SDchips = reshape(INTERL', length(SDchips), 1);       % 速率 = 19.2 kbps
[DataOut Metric] = SoftVitDec(G, SDchips, 1);


function [xx, BestMetric] = SoftVitDec(G, y, ZeroTail);
% 此函数是实现软判决输入的 Viterbi 译码
% G 为生成多项式的矩阵
% y 为输入的待译码序列
% ZeroT 为判断是否包含'0'尾
% xx 为 Viterbi 译码输出序列
% BestMetric 为最后的最佳度量
L = size(G, 1);                                 % 输出码片数
K = size(G, 2);                                 % 生成多项式的长度
N = 2^(K - 1);                                  % 状态数
T = length(y)/L;                                % 最大栅格深度
OutMtrx = zeros(N, 2 * L);
for s = 1:N
    in0 = ones(L, 1) * [0, (dec2bin((s - 1), (K - 1)) - '0')];
    in1 = ones(L, 1) * [1, (dec2bin((s - 1), (K - 1)) - '0')];
    out0 = mod(sum((G. * in0)'), 2);
    out1 = mod(sum((G. * in1)'), 2);
    OutMtrx(s, :) = [out0, out1];
end
OutMtrx = sign(OutMtrx - 1/2);
PathMet = [100; zeros((N - 1), 1)];             % 初始状态 = 100
PathMetTemp = PathMet(:,1);
Trellis = zeros(N, T); Trellis(:,1) = [0 : (N - 1)]';
y = reshape(y, L, length(y)/L);
for t = 1:T
    yy = y(:, t);
    for s = 0:N/2 - 1
        [B0 ind0] = max(  PathMet(1 + [2 * s, 2 * s + 1]) + [OutMtrx(1 + 2 * s, 0 + [1:L]) …
* yy; OutMtrx(1 + (2 * s + 1), 0 + [1:L]) * yy] );
        [B1 ind1] = max(  PathMet(1 + [2 * s, 2 * s + 1]) + [OutMtrx(1 + 2 * s, L + [1:L]) …
* yy; OutMtrx(1 + (2 * s + 1), L + [1:L]) * yy] );
        PathMetTemp(1 + [s, s + N/2]) =  [B0; B1];
        Trellis(1 + [s, s + N/2], t + 1) = [2 * s + (ind0 - 1); 2 * s + (ind1 - 1)];
    end
    PathMet = PathMetTemp;
end
xx = zeros(T, 1);
if (ZeroTail)
    BestInd = 1;
else
```

```
        [Mycop, BestInd]  = max(PathMet);
    end
    BestMetric = PathMet(BestInd);
    xx(T) = floor((BestInd - 1)/(N/2));
    NextState = Trellis(BestInd, (T + 1));
    for t = T: - 1:2
        xx(t - 1) = floor(NextState/(N/2));
        NextState = Trellis( (NextState + 1), t);
    end
    if (ZeroTail)
        xx = xx(1:end - K + 1);
    end

    function [DataOut, Metric] = ReceiverHD(HDchips, G, Scrambler);
    % 此函数用于实现基于 Viterbi 译码的硬判决接收机
    % SDchips 为硬判决 RAKE 接收机输入符号
    % G 为 Viterbi 编码生成多项式矩阵
    % Scrambler 为扰码序列
    % DataOut 为接收数据(二进制形式)
    % Metric 为 Viterbi 译码最佳度量
    if (nargin == 1)
       G = [1 1 1 1 0 1 0 1 1; 1 0 1 1 1 0 0 0 1];
    end
    % 速率 = 19.2 kbps
    HDchips = xor(HDchips, Scrambler);
    INTERL = reshape(HDchips, 16, 24);
    HDchips = reshape(INTERL', length(HDchips), 1);
    [DataOut Metric] = VitDec(G, HDchips, 1);

    function [xx, BestMetric] = VitDec(G, y, ZeroTail);
    % 此函数是实现硬判决输入的 Viterbi 译码
    % G 为生成多项式的矩阵
    % y 为输入的待译码序列
    % Zer 为判断是否包含'0'尾
    % xx 为 Viterbi 译码输出序列
    % BestMetric 为最后的最佳度量
    L = size(G, 1);                              % 输出码片数
    K = size(G, 2);                              % 生成多项式长度
    N = 2^(K - 1);                               % 状态数
    T = length(y)/L;                             % 最大栅格深度
    OutMtrx = zeros(N, 2 * L);
    for s = 1:N
        in0 = ones(L, 1) * [0, (dec2bin((s - 1), (K - 1)) - '0')];
        in1 = ones(L, 1) * [1, (dec2bin((s - 1), (K - 1)) - '0')];
        out0 = mod(sum((G .* in0)'), 2);
        out1 = mod(sum((G .* in1)'), 2);
        OutMtrx(s, :) = [out0, out1];
    end
    PathMet = [0; 100 * ones((N - 1), 1)];
    PathMetTemp = PathMet(:,1);
    Trellis = zeros(N, T);
    Trellis(:,1) = [0 : (N - 1)]';
    y = reshape(y, L, length(y)/L);
    for t = 1:T
```

```
      yy = y(:, t)';
      for s = 0:N/2 - 1
          [B0 ind0] = min(  PathMet(1 + [2 * s, 2 * s + 1]) + [sum(abs(OutMtrx(1 + 2 * s, 0 + [1:
L])…
 - yy).^2); sum(abs(OutMtrx(1 + (2 * s + 1), 0 + [1:L]) - yy).^2)] );
          [B1 ind1] = min(  PathMet(1 + [2 * s, 2 * s + 1]) + [sum(abs(OutMtrx(1 + 2 * s, …
L + [1:L]) - yy).^2); sum(abs(OutMtrx(1 + (2 * s + 1), L + [1:L]) - yy).^2)] );
          PathMetTemp(1 + [s, s + N/2]) =  [B0; B1];
          Trellis(1 + [s, s + N/2], t + 1) = [2 * s + (ind0 - 1); 2 * s + (ind1 - 1)];
      end
  PathMet = PathMetTemp;
end
xx = zeros(T, 1);
if (ZeroTail)
    BestInd = 1;
else
    [Mycop, BestInd]  = min(PathMet);
end
BestMetric = PathMet(BestInd);
xx(T) = floor((BestInd - 1)/(N/2));
NextState = Trellis(BestInd, (T + 1));
for t = T: - 1:2
    xx(t - 1) = floor(NextState/(N/2));
    NextState = Trellis( (NextState + 1), t);
end
if (ZeroTail)
    xx = xx(1:end - K + 1);
end
```

10.2　防抱死制动系统建模

此实例说明如何对防抱死制动系统(ABS)进行简单建模。它对车辆在紧急制动情况下的动态行为进行仿真。该模型表示单个车轮,可以重复多次以创建多轮车辆的模型。

此模型使用 Simulink 中的信号记录功能,模型中将信号记录到 MATLAB 工作区,可以在该工作区中分析和查看它们。可以通过以下的 sldemo_absbrakeplots.m 代码以了解其工作原理。

```
% 绘制 SLDEMO_ABSBRAKE 模型仿真的结果
if ~exist('sldemo_absbrake_output','var')
    disp('Did not find sldemo_absbrake_output dataset to plot results.');
    disp('Please run simulation on the sldemo_absbrake model.');
elseif isa(sldemo_absbrake_output, 'Simulink.SimulationData.Dataset')
    h = findobj(0, 'Name', 'ABS Speeds');
    if isempty(h),
      h = figure('Position',[26    239    452    257], …
              'Name', 'ABS Speeds', …
              'NumberTitle','off');
    end
    figure(h)
    set(h, 'DefaultAxesFontSize',8)
% 在 sldemo_absbrake_output 中记录数据
% 绘制轮速和车速
```

```
    plot(sldemo_absbrake_output.get('yout').Values.Vs.Time, …
        sldemo_absbrake_output.get('yout').Values.Vs.Data, …
        sldemo_absbrake_output.get('yout').Values.Ww.Time, …
        sldemo_absbrake_output.get('yout').Values.Ww.Data);
    legend('车辆速度 \omega_v','车轮速度 \omega_w','Location','best');
    title('车辆速度和车轮速度');
    ylabel('速度(rad/sec)'); xlabel('时间(sec)');
    h = findobj(0, 'Name', 'ABS Slip');
    if isempty(h),
      h = figure('Position',[486    239    452    257], …
                'Name','ABS Slip', …
                'NumberTitle','off');
    end
    figure(h);
    plot(sldemo_absbrake_output.get('slp').Values.Time, …
        sldemo_absbrake_output.get('slp').Values.Data);
    title('滑动'); xlabel('时间(sec)');
    ylabel('归一化相对滑动');
end
```

在此模型中,车轮速度是在名为 sldemo_wheelspeed_absbrake 的单独模型中计算的。然后使用 Model 模块引用该组件。请注意,顶层模型和引用模型都使用可变步长求解器,因此 Simulink 将跟踪引用模型中的过零情况。

1. 物理原理分析

车轮以初始角速度旋转,该初始角速度对应于施加制动之前的车速。使用单独的积分器来计算车轮角速度和车速。使用两种速度来计算滑动,滑动由以下方程确定:

$$\omega_v = \frac{V_v}{R_r}$$

$$滑动 = 1 - \frac{\omega_w}{\omega_v}$$

其中,ω_v 为车速除以车轮半径;R_r 为车轮半径;V_v 为车辆线速度;ω_w 为载体角速度。

从表达式中可以看出,当车轮速度和车速相等时,滑动为零,当车轮抱死时,滑动等于1。理想的滑动值是 0.2,这意味着车轮转数等于非制动条件下相同车速的转数的 0.8 倍。此时轮胎和道路之间的附着力最大,在可用摩擦力的作用下使停车距离最小。

2. 建模

轮胎和路面之间的摩擦系数 mu 是滑动的经验函数,称为 mu-slip 曲线。通过使用 Simulink 查找表将 MATLAB 变量传递到模块图中来创建 mu-slip 曲线。该模型将摩擦系数 mu 乘以车轮重量 W,得出作用在轮胎圆周上的摩擦力 F_f。F_f 除以车辆质量得出车辆减速度,模型对其进行积分获得车速。

在此模型中,使用了理想的防抱死制动控制器,它根据实际滑动和期望滑动之间的误差使用"bang-bang"控制。将期望滑动设置为 mu-slip 曲线达到峰值时的滑动值,这是最小制动距离的最佳值。

提示:

在实际车辆中,滑动无法直接测量,因此这种控制算法并不实用。此实例中使用它在概念上说明这种仿真模型的构造。此类仿真在工程中的真正价值是在应对现实中的具体问题之前,先展示控制概念的可能性。

3. 建立模型

根据需要,建立仿真模型 sldemo_absbrake 如图 10-12 所示。

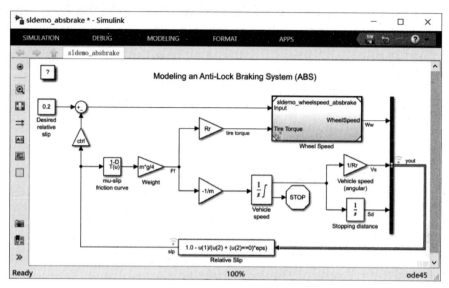

图 10-12　防抱死制动系统模型仿真模型图

1) 防抱死制动(ABS)模型

双击模型窗口中的 Wheel Speed 子系统将其打开,效果如图 10-13 所示。此子系统根据给定的车轮滑动、期望的车轮滑动和轮胎扭矩计算车轮角速度。

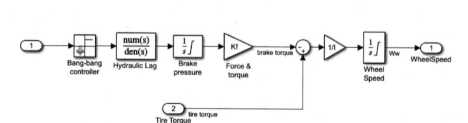

图 10-13　Wheel Speed 子系统

为了控制制动压力的变化率,该模型从期望的滑动量中减去实际滑动量,并将此信号馈入 bang-bang 控制(+1 或 −1,具体取决于误差的符号,请参见图 10-13)。此开/关速率通过一阶时滞,该时滞表示与制动系统的液压管路相关联的延迟。然后,该模型对滤波后的速率进行积分,以产生实际制动压力。所得信号乘以活塞面积和相对于车轮的半径(K_f),即为施加到车轮上的制动扭矩。

该模型将车轮上的摩擦力乘以车轮半径(R_r),得出路面作用于车轮的加速扭矩。并从其中减去制动扭矩,即可得出作用于车轮的净扭矩。将净扭矩除以车轮转动惯量 I,得出车轮加速度,然后将其积分以得到车轮速度。为了保持车轮速度和车速为正,该模型中使用了有限积分器。

2) 在 ABS 模式下运行仿真

按下模型工具栏上的 Run 按钮以运行仿真。也可以通过在 MATLAB 中执行 sim('sldemo_absbrake')命令来运行仿真。在此仿真过程中,ABS 处于打开状态,得到的仿真效果如图 10-14 所示。

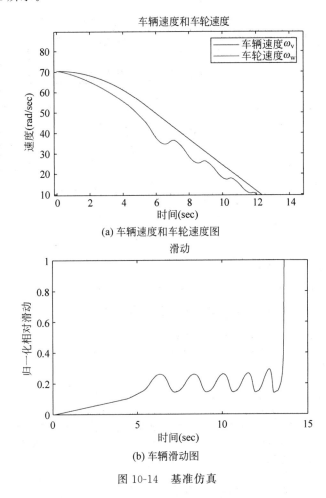

(a) 车辆速度和车轮速度图

(b) 车辆滑动图

图 10-14 基准仿真

图 10-14 可视化 ABS 仿真结果(使用默认参数)。其中第一个绘图显示车轮角速度和对应的车辆角速度。该绘图显示,车轮速度保持在车速以下而未启用抱死,车速在不到 15s 内就变为零。

3) 在无 ABS 的情况下运行仿真

为了获得更有意义的结果,需要考虑没有 ABS 的情况下的车辆行为。在 MATLAB 命令行中,设置模型变量 ctrl＝0。这将断开控制器与滑动反馈的连接,从而产生最大制动。结果如图 10-15 所示。

```
ctrl = 0;
```

现在再次运行仿真。这将对没有 ABS 的制动进行建模。

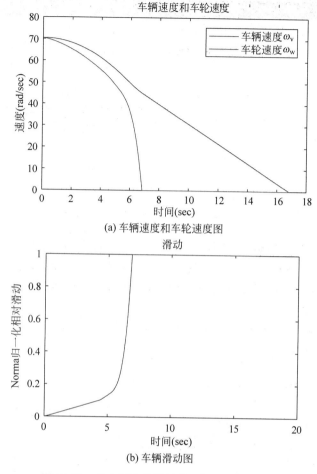

(a) 车辆速度和车轮速度图

(b) 车辆滑动图

图 10-15　最大制动仿真结果(无 ABS 的制动)

4) 带 ABS 的制动与不带 ABS 的制动

在图 10-15(a)中,看到车轮在大约 7s 后抱死。从该时刻起,制动进入滑动曲线的次优部分。也就是说,当 slip = 1 时,如图 10-15(b)所示,轮胎在路面上滑动太厉害,摩擦力已下降。

10.3　使用 PID 控制器进行抗饱和控制

此实例说明当执行器饱和时,如何使用抗饱和方案来防止 PID 控制器中的积分饱和。实例中,使用 Simulink 中的 PID Controller 模块,该模块提供两种内置的抗饱和方法(分别为 back-calculation 和 clamping),还提供一种跟踪模式来处理更复杂的场景。

要控制的被控对象是一个具有饱和时间的饱和一阶过程。根据需要,建立模型如图 10-16 所示。

被控对象是一阶过程,其饱和时间的描述如下:

$$P(s) = \frac{1}{10s+1}e^{-2s}$$

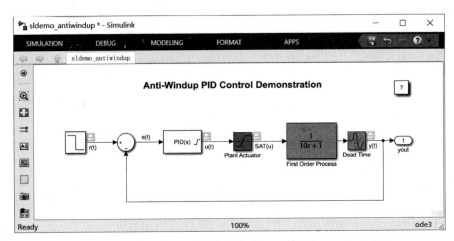

图 10-16　具有输入饱和的被控对象的 PID 控制的 Simulink 模型

被控对象具有已知的输入饱和限值[−10,10]，限值由标签为 Plant Actuator 的 Saturation 模块提供。Simulink 中的 PID Controller 模块有两种内置的抗饱和方法，这两种方法允许 PID Controller 模块提供有关被控对象输入饱和的可用信息。

1. 不使用抗饱和时的性能

首先，检查当 PID Controller 模块不考虑饱和模型时饱和对闭环的影响。对图 10-16 中的模型进行仿真会生成图 10-17 及图 10-18 所示的结果。

彩色图片

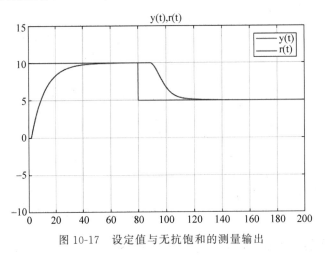

图 10-17　设定值与无抗饱和的测量输出

图 10-17 和图 10-18 突出显示了当控制具有输入饱和的系统时出现的以下两个问题。

(1) 当设定值为 10 时，PID 控制信号在执行器范围之外的大约值为 24 处达到稳定状态。因此，控制器在非线性区域工作，此时增大控制信号对系统输出没有影响，这种情况称为饱和。

请注意，被控对象的直流增益为 1，因此控制器输出在执行器范围之外没有稳定状态值。

(2) 当设定值变为 5 时，在 PID 控制器输出返回执行器范围内之前会有相当长的延迟。设计考虑饱和影响的 PID 控制器可以让其大部分时间在线性区域中操作并快速从非

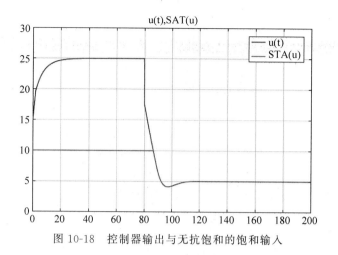

图 10-18 控制器输出与无抗饱和的饱和输入

线性中恢复,从而提高其性能。抗饱和电路是实现这一目标的一种方法。

2. 基于反算配置的抗饱和模块

当控制器达到指定的饱和限制并进入非线性操作时,反算抗饱和方法使用反馈回路来释放 PID 控制器的内部积分器。要启用抗饱和,请转至模块对话框中的 Output Saturation 选项卡;选择 Limit output,并输入被控对象的饱和限制。然后,从 Anti-windup method 菜单中选择 back-calculation,并指定反算增益 Kb。此增益的倒数是抗饱和回路的时间常量。在实例中,选择的反算增益为 1,参数设置效果如图 10-19 所示。

```
Block Parameters: PID Controller                                        ×

PID 1dof (mask) (link)
This block implements continuous- and discrete-time PID control algorithms and includes advanced features such as anti-
windup, external reset, and signal tracking. You can tune the PID gains automatically using the 'Tune...' button (requires
Simulink Control Design).

Controller: PID                              ▼    Form: Parallel                    ▼
Time domain:                                      Discrete-time settings
● Continuous-time
○ Discrete-time                                   Sample time (-1 for inherited): -1

▼ Compensator formula

                        P + I 1/s + D  N/(1 + N 1/s)

Main   Initialization   Output Saturation   Data Types   State Attributes
Output saturation
☑ Limit output
Upper limit: 10
Lower limit: -10
☐ Ignore saturation when linearizing
Anti-windup
Anti-windup Method: back-calculation                                    ▼
Back-calculation coefficient (Kb): 1

                              OK      Cancel      Help      Apply
```

图 10-19 启用反算抗饱和方法

一旦启用反算,模块就有一个用于释放 Integrator 输出的内部跟踪回路。PID Controller 模块的子结构模块如图 10-20 所示。

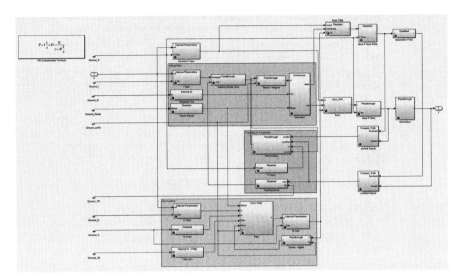

图 10-20　PID Controller 模块的子结构模块

图 10-21 和图 10-22 显示在激活抗饱和的情况下仿真模型的结果。注意 PID 控制信号返回线性区域的速度,以及回路从饱和状态恢复的速度。

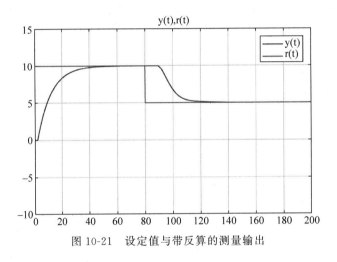

图 10-21　设定值与带反算的测量输出

图 10-22 显示控制器输出 $u(t)$ 和饱和输入 SAT(u)彼此不吻合,这是因为没有启用 Limit output。

3. 基于积分器钳位配置的抗饱和模块

另一种常用的抗饱和策略是基于条件积分。要启用抗饱和,请转至模块对话框中的 PID Advanced 选项卡;选择 Limit output,并输入被控对象的饱和限制。然后,从 Anti-windup method 菜单中选择 clamping。

运行仿真,得到仿真效果如图 10-23 及图 10-24 所示。

图 10-24 显示控制器输出 $u(t)$ 和饱和输入 SAT(u)彼此吻合,这是因为启用了 Limit output。

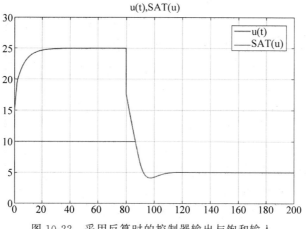

图 10-22　采用反算时的控制器输出与饱和输入

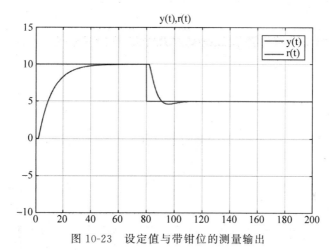

图 10-23　设定值与带钳位的测量输出

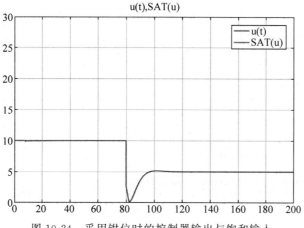

图 10-24　采用钳位时的控制器输出与饱和输入

4. 使用跟踪模式处理复杂的抗饱和场景

前面讨论的抗饱和策略依赖于内置方法来处理通过对话框提供给模块的饱和信息。要使这些内置方法按预期工作,必须满足以下两个条件。

(1) 被控对象的饱和限制是已知的,可以输入到模块的对话框中。

(2) PID Controller 输出信号是馈送给执行器的唯一信号。

这些条件在处理一般的抗饱和情况时可能是限制性的。PID Controller 模块具有一种跟踪模式,该模式允许用户在外部设置反算抗饱和回路。以下两个示例说明如何将跟踪模式用于抗饱和目的。

(1) 具有级联动态的饱和执行器的抗饱和。

(2) 具有前馈的 PID 控制的抗饱和。

5. 具有级联动态的饱和执行器构造抗饱和电路

在 sldemo_antiwindupactuator 模型中,执行器具有复杂的动态。PID 控制器位于外回路,将执行器动态视为内回路,或简单地称为级联饱和动态,如图 10-25 中所示。

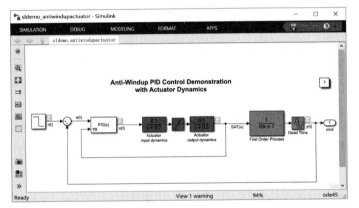

图 10-25 具有级联执行器动态的 PID 控制器的 Simulink 模型

在本例中,成功的抗饱和策略需要将执行器输出反馈到 PID Controller 模块的跟踪端口,如图 10-26 中所示。要配置 PID Controller 模块的 Tracking mode,请转至该模块的对话框中的 PID Advanced 选项卡;选择 Enable tracking mode,并指定增益 Kt。此增益的倒数是跟踪回路的时间常量。

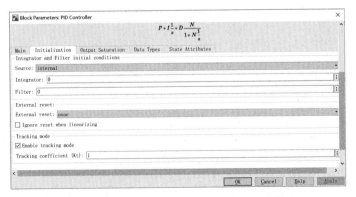

图 10-26 启用 PID Controller 模块的跟踪模式

运行仿真模型,得到仿真效果如图 10-27 及图 10-28 所示。图中显示被控对象的测量输出 $y(t)$ 和控制器输出 $u(t)$ 几乎立即对设定值的变化做出响应。如果没有抗饱和电路,这些响应将会延迟很长时间。

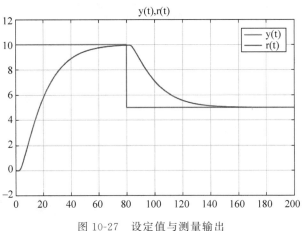

图 10-27　设定值与测量输出

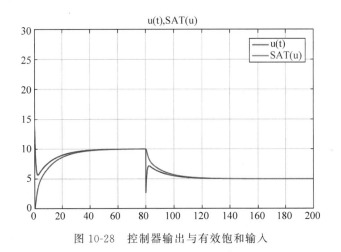

图 10-28　控制器输出与有效饱和输入

6. 具有前馈的 PID 控制构造抗饱和电路

在另一种常见的控制配置中,执行器接收控制信号,该控制信号是 PID 控制信号和前馈控制信号的组合。

为了精确地建立反算抗饱和回路,跟踪信号应减去前馈信号的贡献。这允许 PID Controller 模块知道其在施加到执行器的有效控制信号中的份额。根据需要建立 sldemo_antiwindupfeedforward 模型(包括前馈控制),如图 10-29 所示。

此处选择前馈增益为 1,因为被控对象的直流增益为 1。

运行图 10-29 的仿真模型,得到仿真效果如图 10-30 及图 10-31 所示。图中显示被控对象的测量输出 $y(t)$ 和控制器输出 $u(t)$ 几乎立即对设定值的变化做出响应。当设定值为 10 时,请注意图 10-31 中控制器输出 $u(t)$ 如何减小到执行器的范围内。

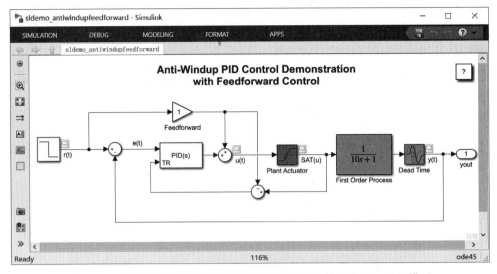

图 10-29　具有前馈和被控对象输入饱和的 PID 控制器的 Simulink 模型

彩色图片

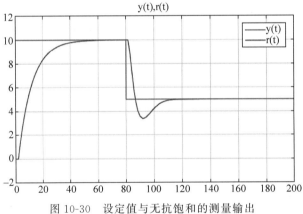

图 10-30　设定值与无抗饱和的测量输出

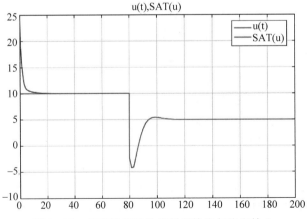

图 10-31　具有抗饱和的控制器输出与饱和输入

10.4 MIMO-OFDM 通信系统设计

OFDM 技术通过将频率选择性多径衰落信道在频域内转换为平坦信道,减小了多径衰落的影响。但若想用 OFDM 技术提高传输速率,就要增加带宽、发送功率和子载波数目,这对带宽和功率受限的无线通信系统是不现实的,子载波数目的增加也会使系统更为复杂。

MIMO 技术能够在空间中产生独立的并行信道来同时传输多路数据流,提高了系统的传输速率,即在不增加系统带宽的情况下提高了频谱效率,但对于频率选择性深衰落依然无能为力。

将 OFDM 和 MIMO 两种技术结合起来,就能兼顾两种效果。一种是实现很高的传输速率;另一种是通过分集实现很强的可靠性,从而很好地解决了两种技术单独使用时所面临的问题。

10.4.1 MIMO 系统

多输入多输出技术(Multiple-Input Multiple-Output,MIMO)是指在发射端和接收端分别使用多个发射天线和接收天线,使信号通过发射端与接收端的多个天线传送和接收,从而改善通信质量。它能充分利用空间资源,通过多个天线实现多发多收,在不增加频谱资源和天线发射功率的情况下,可以成倍地提高系统信道容量,显示出明显的优势,被视为下一代移动通信的核心技术。

假定一个点对点的 MIMO 系统有 n_T 根发射天线、n_R 根接收天线,采用离散时间的复基带线性系统模型描述,系统框图如图 10-32 所示。用 $n_T \times 1$ 的列向量 $\boldsymbol{x}$ 表示每个符号周期内的发射信号,其中第 i 个元素 x_i 表示第 i 根天线上的发射信号。

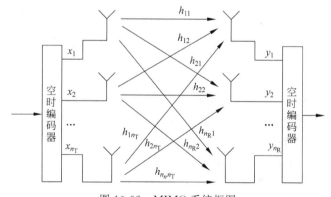

图 10-32 MIMO 系统框图

对于高斯信道,按照信息论,发射信号的最佳分布也是高斯分布。因此,x 的元素是零均值独立同分布的高斯变量。发射信号的协方差矩阵为:

$$\boldsymbol{R}_{xx} = E\{\boldsymbol{x}\boldsymbol{x}^H\}$$

其中,$E\{\}$ 为均值;A^H 表示矩阵的厄米特(Hermitian)转置矩阵,即 A 的复共轭转置矩阵。不管发射天线数 n_T 为多少,总的发射功率限制为 P,可表示为:

$$P = \mathrm{tr}(\boldsymbol{R}_{xx})$$

其中，$\text{tr}(\boldsymbol{A})$代表矩阵$\boldsymbol{A}$的迹，可以通过对$\boldsymbol{A}$的对角元素求和得到。

如果信道状态信息（Channel State Information，CSI）在发射端未知，则假定从各个天线发射的信号都有相等的功率P/n_T。发射信号的协方差矩阵为：

$$\boldsymbol{R}_{xx} = \frac{P}{n_T}\boldsymbol{I}_{n_T}$$

其中，$\boldsymbol{I}_{n_T}$为$n_T \times n_T$的单位矩阵。

用$n_R \times n_T$的复矩阵$\boldsymbol{H}$描述信道。h_{ij}为矩阵$\boldsymbol{H}$的第$i \times j$个元素，代表从第j根发射天线到第i根接收天线之间的信道衰落系数。用$n_R \times 1$的列向量描述接收端的噪声，表示为$\boldsymbol{n}$。它的元素是统计独立的复高斯随机变量，零均值，具有独立的、方差相等的实部和虚部。接收噪声的协方差矩阵为：

$$\boldsymbol{R}_{nn} = \sigma^2 \boldsymbol{I}_{n_R}$$

用$n_R \times 1$的列向量描述接收信号，表示为$\boldsymbol{y}$。使用线性模型，可接收向量表示为：

$$\boldsymbol{y} = \boldsymbol{Hx} + \boldsymbol{n}$$

接收信号的协方差矩阵定义为$E\{\boldsymbol{yy}^{\text{H}}\}$，由上式可得出接收信号的协方差矩阵为：

$$\boldsymbol{R}_{yy} = \boldsymbol{HR}_{xx}\boldsymbol{H}^{\text{H}} + \boldsymbol{R}_{nn}$$

而总接收信号功率可表示为$\text{tr}(\boldsymbol{R}_{yy})$。

10.4.2　OFDM技术

OFDM（Orthogonal Frequency Division Multiplexing）即正交频分复用技术，实际上OFDM是MCM（Multi Carrier Modulation）多载波调制的一种。OFDM技术是多载波传输方案的实现方式之一，它的调制和解调是分别基于IFFT和FFT来实现的，是实现复杂度最低、应用最广的一种多载波传输方案。

在通信系统中，信道所能提供的带宽通常比传送一路信号所需的带宽要宽得多。如果一个信道只传送一路信号是非常浪费的，为了能够充分利用信道的带宽，就可以采用频分复用的方法。

一个OFDM符号由多个经过调制的子载波信号合成，其中每个子载波可以采用相移键（Phase Shift Keying，PSK）或正交幅度调制（Quadrature Amplitude Modulation，QAM）符号的调制。如果N表示子载波的个数，T表示OFDM符号的宽度，$d_i(i=0,1,\cdots,N-1)$是分配给每个子载波的数据符号，f_c是为第0个子载波的载波频率，$\text{rect}(t)=1,|t| \leqslant T/2$，则从$t=t_s$开始的OFDM符号可表示为：

$$s(t) = \left\{ \text{Re}\left\{ \sum_{i=0}^{N-1} d_i \text{rect}\left(t - t_s - \frac{T}{2}\right) \exp\left[\text{j}2\pi\left(f_c + \frac{i}{T}\right)(t - t_s) \right] \right\} \right\}, \quad t_s \leqslant t \leqslant t_s + T$$

采用复等效基带信号来描述OFDM的输出信号，可表示为：

$$s(t) = \begin{cases} \sum\limits_{i=0}^{N-1} d_i \text{rect}\left(t - t_s - \frac{T}{2}\right) \exp\left[\text{j}2\pi \frac{i}{T}(t - t_s) \right], & t_s \leqslant t \leqslant t_s + T \\ 0, & t < t_s \wedge t > t + t_s \end{cases} \tag{10-1}$$

图10-33给出了OFDM系统基本模型框图，其中$f_i = f_c + \dfrac{i}{T}$。

每个子载波在一个OFDM符号周期内都包含整数倍周期，而且各个相邻的子载波之

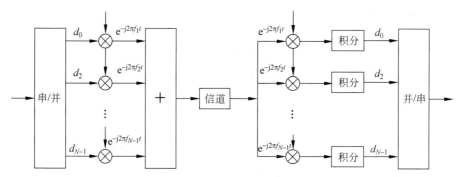

图 10-33　OFDM 系统基本模型图

间相差 1 个周期。这一特性可以用来解释子载波之间的正交性,即:

$$\frac{1}{T}\int_0^T e^{j\omega_n t} \cdot e^{-j\omega_n t}\,dt = \begin{cases} 1, & n=m \\ 0, & n \neq m \end{cases}$$

对式(10-1)中的第 j 个子载波进行解调,然后在时间长度 T 内进行积分,有:

$$\hat{d}_j = \frac{1}{T}\int_{t_s}^{t_s+T} \exp\left(-j2\pi \frac{i}{T}(t-t_s)\right)\sum_{i=0}^{N-1} d_i \exp\left(j2\pi \frac{i}{T}(t-t_s)\right)dt$$

$$= \frac{1}{T}\sum_{i=0}^{N-1} d_i \int_{t_s}^{t_s+T}\exp\left(j2\pi \frac{i-j}{T}(t-t_s)\right)dt = d_j \qquad (10\text{-}2)$$

由式(10-2)可看到,对第 j 个子载波进行解调可以恢复出期望符号。而对其他载波来说,由于在积分间隔内,频率相差 $\frac{i-j}{T}$ 可产生整数倍个周期,所以积分结果为零。

当 N 很大时,需要大量的正弦波发生器、滤波器、调制器和解调器等设备,因此系统非常昂贵。为了降低 OFDM 系统的复杂度和成本,通常考虑用离散傅里叶变换(Discrete Fourier Transform,DFT)和离散傅里叶逆变换(Inverse Discrete Fourier Transform,IDFT)来实现上述功能。对式(10-1)中等效复基带信号以 $\frac{T}{N}$ 的速率进行抽样,即 $t = \frac{kT}{N}(k=0,1,\cdots,N-1)$,则可得:

$$s_k = s\frac{kT}{N} = \sum_{i=0}^{N-1} d_i \exp\left(j2\pi \frac{ik}{N}\right), \quad 0 \leqslant k \leqslant N-1$$

可见,s_k 对 d_i 进行 IDFT 运算,可在接收端用 DFT 恢复原始的数据信号,在接收端对接收到的 s_k 进行 DFT 变换,有:

$$d_i = \sum_{i=0}^{N-1} s_k \exp\left(-j2\pi \frac{ik}{N}\right), \quad 0 \leqslant i \leqslant N-1$$

在 OFDM 系统的实际运用中,可采用更加方便快捷的 IFFT/FFT。N 点 IDFT 运算需要实施 N^2 次的复数乘法,而 IFFT 可显著地降低运算的复杂度。

10.4.3　MIMO-OFDM 系统

利用 MIMO 技术和 OFDM 技术两者各自的特点结合而成的 MIMO-OFDM 系统,将空间分集、时间分集以及频率分集有机地结合起来,能够大大提高无线通信系统的信道容量和传输速率,有效地抗信道衰落和抑制干扰,被业界认为是构建未来宽带无线通信系统最关键的物理层传输方案。

如图 10-34 所示，在 MIMO-OFDM 系统中，每根发射天线的通路上都有一个 OFDM 调制器，每根接收天线的通路上也都有一个 OFDM 的解调器。

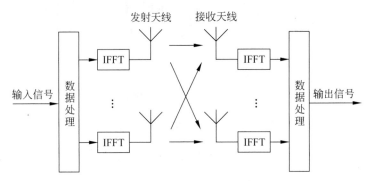

图 10-34　MIMO-OFDM 系统结构图

由于 OFDM 技术能够将频率选择性衰落信道转化为若干个平坦衰落的并行子信道，因此，MIMO-OFDM 系统中任意一个子载波上的输入/输出关系相当于一个平坦衰落信道 MIMO 系统，可表示为：

$$\boldsymbol{y}_k[t] = \boldsymbol{H}_k[t]\boldsymbol{x}_k[t] + \boldsymbol{n}_k[t]$$

其中，$\boldsymbol{y}_k[t]$ 为第 t 个时隙（此处一个时隙指一个 OFDM 符号），第 k 个 OFDM 子载波上 $N_r \times 1$ 的接收符号向量；N_r 为接收天线数目；$\boldsymbol{x}_k[t]$ 为第 t 个时隙，第 k 个子载波上 $N_t \times 1$ 的发射符号向量；N_t 为发射天线数目；$\boldsymbol{H}_k[t]$ 表示第 t 个时隙，第 k 个子载波上 $N_t \times N_r$ 的 MIMO 复信道系数矩阵，在此假定信道系数在每个 OFDM 符号周期内保持不变；$\boldsymbol{n}_k[t]$ 表示第 t 个时隙，第 k 个子载波上 $N_r \times 1$ 的接收天线上复高斯噪声向量，其每个元素的均值为 0，方差为 σ^2。这里，向量 $\boldsymbol{n}_k[t]$ 满足 $E\{\boldsymbol{n}_k[t]\boldsymbol{n}_k[t]^{\mathrm{H}}\} = \sigma^2 \boldsymbol{I}_{N_r}$，$\boldsymbol{I}_{N_r}$ 表示 $N_t \times N_r$ 的单位阵，$E\{\}$ 表示数学期望，$\boldsymbol{n}_k[t]^{\mathrm{H}}$ 表示 $\boldsymbol{n}_k[t]$ 的共轭转置。

10.4.4　空时分组编码

为了克服空时格栅译码过于复杂的缺陷，Alamouti 在 1998 年发明了使用两个天线发射的空时分组编码（STBC）。

简单的发送分集方案如图 10-35 所示。

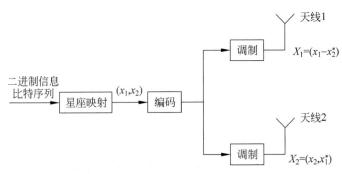

图 10-35　Alamouti 发送分集空时编码方案

信源发送的二进制信息比特首先进行调制(星座映射)。假设采用 M 进制的调制星座，有 $m = \log_2 M$。把从信源来的二进制信息比特每 m bit 分一组，对连续的两组比特进行星座映射，得到两个调制符号 x_1、x_2。然后把这两个符号送入编码器，并按照以下方式编码：

$$\begin{bmatrix} x_1 & x_2 \\ -x_2^* & -x_1^* \end{bmatrix} \tag{10-3}$$

经过编码后的符号分别从两副天线上发送出去；在第一个发送时刻，符号 x_1 与 x_2 分别从发送天线 1 与发送天线 2 上同时发送出去；第二个发送时刻，符号 $-x_2^*$ 与 $-x_1^*$ 分别从发送天线 1 和发送天线 2 上同时发送出去，如图 10-35 所示。从编码过程可看出，由于在时间和空间域同时进行编码，因此命名为空时编码，两副发送天线上发送信号批次存在着一定的关系，因此这种空时码是基于发送分集的。式(10-3)的编码矩阵满足：

$$\boldsymbol{XX}^* = \begin{bmatrix} |x_1|^2 + |x_2|^2 & 0 \\ 0 & |x_1|^2 + |x_2|^2 \end{bmatrix} = (|x_1|^2 + |x_2|^2)\boldsymbol{I}_2 \tag{10-4}$$

因此其是满足列正交的，即同一符号内，从两副发送天线上发送的信号满足正交性。记 $\boldsymbol{X}_1$ 和 $\boldsymbol{X}_2$ 分别为从发送天线 1 和发送天线 2 上发送的符号，则有：

$$\begin{cases} \boldsymbol{X}_1 = (x_1, -x_2^*) \\ \boldsymbol{X}_2 = (x_2, -x_1^*) \\ \boldsymbol{X}_1 \boldsymbol{X}_2^* = x_1 x_2^* - x_1 x_2^* = 0 \end{cases} \tag{10-5}$$

空时分组码也正是由于满足式(10-4)和式(10-5)的正交性才使得译码相对简单，这一点可从后面的验证码方法中看出。

图 10-36 是在接收端有一副接收天线时 Alamouti 空时码的接收机。假设在时刻 t 发送天线 1 和发送天线 2 到接收天线的信道误差系数分别为 $h_1(t)$ 和 $h_2(t)$，再考虑到快衰落信道假设，有：

$$h_1(t) = h_1(t+T) = h_1 = |h_1| e^{j\theta}$$
$$h_2(t) = h_2(t+T) = h_2 = |h_2| e^{j\theta}$$

$|h_i|$ 和 $\theta_i (i=1,2)$ 为发送天线 i 到接收天线信道的幅度响应与相位偏转，T 表示符号间隔。记接收天线在时刻 t 与 $t+T$ 的接收信号分别为 r_1 和 r_2，有：

$$r_1 = h_1 x_1 + h_2 x_2 + n_1$$
$$r_2 = -h_1 x_2^* + h_2 x_1^* + n_2$$

n_1 和 n_2 表示接收天线在时刻 t 与 $t+T$ 的独立复高斯白噪声，假设噪声的均值为 0，每维的方差为 $\dfrac{N_0}{2}$。

10.4.5　STBC 的 MIMO-OFDM 系统设计

下面着重讨论空时编码技术与 OFDM 技术的结合，对其性能进行详细分析，并给出基于 STBC 的 MIMOGOFDM 系统设计。

1. STBC 的 MIMO-OFDM 系统模型

有 N 副发射天线、M 副接收天线的 STBC-OFDM 系统框图如图 10-37 所示。信号经过 MIMO 频率选择性衰落信道。设系统总带宽被划分为 K 个相互重叠的子信道。每个空

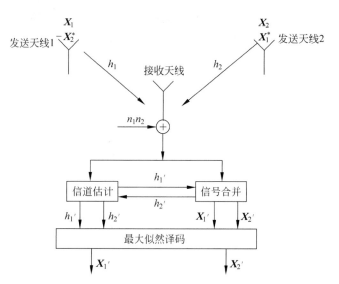

图 10-36　Alamouti 空时码的接收机

时码字包含 NK 个码符号，在一个 OFDM 码字持续时间内同时发送，每个码符号用某一发射天线在某一 OFDM 的子载波上发送，假定衰落是准静态的，即在 OFDM 的一帧内衰落保持不变，且不同的发射天线和接收天线对之间的衰落是不相关的。

图 10-37　STBC 的 MIMO-OFDM 系统框图

　　为了消除由于信道时延扩展而引起的码间干扰 ISI，OFDM 系统中通常引入循环前缀，假定循环前缀长度大于信道最大时延扩展，且系统收发端完全同步，那么，接收天线 $j(j=1,2,\cdots,M)$ 上的接收信号经符号速率采样、去循环前缀及 FFT、解调后为：

$$R_{jk}^{t}=\sum_{i=1}^{N}H_{ijk}^{t}c_{ik}^{t}+N_{jk}^{t},\quad k=0,1,\cdots,K-1 \tag{10-6}$$

其中，H_{ijk}^{t} 为 t 时刻从第 i 副发射天线到第 j 副接收天线之间的信道在第 k 个子载波频率处的频率响应，N_{jk}^{t} 表示接收端噪声和干扰的复高斯随机变量。

　　2. 分析 STBC 的 MIMO-OFDM 系统性能

　　为分析简单起见，把接收信号式(10-6)表示为如下矩阵形式：

$$\boldsymbol{Y}[k]=\boldsymbol{H}[k]\boldsymbol{X}[k]+\boldsymbol{Z}[k],\quad k=0,1,\cdots,K \tag{10-7}$$

其中，$\boldsymbol{H}[k]\in C^{M\times N}$ 为第 k 个子载波处的复信道频率响应矩阵，$\boldsymbol{X}[k]\in C^{N}$ 和 $\boldsymbol{Y}[k]\in C^{M}$ 分别为第 k 个子载波上的发射信号和接收信号，$\boldsymbol{Z}[k]\in C^{M}$ 为加性噪声，设其为具有单位方

差的复高斯随机变量。

第 j 副发射天线与第 i 副接收天线之间的信号响应,其时域脉冲响应用抽头延时线模拟(仅考虑非零抽头)可表示为:

$$h_{ij}(\tau;t) = \sum_{l=1}^{L} a_{ij}(l;t)\delta\left(\tau - \frac{n_l}{K\Delta f}\right) \tag{10-8}$$

其中,$\delta()$ 为冲激函数;L 为非零抽头的个数;$a_{ij}(l;t)$ 为第 l 个非零抽头的复幅值,其延时为 $\frac{n_l}{K\Delta f}$,n_l 为一整数;Δf 为 OFDM 系统的各子载波之间的频率间隔。由于已假设信道为准静态的,故在 OFDM 的一帧内衰落保持不变。

由式(10-8)第 j 副发射天线与 i 副接收天线之间的信道在第 k 个子载波处的频率响应可知,也就是式(10-7)中 $\boldsymbol{H}[k]$ 的第 i 行第 j 列的元素为:

$$H_{ij}[k] = H_{ij}[k\Delta f] = \sum_{l=1}^{L} \boldsymbol{h}_{ij}(l)\mathrm{e}^{-\mathrm{j}2\pi k n_l/k} = \boldsymbol{h}_{ij}^{*}\boldsymbol{w}_f(k)$$

其中,$h_{ij}(l) = a_{ij}(l)$,$\boldsymbol{h}_{ij}(l) = [a_{ij}(1), a_{ij}(2), \cdots, a_{ij}(L)]^{*}$ 为包含所有非零抽头的时域频率响应的 L 维向量,$\boldsymbol{w}_f(k) = [\mathrm{e}^{-\mathrm{j}2\pi k n_1/K}, \mathrm{e}^{-\mathrm{j}2\pi k n_2/K}, \cdots, \mathrm{e}^{-\mathrm{j}2\pi k n_L/K}]$ 则包含相应的离散傅里叶变换的系数。

10.4.6 STBC 的 MIMO-OFDM 系统 MATLAB 实现

下面列出基于 STBC 的 MIMO-OFDM 通信系统的 MATLAB 仿真程序代码:

```
>> clear all;
% 变量
i = sqrt( - 1);
IFFT_bin_length = 512;                          % 傅里叶变换抽样点数目
carrier_count = 100;                            % 子载波数目
symbols_per_carrier = 66;                       % 符号数/载波
cp_length = 10;                                 % 循环前缀长度
addprefix_length = IFFT_bin_length + cp_length;
M_psk = 4;
bits_per_symbol = log2(M_psk); % 位数/符号
O = [1 - 2 - 3;2 + j 1 + j 0;3 + j 0 1 + j;0 - 3 + j 2 + j];
co_time = size(O,1);
Nt = size(O,2);                                 % 发射天线数目
Nr = 2;                                         % 接收天线数目

num_X = 1;
for cc_ro = 1:co_time
    for cc_co = 1:Nt
        num_X = max(num_X,abs(real(O(cc_ro,cc_co))));
    end
end

co_x = zeros(num_X,1);
for con_ro = 1:co_time
    for con_co = 1:Nt          % 用于确定矩阵"O"中元素的位置,符号以及共轭情况
        if abs(real(O(con_ro,con_co))) ~ = 0
```

```
                delta(con_ro,abs(real(O(con_ro,con_co)))) = sign(real(O(con_ro,con_co)));
                epsilon(con_ro,abs(real(O(con_ro,con_co)))) = con_co;
                co_x(abs(real(O(con_ro,con_co))),1) = co_x(abs(real(O(con_ro,con_co))),1) + 1;

eta(abs(real(O(con_ro,con_co))),co_x(abs(real(O(con_ro,con_co))),1)) = con_ro;
                coj_mt(con_ro,abs(real(O(con_ro,con_co)))) = imag(O(con_ro,con_co));
            end
        end
end

eta = eta.';
eta = sort(eta);
eta = eta.';

carriers = (1:carrier_count) + (floor(IFFT_bin_length/4) - floor(carrier_count/2));
conjugate_carriers = IFFT_bin_length - carriers + 2;
tx_training_symbols = t_y(Nt,carrier_count);
baseband_out_length = carrier_count * symbols_per_carrier;

snr_min = 3;                                    % 最小信噪比
snr_max = 15;                                   % 最大信噪比
graph_inf_bit = zeros(snr_max - snr_min + 1,2,Nr);   % 绘图信息存储矩阵
graph_inf_sym = zeros(snr_max - snr_min + 1,2,Nr);

for SNR = snr_min:snr_max
  clc
  disp('Wait until SNR = ');disp(snr_max);
  SNR
  n_err_sym = zeros(1,Nr);
  n_err_bit = zeros(1,Nr);
  Perr_sym = zeros(1,Nr);
  Perr_bit = zeros(1,Nr);
  re_met_sym_buf = zeros(carrier_count,symbols_per_carrier,Nr);
  re_met_bit = zeros(baseband_out_length,bits_per_symbol,Nr);
  % 生成随机数用于仿真
  baseband_out = round(rand(baseband_out_length,bits_per_symbol));
  % 二进制向十进制转换
  de_data = bi2de(baseband_out);
  % PSK 调制
  data_buf = pskmod(de_data,M_psk,0);
  carrier_matrix = reshape(data_buf,carrier_count,symbols_per_carrier);
  % 取数为空时编码做准备,此处每次取每个子载波上连续的两个数
  for tt = 1:Nt:symbols_per_carrier
    data = [];
    for ii = 1:Nt
    tx_buf_buf = carrier_matrix(:,tt + ii - 1);
    data = [data;tx_buf_buf];
    end

    XX = zeros(co_time * carrier_count,Nt);
    for con_r = 1:co_time                      % 进行空时编码
```

```
            for con_c = 1:Nt
                if abs(real(O(con_r,con_c)))~ = 0
                    if imag(O(con_r,con_c)) == 0

XX((con_r - 1) * carrier_count + 1:con_r * carrier_count,con_c) = data((abs(real(O(con_r,con_
c))) - 1) * carrier_count + 1:abs(real(O(con_r,con_c))) …
                    * carrier_count,1) * sign(real(O(con_r,con_c)));
                else

XX((con_r - 1) * carrier_count + 1:con_r * carrier_count,con_c) = conj(data((abs(real(O(con_r,
con_c))) - 1) * carrier_count + 1:abs(real(O(con_r,con_c))) …
                    * carrier_count,1)) * sign(real(O(con_r,con_c)));
                end
            end
        end
end                                          % 空时编码结束

XX = [tx_training_symbols;XX];               % 添加训练序列

rx_buf = zeros(1,addprefix_length * (co_time + 1),Nr);
for rev = 1:Nr
    for ii = 1:Nt
        tx_buf = reshape(XX(:,ii),carrier_count,co_time + 1);
        IFFT_tx_buf = zeros(IFFT_bin_length,co_time + 1);
        IFFT_tx_buf(carriers,:) = tx_buf(1:carrier_count,:);
        IFFT_tx_buf(conjugate_carriers,:) = conj(tx_buf(1:carrier_count,:));
        time_matrix = ifft(IFFT_tx_buf);

        time_matrix = [time_matrix((IFFT_bin_length - cp_length + 1):IFFT_bin_length,:);time_
matrix];
        tx = time_matrix(:)';

        % 信道
        tx_tmp = tx;
        d = [4,5,6,2;4,5,6,2;4,5,6,2;4,5,6,2];
        a = [0.2,0.3,0.4,0.5;0.2,0.3,0.4,0.5;0.2,0.3,0.4,0.5;0.2,0.3,0.4,0.5];
        for jj = 1:size(d,2)
            copy = zeros(size(tx)) ;
            for kk = 1 + d(ii,jj) : length(tx)
                copy(kk) = a(ii,jj) * tx(kk - d(ii,jj)) ;
            end
            tx_tmp = tx_tmp + copy;
        end
        txch = awgn(tx_tmp,SNR,'measured');      % 添加高斯白噪声
        rx_buf(1,:,rev) = rx_buf(1,:,rev) + txch;
    end

    % 接收机
    rx_spectrum = reshape(rx_buf(1,:,rev),addprefix_length,co_time + 1);
    rx_spectrum = rx_spectrum(cp_length + 1:addprefix_length,:);
    FFT_tx_buf = zeros(IFFT_bin_length,co_time + 1);
```

```
    FFT_tx_buf = fft(rx_spectrum);
    spectrum_matrix = FFT_tx_buf(carriers,:);
    Y_buf = (spectrum_matrix(:,2:co_time + 1));
    Y_buf = conj(Y_buf');

    spectrum_matrix1 = spectrum_matrix(:,1);
    Wk = exp((-2 * pi/carrier_count) * i);
    L = 10;

    p = zeros(L * Nt,1);
    for jj = 1:Nt
        for l = 0:L-1
            for kk = 0:carrier_count - 1

p(l + (jj - 1) * L + 1,1) = p(l + (jj - 1) * L + 1,1) + spectrum_matrix1(kk + 1,1) * conj(tx_
training_symbols(kk + 1,jj)) * Wk^(-(kk * l));
            end
          end
        end

    h = p/carrier_count;
    H_buf = zeros(carrier_count,Nt);
    for ii = 1:Nt
      for kk = 0:carrier_count - 1
        for l = 0:L-1
          H_buf(kk + 1,ii) = H_buf(kk + 1,ii) + h(l + (ii - 1) * L + 1,1) * Wk^(kk * l);
        end
      end
    end
    H_buf = conj(H_buf');

    RRR = [];
    for kk = 1:carrier_count
        Y = Y_buf(:,kk);
        H = H_buf(:,kk);
        for co_ii = 1:num_X
          for co_tt = 1:size(eta,2)
            if eta(co_ii,co_tt) ~ = 0
              if coj_mt(eta(co_ii,co_tt),co_ii) == 0
                r_til(eta(co_ii,co_tt),:,co_ii) = Y(eta(co_ii,co_tt),:);

a_til(eta(co_ii,co_tt),:,co_ii) = conj(H(epsilon(eta(co_ii,co_tt),co_ii),:));
              else
                r_til(eta(co_ii,co_tt),:,co_ii) = conj(Y(eta(co_ii,co_tt),:));
                a_til(eta(co_ii,co_tt),:,co_ii) = H(epsilon(eta(co_ii,co_tt),co_ii),:);
              end
            end
          end
        end

    RR = zeros(num_X,1);
```

```
        for iii = 1:num_X                    % 接收数据的判决统计
          for ttt = 1:size(eta,2)
            if eta(iii,ttt)~ = 0

RR(iii,1) = RR(iii,1) + r_til(eta(iii,ttt),1,iii) * a_til(eta(iii,ttt),1,iii) * delta(eta
(iii,ttt),iii);
            end
          end
        end

        RRR = [RRR;conj(RR')];
      end
      r_sym = pskdemod(RRR,M_psk,0);
      re_met_sym_buf(:,tt:tt + Nt - 1,rev) = r_sym;
      end
    end

    re_met_sym = zeros(baseband_out_length,1,Nr);
    for rev = 1:Nr
      re_met_sym_buf_buf = re_met_sym_buf(:,:,rev);
      re_met_sym(:,1,rev) = re_met_sym_buf_buf(:);
      re_met_bit(:,:,rev) = de2bi(re_met_sym(:,1,rev));

      for con_dec_ro = 1:baseband_out_length
        if re_met_sym(con_dec_ro,1,rev)~ = de_data(con_dec_ro,1)
          n_err_sym(1,rev) = n_err_sym(1,rev) + 1;
          for con_dec_co = 1:bits_per_symbol
            if
re_met_bit(con_dec_ro,con_dec_co,rev)~ = baseband_out(con_dec_ro,con_dec_co)
              n_err_bit(1,rev) = n_err_bit(1,rev) + 1;
            end
          end
        end
      end

      % 误码率计算
      graph_inf_sym(SNR - snr_min + 1,1,rev) = SNR;
      graph_inf_bit(SNR - snr_min + 1,1,rev) = SNR;
      Perr_sym(1,rev) = n_err_sym(1,rev)/(baseband_out_length);
      graph_inf_sym(SNR - snr_min + 1,2,rev) = Perr_sym(1,rev);
      Perr_bit(1,rev) = n_err_bit(1,rev)/(baseband_out_length * bits_per_symbol);
      graph_inf_bit(SNR - snr_min + 1,2,rev) = Perr_bit(1,rev);
    end
  end
% 性能仿真图
for rev = 1:rev
  x_sym = graph_inf_sym(:,1,rev);
  y_sym = graph_inf_sym(:,2,rev);
  subplot(Nr,1,rev);
  semilogy(x_sym,y_sym,'b- * ');
  axis([2 16 0.0001 1]);
```

```
    xlabel('信噪比(dB)');
    ylabel('误码率');
    grid on
end
```

运行程序,效果如图 10-38 所示。

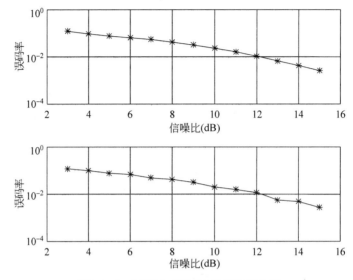

图 10-38   MIMO_OFDM 通信系统仿真

参 考 文 献

［1］ 陈爱军.深入浅出通信原理[M].北京：清华大学出版社,2020.

［2］ 邵佳,董辰辉.MATLAB/Simulink 通信系统建模与仿真实例精讲[M].北京：电子工业出版社,2009.

［3］ John G. Proakis,Masoud Salehi,Gerhard Bauch.现代通信系统（MATLAB 版）[M].刘树棠,任品毅,译.3 版.北京：电子工业出版社,2017.

［4］ MATLAB 技术联盟,石良臣.MATLAB/Simulink 系统仿真超级学习手册[M].北京：人民邮电出版社,2014.

［5］ 臧国珍,黄葆华,郭明喜.基于 MATLAB 的通信系统高级仿真[M].西安：西安电子科技大学出版社,2019.

［6］ 陈泽,占海明.详解 MATLAB 在科学计算中的应用[M].北京：电子工业出版社,2011.

［7］ 王江,等.基于 MATLAB/Simulink 系统仿真权威指南[M].北京：机械工业出版社,2013.

［8］ 李献,骆志伟.精通 MATLAB/Simulink 系统仿真[M].北京：清华大学出版社,2015.

［9］ 隋思涟,王岩.MATLAB 语言与工程数据分析[M].北京：清华大学出版社,2009.

图 书 资 源 支 持

感谢您一直以来对清华大学出版社图书的支持和爱护。为了配合本书的使用，本书提供配套的资源，有需求的读者请扫描下方的"书圈"微信公众号二维码，在图书专区下载，也可以拨打电话或发送电子邮件咨询。

如果您在使用本书的过程中遇到了什么问题，或者有相关图书出版计划，也请您发邮件告诉我们，以便我们更好地为您服务。

我们的联系方式：

地　　址：北京市海淀区双清路学研大厦 A 座 714

邮　　编：100084

电　　话：010-83470236　　010-83470237

资源下载：http://www.tup.com.cn

客服邮箱：tupjsj@vip.163.com

QQ：2301891038（请写明您的单位和姓名）

用微信扫一扫右边的二维码,即可关注清华大学出版社公众号。

教学资源·教学样书·新书信息

人工智能科学与技术
人工智能|电子通信|自动控制

资料下载·样书申请

书圈